Urwelt Sage und Menschheit

Urwelt
Sage und Menschheit

Eine naturhistorisch-metaphysische
Studie

von

Edgar Dacqué

Vierte, ergänzte Auflage

München und Berlin 1927
Druck und Verlag von R. Oldenbourg

Druck R. Oldenbourg, München

Denen,
die erkennen, daß
wahres Verstehen
Glaube ist

Vorrede

Schon bei früheren Studien auf dem Gebiet der Vorweltkunde hatte ich die Erkenntnis gewonnen und gelegentlich kurz angedeutet, daß jedes erdgeschichtliche Zeitalter nicht nur, was man schon lange weiß, seine bestimmten Tier- und Pflanzengeschlechter hervorbrachte, sondern sich auch in diesen Typen verschiedenster Herkunft mit gewissen übereinstimmenden Gestaltungen, übereinstimmenden biologischen Charakteren und Organbildungen, also mit einem bestimmten organischen Baustil kundgibt. Es drückt sich darin eine Art Zeitgeist aus, ein Gesetz, mit Hilfe dessen man das Ursprungsalter aller mit solchen Eigentümlichkeiten begabter Lebewesen, die noch in jüngere Zeiten oder in die Jetztwelt hineinragen, feststellen kann, auch wenn für sie noch keine fossilen Reste aus jener Entstehungszeit gefunden wurden, zu einem augenscheinlichen Beweis für ihre früheste Existenz. So kann man erwarten, auch über das Entstehungszeitalter des Menschengeschlechtes Aufschluß zu erhalten, wenn man dessen Gestalt und Organe mit früheren biologischen Zeitcharakteren vergleicht. Der vorläufigen und nur ganz allgemeinen Auswertung

dieſer paläontologiſch gewonnenen Erkenntnis für das erdgeſchichtlich hohe Alter des Menſchenſtammes und ſeiner Entwicklung dient
dieſes Buch. Aber noch mehr.

Ich begegnete, ohne es beſonders zu ſuchen, im Lauf der Jahre
vielen ſagenhaften Vorſtellungen und Angaben über Urmenſchen
und ihre Umwelt, die, von dieſer Seite her geſehen, auf einmal
einen merkwürdigen Schimmer von Leben gewannen. Das führte
mich alsbald dazu, Mythen, Sagen, Kosmogon'en und teilweiſe
auch Märchen mit Sagenkernen unter einem erd- und menſchheits-
geſchichtlichen Geſichtspunkt anzuſehen und ſie zu vergleichen mit
naturhiſtoriſchen Tatſachen, Theorien und Möglichkeiten. Das
Ergebnis ſolcher Vergleiche liegt hier vor. Ich ſtelle ſie mit Auswahl und ohne Vollſtändigkeit hin, wie ſie mir erſchienen, nicht
unbedingt als wiſſenſchaftliche Sätze. Das Ganze iſt ein Verſuch,
auf einem, ſoweit ich ſehe, noch nicht planmäßig begangenen Weg
Fremdartiges und Altbekanntes, Naturhiſtoriſches und Sagenhaftes zu vereinigen; daher auch das Wort „Studie" im Untertitel.
Des Wagniſſes, das in der nach außen gerichteten Darſtellung
einer ſo vielſeitigen Gedankenwelt liegt, bin ich mir voll bewußt
und kenne nur zu gut die Bedenken, die der Fachmann hegt; ich
hoffe aber, das naturhiſtoriſche Geſetz und die Zuſammenhänge,
auf denen die Darlegung über das hohe Alter des Menſchen-

stammes ruht, später noch einmal sicherer fassen und begründen zu können.

Das Buch ist, neben den sachlichen Darlegungen, etwas durchaus Persönliches, und seine Gedankengänge schließen sich zu einem Weltbild zusammen. Es ist daher, wie alles Erlebte, ein Bekenntnis und soll es sein. Jeder Abschnitt, selbst der trockenste, ist mit seinen Ausblicken ein solches. Die Quellen liegen klar zutage, und wo sie fremder Herkunft sind, sind sie getreulich angegeben. Zuletzt aber wurzelt alles in einem zu lebendiger Anschauung gelangten Einfühlen und erhebt nicht den Anspruch, die nüchtern wissenschaftliche Forschung verdrängen zu wollen von der Stelle, wo sie ihrer Natur nach hingehört. Trotzdem soll eine andere Wahrheit erreicht werden mit anderen Mitteln und auf einem anderen Weg, den ich erkenntniskritisch und naturhistorisch zu begründen versuche; dabei wird reichlich die Arbeit Anderer verwertet und aus ihren Gedanken geschöpft werden.

Aber mit der Naturhistorie der Sagen, die wir enthüllen möchten, um sie für die Erd- und Menschheitsgeschichte fruchtbar zu machen, ist es allein nicht getan. Wissenschaft als solche, und sei es auch die einfachste Beschreibung eines Gegenstandes, kann, als Wollen zu reiner Erkenntnis, doch nur metaphysischen Sinn haben — oder sie hat überhaupt keinen. Und gerade ein Problem wie das unsere ist in seinem ganzen Umfang, in seiner ganzen Tiefe ohne bewußte Metaphysik überhaupt nicht zu fassen. Zugleich möchte ich daher, wie es sich notwendig aus dem Zusammenhang ergibt, auch zeigen, daß sich eine Brücke vom Außerlich-Naturhistorischen zum Innerlich-Metaphysischen unschwer schlagen läßt, wenn man sich einer Betrachtungsweise anvertraut, die ihre großen Vorbilder auch unter den Naturforschern hat, die aber im allgemeinen in unseren Tagen nicht üblich ist und Vielen unmöglich, wenn nicht verwerflich erscheint. Folgen ihr aber, wie ich aus manchen Anzeichen zu hoffen wage, alsbald auf besserem Wege Andere, denen die Kenntnis und Erforschung der Sagen wissenschaftlicher Beruf ist, dann wird das, was ich hier mühsam und voller Irrgänge zuwege brachte, während ich es in zwei Jahrzehnten immer deutlicher neben meiner fachwissenschaftlichen Arbeit hergehen sah, bald ein volleres Licht auf ein Leben werfen, das jetzt noch unter dem Schutt der Jahrtausende und vieler Vorurteile und Schulmeinungen begraben liegt.

München-Solln,
Anfang 1924.

Inhalt

Einführung

Zwei Wege gibt's, Natur den Schleier wegzuheben;
Der eine führt in's Nichts, der and're hin zum Leben:
Verhärtetem Gemüt und trockenem Verstand
Erscheint ein drehend' Rad an einem endlos' Band.
Doch nahst in Ehrfurcht du und frischen Herzens ihr,
Strahlt sie lebend'gen Sinn in ew'ger Keuschheit dir.

Theorie und Wissenschaft

Neue Wege des Wissens werden erschaut, nicht begrifflich erwiesen. Sie selbst erweisen sich gangbar, wenn man auf ihnen die Dinge sinnvoll in neuer Aufreihung sieht. Dann spricht man von neuen Tatsachen, die man gefunden habe; und von da aus tun sich wieder neue Wege auf. So bleiben wir ewig Wandernde. Die selbst neue Wege suchen, das sind „die Träumenden mit dem großen Glauben". Wir sind Alle Glaubende, aber jeder von einer anderen Geburtsstunde seines geistigen Lebens her, unter einem anderen Stern im Zenith, mit einem anderen Akkord und mit anderer Stärke. So mag es kommen, daß wir uns in neuen Gedanken nie ganz gemeinsam finden und in alten gemeinsam gewordenen nicht beisammen stehen bleiben können. Aber das Ziel ahnen wir Alle, wie eine in uns liegende Verheißung.

Der Glaube, wenn vom Einzelnen ausgehend, ist in dieser Form einzig und einsam. Ist er stark, so überträgt er seine Schwingungen auf die, die von sich aus nicht glauben, erweckt ihnen ihre Akkorde, ihre Weisen. „Die Gefahr, die von der Wissenschaft gefürchtet wird — sagt ein feinsinniger Interpret Bachofens, der auch ein Einsamer war — daß jeder Unberufene seine Phantasie für sachliche Intuition ausgebe und ein willkürliches Chaos an die Stelle methodischer Forschung trete, ist viel geringer als man glaubt. Die Allgemeinheit übt hier stete Korrektur, denn nur das wirklich Bedeutende kann von Dauerwirkung sein. Das bloß Subjektive sinkt in sich zusammen." Wenn es anders wäre, könnte die Wissenschaft überhaupt nicht bestehen; denn sie hat kein anderes Mittel zu ihrer Erhaltung als eben dieses angedeutete. Sie lebt vom Glauben — oder sie vegetiert nur und häuft an, oder stirbt. Man könnte heute noch nicht mit Atomen und Quanten rechnen oder von der Entwicklungsgeschichte des Lebens reden, wenn man nicht daran glaubte und zuvor eine Theorie gehabt hätte, ehe man neue, tiefer reichende Tatsachen dazu fand.

Die Alten, oder wenigstens die platonischen Geister, nannten Theorie das, was wir heute als geniale Innenschau und Versenkung

in einen mit ernster Hingabe behandelten Stoff und die daraus
entspringende unmittelbare Gewißheit bezeichnen können — das
Gottschauen, das Sehen der inneren Zusammenhänge und der Einheit der Erscheinungswelt, des Daseins, in einem Teil davon. Was
wir aber heute eine Theorie im wissenschaftlichen Sprachgebrauch
nennen, ist eine mit äußeren Tatsachen gestützte und empirisch-
intellektualistisch ausgebaute Erkenntnis. Aber auch eine solche ist
noch nie ohne einen größeren oder geringeren Grad platonischer
Theoria möglich gewesen. Das genial erfaßte Ideenbild ist immer
das anschauliche, lebenspendende Ursprüngliche; die Begründung
und der wissenschaftliche Mantel, das Kleid, worin die Idee nachher
auch den übrigen erscheint, ist das von außen Herangebrachte, das
vom Material, von den Zeitumständen, von der wissenschaftlichen
Ausdrucksweise, von der Vorbildung und Schulung Abhängige.

Die platonische Idee ist keine Abstraktion aus ein paar von
außen gesehenen Dingen und Vorgängen, sondern eine erschaute
Wirklichkeit im wörtlichsten Sinne des Wortes; nicht ein entleertes
Formelbild in unserem Intellekt, so etwa wie es in der Naturwissenschaft der aus einer Anzahl von Individuen abgenommene
Art- und Gattungsbegriff ist; sondern die Idee platonischer Fassung
ist die in den Dingen und Lebewesen liegende innere Wirklichkeit,
vermöge deren sie sind und werden. Aber nicht an sich sind und
werden, sondern für unseren beschauenden Geist sind und werden.
In der transzendenten Sphäre der Ideen steht der Zusammenhang
und das eine Wesen der Natur für alle ihre scheinbaren Einzelteile
dem anschauenden Geist unmittelbar gewiß da, und darum sieht er
die äußere Natur als ein Gleichnis, als Abbilder der Idee. Wer
das lebendige Wesen einer naturhistorischen Gattung, somit ihre
Idee im Platonschen Sinn erfaßt, dem sind die Arten und Individuen nur Symbole. Die naturwissenschaftlich empirische Welt
ist eine symbolische Welt von Bildern der unmittelbar lebendig
wirksamen Ideen.

Die erschaute Idee muß daher, um wissenschaftlich-intellektuell
verständlich zu werden, in gegenständlichen Bildern und Gedankengängen dargetan werden. So entsteht eine Theorie im gewöhnlichen
Sinn, eine Lehre. Eine im Kampf der Gedanken brauchbare, Tiefen
erhellende Lehre oder Theorie dieser Art unterscheidet sich von einem
unwissenschaftlichen Meinen und Raten dadurch, daß der Forscher-

kopf, dem sie entsprang, an den nüchtern empirischen Tatsachen sie
prüft und bereit ist, sie folgerichtig abzuändern, sobald es ihm danach
notwendig erscheint. Nur auf solchem Boden heranwachsende Theorien
und sich wandelnde Lehren bedeuten einen inneren Gewinn für die
allgemeine Wissenschaft. Sie sind nicht nur Erkenntnisse schlechthin,
sondern wirken als heuristische Thesen, befruchten durch den alsbald
einsetzenden Gedankenstreit die Forschung, führen zu einer neuen
Gruppierung von Tatsachen und Erscheinungen, also zu neuen Tat=
sachen selbst, und sind segensreich für den Geist und die Material=
gewinnung der Wissenschaft, auch dadurch, daß sie gerade denen
am meisten den Sinn schärfen und erweitern, die sie bekämpfen,
wenn sie nicht dieselbe unmittelbare Gewißheit des Schauens der
grundlegenden Idee gegenüber haben. Gedankengebäude dieser
Art waren in der Wissenschaft der Nachrenaissancezeit etwa die
Galileische Lehre, die Newtonsche Erfassung des Schwerkraftprin=
zipes, die Goethesche Farbenlehre, die Kantsche Erkenntniskritik, der
Mayersche Satz von der Erhaltung der Energie, die Darwinsche
Abstammungstheorie und vielleicht die Welteislehre.

Nicht immer werden neue Gedanken mit einem Schlag und nur
in einem Kopf geboren; gleichzeitig oder vorher treten sie bei
Einzelnen oder Vielen in der oder jener Form, da oder dort auf, bis
der Mann kommt, der ihnen durch eine einzige Innenschau zum
Leben hilft und den Sturm entfacht. Sobald die Idee als Theorie
oder Glaubenssatz geboren ist, ist sie damit auch in eine bestimmte
enge Form gegossen, ist sie aus dem freien Reich des Geistes in die
Beschränkung physischer oder seelischer Wirklichkeit getreten und nun
mit allen Fehlern und Irrtümern belastet, denen jedes Menschen=
werk ausgesetzt ist. Es geht der echte Ring verloren. Daher beweist
es nichts gegen den inneren Wert und die Berechtigung einer ge=
nialen Erfindung, wenn ihre Begründung mit konkreten, der Um=
welt entnommenen Tatsachenbildern von den Spezialisten aller=
seits bekämpft wird.

In der organischen Natur kommen zeitalterweise neue Typen und
alte vergehen. Diese neuen Typen, einmal vorhanden, treten in
viele Abwandlungen ein und erfüllen in längerer oder kürzerer Evo=
lution den Kreis ihres Daseins, um dann zu verschwinden und
neuen, andersartigen Platz zu machen oder um ein unbedeutendes,
selten noch einmal in rasch wieder abfallender Bahn sich erhebendes

Kümmerdasein weiterzuführen. Man kann aber nicht sagen, daß die neuen aus den alten unmittelbar hervorgehen; wohl aber macht es den Eindruck, als ob die einen aussterben müßten, damit die anderen gedeihen könnten. Analoges geschieht beim Auftauchen der Kulturen und Völker und Rassen und auch beim Auftauchen neuer lebendiger Gedanken. Sie gehen nicht unmittelbar aus einander hervor; nur ein geheimer Zusammenhang besteht im Kommen und Gehen, gerade wie in der Evolution lebender Wesen. Auch neu hervorbrechende Gedanken erfüllen ihre Zeit und setzen sich dann nicht mehr unmittelbar fort, wenn sie ihre Aufgabe erfüllt haben. Darum ist in der Wissenschaft noch nie ein Gedanke endlos fortgebaut worden, sondern jeder erfüllt seinen Kreis und stirbt wieder. Aber in diesem Sterben scheint, wie bei einer gesunden Seele, zugleich die Kraft zum Werden eines Neuen zu liegen.

Gedankengebäude, Theorien, Glaubenssätze, insofern sie der Ausdruck geschauter Ideen sind, bleiben während der ganzen Dauer ihres Daseins wesenhaft das, was sie mit ihrer Geburt waren, wenn sie auch späterhin von Anderen aufgegriffen und in ihrer Form abgeändert werden; oft bedienen sich aber auch neue Ideen des Gewandes der älteren. Ebenso ist es mit Mythen, Sagen und religiösen Wahrheiten. Das alles ist ja, sofern es nicht reine Intellektualprodukte und daher ephemere Gebilde sind, eines Wesens und der Ausdruck unverbrüchlicher Gewißheiten. Sie entquellen alle, auch wenn sie in einem Einzelkopf erschaut wurden, einer Zeitstimmung, einem Zeitgeist, der oft nur von Wenigen getragen und ihnen erkennbar wird; sie entquellen ihm wie die Formen der organischen Welt dem Schoß der Natur, die gewiß nicht ewig dieselbe bleibt, sondern auch ihren Zeitgeist hat. Wenn nach einem Wort Nietzsches jede Lehre vergeblich ist, die nicht das von den Besten gefühlte Drängen einer Zeit ausspricht, so ist umgekehrt jede derartig hervortretende Lehre auch stets einer Anzahl Geister unmittelbar gewiß, sobald sie nur einmal ausgesprochen ist. Dann gilt auch das Verneinen von Einzelheiten oder ihre Verurteilung durch die Sicheren, Allzusicheren nichts. Sie hat Türen geöffnet und einen Blick ins Weite zu tun erlaubt, dem die Heranwachsenden folgen werden, selbst dann, wenn sie Einzelheiten und Fassung der Lehre überholen. Hat sie aber einmal ihren Kreis erschöpft und die neue Bedeutung der altbekannten Dinge enthüllt, dann fällt sie vom Baum des Lebens ab, wird vielleicht auch von den dann Alten, die mit ihr groß wurden, zähe festgehalten, bis sie mit ihnen ins Grab sinkt. So geht es uns und unseren Lehren allen.

Jede der großen wissenschaftlichen Perspektiven — ich sage mit Absicht nicht Wahrheiten — haben ein Wesentliches und Bleibendes gebracht, auch wenn sie widerlegt wurden oder lange unbeachtet blieben und wirklich oder scheinbar wieder verschwanden. Demokrits Atomlehre ist mit dem Kulturkreis, in dem sie entstand, vergessen gewesen, als sie in der abendländischen Physik in neuer Form und unter einem anderen Weltbild wiederkam. Sie hat noch einmal in diesem ganz anderen Zusammenhang Werte geschaffen und wird wieder — wir sind ersichtlich auf dem Weg dazu — in Metaphysik zurückkehren, aus der sie kam; anderes wird an ihre Stelle treten. Mayers Gesetz von der Erhaltung der Energie wurde von der Fachwissenschaft abgelehnt; dann beherrschte es die Mechanik. Die von ihm geschaffenen Erkenntniswerte bleiben, aber ein anderes tritt an seine Stelle. Helmholtz' Vorstellung von der allmählichen Kontraktion der Erde hat, obwohl ohne planetarische Richtigkeit, die Geologie so weit zu führen vermocht, daß sie klar die geophysischen Vorbedingungen kennen lernte, die für eine gereiftere Lehre den geistigen Boden schufen. Cuviers Lehre von den Erdkatastrophen mußte der v. Hoff-Lyellschen Lehre von der Summierung kleinster geophysischer Wirkungen weichen, als der Zeitgeist für die mechanistische Weltanschauung reif geworden war und eine andere Betrachtungsweise erforderte; ebenso wie die Darwinsche Abstammungslehre, das echte Kind der utilitarischen Lebensanschauung, die auch über unser Volk im letzten Jahrhundert verheerend dahingegangen ist. Alle diese Lehren haben ihre große Mission erfüllt, obwohl sie soviel abgelehnt wurden. Sie lehrten uns, mit neuen, für das Kleine geschärften Augen sehen. Jetzt werden sie verdrängt von neuen Gedanken und Gesichten, die gewiß auch in tausend Einzelheiten falsch und dennoch in der geschauten Idee wahrhaftig sein können und es sind, so viel und so wenig wie alle früheren und alle noch kommenden. Denn „Wahrheit" bringen sie alle nur insoweit, als sie aus einer Fülle von Teilerkenntnissen heraus genial konzipiert sind und wie ein alles durchdringender Funke von ihren Schöpfern einmal erlebt und von Anderen nacherlebt wurden.

Zwei Geistestätigkeiten sind miteinander am Werk: die geniale Beschauung und das tägliche Handwerk. Beide müssen im Persönlichen miteinander verknüpft sein, wenn der, der sich Forscher nennt, nicht ein erfolgloser Phantast oder ein tödlicher Schulmeister sein soll. Der Eine hat mehr diese, der Andere mehr jene Seite seines Geistes entwickelt. Unsere Großen sind die, bei denen beides harmonisch ineinanderklang. Sie haben ihrer Wissenschaft neue Bahnen gewiesen, haben ihrer Mitwelt und Nachwelt Schauen in neue Sphären gehoben, wo dieselben alten Tatsachen auf einmal neue Tatsachen und — für ihr Zeitalter — auch neue Wahrheiten wurden; womit sie es Anderen ermöglichten, geistig weiterzuleben.

Bezeichnend für alles geistig Tiefe und Fruchtbare ist somit einerseits das von innen heraus Gewonnensein und andererseits das, daß die Begründung, die Ausgestaltung zur konkreten wissenschaftlichen Theorie Irrtümer, Fehler, Widersprüche in sich trägt. Der Spezialkenner, der ebenso unerfreulich beschränkt wie genial sein kann, wird daher auf alle Fälle einem neuen Gedanken gegenüber zunächst immer recht behalten, sei es, daß er ihn ablehnt, sei es, daß er seinen Wert ganz oder teilweise anerkennt und darauf eingeht. Das liegt in der Natur des Denkens und Schauens, und anders können wir Alle wissenschaftlich nicht handeln, ob wir es einsehen oder nicht.

Bezeichnend für eine die Wissenschaft vertiefende Ideenschau ist auch das, daß ihre äußere Gestaltung zur Lehre, ihre Beweisgründung ad hoc gemacht werden muß. Es wird eine geeignete Darstellung, eine geeignete Gruppierung konkreten Wissensstoffes gesucht, was dem, der die Idee ergriffen hat, im Grunde Nebensache ist. Er muß aber ein solches Theoriengebäude errichten, um sich seiner Um- und Mitwelt verständlich zu machen. Daraus erhellt, daß es bei einer Theorie, einer neuen Lehre nicht so sehr auf die Einzelheiten der Darstellung und Begründung ankommt, als vielmehr darauf, daß die erschaute Idee als solche vermittelt und für den suchenden Gebrauch zur Verfügung der Wissenschaft gestellt wird. Wer da glaubt, daß im absoluten Sinn eine Lehre richtig oder falsch sein könnte, hat erst die Oberfläche der Welt und des Daseins berührt. Im objektiven Sinn schlechthin wahr sind überhaupt nur die mit innerem Sehen wahrgenommenen Urbilder der Dinge, die „Ideen" im Sinn Platons. Sobald sie ins Konkrete übersetzt werden, ist ihre Wahrheit und ihr bedingungsloses Sein dahin; sie werden eingekleidet in eine Lehre, in ein System, und über dieses läßt sich endlos streiten.

Es ist wie mit einem gotischen Dom, den wir aus der Ferne über die Häuser ragend erblicken: seine Gesamtform macht einen großen Eindruck auf uns und gibt uns unmittelbar die Idee dessen, was gotisches Wollen, gotisches Schauen, gotischer Ernst ist. Wir gehen näher, ganz nahe heran und erblicken jetzt eine Menge Kunst- und Schönheits- und Materialfehler an dem Werk: einzelne Quader sind verkehrt eingesetzt; viele Verzierungen sind roh ausgeführt und stimmen nicht auf einander; da und dort ist ein Bogen oder ein Fenster romanisch statt gotisch; oder die Reihe der Pfeiler ist verschoben; oder es sind Teile eingefügt, die zu einem anderen Bau ursprünglich gehören und notgedrungen hier mitverwertet sind. Wir sind vielfach enttäuscht und treten wieder zurück. Aber mit demselben überwältigenden Eindruck, mit derselben Gewißheit und Wahrhaftigkeit seiner Gesamtkonstruktion ragt er wieder über die Dächer, und wir geben uns dem, was er uns wahrhaft vermittelt, jetzt nach der kritischen Prüfung mit vollerer Überzeugung wieder hin und schauen mit dem Geist des Meisters, statt über den verkehrten Quader mit dem Steinmetz zu schelten.

In dieser Zweiheit zwischen Idee und Leben bewegt sich das geistige Dasein der denkenden Menschen. Nicht nur das der eigenen Persönlichkeit, nicht nur ihr Dasein zwischen Wollen und Können in sittlicher und intellektualer Hinsicht, wovon die Gestalt des Apostels Paulus ein so tragisches Beispiel ist; sondern eben auch in unserem wissenschaftlichen Wollen und Sollen begegnet uns diese Pein des Doppelwesens, das uns — wir fühlen es klar — allein hindert, zur Wahrheit zu gelangen. Seine Auflösung wäre die Wahrheit. Aber es ist noch Keinem gelungen, mit den Mitteln des bewußten Denkens jene Zweiheit des Vorstellens und Erlebens in die Einheit des eigenen unmittelbaren Seins hinüberzuleiten. So gleiten wir hin und her: aus dem Reich des unmittelbaren Erlebens, wo wir vorübergehend eins mit dem Erkannten sind, hinüber in die Welt der Begriffe und des Vielerlei, in die Denkformen von Subjekt und Objekt, von Raum und Zeit, von Ursache und Wirkung, wo Trennung und Irrtum herrscht.

Mensch, willst du ‚wissen‘ nur, wie fern bleibst du dem Licht!
Wer wahres Wissen hat, der schaut und — weiß es nicht.

Alle Wissenschaft geht in ihrem stillen Ziel, dem Einzelnen bewußt oder unbewußt dahin, jene Zweiheit für das Bewußtsein zu beseitigen, worin uns die anorganische Natur immer wieder als Kraft und Stoff, die organische als Seele und Leib, die Geschichte als Sinn und Ablauf entgegentritt. Wir haben verschiedene gewaltige und oberflächliche Versuche, dieser Zweiheit im Denken und Vorstellen Herr zu werden und in unserem Intellekt zu der von uns Allen gefühlten, geglaubten und auch wirklich seienden inneren Einheit alles Daseins zu gelangen.

Die ganze Philosophie, von den ältesten Zeiten bis heute, ist diesem Hingelangenwollen zur inneren Einheit der Dinge und unser selbst geweiht; einen anderen Sinn und eine andere Quelle hat sie nicht. Sogar die Afterphilosophie der eben vergangenen Jahrzehnte, der „wissenschaftliche Monismus", hat einzig und allein dieses Wollen gehabt, doch hat er das Ziel nicht im Auge behalten. Denn statt die Zweiheit unseres Daseinsbildes und Daseinsgefühls auf wissenschaftlich verständliche Weise aufzuzeigen und sie als eine für das Wachdenken unübersteigliche Tatsache zu nehmen, aber neu zu beleuchten, hat er sie bloß weggeleugnet und wegdekretiert, war also dogmatisch und im Gefolge davon fanatisch, aber nicht philosophisch-wissenschaftlich. Und wenn zum Schluß sein lautester und kindlichster Rufer im Streit, Ernst Haeckel, von beseelten Atomen spricht, weil anders ihm keine Vorstellung des Stoffes, der Materie ersteht, so ist das eine Ironie der Geistesgeschichte, die von neuem dem Intellekt als solchem die ihm nun einmal gezogenen Grenzen weist. Das aber hätten sie von Kant schon lernen können.

Auch Schopenhauers ganzes Bestreben, aus echtestem Grund entsprungen und wie blasphemisch berührt, wenn man es dem Monismus und der „wissenschaftlichen Weltanschauung" der zweiten Hälfte des 19. Jahrhunderts zur Seite stellen würde — auch Schopenhauers ganzes Bestreben ist immer und immer wieder auf die verständliche Auflösung des Dualismus alles denkend erfaßten Daseins gerichtet: Der Wille zum Dasein ist das allein Seiende, der Intellekt nur das reflektierend Hinzugekommene, womit der Wille seiner gewahr und zur Umkehr, zur Abkehr vom Einzeldasein reif wird. Wenn aber Schopenhauer es am Ende seines Lebens preist, daß er selber noch mit der weltüberwindenden und daseins-

verneinenden Weisheit der indischen Veden bekannt werden durfte,
so liegt in diesem innigsten Bekenntnis zugleich das Erlösungsgefühl
zutage, das einen so tiefen Geist durchdrang, als ihm ein Weg
gezeigt war, der Zweiheit und damit Zerrissenheit des Daseinsgefühls aus seiner Intellektualwelt weg zu entwachsen.

Der Weg dahin war von jeher und wird in alle Zukunft nur einer
sein: lebendige Religion. Nicht das philosophisch-wissenschaftliche
Denken, von der Profanwissenschaft gar nicht zu reden; nicht das
Rennen und Drängen nach einer äußeren Wahrheit — was ist
Wahrheit? wird uns da immer wieder der Abschluß jeder Zeitepoche zurufen, um keine Antwort von uns zu bekommen. Wir stehen
mit der Naturwissenschaft wieder deutlich an einem solchen Epochen-
abschluß. Der Dualismus in unserem Welt- und Daseinsbild ist der
gleiche, wie je zuvor, und wissenschaftlich-philosophisch nicht gelöst.
Wenn wir den Arm heben, um eine Tätigkeit auszuüben, so bemerken wir wohl, daß der Willensakt des Hebens und die dabei
eintretende Funktion des Armes irgendwo eine Einheit sind; wir
erleben es gefühlsmäßig als Einheit. Sobald wir aber den ganzen
Akt nach dem Begriff von Ursache und Wirkung verstehen wollen,
verstehen wir nichts mehr. Denn nun kommt die unselige Zweiheit
wieder, welche durch unser ganzes wissenschaftliches Erkennen,
soweit es nicht unmittelbares Erleben ist, geht. Darum kommen
wir durch das Denkprinzip von Ursache und Wirkung zu keinem
lebendigen Erfassen des Wesens der Dinge, sondern nur zu Formeln und Gesetzen, auch wenn sie praktisch noch so verwertbar sind;
doch sind sie selbst praktisch nur verwertbar, etwa beim Maschinen-
bau, wenn zuvor die Idee einer Maschine und ihrer Wirkung
durch Innenschau erfaßt war. Das tiefere Erkenntnisbedürfnis
wird durch den Versuch einer Darstellung der Vorgänge unter
dem Bild von Ursache und Wirkung nicht befriedigt, und Formeln
sind keine Erkenntnisse im Sinn einer tieferen Wahrheit. So muß
immer wieder zum Verknüpfen der Dinge und Erscheinungen nach
dem Kausalitätsprinzip, selbst bei der einfachsten wirklich wissenschaftlichen Erkenntnisarbeit, die Innenschau, das Einheitserlebnis
als das allein unmittelbar Gewißheit schaffende Prinzip hinzutreten.

Damit sucht Alles von selbst den Weg zu einer Metaphysik.
Die Einen kehren zu ihrer überkommenen Glaubensgestaltung, in
unserem Kulturkreis also zu ihrer Kirche zurück; die Anderen wen-

den sich zur indischen Weisheit oder zur Theosophie und Anthropo=
sophie; wieder Andere suchen beides zu verschmelzen und die tiefere
Einheit darin zu erfühlen. Wieder Andere, die nüchterner denken,
suchen nach einer okkulten Wissenschaft oder nach Astrologie. Wer
am meisten wissenschaftliche Denkweise hat, hebt seine Physik
und Chemie in das Reich der Atomforschung; und Physik und
Astronomie lassen eine alle Begriffe der Umwelt relativierende
Vorstellung an Stelle des alten naiv mechanischen Weltbildes
treten. Die stammesgeschichtliche Tier= und Pflanzenforschung kehrt
von den realistischen Artbeschreibungen und den formalistischen
Stammbaumbildern zu einer bewußt idealistischen Morphologie
zurück, und wir hier suchen nach einer Metaphysik der Menschen=
und Tierentwicklung in dem Skelett der Erdgeschichte. Was wir
auch sagen und denken und meinen — wir Alle suchen im Grunde
Religion, insofern wir Wahrheit meinen und inbrünstig wollen.

Das wollte die Wissenschaft der Nachrenaissancezeit und die des
materialistisch orientierten letzten Jahrhunderts auch; so gut wie
die religiöse Mystik des Spätmittelalters. Aber der Wissenschaft
der letzten Jahrhunderte war es um ein äußeres Ordnen des Welt=
bildes zu tun; es galt ihr, den Mechanismus des äußeren Ge=
schehens als solchen darzustellen; besser gesagt: ein Weltbild zu ent=
werfen nach dem Begriff des Mechanismus. Unter diesem Gesicht
sah sie und mußte sie ihre eigenen Tatsachen sehen. Zuletzt im
19. Jahrhundert aber vergaß sie fast, daß dieses mechanistische
Weltbild eine dogmatische Forderung, ein a limine gewollter Ver=
such des Geistes war, den Dualismus in der Vorstellung zu über=
winden oder wenigstens für die wissenschaftliche Betrachtung un=
schädlich zu machen. Nun hielt sie dieses mechanistische Weltbild,
soweit seine Darstellung überhaupt gelang, irrigerweise für ein
Ergebnis, statt für ein von Anfang an schon mitgesetztes Postulat,
und gründete darauf neuerdings eine sich wie religiös gebende
Weltanschauung, machte also den Versuch, es ethisch zu verwerten.
Jetzt werden wir uns wieder bewußt, daß so die Wahrheit nicht
gefunden werden kann, weil wir an Weltanschauung aus unserer
Wissenschaft doch nur das herausholen können, was wir und unsere
Altvorderen dereinst hineinsteckten, als geniale Ideenschau sie ge=
bar. Das investierte Kapital ist dasselbe geblieben. Wir haben es
arbeiten lassen und die reichlich anfallenden Zinsen als natur=

historische Beschreibungen, Entdeckungen, praktische Ergebnisse ein-
geheimst und zum Leben verbraucht, vielfach, um dadurch ärmer
an Seele zu werden. Nun wir uns wieder auf das Kapital be-
sinnen, finden wir es als dasselbe, im Wesen unverändert, wieder
vor. Und wir fragen von neuem: Was ist Wahrheit?

Diese Selbstbesinnung führt immer zum Urquell zurück, zur
Religion. Dort, unter Hingabe des Ich, erlebt der Mensch die
Einheit, die er hinter der Dualität der vorgestellten, d. i. in Subjekt und Objekt getrennten, in seinem Bewußtsein reflektierten Welt
mit den Mitteln des Alltagsverstandes vergeblich sucht. Die innerlich
erlebte Einheit ist Glaube, ist unmittelbare, weil nicht durch die
Sinne ermittelte Erfahrung; ist Wissenschaft schlechthin; ist Wahrheit. Durch die äußere wissenschaftliche Empirik der letzten Jahrhunderte zu asketischem, wissensstrengem Denken erzogen, ist der
Geist unserer Forschung reif geworden zu neuer Einkehr, zu einem
neuen Setzen einer Forderung, eines durch Innenschau erfaßten
Axioms, wie es die Forderung und Ausarbeitung eines mechanistischen Weltbildes seinerzeit war.

Das neue Axiom — man erkennt es deutlich, wenn es auch, soweit ich sehe, in der Naturforschung noch nicht ausgesprochen, obwohl suchend da und dort angestrebt ist — es wird der Versuch
eines wissenschaftlichen Weltbildes sein, in dem das äußere Geschehen als Abbild des wesentlich Wirklichen und Wirksamen erscheint. Wir kommen zu einem symbolhaften Auffassen des Geschehens um uns, der Natur und unseres eigenen Daseins. Freilich werden die Methoden damit andere werden. Die alte Tat-
sachenforschung wird bleiben; sie hat sich in ihrem Reich wohl-
bewährt, und ohne sie wird unser Intellekt nichts schaffen können.
Aber hinzutreten wird ein inneres Sehen, das aus der Selbst-
erforschung und aus der Erkenntnis der „Innenseite der Natur"
fließt. Diese Innenseite sind wir selbst. Des Menschen Wesen ist
das Maß und das Wesen der Dinge; sein Werden ist das Werden
auch der von ihm erkannten Umwelt, und aus seinem Wesen fließt
die Erkenntnis der Dinge, so von innen im Schauen, wie von
außen in der Empirik der Sinne.

Es ist nichts Neues, das kommen wird, nur etwas Geläutertes,
Geklärtes, Vergorenes. Denn es war schon da, was wir nun
wieder brauchen und suchen. Unsere großen Geister der voraus-

gehenden Jahrhunderte bis in die idealistische Philosophie und
Naturphilosophie haben es besessen und leuchten zu uns herüber.
Aber sie besaßen es in anderer Weise: sie waren nicht gehemmt
und geschult an dem entsagenden Denken und Forschen unserer,
das mechanistische Weltbild nüchtern erstrebenden kritischen Wissenschaft. So wurden sie fruchtlos; der Faden, brüchig geworden,
riß ab. Dann kam die Zeit des Materialismus nach dem Niedergang der idealistischen Freiheits- und Einheits- und Weltverbrü-
derungsideen des ausgehenden 18. und des beginnenden 19. Jahrhunderts. In Wissenschaft und Volksleben trat der westliche Materialismus in den Vordergrund. Nun jagte ein „Aufschwung"
den anderen: wachsender Reichtum; außenpolitische Erstarkung;
Schaffen einer öffentlichen Meinung durch eine Presse; seelenloses,
nicht volksverankertes Kastenwesen; Gegensätze, aus denen der
revolutionäre Sozialismus geboren wurde; Parlamentarismus;
Darwinismus; Industrialisierung der Arbeit, auch der wissenschaftlichen Arbeit; überhaupt Vermechanisierung des Daseins
unter höchsten Triumphen des Technischen auf allen Gebieten.
Daneben, von Zeit zu Zeit tief aufseufzend und nach der verschütteten
Seele unseres Volkes rufend, ging gerade das deutsche Geistes-
leben seinen äußerlich glanzvollen, innerlich zerrissenen Weg. Um
die Jahrhundertwende erwachte wieder die „Philosophie". Sie begann mit dem Wiedererkennen von Goethes Geist. Man suchte
wieder und suchte ahnend; man wußte nicht mehr alles, und die
eben marktschreierisch gelösten Welträtsel fingen wieder an, ungelöste Probleme zu werden. Es regte sich wieder das Geheimnis im
Dasein, der Glaube.

Dann kam das ungeheuere Leiden und Sterben. Und nun ist,
trotz allem äußeren Schein des Gegenteils, Seele und Geist wieder
frei und ist sehnsüchtig nach — Religion. Wir beginnen, die alten,
im Aufschwung abgerissenen Fäden weit, weit in die Vergangenheit hinein wieder zu knüpfen, vielleicht zu einem neuen großen
Geistesflug. Es sollte gelingen, die äußere Empirik der Wissenschaft
mit der Innenschau des Sehers zu vereinigen zu einem vertieften
symbolhaften Weltbild und eine Brücke zu schlagen zwischen dem
unvergorenen Osten und dem ausgereiften Westen.

In diesem zur reiferen höheren Frucht ansetzenden Erkenntnis-
zustand befindet sich nach meinem Gefühl jetzt unsere faustisch-

deutsche Naturforschung, gleichgültig wie viele von ihren Trägern
das wissen oder zugeben. Sie leitet über zur Religion.

Die Evolution des Geistes ist wie ein Spirallauf; er kehrt zum
selben Punkt anscheinend zurück, jedoch auf einer höheren Stufe,
und hat von dort Aussicht auf dieselben Dinge, jedoch im Durchlaufen einer höheren Bahn. So finden wir gewisse Parallelen in
der Geistesentwicklung der Völker oder Kulturen und in unserer
eigenen Entwicklung. Daraus können wir gewisse Richtlinien auf
das Kommende gewinnen; nur dürfen wir das Ähnliche nicht unbesehen gleichsetzen. Eduard Schwartz zeigt[1]) nun in den „Cha-
rakterköpfen aus der antiken Literatur", wie Epikur in seiner Spät-
philosophie die alten naturphilosophischen Lehren und Erkenntnisse
etwa eines Demokrit zu einer formalen Grundlage seines Lehr-
gebäudes und seiner spätzeitlichen Weltanschauung verarbeitet, wie
es ihm aber nicht darum zu tun ist, die wissenschaftliche Richtigkeit oder Nichtrichtigkeit einer solchen Lehre zu erweisen. Bei
Demokrit erwuchs sie, wie Schwartz sagt, ehedem aus der Unmöglichkeit, das eine, das ungewordene und unvergängliche Sein auf
die unendliche Mannigfaltigkeit der werdenden und vergehenden
sichtbaren Welt zu übertragen; er sah daher in seiner Lehre die
glückliche Lösung eines Widerspruches, der jede wissenschaftliche
Erkenntnis der realen Welt unmöglich zu machen drohte. Epikur
dagegen dachte gar nicht daran, die Forscherarbeit Demokrits fortzusetzen. „Er legt auf eine exakte Erklärung der Naturvorgänge
keinen Wert und erhebt es zum Grundsatz, mehrere zur Auswahl
nebeneinanderzustellen". „Er war nicht der erste unter den Nach-
folgern des großen Naturforschers, der die atomistische Hypothese
nicht als Prinzip der Forschung, sondern als Bestandteil einer
Weltanschauung behandelte und entwickelte." „Er folgt nur dem
Zuge seiner Zeit, wenn er die wissenschaftlichen Aufgaben, die der
letzte originale Denker der Nachwelt gestellt hatte, verachtete und
beiseite schiebt: derselbe Prozeß läßt sich auch bei den Erben der
platonischen und aristotelischen Wissenschaft beobachten... „Die
hellenische Philosophie war seit Plato, ja seit Sokrates Wissenschaft
und Weltanschauung zugleich. Wenn die moderne Wissenschaft auch
schwer mit dem Dogmatismus hat ringen müssen, mit dem die
Kirche als Erbin der griechischen Philosophie die Menschheit durchtränkt hatte, eines verdankt sie der geistigen Herrschaft der von den

chriſtlichen Kirchen gehüteten Offenbarung doch: ſie konnte ſich
exkluſiv der Forſchung widmen und brauchte ſich um das Seelenheil
ihrer Adepten nicht zu kümmern wie ihre helleniſche Vorgängerin,
die auf keinen Dekalog und keine Bergpredigt verweiſen konnte."

Ich glaube, wir ſind, was dieſe, die innere Bewegung des hel=
leniſchen Geiſtesfluſſes im Weſen kennzeichnenden Sätze betrifft,
heute wieder in einem ähnlichen Zuſtand, wenn auch auf anderer
Stufe; aber ich glaube auch, daß wir in eine Periode eintreten, in
der wir uns ſogar als Naturforſcher ſehr um das „Seelenheil"
unſerer Adepten nicht nur werden kümmern müſſen, ſondern ganz
von ſelbſt darin den einzigen Sinn unſerer und vielleicht aller
Forſchung ſehen werden. Dafür gibt es objektive und gefühlsmäßige
Symptome.

Man kann den Beweis von zwei Seiten her verſuchen: von ſich
ſelber aus, wobei das Einfühlen und Vorfühlen des Zeitgeiſtes
weſentlich iſt; ſodann von den Anderen her, die uns als Perſonen
oder in Wort und Schrift begegnen. Was das Eigene anbelangt,
ſo ſei dieſes Buch hier ein Beleg. Was die Anderen betrifft, ſo kann
man ſeit Jahren, und ſeit dem Krieg in verſtärktem Maße, beobach=
ten, wie Schüler und Laienvolk im ganzen viel innerlicher an die
wiſſenſchaftliche Frageſtellung herantreten, als wir es ſeinerzeit
noch konnten; wie ihr Suchen und Fragen ſogar bei ſcheinbar ſo
konkret realiſtiſchen Gegenſtänden, wie denen der Erd= und Lebens=
geſchichte, auf Verinnerlichung zu gehen ſcheint. Es iſt nicht mehr
jener negative Geiſt, der in der zweiten Hälfte des 19. Jahr=
hunderts aus dem erkenntniskritiſch ſo flachen Schlammſtrom des
naturwiſſenſchaftlichen Aufklärichts ſich erhob und ſich vornehm=
lich an die deutſche Form der populärwiſſenſchaftlichen Literatur
knüpfte; auch damals machte man aus der Naturwiſſenſchaft von
der Chemie bis zur Biologie eine Philoſophie, die mit ihrem naiven
Realismus die einzig mögliche ſein wollte. Dieſe iſt es nicht, die
heute ſich aus und neben der Naturforſchung erhebt. Vielmehr
will das heutige Erkenntnisbedürfnis nicht mehr den Stoff an die
Stelle der Seele geſetzt ſehen, nicht mehr die Tiefe der Lebensfrage
durch Formeln, ſondern durch Anſchauen des lebendigen Weſens
aller Dinge, durch eine wahre Theoria ſich nahegebracht wiſſen.

Das iſt die eine Gattung der Suchenden. Die andere beſteht aus
den Lehrern und Forſchern ſelbſt. Der Stoff als ſolcher wird nicht

mehr um seiner selbst willen angebetet. Er wird zu einem inneren
Schauen vertieft. Ich rede nicht von den Handwerkern, sondern
von den Besinnlichen. Und darüber hinaus nähern wir uns, jeder
für sich und wir in der Gesamtheit, jener höheren Reife der Erkenntnis, wo wir, mit lange zu reden, nicht die gestrige Theorie
verachten und auf die heutige schwören, sondern in allen Theorien
nur ein Mittel sehen, die Tatsachen zu überblicken und sie für den
Gebrauch zu beherrschen. Und noch mehr. Es wird dem Forscher
wieder klar, daß unser Arbeiten nicht zu der Wahrheit schlechthin
führt, auch nicht zu einzelnen Wahrheiten; und daß daher ein
Streit um sie letzten Endes sinnlos sein könnte. Ich stimme mit
der Erkenntnis eines aus der Enge wagnerhafter Gelehrtenstube
zum Osterspaziergang hinausführenden Werkes[2]) überein, das den
Sinn der faustischen Naturforschung mit den Worten trifft: „Der
Glaube an ein voraussetzungsloses Wissen kennzeichnet nur die
ungeheuere Naivität rationalistischer Zeitalter. Eine naturwissenschaftliche Theorie ist nichts als ein geschichtlich voraufgegangenes
Dogma in anderer Form.... Über den Wert einer Arbeitshypo-
these entscheidet nicht die ,Richtigkeit‘, sondern die Brauchbarkeit....
Einsichten von anderer Art, Wahrheiten im optimistischen Sinne,
können überhaupt nicht das Ergebnis rein wissenschaftlichen Verstehens sein, das stets schon eine Ansicht voraussetzt, an der es sich
kritisch, zerlegend betätigen kann.... Wahr ist nur das Zeitlose.“
Jene Art Brauchbarkeit allein ist das Wesensmerkmal jeder
großen, d. h. Entwicklungsmöglichkeiten in sich bergenden, die Forschung weiterführenden und sie vertiefenden Theorie gewesen. Alle
sind sie, wie Mythen, Sagen und religiöse Wahrheiten, entsprungen
aus genialer Empfängnis, aus Innenschau, aus stiller Gewißheit,
und sie sind so lange und insoweit „wahr“ gewesen, als sie heu-
ristisch fruchtbar waren. Im selben Maß als die Wissenschaft den
Kreis ihrer Möglichkeit innerhalb eines Kulturablaufes ausschöpft,
kehrt sie zu einem bewußten Glauben, erwachsen aus vertieftem
Schauen, zurück. Und vielleicht ist es der Sinn und Wert aller
abendländischen Forschung gewesen, in ihrer langen geduldigen,
oft bis zur persönlichen Askese gesteigerten Arbeit den Geist in
Zucht gebracht zu haben, der, nunmehr reifer geworden, allmählich
die äußere Empirik durch ein gleichzeitiges bewußtes inneres
Schauen erhebt; nicht durch ein willkürliches, wohl aber durch ein

aus dem Boden der rationalen Wissenschaft befruchtetes, stets von ihm mitbedingtes, ihn bewußt im Auge behaltendes intuitives Arbeiten, das gleich dem Antäus nur aus diesem seinem sicheren Mutterboden Kraft und Lebensfähigkeit zieht.

Wir dürfen die oben gegebene Parallele mit der späteren griechischen Naturphilosophie noch einmal aufnehmen und teilweise mit den Worten von Schwarz auch von der jetzigen Philosophie sagen: Schon wiederholen auch wir große naturwissenschaftliche Theoreme, ähnlich wie Epikur, noch mit innerer Überzeugung und — wo wir sie überblicken — auch in lapidarer Sprache. Je reifer, desto geschlossener und einfacher. Wir stellen sie auch mit anderen, älteren und neueren, zusammen, die ihnen gleich oder entgegen sind. Wir haben in der Wissenschaft selbst vergleichend historischen Sinn bekommen und verachten nicht mehr bloß das Alte, das wir nun schon beginnen, gleichberechtigt zu dem Neuen zu stellen. Wir sind abgeklärter geworden und ahnen oder wissen schon, daß es sich nicht um Wahrheit schlechthin, sondern um Perspektiven auf das unveränderte Dasein handelt. Und fragen uns, wo jenseits aller reflektierenden Wissenschaft das Ruhende in der Flucht der Erscheinungen liegt. Es ist uns um den Weg zu tun; denn wir wissen, daß das Ziel noch nicht erreichbar ist.

Dem Einen ist aber diese, dem Anderen jene Theorie, jene Methode, jener Weg der bessere, der sicherer führende, je nach dem Grundzug seines Wesens, seines Schauens, das er angeboren mitbringt oder das ihm während seiner Forscherarbeit erweckt wird. Dieses Schauen ist seine wissenschaftliche Religiosität. Wissen und Schauen, Wissen und Glaube aber bestehen nur miteinander oder überhaupt nicht. Der Rest ist Schweigen oder — weiterhin handwerksmäßige Materialverarbeitung. Aus jener wissenschaftlichen Religiosität entspringt beim rechten Schüler das Suchen und Fragen; aus ihr auch beim rechten Lehrer die Antwort, wenn beide Innerlichkeit wollen und haben.

So mag es das hohe, wenn auch unbewußte und sicherlich meistens noch uneingestandene Ziel unserer Wissenschaft sein, zu dem sie vermöge des inneren Lebens unseres Geistes hintreibt: daß wir nicht mehr so sehr daran denken werden, die äußere Stoffanhäufung fortzusetzen, die äußere Beziehung und Aufeinanderfolge der Erscheinungen darzustellen, als symbolhaft den großen Gedankenbau abendländischer Forschung wie eine abgemessene Säulenhalle hinzustellen, in der alle, aber auch alle Säulen miteinander das Dach tragen, unter dem sich unser Gottsuchen ergeht. Wenn nach dem oben gegebenen schönen Wort von Schwartz die abendländische Forschung sich bisher nicht um das Seelenheil ihrer Jünger zu kümmern brauchte, wenn sie der Herausarbeitung des Stoffes allein leben konnte, so ist das nicht, wie es diesem hohen Geist wohl scheinen mag, ein Endzustand und vielleicht eine Art Befreiung gewesen, sondern es war der Vorbereitungsdienst zu einem aus dieser Wissenschaft eben doch allmählich erwachsenden Priestertum, das mit seiner faustischen Innerlichkeit kaum an ein epikuräisches gemahnen, sondern die Brunnen der Tiefe öffnen und vielleicht wieder bei einer Bergpredigt seine Erfüllung finden wird.

Wirklichkeitswert der Sagen und Mythen

Noch können wir kaum ahnen, wie lange das große Trauer-spiel mit der großen Verheißung währt, das wir Geschichte der Menschheit nennen. Frommer Sinn, unterstützt von oft miß-verstandener Tradition, spricht von ein paar Jahrtausenden. In der babylonischen Überlieferung ist aber berichtet, wie nach Erschaf-fung der Welt Urväter das Land beherrschten, deren Regierungs-zeiten sich über einige Jahrhunderttausende erstreckten; die Über-lieferung der Japaner kennt eine Urbevölkerung vom Alter einiger Jahrmillionen. Die Naturwissenschaft, allzusehr festgerannt in die nachgerade zu einem banalen Philosophem gewordene for-malistische Abstammungslehre, spricht von ein paar Jahrhundert-tausenden; sie erfüllt diese Zeit mit dem Bild des Steinzeitmenschen und sucht krampfhaft bei ein paar alttertiärzeitlichen[3]) Affen den Ahnen des Menschen. Sie zeigt uns einige eiszeitliche Skelette auf und findet an ihnen „primitivere" Merkmale als an dem Europäer unserer Tage. Aber je mehr sie die Skelette betrachtet, umso mehr gleiche Züge gewinnen sie mit jetztzeitlichen Menschen und umso mehr Rassenverschiedenheit gewinnen sie untereinander, umso mehr Stammesverschiedenheit von den pithekoiden tierischen Brü-dern. Sie sieht dann die Menschenspur verschwinden in der frühe-sten Phase der Eiszeit, wo nur noch primitive, zuletzt unsichere Feuersteinsplitter eine kaum in den Anfängen stehende Werkzeug-kultur zu verraten scheinen; und dann verschwindet, auf dieser Bahn bisher nicht mehr zu verfolgen, das Menschenwesen, der Mensch-heitsstamm im Dunkel einer Vorzeit, durch die wir nur die Ketten der tertiärzeitlichen Säugetiere paläontologisch einigermaßen ver-folgen können bis zurück in das noch ältere, mesozoische Erdzeit-alter, wo das Reptil in ebenso bunter Mannigfaltigkeit den Plan der Erde beherrschte, wie später das Säugetier und scheinbar zuletzt der Mensch.

Neben den beiden Gesichten unseres halb Ahnens, halb Wissens vom Alter unseres Geschlechts — Religion und Naturwissenschaft

— hob sich von jeher, ein Dasein für sich führend, in Mythen, Sagen und Märchen, auffallend lebendig und warm getönt, aber wirklichkeitsfern und unverstanden, das Bild einer Menschheit ab mit fabelhaften körperlichen und seelischen Eigenschaften, verknüpft mit sonderbaren Verwandlungen und rätselhaften Naturerscheinungen, wie es uns weder Wissenschaft noch spätzeitliche Philosophie bieten. Uns ist in alten maeren wunders vil geseit. Wir hören von Riesen und Zwergen in Menschengestalt; von Helden, denen die furchtbarsten Wunden nichts anhatten; von Gestalten mit nicht spreizbaren Fingern und einem Stirnauge. Wir sehen sie ausziehen in den Kampf mit Drachen und Lindwürmern; wir erfahren von dämonischen Kräften, die sie beseelten. Es wird uns von Zeiten erzählt, da andere Länder bestanden; da Fluten alles zerstörten; da Sterne am Himmel sich bewegten, die sonst stillestanden oder nicht da waren; da Sonne und Mond ihren Weg änderten oder ihren Schein verloren und wiederkamen.

Ist das alles gegenstandslose Phantasie? Oder sind es nur Personifikationen von Natur- und Seelenkräften? Sind es „verblaßte Götter"? Ist es die bloße Ausgeburt der „Weltangst"? Die aufgeklärte Wissenschaft unserer Tage will es uns vielfach noch glauben lassen, weil das alles nicht zum „primitiven" Diluvialmenschen, nicht zum tertiärzeitlichen Affenahnen, nicht zur Paläogeographie der Eiszeit und Nacheiszeit, nicht zu dem stabilen astronomischen Weltbild unserer Tage paßt.

Es gibt eine noch viel düsterere Überlieferung als die von Riesen und Zwergmenschen, von Drachen und Lindwürmern: der Mensch selbst soll Anlaß zur Verelendung der lebenden Natur geworden sein, seine Unerlöstheit soll die Ursache auch ihres unerlösten Daseins sein. Woher kommt diese tiefernste Idee? Sie ist unserem Alltagsverstand unauflösbar, ist durch und durch metaphysisch und klingt noch lebendig nach im hellen Strahl der Religionsgeschichte: im Römerbrief des Apostels Paulus, wo sich die Anspielung findet, daß sich mit dem Menschen auch die Kreatur nach der Erlösung sehnt. Was hat dies, was haben solche und andere uralte Vorstellungen der Menschheit zu bedeuten?

Stets, wenn mir Kosmogonien oder Sagenbücher oder Erläuterungen zu solchen in die Hand kamen, mußte ich mich über die Wirklichkeitsfremdheit der literarischen Erklärungen wundern, wo

oft, wie absichtlich, einfache, naturgeschichtlich mögliche Zusammenhänge in mythischen Schilderungen und Symbolen nicht erkannt
werden und unmittelbar Dastehendes nicht gesehen wird. Zum
anderen erstaune ich als Kenner der Vorwelt und ihrer Entwicklungsgeschichte gerade über die oft so eindeutige erd- und lebens-
geschichtliche Tatsachenerzählung, die uns in den alten Kosmogonien, Mythen und Sagen, auch auf Bildwerken gelegentlich, entgegentritt und die trotz aller Symbolik oder sogar Verworrenheit
der Züge einfach und klar Urgeschichte verrät, wenn man nur einmal den Mut hat, sich zu gestehen, daß in den alten Überlieferungen
mehr — oder soll man sagen: viel, viel weniger — dargeboten wird
als Erzeugnisse einer wilden unfruchtbaren Phantasie und einer
unwirklichen Symbolik oder gar einer flachen, unserem irreligiösen
Spätzeitdenken etwa wesensgleichen intellektualisierten Ethik. Mit
sehenden Augen sehen wir nicht und mit hörenden Ohren hören
wir nicht, was uns darin berichtet wird über das Himmelsgewölbe,
über die Erde, über die Tier- und Pflanzenwelt und über das
Werden unseres eigenen Geschlechts.

Es soll nicht bestritten werden, daß Mythen und Sagen, vielfach sogar schon vor Jahrtausenden aus zweiter, dritter, vierter
Hand übernommen, ihrem eigentlichen Sinn entfremdet, um-
gearbeitet und dabei auch wiederholt an die astronomische, geographische, soziale und religiöse Vorstellungswelt der gerade Lebenden
und Dichtenden angeknüpft wurden. Läßt sich darum eine örtliche und spätzeitliche Deutung auch meistens unschwer und mit
scheinbarem Richtigkeitsanspruch geben, so darf man doch solche
Auflösungen nicht unbedingt, selbst wenn sie schlüssig sind, für eine
Enthüllung des in jedem Mythus, in jeder echten Sage steckenden
natur- oder menschheitshistorischen Inhaltes ansehen. Denn es ist
mit den Sageninhalten wie mit den Wahrheiten der Religion.
Welche Schätze birgt sie und wie unermüdlich teilt man sie täglich
in den überkommenen Formen aus! Und doch kennt der intel-
lektualistische Zeitgeist des Frommen wie des Unfrommen, des
Priesters wie des Laien kaum mehr das ungeheure mythische Erleben, aus dem sie geboren, nicht mehr die einfache Tiefe und Herrlichkeit, die in den Worten und Lehrsätzen, Legenden und Symbolen
verhüllt liegt, aber trotz der Wort- und Satzerklärung verborgen
bleibt, wenn sie nicht ebenso im Aufnehmenden wie im Gebenden

lebt. Wir verwechseln nur allzusehr die Form mit dem Wesen, und wir glauben, das Wesen zu ergreifen, wenn wir die Form erfüllen. Trotzdem wirkt für den, der sich gläubig hingeben kann, selbst aus der ihm so tot übermittelten Form doch noch das geheime ursprüngliche Leben, auch ohne daß der Intellekt es gewahrt. So kann das Geheimnis Gottes bei den „Törichten" sein.

So auch bei der Betrachtung der Sagen und Mythen. Der Intellekt ist sich der Tiefen, der ganzen machtvollen Wirklichkeit des im Innern liegenden Lebenskernes nicht mehr bewußt; er verwechselt Form und Leben. Dem auf ethnologische und philologische Zusammenhänge seine Mythen- und Sagenerklärungen aufbauenden Forscher muß es als ein abwegiges, sinnloses Zerstören und Durcheinanderwerfen des sicher Geordneten vorkommen, wenn man über diese Formsicherheit hinweg unmittelbar, wenn auch nicht unvorbereitet, zu dem Leben des Uralten vordringen will. Was dabei in Trümmer geht und weggeworfen wird, sind aber Schalen, die Wesenhaftes verhüllen, und Gebilde späterer, das naturverbundene ursprüngliche Mythen- und Sagenleben selbst schon nicht mehr verstehender Dichtung. Mögen diese Hüllen seelengeschichtlich und ethnisch zur Erforschung des Zeitgeistes solcher Spätdichter und ihres Volkes von entscheidendem Werte sein und klar zeigen, wie sie die Mythen und Sagen verstanden, so bleiben sie doch für die natur- und menschenhistorische Aufhellung des ersten Kristallisationspunktes, der Ursage, des Urmythus, nur von mittelbarem Wert; von Wert insofern, als sie eben immer noch Träger und Vermittler des ursprünglichen glutgeborenen und wirklich geschauten geheimen Lebens sind, das zu dem einfach Gläubigen aus ihnen spricht. Denn immer enthalten die Mythen und Sagen bei aller Entstellung unverwüstbar ihr lebendiges naturhistorisches oder metaphysisches Geheimnis, wie die Lehrsätze der Religion, sei es als vollen Kern oder als Fragmente einer wirklichen, allerdings mythisch erlebten und daher auch nur mit mythischem Empfinden einigermaßen aufschließbaren Urgeschichte von Himmel, Erde und Menschheit; einer Geschichte, die man vermutlich dann am ehesten herauszuschälen und auszulegen hoffen darf, wenn man, wie im Religiösen, den großen Hochmut unseres eben vergangenen Zeitalters abwirft und nicht mehr glauben mag, daß nur wir eine rechte Wissenschaft und eine rechte Geschichtschreibung hätten, daß

Wissenschaft und Geschichtschreibung nur in der von uns geprägten Form existieren könnten und daß frühere Jahrzehntausende und Jahrhunderttausende in ihrem Wissen und Berichten, Sehen und Glauben naiv, ja töricht und abergläubig gewesen seien, gemessen an unserem Licht!

„Der Anfang aller Entwicklung", sagt Bachofen, „liegt in dem Mythus. Jede tiefere Erforschung des Altertums wird daher unvermeidlich zu ihm zurückgeführt. Er ist es, der die Ursprünge in sich trägt, er allein, der sie zu enthüllen vermag.... Jene Trennung von Mythus und Geschichte, wohlbegründet, sofern sie die Verschiedenheit der Ausdrucksweise des Geschehenen in der Überlieferung bezeichnen soll, hat also gegenüber der Kontinuität der menschlichen Entwicklung keine Bedeutung und keine Berechtigung.... Man hat es dem Mythus zum Vorwurf gemacht, daß er dem beweglichen Sande gleiche und nirgends festen Fuß zu fassen gestatte. Aber dieser Tadel trifft nicht die Sache, sondern die Behandlungsweise. Vielgestaltig und wechselnd in seiner äußeren Erscheinung, folgt der Mythus dennoch bestimmten Gesetzen und ist an festen und sichern Resultaten nicht weniger reich als irgendeine andere Quelle geschichtlicher Erkenntnis. Produkt einer Kulturperiode, in welcher das Völkerleben noch nicht aus der Harmonie der Natur gewichen ist, teilt er mit dieser jene unbewußte Gesetzmäßigkeit, welche den Werken freier Reflexion stets fehlt. Überall System, überall Zusammenhang, in allen Einzelheiten Ausdruck eines großen Grundgesetzes, das in dem Reichtum seiner Manifestationen die höchste Gewähr innerer Wahrheit und Naturnotwendigkeit besitzt." „... In Mythen ist die Erinnerung an wirkliche Ereignisse, die über das Menschengeschlecht ergangen sind, niedergelegt. Wir haben nicht Fiktionen, sondern erlebte Schicksale vor uns. Sie sind Erfahrungen des sterblichen Geschlechts, Ausdruck wirklich erlebter Geschicke. Die Geschichte hat Größeres zu Tage gefördert, als selbst die schöpferischste Einbildungskraft zu erdichten vermöchte". Aber Bachofens Worte[4]) sind im tieferen Sinn unbeachtet geblieben, und doch sollten wir noch weit über sie hinausgehen. Wollen wir doch endlich einmal die alten Überlieferungen, seien es Sagen oder Mythen, in einem Geist lesen, der auch vor altem Wissen, nicht nur vor neuzeitlicher Forschung Ehrfurcht hat, und wollen wir auch unser Naturforscherwissen einmal mit jenem ältesten Wissen denkend vergleichen und solcherweise jenes Uralte in seiner Tiefe zu erfassen und für die Erd- und Menschheitsgeschichte auszuwerten suchen. Freilich wird man sich da von den Gelehrtenschulen freimachen müssen, auf die Gefahr hin, in ihrer Richtung grobe Irrtümer zu begehen, um aber dafür gläubig das Leben der Sagen einzutauschen. Denn Welt- und Lebensferneres gibt es nicht als das Bild, das uns die gewohnten Mythen- und Sagendeutungen liefern; einen wahren, erdgeschichtlich fernen Zeitbegriff haben sie ja ohnehin noch nicht.

Es ist so merkwürdig, wenn man die gangbaren Werke vor sich hat und darin das Leben der Mythen und Sagen sucht, ohne es greifbar zu finden: wie alle die großen Arbeiter und Denker im Gebiet der Mythologie immer wieder etwa an die wahre Natur des Dämonenglaubens und des natursichtigen Schauens älterer Mythenbildner heranstreifen, aber doch nie den wirklich letzten entscheidenden, zum Lebendig-Ganzen durchdringenden Schritt tun und deshalb nie ganz zur vollen Wahrhaftigkeit und zum Wesensquell der Urmythen gelangen. Golther gibt in seiner „Germanischen Mythologie" eine Übersicht über alle die sich ablösenden Lehrmeinungen; immer wieder zeigt sich, daß da kein wirklicher Fortschritt besteht, weil das Gelehrtentum nicht durchzudringen vermochte zum uralten Leben selbst, zum wirklichen Mitahnen und Mitfühlen urältester Zustände des Menschenwesens, die vielleicht dem Naturforscher näherliegen. Golther selbst weiß das, wenn er etwa Mannhardts Mythenerklärung als viel zu künstlich und abstrakt zurückweist, der den Begriff der Pflanzenseele als den Ursprung mythologischer Vorstellung hinstellte: aus der Beobachtung des Wachstums in der Pflanzenwelt habe der Mensch auf Wesensgleichheit geschlossen und einen Pflanzengeist erdacht; die Pflanzenseele entwickelte weiterhin den Glauben an dämonische Wesen überhaupt; oder wenn es Golther zurückweist, daß eine „vergleichende Schule" die kunstvollen Göttermythen zum Ausgang ihrer Gesamterklärung machte und deren Ursprung auf Wind, Wolken und Himmelslicht zurückführte. El. H. Meyer nahm als erste Stufe des Volksglaubens die Vorstellung von Seelengeistern, von Gespenstern an; diese sollten Vorgängen im Leben, im Traum, dem Albdruck und Tod entspringen; danach komme die Stufe der Naturdämonen, wo die Natur beseelt werde, wo Leben und Bewegung

herrsche: im Gewitter, Sturm, Wolkenzug weben die Dämonen.
Vom niederen Dämonenglauben unterschied sich nach Meyer der
höhere, den die sozial und geistig höheren Stände aus dem Volksglauben durch Einweben geistiger und sittlicher Motive schufen; das
sind dann mehr individuell und willkürlich erzeugte dichterische
Schöpfungen; damit komme die dritte Stufe: Götter und Heroen-
glauben. Bei J. Lippert ist der Seelenglaube und der Seelenkult
das eigentlich mythenerzeugende Element, er leitet alle Religionen
und Mythen daraus ab. Näher kommt E. Rohde wieder dem
Lebensquell der Mythenbildung: er erweist das Vorhandensein des
Seelenglaubens bereits in den ältesten Zeiten des Griechentums;
selbst hinter diesen geistig und künstlerisch hochentwickelten Lebensformen lagere der finstere Gespensterglauben, der immer wieder-
kehre und nur zeitweilig unter dem Einfluß höherer Bildung im
Menschen zurückzudämmen sei. Laistner endlich wird von Golther
nachgerühmt, daß er mit feinstem poetischem Empfinden und gründ-
licher Gelehrsamkeit die niedere Mythologie auszudeuten wisse: die
Anschauung des Nebels als Wolf, des Sturmes als Roß. Gerade
das „Vermögen, aus Nebelerscheinungen Sagen zu bilden, hielt
lange an"; der Ursprung des Geisterglaubens wird wieder an den
Albtraum angeknüpft. Schließlich bleibt nur noch eine saft- und
kraftlose, allegorisierende Umdeutung ältester Kernsagen übrig,
deren warnendes Extrem eine Studie über die Sintflutsage ist, die
ich als auffälliges Beispiel gerade kenne[5]). Da ist der Noah der
Mond, die drei Stockwerke der Arche sind die drei Phasen des zu-
nehmenden Mondes, die Arche selbst ist die kahnförmige Mond-
sichel; sie fährt hoch am Himmel dahin, als das Wasser der Sintflut
so hoch gestiegen war.

Was sollen aber alle diese und jene Auslegungen fördern? Geben
sie uns irgend eine in der Tiefe der Seele und des Geistes mitzu-
erlebende Anschauung vom ursprünglichen, ganz und gar im Wesen
der Natur webenden Erschaffen tiefer Mythen und Sagen? Zeigen
sie uns auch nur eine Spur der gewaltigen Tatsache, daß es Zeiten
und Menschenwesen gab, die nicht mit dem naturfremden, perga-
menhaften Denken des Gelehrten „Schlüsse zogen", „anknüpften",
„annahmen", sondern denen in unmittelbarer Wirklichkeit und
Wahrhaftigkeit das vor der Seele stand, was späterhin Andere nur
noch mühsam in Kosmogonien, Mythen und Sagen gossen, nach-

dem es längst nicht mehr unmittelbares Erleben geblieben war, son=
dern aus alter Tradition vielfach umgedichtet, umphantasiert werden
mußte, um überhaupt noch einigermaßen verständlich und genießbar
gemacht zu werden für Zeiten, die selbst kein unmittelbares Schauen
in die Vergangenheit, aber doch noch eine Ahnung hatten von dem,
was ursprünglich vom naturverbundenen und natursichtigen Men=
schenwesen mit schrecklicher oder herrlicher und überwältigender Un=
mittelbarkeit und Wahrhaftigkeit gesehen und erlebt worden war?

Aber Extreme können sich berühren. In einer Abhandlung über
das Symbol der Schlange im Hellenentum⁶), wo schließlich die
Mythologie nichts weiter mehr sein soll als „die Einhüllung eines
Begriffes, einer Erfahrung, einer Erfindung in das farbige Ge=
wand einer phantasiereichen Bildlichkeit", streift doch der Verfasser
ganz nahe an die lebenswarme ursprüngliche Wahrheit, wenn er
sagt: die Mythenbildung sei eine oft üppig wuchernde Symbolik
dessen, was die Sprache noch unvermögend war, als einfaches
nacktes Abstraktum zu fassen, oder auch, was sie verschmähte, als
konkrete Tatsache einfach in ihr großes Repertorium einzutragen.
Hätte er statt dessen nur noch gesagt: die Sprache reicht gar nicht
aus, um die ins Tiefste der Natur vorstoßenden und die aus diesen
überindividuellen Tiefen schöpfenden ungeheueren Impulse und
Gesichte ins Wachbewußtsein herüberzubringen, so würde er das
Wesen getroffen haben.

Das eben ist die innere Herkunft des Mythus: daß er die Sprache
des überindividuellen Gattungswesens ist, das im Transzendenten
atmet und lebt, und daß dieses Leben, Erleben und Handeln
jenseits der engbegrenzten kausalen und individuellen Sphäre ver=
läuft. Freilich Menschen und Zeitalter, wie das unserige, können
bestenfalls nur noch davon reden und versuchen, einen schwachen
Schimmer jener Naturverbundenheit zu ahnen — aber wir müssen
uns, um dem näher zu kommen, entschieden weigern, an jene
elementare Urwelt ein Begriffsmaß, eine Denkart heranzubringen,
die so heillos schulmeisterlich am innerlich Unwirklichen klebt, wie
die oben wiedergegebenen Gedanken, die ja bezeichnend sind für
den Geist des eben verflossenen, von sich selbst unentwegt so hoch=
gepriesenen „wissenschaftlichen" Jahrhunderts.

Der Sinn der Mythen hat sich zweifellos geändert, und das
berechtigte Streben der Forschung muß gewiß auch dahin gehen,

die Überschichtungen und Entstellungen der Mythen und Sagen zu entwirren. Wie weit solche gehen und wie sehr sich einzelne Züge bis zum Verwechseln miteinander mischen oder pseudomorphosen=artig ersetzen können, lehrt sehr klar eine Darstellung am Kypselos=kasten, einer bei Pausanias beschriebenen Kleinodienlade des Kö=nigs Kypselos von Korinth, die den Baum der Hesperiden als Apfelbaum mit der darum gewundenen Schlange zeigt — das Bild im Alten Testament. Oder ein anderes Beispiel: In China und Indien ist der Tiger das Symbol des Bösen geworden, das Reptil dagegen das des Guten, auch das des Wassers. Aber ursprünglich war das Reptil, die Schlange, der Lindwurm ganz allgemein das Symbol des Bösen; die Schlange hat dann im klassischen Alter=tum, in der vollen Lichtwelt, ihre in den uralten Mythen lebende dämonische Feindseligkeit verloren und ist geradezu als Hüterin der Helden symbolisch verwendet worden. Sie war Hüterin im Heilig=tum der Athene; sie war auch Hüterin des Grabes geworden und auf Aschenurnen viel verwendet. Um das Haupt des erschlagenen Helden Kleomenes wand sich die Schlange, den Leichnam vor dem Angriff der Aasgeier zu schützen (Roscher). Hier dürfen wir wirk=lich von Versinnbildlichung reden und allegorische Deutungen fast rein künstlerischer Art in diesem Symbol sehen. Denn hier ist die Schlange längst nicht mehr, was sie im Mythus der Urzeit des Menschengeschlechts gewesen war, weder in der Natur selbst als Lebewesen, noch im Metaphysischen als reale Verkörperung tief dämonischer Seelenzustände des Menschen und der ihn damals um=gebenden lebenden Natur. Gerade daran aber zeigt sich umso klarer, wie verkehrt es ist, zu glauben, mit dem stets leicht erkenn=baren allegorischen Sinn einer spätzeitlichen Sagenfassung irgend etwas Wesenhaftes über die darin erscheinenden Tiere, Pflanzen, Helden= und Göttergestalten gewonnen zu haben, wenn es nicht gelingt, hinter diesem äußerlichen Sinn das innere glutvolle Leben uraltester Zeit zu erschauen.

Wie ist uns doch der lebendig metaphysische Sinn, das unmittelbar innere Anschauen mythischer Gegenstände und Gestalten, mythischer Kulte, Beschwörungen und Offenbarungen abhanden gekommen! In jener Abhandlung über die Schlange im Mythus der Alten heißt es, der natürliche Mensch sei ein besonders feiner Beobachter für diejenigen Seiten und Äußerungen des organischen Lebens ge=

wesen, welche freundliche oder feindliche Bezüge bieten konnten zu seiner eigenen leiblichen oder geistigen Existenz; das Utilitätsgesetz habe schon damals sein Auge geschärft, seine Empfindung beherrscht und selbst seine Phantasie bestimmt. Und daraus sollten Kulte und Beschwörungen vornehmlich erklärt werden. Ist das aber nicht echtester Geist des Zeitalters der Mechanisierung des Lebens und der seelenlosen Wissenschaftlichkeit? Man sieht ordentlich Wagnern im Hörsaal Fausts dozieren, wo Bürger und Staatsbeamte großgezogen werden sollen, die ja nicht durch elementare Gedanken und Lebensauffassung dem utilitarischen Gleichmaß in Wirtschaft und Wissenschaft gefährlich werden können. Die nackte Nutzmäßigkeit oder, wenn es besser klingt, das Utilitätsgesetz noch als Maßstab an die Mythen der Uralten anzulegen — das kommt nur noch dem gleich, was man im selben Zeitalter in Deutschland aus dem englischen Buch Darwins heraussog: eine Möglichkeit, die schöpferische Entfaltung der organischen Natur allein unter den Gesichtspunkt der nutzmäßigen Naturzuchtwahl zu stellen. Wie fern von allem wirklichen inneren Leben, von aller Glut eines naturverbundenen schöpferischen, dämonisch hellen oder düsteren Daseins ist solcher Geist! Mag immerhin zugegeben werden, daß man aus dem Leben aller möglichen älteren Kulturen oder jetztzeitlichen wilden Völker oder Stämme Beweise beibringen kann, daß ihnen der lebendige Sinn und damit großenteils oder vielleicht ganz der mythische Inhalt ihrer Beschwörungen und Kulte abhanden gekommen ist[7]), daß sie vielfach utilitarisch ausgenützt wurden, wie in späterer Zeit das Orakel in Delphi: so beweist das noch lange nichts gegen die aus dem Innern der Natur und der Seele rinnende ursprüngliche lebendige Wirkung und Bedeutsamkeit dieser ihnen von ihren Urvätern überkommenen Kenntnisse und Manipulationen, womit sie dämonische Kräfte oder, wenn man es lieber hört: Naturkräfte auslösten und zu ungeahnten Gesichten und Wirkungen steigerten; so wenig es etwas gegen das Metaphysische in der Alchemie beweist, wenn heute ihre Absichten und Fähigkeiten und Wirkungen unverständlich und damit trotz aller überlieferten Beschreibungen und Auseinandersetzungen für uns unerreichbar geworden sind.

In einem Buch: „Mythus, Sage und Märchen", wo das Wesen dieser Gattungen erläutert wird[8]), lesen wir dagegen: „Ein Stein

stürzt vom Berg und erschlägt einige Menschen: die glücklich Ent-
kommenen verehren ihn, da sie seine Macht erfahren. Dem Wedda
auf Ceylon verschafft sein Pfeil, sein einziger Besitz, Lebensunterhalt und schützt ihn vor Feinden; ob er trifft oder fehlt, davon
hängt des Schützen Wohl und Wehe ab, und oft genug fliegt er
anders als der Schütze gewollt: deshalb sucht er dies Wesen, von
dem er abhängt, sich freundlich zu stimmen, er steckt ihn in den
Boden und umtanzt ihn.... Es kann sich ein Mythos aus dem
Fetischismus kaum bilden, aber die Vorstellung, auf der er beruht,
daß Stein und Pfeil lebendige Wesen seien, kann man eine mythische nennen.... Von den Naturerscheinungen endlich, aus denen
man so gern die Masse der Sagen erklärte, sind zunächst doch wohl
gerade die abnormen der Anlaß zu religiöser Verehrung geworden,
wie Gewitter und Blitzschlag, Sonnen- und Mondfinsternisse, Beben der Erde und Feuerspeien. Der Blitz hat als solcher religiösen
Kult gefunden und ist in mehr als einem mythischen Bilde als
Wurfgeschoß, Hammer, springendes Roß für primitive Anschauung
verständlich gemacht; Gewitterwolke ist doch wohl die Ägis; Sonne
und Mond werden von bösen Untieren bedroht, der Sommer
kämpft wider den Winter. Solche mythischen Vorstellungen sind
primitive Erklärungsversuche, die ersten Anfänge der Wissenschaft.
Sie sind vielfach Veranlassung zu Kulthandlungen geworden....
Durch solche Veranschaulichung ist das Naturereignis erklärt und
die Kulthandlung erläutert; was bedarf es da noch weiterer Verknüpfung und Begründung?"

Immer wieder dieses zu Wenig, dieses viel zu Wenig! Was hätte
das Menschengemüt, auch in der Urzeit, veranlaßt, den niederfallenden Stein furchthaft zu verehren und ihn zu beschwören;
was, dem Blitz einen religiösen Kult darzubringen; was, den Ster-
nen Macht zuzutrauen auf das Menschengeschick — wenn nicht das
Lebendig-Dämonische in der Natur und in seiner Seele? Dem
Urmensch war diese Dämonie eine ebensolche Realität, er sah und
verstand den Stein und den Blitz, die Sternstrahlen ebenso von
ihr bewegt und geschleudert, wie wir unsere Straßenbahn von der
„Elektrizität", die Lawine von der „Schwerkraft" bewegt sehen.
Wenn kommenden Geschlechtern mit anderem Geist, mit anderen
Einsichten in die Zusammenhänge des Daseins unsere „Kräfte" ein-
mal Gegenstand mitleidigen Herabblickens oder doch leere Begriffe

geworden sein werden, werden sie, was die äußere Wirkung be=
trifft, keinen Unterschied mehr machen zwischen dem Kult des my=
thischen Menschen und der Beherrschung der Naturkräfte durch uns.
Beide Geistesmanipulationen haben dem Wesen nach dieselbe große
und dieselbe geringe praktische Wirkung. Beide Vorstellungswelten
haben dieselbe Realität und Nichtrealität. Ich zweifle nicht, daß
der Wilde oder seine Vorfahren mit ihren Beschwörungen im engen
Kreis ihres Daseins dasselbe erreichten, was wir mit unserem
wissenschaftlichen Beschwören der Naturkräfte in einem weiteren
Kreis erreichen. Auch jenes Beschwören und sein Kult war mehr
als ein Herumtanzen um den in den Boden gesteckten Pfeil, war
mehr als ein mechanisches oder phantastisch überreiztes Verprügeln
seines Fetischs. Es war die Anwendung von Naturkräften zur
Herbeiführung eines gewünschten oder zur Abweisung eines un=
erwünschten Zustandes — genau dasselbe, wie wenn wir durch Um=
wickeln eines Eisenstabes mit Draht und Hindurchsenden des elek=
trischen Stromes das Eisen in einen Magnet verwandeln. Beides,
das Tun des Urmenschen und unseres, beruht auf dem Einblick
in die Natur, wenn auch auf verschiedenen Wegen und mit ver=
schiedenen Vorstellungen; und beides hatte und hat reale Wirkung,
ist ein Bannen von Naturgeistern, die wir jetzt — immer noch sym=
bolisch wie der Wilde — Naturkräfte nennen; beides ist „Zauberei".
Nur das, was wir schauen, nur unsere Vorstellungsbilder sind ver=
schieden, nicht die Sache selbst. Es gehört der ganze Hochmut eines
aufgeklärten und eben sterbenden Zeitalters dazu, diesen Unter=
schied im Schauen nicht zu verstehen und ihn mit einem Unterschied
der Sache zu verwechseln; zu wähnen, daß das Tun des Wilden
subjektiv und unseres objektiv; beides zwar ehrlich und überzeugt,
ersteres jedoch ein leerer Aberglaube oder gar veranlaßt von prie=
sterlichem Humbug gewesen sei.

Glaubt man wirklich, daß „Begriffsbildung" und „leere Phan=
tasie" oder auch „Furcht und Entsetzen" auf die Dauer in einem
gesunden naturhaften Menschenwesen die Oberhand behalten und
allein hinreichen würden, um Kulte und Beschwörungen zu finden
und durch Jahrtausende, vielleicht Jahrhunderttausende zähe fest=
zuhalten, wenn hier nicht eine unmittelbare Gewißheit und eine
sichere Erfahrung und Anwendung — Empirik nennen wir's —
alsbald lebendige Wirkungen gezeitigt hätte? Wenn die Beschwö=

rung und der Kult den Stein nicht wirklich beeinflußt und ab-
gelenkt, den Pfeil nicht wirklich in seiner Bahn bestimmt hätten, so
würden die „Wilden" ebensowenig weiter beschworen haben, wie
wir weiter den Flug eines Geschosses berechnen und den Lauf eines
Geschützes ziehen würden, wenn wir nicht wüßten und erfahren
hätten, was für eine gewaltige Wirklichkeit unmittelbar oder in
seinen Folgen dieses Tun herbeiführt. Ein Menschenwesen anderer Jahrtausende, dem unsere mathematische Vorstellungswelt
gegenstandslos und unsere physikalisch-ballistischen Erkenntnisse
gleichgültig oder unverständlich wären, würde in unseren Geschütz-
formeln nur toten Aberglauben und in den gezogenen Geschütz-
läufen allenfalls nur Ornamente sehen können. Keiner hat, soweit ich sehe, jene alten dämonischen Wirklichkeiten voller gewür-
digt und uns näher gebracht als Spengler, wenn er⁹) beispielsweise über den Hexen- und Teufelsglauben des Mittelalters sagt:
„Die lichtumgebenen Engel des Fra Angelico und der frührheini-
schen Meister und die Fratzengesichter an den Portalen der großen
Dome erfüllten wirklich die Luft. Man sah sie, man fühlte überall
ihre Anwesenheit. Wir wissen heute gar nicht mehr, was ein
Mythus ist, nämlich nicht ein ästhetisch bequemes Sichvorstellen,
sondern ein Stück leibhaftigster Wirklichkeit, das ganze Wachsein
durchwühlend und das Dasein bis ins Innerste erschütternd. . . .
Was wir heute Mythus nennen, unsere literaturgesättigte Schwär-
merei für gotische Farbigkeit, ist nichts als Alexandrinismus.
Damals ‚genoß' man ihn nicht; der Tod stand dahinter. Es war
in der Antike ganz ebenso. Die homerischen Gestalten waren für
den hellenistisch Gebildeten nichts als Literatur, Vorstellung, künst-
lerisches Motiv, und schon für die Zeit Platons nicht viel mehr.
Aber um 1100 brach ein Mensch vor der furchtbaren Wirklichkeit
der Demeter und des Dionysos zusammen."

Auch dem modernen hellenistischen Menschen ist es ja schließlich
verständlich, daß im Menschengemüt die Teufel und Hexen oder
ein Dionysos so überwältigende Wirkungen hervorriefen. Er kann
sich denken, daß die Stärke der Vorstellung, die Größe der Furcht
als Einzel- oder Massensuggestion, als Ekstase oder Hysterie solche
Zusammenbruchswirkungen hervorrief. Schwieriger wird es dem
spätzeitlichen Erklärer schon, die Wirkung solcher Ekstasen auf den
Körper des Einzelnen zu verstehen. Er erkennt sie an, darüber ist

kein Zweifel; er gibt ja auch zu, daß der Glaube an den Arzt,
ja auch der Glaube in Lourdes ohne Zweifel „nervöse" Leiden bes-
sern oder heilen könne. Er gibt aber nicht mehr zu, daß „organische"
Leiden, ja körperliche Krankheiten gleich oder nachwirkend so geheilt oder auch hervorgerufen würden und zu bestimmten Zeiten
von Menschen mit entsprechender Verfassung geheilt worden sind.
Er wird gar nicht zugeben, daß die seelische Versenkung etwa in die
Leiden Christi den Körper des Anbetenden stigmatisieren könnte [10]).
Für alles das hat er außer dem Kopfschütteln und der aus intellektueller Ratlosigkeit entspringenden Verächtlichmachung noch
einige rationalistische oder pseudonaturwissenschaftliche Erklärungen
zur Hand, in denen die Worte Zufall, Aberglauben, Autosuggestion
und Sinnestäuschung die Hauptrolle spielen, und zieht sich letzten
Endes auf die vielen Entlarvungen nachweisbarer Schwindler und
Hysterischer bei spiritistischen Sitzungen zurück. Es ist aber immer
ein Zeichen verflachter Wissenschaft, wenn man Probleme, die sich
dem Menschengeist, so alt er ist, immer aufgedrängt und ihm oft
furchtbar vor Augen gestanden haben, einfach als Probleme leugnet, sich mit Scheinerklärungen zufrieden gibt und ihnen damit aus
dem Wege geht, statt ihnen ins Angesicht zu sehen. Menschen und
Zeiten, die so ausweichen, wissen allerdings, um mit Spengler zu
reden, nicht mehr, was ein Mythus oder auch nur eine dämonische
Beschwörung ist.

Aber wir wollen nicht mit den Klugen, den allzu klugen Alles-
beurteilern nur reden, deren Welt- und Lebensanschauung stets
fertig ist und um so fertiger, je flacher sie ist; sondern mit
denen, die den Willen haben, den Dingen ernsthaft ins Angesicht
zu sehen, auch wenn sie erwarten oder fürchten müssen, mehr noch
zwischen Himmel und Erde zu entdecken, als ihre wissenschaftliche
Weltanschauung verträgt. Wenn also die Bedeutung und Wirkung von Mythen- und Sageninhalten oder Beschwörungsformeln
dem Bewußtsein der Spätgeborenen verloren ging, wenn Auffassung und Anwendung entarteten, wenn sie unecht, unwahr-
haftig oder zu sinnlosem Aberglauben wurden, indem sie nicht
mehr aus dem Leben und der naturverbundenen Seele des Menschen flossen, sondern nur noch traditionelles, wenn auch da und
dort noch schwach wirksames Verstehen und Anwendung fanden,
so kann das nie zum Beweis werden gegen die gewaltige zentrale

Bedeutung und Wahrheit, die sie ursprünglich hatten, als gerade
sie eben Form und allein möglicher Ausdruck eines naturgewal=
tigen hellsichtigen Seelentumes mit innerem und äußerem Wahr=
heitserleben und unmittelbarer Rückwirkung in die Umwelt waren.
So ist offenbar das Meiste, was wir an Mythen oder Beschwö=
rungszeremonien und =inhalten kennen, schon in irgend einem
Spätsinn intellektualisiert und entartet, wenn auch nicht absolut
undämonisch gewesen.

Erinnerungen der griechischen Geschichte, wie die an den spar=
tanischen Sänger Tyrtäus, der durch seinen Gesang ein Heer zum
Siege führte, mögen ursprünglich auf dämonisch ekstatischen und
daher mythenhaft wirksamen Kräften und Geschehnissen beruht
haben oder später sagenhaft mit solchen verwoben worden sein und
ihnen ihren jüngeren Namen geliehen haben. Wie sehr aber schon
in der uns zugänglich gebliebenen klassisch=griechischen Kunst und
Schriftstellerei das Lebendig=Mythenhafte mit seinen tiefen geistig=
seelischen Wallungen ins Banal=Bürgerliche herabgezogen war,
zeigt sich, um nur eines zu nennen, etwa daran, daß man Linos,
den Schäferjüngling, der mit Apoll in Wettstreit trat und dafür
getötet wurde, schließlich als alten Schulmeister, dem Herakles
Unterricht erteilend, darstellen konnte, weil dem intellektuali=
sierten Griechen der in der Sage lebende überwältigende Todes=
dämon eines mythenhaft übersteigerten Lebens fremd und höch=
stens noch für eine Allegorie gut genug war. Wie unserem auf=
geklärten Zeitalter, so war auch dem Griechentum, an dem sich
unsere Romantik und der Klassizismus begeisterten, der echt my=
thische Sinn verloren gegangen. So etwa auch im Hekatedienst
„mit seinem Spuk an mondbeleuchteten Straßen und Kreuzwegen,
dessen Göttin zuletzt ganz zur Lieblingsgestalt des Aberglaubens
und jeder auf Aberglauben des weiblichen Geschlechts, des ge=
meinen Volkes oder auch der Schwächlichen und Überbildeten be=
rechneten Winkelpraxis wurde"[11]).

Was beweist aber, so muß man immer wieder fragen, der Zerfall
im Epigonentum gegen die ursprüngliche Bedeutung und Wirk=
lichkeit mythenhafter Überlieferung, ja gegen die Entstehung der
Mythen selbst, oder solcher Beschwörungen und Geisterschau in
Zeitaltern und bei Seelen, die noch erlebten und daher wußten, was
ein Mythus ist? Wer in späteren Zeiten einmal aus der seelischen

Kraftlosigkeit des epigonenhaften letzten deutschen Fürsten= und
Kaisertums den Sinn und Geist der heldenhaften lebenskräftigen
und daher wirkungsvollen Herrscherwelt im Zeitalter eines Otto
des Großen ablesen wollte, würde zu demselben verkehrten Urteil
über das Wesen jener uralten symbolhaften Daseinsgewalten kom=
men wie der Forscher, welcher aus den zum leeren Aberglauben
gewordenen Mythenbildern in den uns bisher ausschließlich be=
kannten östlichen, westlichen oder nordischen Spätzeitfassungen Sinn
und Bedeutung des den Mythen und Beschwörungskünsten ehe=
mals zugrundeliegenden Lebens ablesen will. Um dieses Leben
selbst zu ahnen und ahnend zu erschauen, muß man versuchen, in
den eigenen seelischen Tiefen, soweit uns das überhaupt noch mög=
lich ist, den Geist eines ältesten, nicht erst diluvialmenschlichen
Seelentumes anzufühlen, einer Zeit, wo Mythen noch Erlebnisse,
also echt, naturverwachsen und lebendig waren, mit elementarer
Kraft begabt, noch nicht intellektualisiert, utilitarisiert oder zum toten
Aberglauben und zum literarischen und allegorischen Bild vertrocknet.

Aber damit nicht genug, daß man den Mythen Naturwirklichkeit
zugesteht. Ich gehe noch weiter im Aufsuchen der Wirklichkeits=
bedeutung ältesten Sagentums. Nicht nur traditionelle Berichte
von wirklich innerlich erschautem großem Naturgeschehen und
Menschheitszuständen sind uns in der Mythologie aller Völker
überliefert. Weise Menschen mit tiefer Einsicht in den Zusammen=
hang der Dinge mögen uns, teils aus eigener Seherkraft, teils in
tiefer Erkenntnis des aus noch früheren Zeiten ihnen selbst schon
uralt Überlieferten, ein Wissen vermittelt haben, von dem wir
bislang noch keinen rechten Gebrauch zu machen verstehen. Die
Zeiten der Vergangenheit sind uns ein Buch mit sieben Siegeln
— nicht nur so, daß wir wenig und meistens nichts Zusammen=
hängendes wissen von dem, was äußerlich auf der Erde und in der
Menschheit geschah; sondern vielmehr auch so, daß wir mit dem
unser Kulturzeitalter auszeichnenden, sehr einseitigen Verstandes=
denken nicht leicht begreifen und nicht nacherleben können jenes
innere tiefe Schauen, das die Zeit= und Raumschranken unseres
Verstandes noch nicht im selben Maße kannte, dagegen noch inniger
verknüpft war mit der Natur und hindurchdrang zum Wesen und
inneren Zusammenhang der äußeren Dinge, also von innen sah,
was wir von außen sehen. Solcherart war es in der Lage, das

einzelne, wenn auch längst vergangene Konkret-Physische aus dem
Ganzen, dem Wesenhaft-Metaphysischen zu verstehen und abzuleiten
und dies ins normale Zeitraumbewußtsein herüberzubringen; somit auch über äußerlich Vergangenes zu einem Wissen zu gelangen,
das aus ganz anderen, tieferen Quellen floß als unser heutiges
rationalistisches Forschen, das sich allein empirisch, d. i. auf Erfahrung beruhend nennen will.

Hierbei denke ich an sehr frühe Zeitalter, weit vor der geschichtlichen und weit vor der quartärzeitlichen Menschenepoche. Aber
wir brauchen nicht so weit zurückzugehen, um zu bemerken, was es
heißt, einer Zeit gegenüberzustehen, deren Sinnen, Suchen und
Schauen uns schon ein Buch mit sieben Siegeln ist, obschon es so
ganz in unserer Nähe liegt. Das christliche Mittelalter ist unserem
neuzeitlichen Verstand vielfach unauflösbar. Schon etwa das
„Credo quia absurdum" ist ein Wort, das dem naturwissenschaftlich aufgeklärten „Griechen" eine Torheit ist. Wer sich in die
Geisteswelt, in das Denken und Schauen eines Meister Eckhardt
versenkt und sie lebendig sieht, wird wohl auch etwas ahnen
von der unmittelbaren Klarheit und Erkenntnistiefe dieses unwissenschaftlichen Wortes mit seiner unverbrüchlichen Gewißheit.
Solchen Menschen und ihrem Zeitalter waren andere Zusammenhänge wirklich und unmittelbar gegeben, also empirisch gewiß, für
die unsere Schulweisheit kein Organ hat; und so bleibt ihr jene
Welt ein versiegeltes Buch. Und doch gehört diese Zeit geschichtlich
und völkisch noch ganz zu uns, zu unserem Kulturkreis, ist jung
wie wir, verglichen mit weit vorausgegangenen Zeiten. Wenn wir
sie aber durchschnittlich heute auch nicht mehr verstehen, so ist ihre
Wahrheit, ihr Weltaspekt trotzdem nicht weniger wirklichkeitsgemäß
als etwa die metaphysische Symbolik der Atomenlehre unserer
jetzigen Physikochemie. Sie erkannte andere Seiten und Zusammenhänge der Wirklichkeit, andere Weltsphären in unmittelbarem
Schauen, hatte andere Symbole und Worte dafür, die wir anders
verstehen und anwenden. So mögen auch alte Weise viel, viel
gewußt und geschaut haben, was unserer Denkstruktur nicht mehr
adäquat ist. Aber vielleicht hatten auch sie schon wieder Traditionen
übernommen, deren Sinn sie selbst nicht mehr durchweg so verstanden, wie er noch Früheren gemäß war, und denen sie daher
ein Gewand überzogen, das eben ihrer Denkweise entsprach.

Es ist gerade aus diesem letzteren Grunde für die urgeschichtliche
Auswertung der Mythen und Sagen, wie wir sie vorhaben, weni=
ger wichtig, ob und wie solche überkommenen Traditionen oder
Sagen die örtlichen und Zeitverhältnisse ihrer verschiedenen Be=
arbeiter und Erzähler wiederspiegeln; ob sie, aus einer großen
räumlichen oder zeitlichen Ferne stammend, einem jüngeren Kultur=
und Anschauungskreis amalgamiert sind — der alte Wesenskern ist
zu suchen, und dieses Suchen dürfen wir uns nicht beeinträchtigen
lassen durch späte Bearbeitungen, auch wenn sie uns als die ältesten
entgegentreten. Das Nibelungenlied, die Odyssee, die Gilgamesch=
sage, die Evangelien mit ihren heterogenen Bausteinen mögen in
vielen ihrer Teile oder vielleicht ganz so aufzufassen und auszu=
werten sein. So hat Homer, um nur das eine Beispiel zu wählen,
die Bruchstücke ältester, unverstandener Mythen mit Jüngerem zu=
sammengeschweißt, Helden des trojanischen Krieges vereinigt mit
uralten mythischen Gestalten, ganz wie es mit dem älteren und erst
recht mit dem jüngeren Nibelungenlied geschah. Wenn auch „Homer
den Kyklopen dazu verwendet haben mag, das Charakterbild
eines wilden und wüsten Lebens vor aller Kultur" zu geben, so
beweist das gar nichts für die ursprüngliche Bedeutung solcher von
ihm übernommenen und spätzeitlich in stark intellektualistischem
Sinn ausgewerteten Gestalten. Und selbst wenn es dem Wiener
Paläontologen Abel gelungen ist, die Lokalisierung des Polyphem
und seiner Sippe in sizilischen Höhlen dadurch nachzuweisen, daß
er auf das fossile Vorkommen der Skelette des Zwergelefanten
mit dem riesigen Nasenloch auf der breiten Stirne hinweist (Fig. 10),
welche den erschreckten und zum Fabeln stets bereiten Alten gleich
das Bild stirnäugiger Riesen leibhaftig vorzauberten, so ist auch
hiermit noch keineswegs Sinn, Ursprung und menschheitsgeschicht=
licher Inhalt der sagenhaften Kyklopengestalt erschöpft, die ja auch
noch in ganz anderen Traditionen aufsteht und trotz aller Meta=
morphosen etwas sehr viel Tieferes, Allgemeineres und Älteres
als Kern enthält, wie ich noch zeigen will.

Die entscheidende Frage ist daher jedesmal, welchen ersten Wirk=
lichkeitsinhalt die einzelnen Mythen und Sagen und Kosmogonien
haben und auf welche erdgeschichtlichen Zeiten sie hinweisen; wor=
auf wir dann geschichtliche, naturgeschichtliche Ereignisse und Urzu=
stände der Menschheit und der Landschaften und des Himmels aus

ihnen herauslesen können, indem wir sie mit unserem Wissen der
Lebens- und Erdgeschichte vergleichen. Wir werden Anhaltspunkte
gewinnen, daß der Neolithiker und Paläolithiker nicht der Urmensch
ist. Wir werden sehen, daß er auch nicht der Mensch ist, der die fast
allen Völkern in irgend einer Form gemeinsamen hochmythischen
Erscheinungen und Zustände erlebte und traditionell weitergab,
sondern daß er selbst, wie wir zu glauben Grund finden werden,
nur ein unbeteiligter Seitenkomplex damals untergegangener älterer Kulturen, also ein Periöke oder Versprengter alter Volk-
menschenzentren war, wie der Australneger, der Neukaledonier und
afrikanische Primitivstämme, die bei ihrer Entdeckung durch uns
noch im Steinzeitalter lebten. Dann wird sich zeigen, daß wir
nicht nur Kulturwesen in der Tertiärepoche erwarten dürfen, sondern wir wären wie aus einem engen dunkeln Tor hinausgetreten
auf einen weiten Plan, in dessen Mittelgrund wir alsbald Menschenwesen anderer Art unter den Drachen und Lindwürmern des
mesozoischen Zeitalters der Erdgeschichte[3]) erblicken und wobei
uns am Horizont, mitten unter alten stirnäugigen Reptilien und
Lurchen noch früherer Zeit, das Geschlecht Polyphems in nicht
ganz unbestimmten Umrissen erscheint. Dann aber werden die
alten Mythen und Sagen uralt werden und zuletzt nicht mehr
Phantasien und Allegorien oder unwirkliche Symbole sein, sondern Wirkliches bringen; sie werden im wörtlichen Sinn des Wortes
„Sagen" sein.

Ich will versuchen, auf diesem für Viele noch ungeheuerlichen,
dem Naturgelehrten nur irrig scheinenden Weg ins Dunkel der
Vorzeit zunächst mit naturhistorischen, sodann mit metaphysischen
Gedankenverknüpfungen einzudringen, wenn sich auch einstweilen am Rande dieses Urwaldes nur ein paar Büsche und
Bäume zu einem künftigen größeren Durchblick werden heraus-
hauen lassen.

Naturhistorie

„Wunder der Geschichte, Rätsel des Altertums, die
Unwissenheit verwarf, wird die Natur uns aufschließen."

Schelling.

Typenkreise und biologischer Zeitcharakter

Wenig von dem Wissen über die vorweltlichen Zeitalter der Erde ist allgemeines Bildungsgut geworden. Nicht Viele von denen, die sonst in Künsten und Wissenschaften wie im Leben Bescheid wissen, haben auch eine fest umrissene Vorstellung von der Geschichte des Lebens und der Erde, von den Umwandlungen und Umwälzungen, welche die Oberfläche unseres Heimsternes und seine Lebewesen im Lauf der Jahrmillionen durchmachen mußten. Sie erstaunen fast, wenn sie hören, wie klar in vielen Zügen sich das Bild vorweltlicher Erd- und Lebensepochen schon abhebt von einer noch weit älteren Erdurzeit, in die wir noch nicht hineinzuleuchten vermögen. Sie erstaunen noch mehr, wenn sie hören, daß die geschichtliche und die urgeschichtliche Menschenzeit, soweit sie uns bisher überhaupt bis zu den roh zugehauenen Steinsplittern des Eiszeitmenschen erschlossen wurde, vergleichsweise doch nur ein letzter Augenblick in der Wandlung der Erdoberfläche und des darüber gebreiteten Lebensteppichs ist. Sie haben vielleicht auch durch allerlei populäre Bücher erfahren, daß der Mensch sich aus niederen Tieren „entwickelte" und daß die Geschlechter der Tiere und Pflanzen in vormenschlicher Zeit in reicher Zahl und Mannigfaltigkeit schon die Erde bevölkerten und auch fossil in den losen und festen Gesteinsschichten der Erdrinde gefunden werden. Das alles hat in ihrer Vorstellung aber doch mehr oder weniger den Charakter einer nicht weiter in ihr Bildungsstreben eingreifenden Kuriosität, und sie bleiben im allgemeinen weit davon entfernt, es ernsthaft durchzudenken, sich einen plastischen Zeitbegriff an Hand urweltlicher Vergangenheit zu schaffen und sich zu fragen, was eine solche Perspektive für unsere ganze Daseinsauffassung bedeuten könnte.

Drei große Weltalter[3]) stehen heute dem Erdgeschichtsforscher deutlich vor Augen. Aus ihnen weiß er zu berichten von einem nie ruhenden Wechsel der Länder und Meere, von Gebirgsbildung und Gebirgsabtragung, von Epochen erhöhter oder abgeschwächter

Erdgeschichtliche Zeittabelle

Ära	Periode	Ereignisse	
Känozoikum	Jetztzeit } Quartär- +Diluvialzeit } zeit V△ Jung- } Tertiärzeit ⊥△ Alt- }	Historische Menschenzeit } Keine wesentliche Änderung der Tier- Steinzeiten, fossil } und Pflanzenwelt Behälter der Säugetierherrschaft und der Blütenpflanzen	Hauptzeit der Säugetiere Hauptzeit der bedecktsamigen Pflanzen
Mesozoikum (Sekundär-zeit)	△ Kreidezeit Jurazeit Triaszeit	Erste Laubbäume und Blütenpflanzen Erster Vogeltypus. Erscheinen der tannenartigen Nadelhölzer Sichere Spuren ältester Säugetiere	Hauptzeit der Reptilien Hauptzeit der Nadelhölzer Hauptzeit der Amphibien
Paläozoikum (Primärzeit)	+V Permzeit △ Steinkohlenzeit V Devonzeit △ Silurzeit + Kambrische Zeit	Erste Nadelhölzer. Wahrscheinlich Entstehung des Säugetiertypus Erste Amphibien und Reptilien (Landbewohner) Vermutlich erste Bildung von Vierfüßlern Nur Fische und niedere Tiere Älteste sicher deutbare Tierwelt, niedere Formen	Hauptzeit der kryptogamen Pflanzen Panzerfischzeit
Eozoikum	+ V Präkambrische Zeit	Leben nur in Spuren nachgewiesen	Sehr lange Zeiträume im Vergleich zu den lebensgeschichtlichen oberen Epochen
Azoikum	△ V Archäische Zeit	Urzeit der festen Erdkruste. Leben nicht sicher nachgewiesen	

△ bedeutet starke Faltengebirgsbildungen   + bedeutet Eiszeiten   V bedeutet starken Vulkanismus

vulkanischer Tätigkeit, von periodischen Klimaausschlägen, unter
denen es bis an die Pole hinauf bald mild und warm, bald durch
das Eintreten von Eis- und Schneezeiten kühler war und Glet-
schermassen sich auch über Länder schoben, die wir heute in tropi-
scher Wärme daliegen sehen. Die großen Weltalter haben wieder
ihre Einzelperioden, immer bezeichnet durch unaufhaltsam sich
ändernde Erdzustände und durch bestimmte, bald langlebige,
bald kurzlebige Pflanzen- und Tiergeschlechter.

Zahllos sind die Lebewesen, die solcherweise in den Jahrmillionen vorweltlicher Zeitalter über die ihr Gewand stets wechselnde
Erde dahingingen. Immer wieder neue Gestalten drängten sich
hervor, bald langsam, bald hastig dem Schoß der Erde entquellend.
Meeres- und Landtiere, Mollusken und Korallen, Gewürm und
Lurche, Vögel und Säugetiere sind uns in fossilen Resten überliefert aus allen Zeiten — nur der Mensch nicht; bloß in dürftigen
Körper- und Werkzeugresten ganz zuletzt, aus den spätesten Schichten,
wie wenn sein Dasein nur der letzte ausklingende Pulsschlag der
lebenschaffenden Natur wäre. Man beruft sich auf die Abstammungslehre und gibt einen hypothetischen Stammbaum der Lebewesen, dessen Endglied der Mensch sein soll — ein Spätgeborener.

Die von Linné im 18. Jahrhundert geschaffene und später nicht
mehr grundlegend geänderte Einteilung der lebenden Formen in
Arten, Gattungen, Familien usw. wurde späterhin auch auf die
vorweltlichen, auf die fossilen Formen übertragen und hat in dieses
Wirrsal äußerlich einstweilen Ordnung gebracht. Die hiermit aus
dem Leben herausgehobenen abstrakten Systemgruppen wurden
im Laufe des 19. Jahrhunderts immer reicher vermehrt durch neu
und neu hinzuströmendes fossiles Tier- und Pflanzenmaterial. Die
formale Abgegrenztheit und Starrheit der Linnéschen Systemgruppen aber schien dahinzuschwinden, als die Abstammungslehre
alle lebendigen Formen als Glieder einer zusammenhängenden
Kette, als Äste und Zweige eines natürlichen Stammbaumes aufzufassen suchte. Trotz der hiermit scheinbar eingetretenen Ver-
wischung fester Grenzen zwischen den Arten, Gattungen und Familien brachte die Abstammungslehre doch nicht etwa wieder die
frühere Unübersichtlichkeit mit, sondern lieferte nun Liniensysteme,
an denen die vielen organischen Formen geschichtlich, also entsprechend ihrem Auftreten in den Erdzeitaltern, aneinandergereiht

wurden. Was erdgeschichtlich früher da war, konnte nicht der Nach=
komme des erdgeschichtlich Späteren sein, und umgekehrt. So
schien eine exakte Begründung des Lebensstammbaumes gegeben,
und man sollte denken, daß sich mit dieser Methode alsbald klare,
eindeutige Stammreihen ergeben hätten.

Doch eine neue Verwirrung trat ein. Man hatte zu einfach ge=
dacht. Denn man hielt die größere oder geringere Formähnlichkeit
der Arten und Gattungen auch für den unmittelbaren Ausdruck
ihrer engeren oder weiteren Blutsverwandtschaft. Reihte man
aber die jetztweltlichen und die vorweltlichen Arten, statt nach der
Zeitfolge, nach ihrer größeren oder geringeren Formgleichheit an=
einander, so stimmte diese formale Reihenfolge nicht mehr oder nur
in ganz seltenen Fällen und auf ganz kurzen Linien mit der wahren
geologischen Zeitfolge überein. Auch ließen sich die gleichen Arten
zu ganz verschiedenen Formenreihen anordnen, je nach den Körper=
merkmalen, wonach man sie gerade genetisch zu beurteilen ver=
suchte. So mußte man etwa bei der vergleichenden Betrachtung
der Fußumwandlung in der Huftiersippe eine fossile Art als das
Vorläuferstadium einer anderen ansehen; verglich man aber statt
des Fußes das Gebiß, so erschien hierin die in der Fußentwicklung
nachkommende Art nun ihrerseits wieder als ein primitiveres
Entwicklungsstadium. Man bezeichnet diese, stets eine stammes=
geschichtliche Verwirrung anrichtende Erscheinung als Spezialisa=
tionskreuzung und hat nunmehr klar erkannt, daß in ihr die prin=
zipielle Unmöglichkeit beschlossen liegt, aus der äußerlichen An=
einanderreihung der Formbildungen zu dem theoretisch geforder=
ten, aber auch erkenntniskritisch nicht haltbaren echten Stamm=
baum[12]) der organischen Typen zu gelangen. Zwar bekommt man
durch die Aneinanderfügung von Formstadien ideale Reihen, mit
denen sich abstrakt eine Formumwandlung klar veranschaulichen
läßt, aber sie erschließen uns nicht die wirklich naturhistorische Her=
kunft einer Art oder Gattung aus der anderen, die lediglich in der
vorembryonalen „Keimbahn" verläuft. Die sichtbaren Formen sind
nur die Symbole hierfür. So lernte man, die Begriffe Gleiches,
Ähnliches und Formverwandtes von dem Begriff des innerlich
Verwandten trennen, welche, wie man sieht, in der Körpergestalt
durchaus nicht immer und gewiß nicht immer unmittelbar ihren
Ausdruck zu finden brauchen.

Wir wissen längst, daß der Ursprung der Hauptäste und vieler
Nebenäste des Lebensreiches weit hinunter in immer dunkler
werdende Epochen der Vorwelt reicht; wir wissen auch längst, daß
vieles Neue unvermittelt, nicht mit Früherem stammbaummäßig
verknüpft, auftauchte. Aber man macht sich immer noch nicht zu
der rettenden Betrachtung frei, die uns aus der Erfolglosigkeit
aller Stammbaumkonstruktionen lösen kann: die erdgeschichtlich
gegebene Geschlechterfülle anzusehen als die lebendige Auswirkung fest gegebener Grundtypen, die zwar während der vorweltlichen Epochen in stets wechselnder Gestalt, jedoch ihr Wesen stets
bewahrend, frei nebeneinander standen und vermutlich nur
in einer unserem Forschen bisher noch nicht aufhellbar gewordenen erdgeschichtlichen Urzeit, vor jenen drei großen Weltaltern,
genetisch verknüpft waren.

Stellt man sich entschieden auf den Standpunkt einer solchen
Typentheorie, wie sie meines Erachtens die Paläontologie uns
aufnötigt — gleichgültig, ob man etwas Starres oder begrenzt
Flüssiges in den Typen sehen will — so könnte es scheinen, als
ob damit ein Rückschritt gegenüber der bisherigen stammbaum-
denkenden Lehre gemacht sei. Vielleicht wird damit auch wirklich
ein Schritt zurück von der bisherigen Anschauung gemacht mit
dem Gewinn, daß man von diesem wieder erreichten ursprüng-
licheren, unbefangeneren, rückwärts liegenden Betrachtungspunkt
eine Aussicht gewinnt, welche durch die allzu große Nähe der
Deszendenzmauer bisher versperrt blieb. Hält man daran fest,
daß Typen von jeher nebeneinander bestanden, wenigstens für
die erdgeschichtlich sicher erkundeten Zeiten; hält man weiter fest,
daß die Typen, nachdem sie einmal als organische Formen Fleisch
und Blut angenommen hatten, sich in immer neuen Gestalten
zum Ausdruck brachten, ohne von da ab mit anderen Typen genetisch
verbunden zu sein; und endlich, daß sie unter dem Bild einer Umwandlung immer wieder von Zeitalter zu Zeitalter an andere
Lebensverhältnisse angepaßt erschienen, bis sie ausstarben, und
daß nur insoweit die Evolutionstheorie gilt — so leuchtet es zugleich auch ein, daß unter bestimmten Zeit- und Lebensumständen
die nebeneinander bestehenden Typenkreise in konvergenter Weise
ein gleichartiges Aussehen ihrer Gattungen, gleichartige äußere
Körpergestalt und oft gleichartige Einzelorgane gewannen. Ob

folche Formenkonvergenzen von den äußeren Lebensumständen oder von einer inneren gleichartigen konstitutiven Gestaltungskraft, von gleichen Evolutionsstufen abhängen, ist hier für die Feststellung der Tatsache zunächst belanglos. Ist ihnen aber in einem bestimmten Zeitpunkt dasselbe Kleid, dasselbe habituelle Gebaren und vielfach dasselbe mehr oder minder auffallende Einzelorgan zuteil geworden, dann erscheinen viele oder alle Gattungen innerhalb solcher Typenkreise so, als ob sie zu einer genetisch einheitlichen Stammesgruppe gehörten, wie etwa Affen und Mensch, während sie doch nur biologisch-habituell gleichartig sind oder sich sogar in ihren Abkömmlingen überkreuzen können,

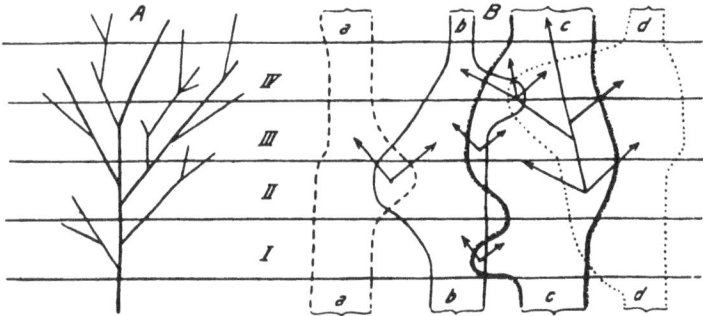

Fig. I.

Schema des Stammbaumes (A) und der sich überschneidenden Typenkreise (B) mit scheinbaren Stammreihen (Pfeile). I—IV geologische Zeiträume (Originalfigur).

unbeschadet ihrer trotzdem weiterbestehenden evolutionistischen Wandlungsfähigkeit, worin sie immer wieder ihre Grundkonstitution, ihren Typus, ihre Entelechie manifestieren, einerlei, ob sie dabei formal ähnlich bleiben oder sich später in ihrer Gestalt wieder voneinander entfernen.

Um eine klare Vorstellung von dem Unterschied zwischen der älteren, heute gewiß noch nicht überwundenen stammesgeschichtlichen Auffassung einerseits und der Lehre von den konvergierenden und wieder auseinandertretenden Typenkreisen andererseits zu vermitteln, seien hier zwei Figuren gegeben. Die eine (A) liefert das Bild des Stammbaumes durch die Zeitalter I—IV, und zwar so, als ob aus irgend einer konkreten Urform sich der Lebensbaum entfaltet hätte. Die untersten Teile wären frühere niedere

Tiere, nach oben folgten, aus ihnen hervorgehend, immer höhere in immer größerer Mannigfaltigkeit; vielleicht zuletzt aus einem Primatenzweig der Mensch. Wäre dieses Stammbaumbild als Ganzes oder in Vielheit auf das Hervorkommen der organischen Formen im Lauf der Erdgeschichte anwendbar, so müßten wir bei tieferem Hinabsteigen in die Erdzeitalter immer weniger zahlreiche Formen finden. Doch das Gegenteil ist der Fall: wir stoßen immer wieder auf neue Typenkreise, die durchaus nicht stammbaumförmig sich aneinanderreihen, wohl aber zu gleicher Zeit sich vielfach gestaltlich in ihren Repräsentanten so begegnen, daß sie sich formal verknüpfen lassen. Der Darstellung dieser Erscheinung dient die andere Figurenhälfte (B): sie veranschaulicht die typenhafte Selbständigkeit der den natürlichen Stämmen zugrundeliegenden Entwicklungskreise a—d und zeigt, in welcher Weise Übergangsformen, die man nach der älteren Auffassung für stammesgeschichtliche Abzweigungsstellen ansah, zustandekommen können. Es sind einander formal überschneidende Evolutionen innerhalb jedes Typus, nicht notwendig regelmäßig und in gleichem Umfang in Erscheinung tretend, sondern unregelmäßig, von äußeren Bedingungen vielleicht bestimmt und in verschiedenerem Mengenumfang. Solche Formüberschneidungen können auch an mehreren Stellen und in verschiedenen geologischen Zeithöhen, vielleicht sogar wiederholt eintreten; es kommt dann eine besonders verwirrende Fülle gleichartiger, aber ganz verschiedenen Typenkreisen (a—d) zugehöriger Gattungen zu gleicher oder verschiedener geologischer Zeit zustande. Denkt man sich das sphärisch und in seiner ganzen Plastik auf die Gestaltenbildung in der Natur und auf die fossil vorliegenden Formen aus den Erdzeitaltern übertragen, so bekommt man ein klares Bild davon, wie trotz fest gebundener Lebenskreise, Lebenstypen, dennoch zu gleicher Zeit außerordentlich ähnliche Gestalten, ohne unmittelbar blutsverwandt zu sein und ohne einen unmittelbar zusammenhängenden Stammbaum zu bilden, erscheinen können. Diese formalen Überschneidungen sind es, welche immer und immer wieder zu den prinzipiell verfehlten „Stammbäumen" Anlaß geben, wie sie mittels der Pfeile angedeutet sind und die notwendigerweise irreführen, weil sie keine wirklichen Entwicklungsbahnen bezeichnen, sondern nur formale Ähnlichkeiten zusammenfassen und die

Umgrenzung der lebendig in sich geschlossenen Typenkreise nicht sehen. Es seien Beispiele für solche Formüberschneidungen gegeben oder, was dasselbe ist, für die zu gleicher oder verschiedener Zeit immer wieder eintretende ähnliche Organbildung oder Formgestaltung in heterogenen Stammkreisen.

Im paläozoischen Zeitalter, der ältestbekannten Epoche vorweltlicher Lebensentwicklung, tritt bei verschiedenen, genetisch nicht unmittelbar verbundenen Gruppen in der Schädelkapsel ein Scheitelauge (Parietalorgan) auf. Zuerst erscheint eine Stirnöffnung bei einigen altpaläozoischen Fischen; bei anderen, die hierin wohl ursprünglicher sind (Fig. 2), zugleich hinter den vereinigten Normalaugen auch noch eine Scheitelöffnung; später bei den Amphibien nur ein Scheitelloch, welche damit vollendet auf den Plan treten. Sie behalten es bis in die Triaszeit hinein, wo es mehr und mehr rudimentär wird. In der Permzeit kommen die Reptilien hinzu, und diese besitzen es stets in voller Entwicklung (Fig. 3), ebenfalls bis in die Triaszeit, wo es sich auch schon häufig rückbildet. Alle Amphibien- und Reptilformen nun, die man im mesozoischen Zeitalter antrifft und die im Besitz jenes vollentwickelten Organes sich halten, sind wahrscheinlich Angehörige älterer, nämlich aus der Permzeit schon stammender Typenkreise. So wäre also das Spätpaläozoikum die bei vielen höheren Tieren das Scheitelauge schaffende „Zeit". Es lebt aber heute noch auf Neuseeland ein kleines, groteskes Reptil von einem Aussehen, wie wir es den alten erdgeschichtlichen Reptilien mit ihrer Hautpanzerung und den scharfen Konturen ihres Körpers und Kopfes vielfach beilegen müssen. Diese Echse besitzt das Scheitelauge noch recht deutlich, wenn auch schon in einem rudimentären Zustand gegenüber den permisch-triassischen Formen. Aber sie ist auch kein jungzeitliches Reptil. Sie gehört einem Generaltypus an,

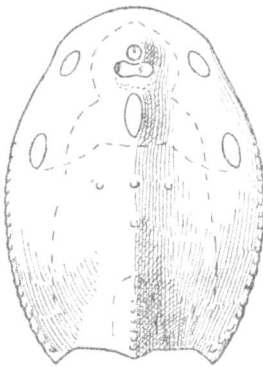

Fig. 2.

Panzer des Vorderkörpers eines paläozoischen Fisches mit zwei verschmolzenen Normalaugen; davor und dahinter je eine Stirn- und Scheitelöffnung. Verkl. (Nach W. Patten. Mém. Acad. St. Pétersbg. 1903.)

der sich bis in das paläozoische Zeitalter hinein zurückverfolgen läßt, dort sogar reichlich formbildend war und auch das Mesozoikum in einigen Arten durchdauert. Wüßten wir von ihrem Stamm aus früheren Zeitaltern nichts und fänden wir erst heute diese Echse lebend, so könnten wir allein aus dem Vorhandensein jenes so auffallenden und bisher naturgeschichtlich immer noch nicht gedeuteten Organs alsbald Alter und Herkunft ihres Typus angeben. In schwach rudimentärem Zustand haben es auch die Eidechsen noch, und auch diese sind, wie die Paläontologie anzunehmen Grund hat, aus gemeinsamer Wurzel mit jenem Typus der neuseeländischen Echse zu paläozoischer Zeit entstanden. Man sieht, welche bedeutsamen Ausblicke ein solches, den Zeitcharakter vergleichend berücksichtigendes Verfahren bei gehöriger künftiger Durcharbeitung bietet. Wenn aber eine formbildende Epoche erst vorüber ist, so bekommt kaum je ein später neu auftauchender Stamm ein solches Organ oder eine solche Körpergestalt in derselben Weise wieder, wie es einer älteren Epoche entsprach.

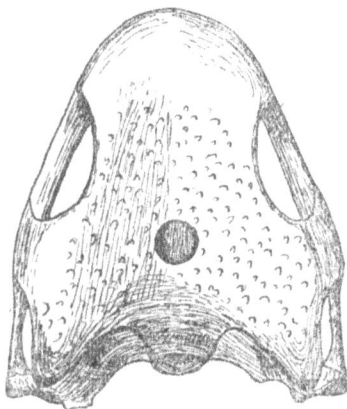

Fig. 3.
Fossiler Schädel eines Reptils der Permzeit (Casea) aus Texas, mit besonders stark entwickeltem Scheitelloch. ⅓ nat. Gr. (Nach S. W. Williston. Americ. Perm. Vertebrat. Chicago 1911.)

Es sei weiter auf die Molchgestalt hingewiesen, die sich äußerlich auszeichnet durch breit ausladende Extremitäten nach Art des Salamanders. Die typische Molchenzeit aber ist die letzte Hälfte des paläozoischen Zeitalters. Da finden wir nicht nur „Molche" oder, besser gesagt, Uramphibien mit den habituellen Merkmalen solcher, sondern zur selben Zeit, zum Teil vergesellschaftet mit ihnen, echte Reptilien, welche aber durch ihren breiten Kopf, ihre Körperhaltung, kurz durch ihre ganze Tracht den Molch nachahmen, ohne zu seinem Stamm zu gehören. Wieder eine andere Zeitepoche bringt die Schildkrötengestalt hervor. Wie das spätpaläozoische Zeitalter eine Molchgestalt, so schafft die Triaszeit die

Schildkröte. Denn nicht nur die echten, heute noch als solche bezeichneten Schildkröten erschienen damals zuerst, um sich von da an weiter zu gestalten, sondern auch in einer ganz anderen Gruppe kommen Schildkrötengestalten zum Vorschein, die eben keine sind, sondern sich deren Kleid borgen. Oder wir sehen seit der Alttertiärzeit in sehr verschiedenen Säugetiergruppen, die man deshalb unter dem Namen Huftiere zusammenfaßte, den fünf= und vierzehigen Fuß unter Rückbildung seiner äußeren Zehen in den zweihufigen der Rinder und Hirsche einerseits und in den einhufigen der Pferde andererseits übergehen. Kein ein= oder zweizehiger Unpaarhufer ist älter als die Mitte der Tertiärzeit; und obwohl jene Rückentwicklung auf den verschiedensten Stamm= linien unabhängig und parallel verlaufend sich vollzog, so blieben doch die sich gleichenden Stadien an gleiche Zeitperioden gebunden und erlauben daher bei Einzelfunden der Skelette eine sehr genaue Bestimmung des geologischen Alters ihrer Lebenszeit. Die meso= zoische Epoche hinwiederum ist jenes Zeitalter der Lebensentfal= tung, wo unter den Landtieren der mehr oder minder aufrechte Gang (Fig. 4) auf den beiden Hinterfüßen angestrebt wird, im Gegensatz zu dem ursprünglich gleichmäßigen Gang auf allen Vieren, wie ihn in primitivster Weise der „Molchtypus" des spätpaläozoischen Zeitalters hatte. Bei den Landtieren des mesozoischen Zeitalters haben viele Gruppen lange, kräftige Hin= terbeine und kürzere Vorderbeine, wodurch sie mit Unterstützung ihres kräftigen Schwanzes aufrecht gehen konnten. Ja einige von ihnen haben hohle Knochen wie Vögel, wobei schließlich in der Jurazeit auch vogelähnliche Geschöpfe selbst erscheinen, vielleicht gefiederte Reptilien mit langen Hinter= und kürzeren Vorderextre= mitäten. Diese ganze Formengesellschaft verrät also während des mesozoischen Zeitalters die Tendenz zu jener Erhebung des Kör= pers auf den Hinterbeinen, wodurch das mehr und mehr auf= rechtgehende und das durch hohle Knochen erleichterte, schließ= lich vogelähnliche Tier, mit zunehmender Befreiung der Vorder= extremität vom Boden, hervorgebracht wird.

Es gibt eine im Lauf der Erdgeschichte nicht selten wieder= kehrende Erscheinung, die mit diesem Gesetz der Zeitcharakter= bildungen im Wesen wohl gleichzusetzen ist: daß zu bestimmter Zeit eine gleichartige Spezialform in verschiedenen Gruppen und

Fig. 4.

Fossiles Reptilskelett von Raubtiercharakter (Tyrannosaurus), mit stark verlängerten Hinterbeinen bzw. sehr verkürzten Vorderbeinen und halb aufrechtem Gang. Kreidezeit, Nordamerika. (Nach H. F. Osborn, Bull. Am. Mus. Nat. Hist. New York 1917.) Zum Größenvergleich ist ein stark ausgewachsenes jetztweltliches Menschenskelett dazugestellt.

Stämmen sich herausbildet. Es ist gerade, als bedürfe die Natur
an vielen Stellen einer bestimmten Tiergestalt und präge sie aus
irgend welchen anderen Formen, die ihr gerade an den Plätzen zur
Verfügung stehen. Das bekannteste und auch anschaulichste Bei=
spiel ist die Nachahmung vieler höherer Säugetiertypen bei der
niedrigen Beuteltierfauna Australiens. Da finden wir einen
Beutelwolf, einen Beutellöwen, =bären, =dachse, =ratten, =mäuse,
=fledermäuse, die alles das darstellen, um nicht zu sagen nach=
ahmen auf der Grundlage des Beuteltierkörpers, was jene Tier=
gestalten des Wolfes, des Löwen, des Bären usw. in der uns ge=
läufigen höheren Säugetierwelt sind. „Das Beuteltier als Wolf",
„das Beuteltier als Ratte" — das wäre die richtige Bezeichnung
für diese eigentümlichen Tierformen. Da solche nun schon in
der Tertiärzeit da waren, heute aber fast auf Australien beschränkt
und bei uns sowie in Amerika fast, in Asien ganz verschwunden
sind, so hat sich daraus das viel zitierte, aber auch viel mißverstan=
dene Wort ergeben: Australien stehe mit seiner Tierwelt noch im
Tertiärzeitalter. Natürlich ist dies irrig, weil die Beuteltiere,
anderwärts aussterbend, in Australien noch als Relikten übrig
blieben, aber nicht erst in der Quartärepoche dort entstanden sind;
denn nur die Entstehung solcher Formen ist für die Tertiärzeit
charakteristisch, und die gab es damals auch schon in Australien; das
Ausdauern kann in verschiedenen Gegenden je nach den inneren
und äußeren Lebensumständen der Tiere verschieden lange währen.

Die Lemuriden, eine gegenwärtig wesentlich auf Madagaskar
eingeschränkte Halbaffensippe, erscheint, wie viele andere Typen
der Säugetiere, schon im frühesten Teil der Tertiärzeit. Auch bei
ihnen wird allerlei nachgeahmt. Da entsteht das lemuroide Nage=
tier, das lemuroide Raubtier, die lemuroide Fledermaus — alle
mit entsprechendem Gebiß und korrespondierenden Skelettmerk=
malen, jedoch nie den Urtypus verleugnend. Da die Signatur
der Tertiärzeit bei den Primaten, je länger je mehr, auch die Her=
ausbildung des anthropomorphen Affen ist und auch diese Evo=
lution in verschiedenstämmigen Gruppen konvergent vor sich geht,
auch bald mehr, bald weniger erreicht wird, so wird auch der Le=
muridentyp von solcher Formbildungstendenz ergriffen und stellt
überdies noch seine „Affenarten" heraus, die nun wie stammes=
geschichtliche Übergangsformen zu typenhaft echten Affen aus=

fehen. Wie bei den Lemuriden, so kommen auch in anderen
Stammtypen während der Tertiärzeit allerlei habituelle Charak=
tere deſſen zum Vorſchein, was zuletzt die Menſchenaffen reprä=
ſentieren und was auch der Menſch in der Geſtalt des Steinzeit=
menſchen teilweiſe noch an ſich trägt. Bald früher, bald ſpäter
erſcheint unter der Säugetierwelt der Tertiärzeit in den Stamm=
typen das Affenähnliche, und zwar umſo mehr, je ſpäter es ge=
ſchieht. Alle ſich an dieſer Entwicklung ganz oder nur in einzelnen
Äſten beteiligenden Stämme und Stämmchen der Säugetiere
aber bleiben trotzdem als ſolche nebeneinander beſtehen, bilden
je nach ihrer Grundkonſtitution eigene Affenmerkmale aus, wie
auch der Menſchenſtamm ſelbſt damals wohl am meiſten pithe=
koide Merkmale zur Schau trug und wahrſcheinlich zur Ent=
ſtehung gewiſſer von da ab tieriſch gebliebener Menſchenaffen ſein
Teil beitrug. So kamen jene geſuchten und teilweiſe gefundenen
formalen Übergangsglieder zuſtande, die man für ſtammes=
geſchichtliche Bindeglieder zwiſchen Menſch und Affe anſah, wäh=
rend es konvergente Formgeſtaltungen waren, im Sinne der
Figur 1 B.

Wir haben alſo mit dem Geſetz der Zeitformenbildung, das ſich
an feſt gegebenen Grundtypen unter dem Bild einer Entwicklung
verwirklicht, eine neue vergleichende Anatomie auch für den Men=
ſchen, die uns ſagen wird, wann er entſtand. Wenn die bisherige
Methode der Betrachtung organiſcher Formen mehr und mehr das
innerlich Typenhafte vom äußerlich Konvergenten trennen lehrte,
ſo wird durch die neuartige Vergleichung der Formen nach ihrem
Zeithabitus eine Art biologiſcher Zeitſignatur für die einzelnen
geologiſchen Epochen feſtgeſtellt, die uns jeweils ſichere Schlüſſe
auf das Entſtehungszeitalter eines Typus, eines Urformen=
ſtammes, ja eines einzelnen Organes erlaubt, auch ohne daß wir
durch Foſſilfunde ſelbſt den gegenſtändlichen Nachweis für den erd=
geſchichtlichen Augenblick des erſten Auftretens eines Typus er=
bringen können. Wir ſind ſomit auch imſtande, aus perſiſtierenden
oder rudimentären alten Form= und Organbildungen der jetzt=
zeitlichen Lebeweſen, alſo auch des Menſchen, das Entſtehungszeit=
alter des Stammes ſelbſt zu ermitteln. Der Zeitcharakter iſt ſomit
etwas durchaus Reales und nur einmal Gegebenes; wer ihn ſpä=
terhin noch trägt, iſt ſeiner Zeitherkunft nach daran erkennbar.

Ein weiteres, in der Entwicklungslehre enthaltenes Problem
ist der Begriff des Höheren und Niederen, des Entwickelten und
Unentwickelten, Ausdrücke, die wie Selbstverständliches in der Abstammungslehre gebraucht werden, jedoch ohne zureichende er-
kenntniskritische Durchdringung. Auch diese beiden Begriffe werden formalistisch und doch zugleich in einem absoluten Sinne gebraucht. Man erklärte das amöboide Schleimtier für niederer als
das Molluskentier, dieses für niederer als den Krebs, diesen für
niederer als den Fisch, diesen für niederer als den Lurch oder das
Reptil, dieses für niederer als das Säugetier und den Menschen.
Das ist eine unnaturwissenschaftliche Betrachtungsform gewesen,
hinter der verkappt mit dem Maßstab des Seelischen und des
menschlich Geistigen oder allenfalls nur des Ästhetischen gearbeitet
wurde. Denn von der Körperorganisation schlechthin aus gesehen
ist es gar nicht möglich, zu einer solchen absoluten Bewertung von
Höherem und Niederem zu kommen, und der nur naturwissenschaftliche mechanistische Standpunkt gibt dafür überhaupt keinen
Maßstab her. Daß man auch in der nach mechanistischen Zielen
strebenden Deszendenzlehre den Menschen das höchstentwickelte
Geschöpf nannte, zeigt nur, wieviel metaphysisches Ausdeuten gerade in dieser Lehre steckt, die von dem Begriff der „Entwicklung",
der durch und durch metaphysisch ist, trotz der formellen Vernei-
nung, niemals losgekommen ist. Ohne metaphysisch orientiertes
Werturteil ist kein Kriterium zu finden, wonach man ein Tier,
einen Organismus, der eben niemals Maschine ist, für höher oder
niederer erklären könnte. Das haben auch die gänzlich metaphysik-
losen Charaktere unter den biologischen Forschern der vergangenen
Zeitepoche stets gefühlt, und deshalb gab es auch in der hohen Zeit
der deszendenztheoretischen Forschung stets eine große Zahl von
Gelehrten, die sogar eine Stammbaumbeschreibung ablehnten und
sich ausschließlich der anatomisch vergleichenden Beschreibung der
Arten widmeten, womit sie die breite und sichere Grundlage schufen,
von der aus allmählich die formalistische, aber nicht biologische
Abstammungslehre selbst überwunden werden konnte.

Hiermit hängt aufs engste auch die Klärung des Begriffes Fortschritt zusammen, der gleichfalls einen naturhistorischen und einen
metaphysischen Sinn hat, die beide gerade in der Abstammungslehre methodisch nicht klar auseinandergehalten worden sind. So-

lange man die organische Welt als eine geschlossene Kette auseinander hervorgehender Arten ansah, war das Linnésche System zugleich das Idealbild des Stammbaumes. Als dieses ideale Bild unter den Fossilfunden in Stammreihen zerfallen war, hielt man die Umwandlung innerhalb dieser für einen Fortschritt und setzte den Begriff mit dem der Entwicklung gleich. Zuletzt sah man, daß Entwicklung und Fortschritt nur idealisierte Ausdrücke für einseitige Spezialisation aufeinanderfolgender Formenstadien waren, und nur so hat der Ausdruck Fortschritt derzeit überhaupt noch in der Biologie einen greifbaren Wert. Fortschritt im streng naturhistorisch-stammesgeschichtlichen Sinn ist daher nichts Allgemeines, sondern stets eine Formbildung in bestimmter Richtung, also geradezu eine Einseitigkeit; denn er geht immer auf Kosten und unter Ausscheidung anderer Möglichkeiten, die oft biologisch nicht weniger wichtig wären. Es wird bei einmal gegebenen Typen von der Natur auf bestimmte Lebensformen und Anpassungen sozusagen hingearbeitet, womit andere ausgeschlossen bleiben. Nicht anders ist es ja auch im Leben der Völker und Kulturen: bestimmte Grundanlagen werden entwickelt, das ist: spezialisiert. Latente Möglichkeiten entfalten sich, andere bleiben unentwickelt oder bleiben auf halbem Wege zurück oder verkümmern, je nach den äußeren Bedingungen. So ist es in der organischen Welt, und hierin ist kein Unterschied zwischen den Gattungen der Lebewesen und den Lebensbildungen der Kulturen.

In diesem Sinne gibt es auch keine Rückwärtsentwicklung. Was aus der latenten Bindung im Typus entspringt und sich als Form gestaltet, kann sich halten oder wieder untergehen oder sich einseitig weiterbilden oder verkümmern; aber eine rückläufige Entwicklung des einmal Gestalteten, eine Rückkehr zum Ausgangspunkt und von da aus das Begehen eines neuen Entwicklungsweges, das gibt es in der Welt der organischen Bildungen niemals; sie sind alle geführt von dem unentrinnbaren Gesetz der Nichtumkehrbarkeit. Nur in der geistigen, in der sittlichen Welt gibt es die völlige Umkehr und das Verlassen des weit begangenen Weges unter großen Katastrophen oder inneren Erleuchtungen; aber in der Welt des Natürlich-Organischen kennen wir diese Freiheit nicht.

Wie aber mußten unter solchen Umständen die Urformen aussehen? Waren das neutrale Wesen, die noch nach keiner Richtung spezialisiert waren, also — da jede nur denkbare Körperform an sich schon eine Spezialisation ist — überhaupt keinen Körper hatten? Hier zeigt sich erst die begriffliche Unsicherheit der äußerlich verfahrenden alten Abstammungslehre. Denn ihr bedeutet Urform ein neutrales Geschöpf, aus dem durch fortgesetzte Zeugung und Umwandlung von Generation zu Generation schließlich spezialisierte Formen entstanden; der Streit dabei war nur der, ob diese Wandlung aus äußeren, also zufälligen, oder inneren konstitutionellen, nämlich im tieferen Sinn evolutionistischen Gründen geschehe. Wir aber verstehen unter Urform nicht einen solchen stammesgeschichtlich neutralen körperlichen Anfangspunkt, sondern die in allen zu einem Typus gehörigen Arten und Gattungen, auch in den anfänglichsten, schon vollständig vorhandene typenhaft konstitutionelle Gebundenheit und Bestimmtheit, die Potenz, die bei allem äußeren evolutionistischen Formenwechsel als das Lebendig-Beständige da ist — eine Entelechie, wie auch Goethe wohl den Begriff Urform faßte. Es bekommt damit auch das deutsche Wort Entwicklung erst seinen tieferen, von der Sprache unbewußt schon erschlossenen Sinn zurück, als eine Manifestation des innerlich schon Vorhandenen.

Vom ersten Augenblick ab, wo eine Urform in der lebenden Natur in Gestalt einer oder mehrerer Arten sich darstellt, ist sie kein Schemen, sondern ein Wesen mit Fleisch und Blut, voll Anpassung an die ihr gemäßen Lebensumstände. Das Kennzeichen der lebendigen Wesen ist gerade das, daß ihre natürliche Körperhaftigkeit durch und durch aus biologisch zweckentsprechenden Anpassungen und Spezialisierungen besteht, selbst wenn diese einen geringen Grad der Vollendung gegenüber anderen, besser angepaßten Formen haben oder sogar gelegentlich fehlgeschlagen sind inbezug auf bestimmte Umweltsbedingungen. Ein Typus wird gewöhnlich von mehreren, unter verschiedenen Lebensbedingungen stehenden Arten vertreten; doch selbst wenn er nur von einer einzigen Art und wenigen Individuen vertreten wäre, so müßten auch diese angepaßt und in ihrer Form nach irgend welchen Richtungen spezialisiert sein, und wären sie auch die allerältesten und primitivsten des Typus; denn anders könnten und würden sie in der wirklichen Welt nicht gelebt haben. Man darf daher nicht erwarten, irgendwo in der Erdgeschichte einmal Urformen zu finden, die in ihrer Form neutral, nichtssagend, schemenhaft gewesen wären. Stets hat sich das Leben in wirklichen Charaktergestalten ausgelebt, die auch stets ihre eigene Grundform variierten, ihren eigenen Typus verwirklichten, wenn er auch noch so sehr durch biologische Zeitcharaktere verhüllt worden wäre. Damit ist die stammesgeschichtliche Entwicklung nicht verneint, sondern nur ihre unbiologische, allzu formalistische Auffassung.

Das ist als Hauptgesichtspunkt nun auch bei der Nachforschung nach ältesten Menschengestalten obenan zu stellen. Auch diese können selbst in ihrem denkbar ursprünglichsten Zustand nichts weniger als Schemen gewesen sein, sondern müssen unbedingt den menschlichen Typus, wenn auch unter mannigfachsten Zeitgestaltungen, zum Ausdruck gebracht haben. Damit scheiden von selbst alle Verknüpfungen des Urmenschen mit den Spättieren aus, wobei man immer wieder das mit dem Menschen genetisch unmittelbar nicht Zusammengehörige mit ihm verbinden, aus dem man ihn ableiten will und womit man zu so grotesken Ergebnissen geführt wird, wie dem, daß sein Typus irgendwie zu sehr später erdgeschichtlicher Zeit aus spezialisierten Säugetieren hervorgegangen sein könnte.

Es erschlossen sich der bisherigen Abstammungslehre statt wirklicher Stammbäume stets nur formal aneinandergereihte habituelle Formenketten, während die persistenten Stammtypen als solche ihr unsichtbar blieben, insbesondere der Menschentypus selbst, den die mehr oder minder ähnlichen Affentypen am Ende der Tertiärzeit und zuletzt wohl auch der nach der Affenseite hin degenerierte Eiszeitmensch wie eine Folie umgeben, gewissermaßen die Begleitung zur unterdessen schon unabhängig davon erklungenen Melodie bildend. Der Menschenstamm tritt uns, fossil sichtbar, spät erst in der Diluvialzeit entgegen, wohl weil er zuvor in Gegenden lebte, die der geologischen Erforschung unzugänglich geblieben sind. Wenn irgendwo, so hat uns gerade hier der vielberufene Zufall des Findens und die notorische Lückenhaftigkeit des Fossilmaterials einen Streich gespielt. Gewöhnt man aber erst den Geist an die Unterscheidung von fest gegebenen Grundtypen einerseits und biologischem Gewand andererseits, das ihnen zeitweise und wechselnd übergeworfen ist, dann ist auch die Bahn frei für eine richtigere Beurteilung der wahren Herkunft des Menschen selbst und für die Feststellung, wie alt wohl sein Stamm ist.

Das erdgeschichtliche Alter des Menschenstammes

Fossile Menschenreste, seien es Skeletteile oder nur Artefakte, sind, wie schon erwähnt, bisher mit Sicherheit nur in den Ablagerungen der Quartärzeit, dem letzten kurzen Abschnitt der Erdgeschichte, nachgewiesen. Die letzte Phase dieser Quartärperiode ist die Zeit der historischen Menschengeschichte, zurück bis zur jüngeren Steinzeit. Diese selbst ist eine prähistorische Epoche, aus der man geschliffene und polierte, also gut ausgearbeitete Steinwerkzeuge hat. Dieser Periode voraus geht das Diluvium mit einer Eiszeit als Hauptabschnitt der Quartärepoche (S. 42). Damals waren größere Flächen der Nordhalbkugel und die meisten Hochgebirge bis in ihr Vorland hinaus vergletschert; die durchschnittliche Jahrestemperatur war vermutlich nur um 5⁰ C kühler als jetzt. Diese Diluvialzeit mit ihren wärmeren Zwischeneiszeiten ist nun die Periode der altsteinzeitlichen Kulturen und fossiler Menschenrassen. Kurz zuvor sollte sich, nach der gangbaren Lehre, der Mensch aus spättertiärzeitlichen affenartigen Säugetieren entwickelt haben; der Steinzeitmensch soll diesen Urformen noch näher stehen.

Es wurde schon von anderer Seite die Frage aufgerollt[13]), ob nicht die Dauer der Steinzeitperiode bedeutend überschätzt werde und ob die Entstehung der Kultur überhaupt erst mit dem Steinzeitalter eingesetzt habe? Ist es möglich und denkbar, sagt Frobenius, daß die aufkeimende Kultur bei einer Verbindung mit dem Stein, also dem toten Teil des Erdkörpers begonnen hat? Liegt es nicht viel näher, anzunehmen, daß das „Ur", der Anbeginn mit einer Wechselbeziehung des menschlichen Könnens zu der lebendigen Umwelt, zu Pflanze und Tier anhub? Und sollte es keine Möglichkeit geben, das Umgekehrte der landläufigen Auffassung aus dem Phänomen der Kultur abzulesen?

Freilich meint es Frobenius anders als wir; denn er hat noch nicht die hier erstrebte weite erdgeschichtliche Zeitperspektive. Er deutet nur allgemein an, daß die ältesten Werkzeuge nicht aus

Stein, sondern eher aus tierischem und pflanzlichem Material er=
arbeitet worden sein könnten und daß daher die Steinzeit, auch die
Altsteinzeit, ein verhältnismäßig spätes Entwicklungsstadium des
„Urmenschen" gewesen wäre; denn zuerst und unmittelbar lebe
der Mensch in dem feinen Schleier von Wasser, Erde, Pflanze und
Tier, der, umspült vom Luftmeer und dünn, den harten Stein=
körper der Erde umgibt. Diesem harten Körper steht jener Schleier,
zu dem der Mensch selbst gehört, als Einheit gegenüber, ausgesetzt
dem Einfluß der Gestirne und von ihren Kräften bewegt. Wir
Menschen sind, als Körper betrachtet, Ausdrucksform der Umbil=
dungen dieses Schleiers; die Kultur aber ist der Ausdruck des in
diesem Schleier bei seiner Beziehung zu einem „Jenseits" symbo=
lisch sich auswirkenden Lebens. Demnach, so meint wohl Fro=
benius, hat die älteste, die erste Kulturregung zu ihrer Gestaltung
unwillkürlich nach den Elementen und Teilen des Schleiers selbst
gegriffen, nicht nach dem Material der nackten, vom Schleier ent=
blößten Steinkugel. So erwartet er noch die Aufdeckung einer viel
älteren vorsteinzeitlichen Kultur, und die müßte vor der Quartär=
epoche, also in der Tertiärzeit liegen.

Bisher haben es nur wenige Naturforscher gewagt, das Alter
des kulturfähigen Menschenwesens in tertiäre, ja in vortertiäre
Zeiten zurückzudatieren; so vor allem Hermann Klaatsch. Seine ein=
gehende und frei ausblickende anatomische Analyse des mensch=
lichen Körpers hat ihn schließlich ein weit höheres erdgeschichtliches
Alter des Menschen fordern lassen, als man es bis dahin, befangen
im Schematismus der älteren Abstammungslehre, den Mut hatte
anzunehmen. Noch in einer letzten Arbeit[14]) zu dieser Frage sagt der
verstorbene Anatom Schwalbe, Klaatschs Widerpart, daß nach den
ihm bekannten Tatsachen der Mensch vom Charakter des javani=
schen Pithecanthropus und des Homo Heidelbergensis (Fig. 5g)
erst in der allerletzten Phase der Tertiärzeit entstanden sein könne.
Forscht man nun aber in Schwalbes eigenen Darstellungen nach,
welche Glieder vergleichend anatomisch den Menschen mit niederen
Formen, also insbesondere mit den Affen nachweislich verbinden,
so bekommt man zusammenfassend die Antwort, daß zwar an der
allgemeinen tierischen Abstammung des Menschen nicht zu zweifeln,
die spezielle Abstammung von bestimmten Primatenaffen aber noch
nicht gesichert sei. Am wahrscheinlichsten sei die Abstammung des

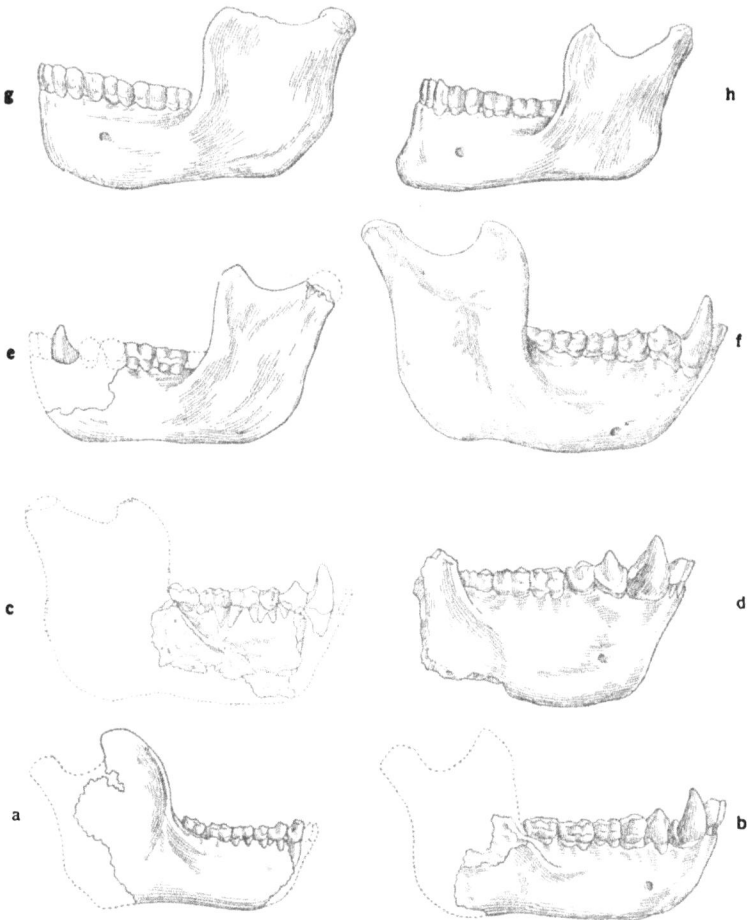

Fig. 5. Unterkiefer von Affen und Menschen des känozoischen Zeitalters.

a) Propliopithecus. Älteste Affenform aus der Frühtertiärzeit (Oligozän). Ägypten. Eckzahn-spitze abgebrochen. Angebliche Ahnenform aller Affen- und Menschenarten. ¹/₂ nat. Gr.
b) Pliopithecus. Gibbon-ähnliche Form. Jüngere Tertiärzeit (Miozän). Deutschland. ¹/₂ nat. Gr.
c) Sivapithecus. Gorilla-ähnliche Form. Ende der Tertiärzeit (Pliozän). Indien. Stark verkl.
d) Dryopithecus. Schimpansen-ähnliche Form. Ende der Tertiärzeit (Pliozän). Süddeutsch-land. ¹/₂ nat. Gr.
e) Eoanthropus. Vermutlicher Menschenkiefer mit Affenmerkmalen. Jüngste Tertiärzeit (Plio-zän). England. Der Eckzahn ist isoliert zugleich gefunden und hinkombiniert. ¹/₂ nat. Gr.
f) Orang Utan. Lebend. Jetztzeit. Indischer Archipel. ¹/₂ nat. Gr.
g) Homo Heidelbergensis. Diluvialzeit. Eiszeitmensch. Mauer bei Heidelberg. Kieferform affenartig, Zähne menschenartig. ¹/₂ nat. Gr.
h) Homo sapiens. Lebend. Man beachte das vortretende Kinn, worin der Diluvialmensch affen-ähnlicher ist. ¹/₂ nat. Gr.

(Zusammengestellt aus W. K. Gregory, Journ. Dental. Research. 1920/21.)

Menschen von Formen mit einer Mischung der Charaktere niederer Ostaffen und Menschenaffen. Diese Formen sind nun hypothetisch. Von ihnen gehe der Weg zu einer ausgestorbenen — auch wieder hypothetischen — Menschenaffenform, aus der die zum Schimpansen aufsteigende „Linie", also noch nicht dieser selbst, sondern seine hypothetischen Vorläufer sich entwickelten. „Aus dieser Linie hat sich dann vermutlich der Stamm der zum Menschen führenden Hominiden abgezweigt."

Wie kann man angesichts eines so luftigen, doch nur aus imaginären Formen zusammengesetzten Stammbaumes, der also das ganze Ergebnis vieljähriger, streng an die vergleichende Anatomie gebundener Forschung ist, noch behaupten, daß wir über die Entstehung des Menschen aus Primaten im Klaren seien und daß andere, doch auch mit sehr gewichtigen Beweisstücken arbeitende Theorien über ein wesentlich höheres Alter des Menschenstammes und über seine ursprüngliche Selbständigkeit gegenüber allen bisher bekannt gewordenen vorweltlichen und jetztweltlichen Säugetierformen keine Berechtigung haben sollten?

Noch können wir nach Klaatsch[15]) die Zeit der Menschenwerdung in keiner Weise festlegen, wohl aber die Tatsache festhalten, daß dieser Vorgang keinesfalls jüngeren geologischen Datums ist. Früher wollte man die ganze Entwicklung des Menschen bzw. der Menschenaffen aus niederen Säugetieren in die Diluvialzeit oder in die unmittelbar ihr vorausgehende letzte Phase der Tertiärzeit verlegen. Schon der Nachweis, daß die hypostasierte Entwicklungsbahn Affe-Mensch wohl teilweise umgekehrt verlief[16]), ferner die Erkenntnis, daß schon der Steinzeitmensch in mehrere deutlich getrennte ältere Rassen zerfiel; drittens die entwicklungsgeschichtliche Tatsache, daß alle Typen weit in die Erdgeschichte zurückreichen; endlich die Erkenntnis, daß Stammbäume sich nicht in dem äußerlichen Sinn entwerfen lassen, wie es das Zeitalter der Deszendenztheorie in der zweiten Hälfte des 19. Jahrhunderts glaubte — das alles hat den Boden bereitet für die Erwartung einer sehr alten und noch durchaus unaufgehellten Herkunft des Menschengeschlechtes. Mit Klaatsch sehen wir heute dieses Problem so an: Der Tertiärzeitmensch bedarf nicht mehr des Beweises, einerlei, ob wir Artefakte von ihm haben und Skelettfunde oder nicht; es kann sich nur noch um die Frage handeln, in welcher Phase der Tertiärzeit die

Trennung der Menschenaffen vom Menschen einsetzte und wie alt der gemeinsame Stamm beider ist, der nach Klaatschs wohlbegründeter Lehre unbedingt in das mesozoische Erdzeitalter zurückreicht.

Die uns aus der Tertiärzeit bekannten Affengattungen (Fig. 5) sind so spezialisiert, daß sie, auch nach den bisherigen Forschungsmaximen der Abstammungslehre, überhaupt nicht als Ahnen eines Diluvialmenschen in Betracht kommen. Die als Ahnen sämtlicher Simiiden und Hominiden befürworteten[17]) unzureichenden Schädelreste sind teils wegen ihrer Unvollständigkeit und dem Fehlen aller übrigen Skelettteile nicht auswertbar, teils sind es konvergente Formbildungen eigener Typenkreise. Der an Größe zurücktretende Eckzahn unterscheidet den Menschen ohnedies von allen echten Affen, die wir kennen, oder läßt höchstens deren Ableitung aus ihm selber zu. Doch ist die Eckzahnfrage in ein neues Stadium getreten, seit es durch Adloff wahrscheinlich gemacht wurde, daß Menschen= und Affeneckzahn gar keine homologen Bildungen sein müssen, daß sich vielleicht Verschiebungen im Gebiß schon beim frühesten Auseinandertreten beider Stammformen eingestellt haben, und daß der menschliche Eckzahn gegenüber dem der anthropoiden Affen so primitiv geblieben ist, daß deshalb eine Ableitung des Menschen von solchen Affen nicht angenommen werden kann. Selbst wenn frühere Vorfahren des Menschen einmal größere Eckzähne besessen haben sollten, würden das ganz ursprüngliche, aber gewiß keine Affeneckzähne gewesen sein[17a]).

Vollends die Halbaffen oder Lemuriden stehen durch ihre ganz andersartigen und primitiven Merkmale einer formalen hypothetischen Urform der Säugetiere näher als alle anderen tertiärzeitlichen Säuger. Auch der quartärzeitliche Mensch hat mehrere solcher ganz primitiven Eigentümlichkeiten, welche ihn gleichfalls an hypothetische und sehr weit in die Erdgeschichte zurückzudatierende Vierfüßler anschließen. So sein lückenloses vollständiges Gebiß, das nicht, wie das aller tertiärzeitlichen Säugetiere auf eine Lückenbildung zwischen Vorder= und Backenzähnen hinläuft, sondern sich allenfalls nur bei uns Spätmenschen in einem Ausfall des letzten Backenzahnes etwas verringert. Es gleicht in seiner Vollständigkeit den ältesten tertiärzeitlichen Säugetierformen; aber an solche den Menschen anzuschließen, verbieten die Grundsätze der bisherigen Deszendenzlehre selbst, wonach voneinander durch einseitige Dif=

ferenzierung schon unterschiedene Lebewesen nicht unmittelbar
stammesgeschichtlich zusammenhängen können. Auch in der fünffingerigen Extremität liegt ein sehr altes, nicht ein erdgeschichtlich
jungzeitliches Merkmal, das keineswegs die Ableitung des Menschentypus aus irgend einem tertiärzeitlichen Säugetier zuläßt.
Zwar gibt es alttertiäre Säugetiere mit der primitiven fünffingerigen Extremität; aber sie, wie auch spätere Gattungen mit demselben Merkmal, sind so einseitig entwickelt[18]), daß man die Herkunft der fünffingerigen Primatenextremität, insbesondere der vorderen, in viel ältere Zeiten zurückdatieren kann. Sie ist in der beim
Menschen vorhandenen Einfachheit schon paläozoischen Alters.
Zwar ist es ein Irrtum, die vollständig fünffingerige Extremität
für den Urzustand des Landtieres anzusehen, wie man es bisher
tat. Neueste Funde und Untersuchungen fossiler Uramphibien aus
der Permzeit haben ergeben, daß schon jene frühen amphibischen
Landtiere eine reduzierte, nämlich eine vierzehige Vorderextremität
hatten, während ihre Hinterextremität noch fünfzehig war. Sind
sie in dieser Hinsicht schon einseitig spezialisierte Formen gewesen,
so stehen sie auch dem primitiven hypothetischen Landtier insofern
schon ferner, als dieses wahrscheinlich zuerst siebenzehig war. Nicht
nur die Embryonaluntersuchung gewisser lebender Amphibien ergibt dies, sondern es erhellt auch aus Fossilfunden permzeitlicher
alter Amphibienformen, deren noch fünfzehige Hinterextremität
die Reste eines überzähligen, jedoch nicht pathologischen oder ata-
vistischen, sondern noch als Normalrest vorhandenen Kleinfingers
enthält[19]). Es war demnach die fünffingerige Landextremität
schon gegen Ende der paläozoischen Zeit selbst ein Rückbildungs-
stadium aus einer noch älteren Form. Wir können also festhalten,
daß mindestens die fünffingerige Extremität ein Grundmerkmal
aller zum erstenmal völlig dem Leben auf dem Festland zuge-
wandten, wenn auch habituell noch amphibisch aussehenden Wesen
war; daß mithin die fünffingerige Landextremität mindestens ein
Erbe aus der Steinkohlenzeit ist. Und so kann der Mensch mit allen
gleichfalls fünffingerigen Säugetieren bis in jene alte Epoche
zurückreichen, weil alle bis dorthin fossil bekannt gewordenen Vierfüßler in ihren Extremitäten oder im übrigen Körper schon viel
zu einseitig entwickelt sind, als daß die Ableitung des menschlichen Körpers aus ihnen gelänge.

Die Frage, ob und wie die Hand des Menschen aus einem allen=
falls anzunehmenden Urextremitätenstadium hervorgegangen sein
könnte, ist weder vergleichend anatomisch noch durch Fossilfunde
zu beantworten. Auch Klaatsch hat sich mit dieser Grenzfeststellung
unseres vergleichend anatomischen Wissens begnügt und sagt nur,
daß für die Betrachtung der Herkunft des Menschen die Feststellung
vorerst ausreicht, daß er die Hand mit der fünffingerigen Form
der alten Landwirbeltiere, also nicht erst mit jener der tertiärzeit=
lichen Säugetiere teilt. Auch dürfte nun klar sein, sagt Klaatsch,
daß die früher vielfach übliche Einschätzung des Menschen als des
letzten Endgliedes einer angeblich mühsamen Entwicklung nicht
zutrifft. Er ist nicht als letztes Ergebnis einer sehr komplizierten
Umgestaltung aufzufassen. Es fehlte früher nicht an solchen Ver=
mutungen, als man glaubte, daß der Mensch von vierfüßigen
Tieren abstammen könne. Aber ein Vierfüßlertum besagt, daß
die Gliedmaßen des betreffenden Wesens zu Füßen gestaltet
sind, d. h. außer Stützen und Laufen andere Leistungen nicht
verrichten können. Der Mensch aber hat das alte vielseitige
und daher unendlich wertvolle Werkzeug beibehalten. „Daß
der Mensch indifferent blieb, sich seine Vielseitigkeit bewahrte —
darin liegt eben ein großer Teil des Geheimnisses seines außer=
ordentlichen Erfolges. Das ist eine ganz andere Auslegung des
Entwicklungsganges als die im alten Darwinschen Sinne. Nicht
ein Triumph des Kampfes ums Dasein ist der Mensch; nein, im
Gegenteil: sein Sieg beruht darin, daß er von den Opfern der
natürlichen Zuchtwahl verschont blieb, daß er seine Hand behielt.
Wenn man nach Wundern suchen will, so braucht man nicht ins
Reich des Übernatürlichen zu flüchten. Die Natur selbst, unser
eigenes Wesen, bietet der Wunder genug. Nach den Regeln der
Wahrscheinlichkeitsordnung ist jedenfalls die Ausnahmestellung
des Menschen gegenüber dem ganzen anderen Tierreich eine sehr
sonderbare. Nicht der Besitz der Hand als solcher ist es — er war
ja allen Tieren einstmals eigen — sondern der Umstand, daß dieses
Gebilde in seiner Ursprünglichkeit beibehalten wurde und daß es
sich in den Dienst einer gewaltigen Gehirnentfaltung stellen konnte
— das ist das Merkwürdige."

Der Mensch kann auch deshalb mindestens mesozoischen, ja
paläozoischen Alters sein, weil er ein Sohlengänger ist. Die

älteſten, hypothetiſchen und die aus ihnen formal allenfalls ab-
leitbaren tertiärzeitlichen Säugetier-
typen ſind vollkommene Sohlengänger oder weiſen wenigſtens als
Abkömmlinge auf Formen mit Soh-
lengängerfuß eindeutig hin. Der
Menſch ſelbſt kann wiederum nicht
von ſolchen Gattungen abſtammen,
ſondern hatte beſtenfalls in ſehr
früher, dem paläozoiſchen Urſprungs-
punkt der Säugetiere recht nahen
Zeit einen dort ſchon zu ſuchenden
Ahnen mit ihnen. Somit hat er
mindeſtens ſeit dem Altmeſozoikum
auf eigener Entwicklungsbahn den
Sohlengänger in ſich bewahrt, was
nicht hindert, daß ſeine große Zehe
am Fuß zuerſt opponierbar war,
der Fuß alſo auch Greifhandcharak-
ter beſaß. Er war ſomit auch in
meſozoiſcher Zeit ſchon ein von den
ſpäteren tertiärzeitlichen Stämmen
getrennter eigener Säugetierſtamm,
mithin als Menſchentypus vorhanden, wenn auch in anderer Form
als zur Steinzeit.

Klaatſch hat ſeinerzeit auch gewiſſe Landtierfährten im mittel-
deutſchen Sandſtein aus frühmeſo-
zoiſcher Zeit zu einem Analogie-
beweis für das hohe Alter des
Menſchentypus herangezogen und
ich folgte ihm urſprünglich darin.
Sie gehören ſehr alten Landtieren
an, die man nur aus dieſen Spuren,
nicht nach Skelettreſten kennt (Fig. 6).

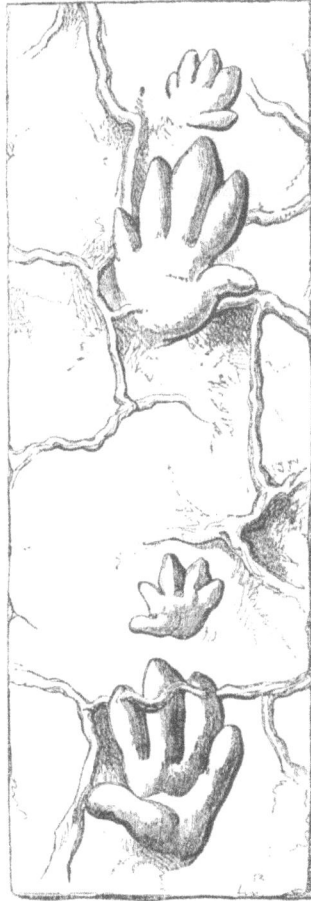

Fig. 6.
Fährten eines Amphibiums oder Reptils
(Chirotherium) aus dem altmeſozoiſchen
Thüringer Buntſandſtein. Die Hinter-
extremität größer, die Vorderextremität
kleiner. ¹/₄ nat. Gr. (Nach R. Owen aus
Zittel-Broili, Grundzüge der Palä-
ontologie II. 1923.)

Sie fallen auf durch ihre große Ähnlichkeit mit Menſchenhänden,
wenn ſie auch ſolchen gewiß nicht zugehörten. Die älteren, aus

der Permzeit, zeichnen sich dadurch aus, daß die gegenseitigen Größenverhältnisse der vorderen und hinteren Extremitäten sich noch mehr angleichen als die der etwas jüngeren aus der Trias= zeit, wo die hinteren Extremitäten die vorderen an Größe wesent= lich übertreffen. Aus der Form der Abdrücke kann man den Schluß ziehen, daß das zugehörige „Handtier" (Chirotherium), wenn auch nicht ganz aufrecht, so doch zuerst weniger, später ent= schiedener auf der Hinterextremität lief. Besonders die älteren Fährten seien deshalb bedeutungsvoll, weil gerade sie große Ähn= lichkeit mit Kinderhänden haben. Man kann sie, sagt Klaatsch, in der Tat nicht besser beschreiben als durch einen Vergleich mit solchen oder auch mit Embryonal= zuständen der Menschenhand (Fig. 7), worin die Plumpheit und Derbheit der Kinderhand noch auf= fälliger erscheint. Ein solches embryonales Merk= mal der Menschenhand, wie es auch den Thüringer Fährten eignet, ist die wenig ausgedehnte Fläche zwischen dem Daumenballen und den übrigen Fingern, oder die außerordentlich breite Mittel= hand oder die kurzen gedrungenen Finger. Der Daumen an der Thüringer Spur ist mit einem dicken Ballen versehen und bekundet damit seine Opponierbarkeit. Die Unterfläche der Finger zeigt oft die Gelenkvertiefungen, den Fingergliedern entsprechend. Der vierte Finger war meistens am längsten.

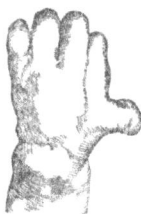

Fig. 7.
Embryonalhand des
Menschen.
(Aus Klaatsch,
Abstammungsl.hre.
1911.)

Diese Auffassung ist nicht mehr haltbar, seitdem man durch neuere grundlegende Untersuchungen Soergels weiß[19a]), was man auch früher teilweise schon gemutmaßt hatte, daß der „Daumen" an diesen Extremitäten gar kein Daumen ist, sondern an der entgegengesetzten Seite der „Hand" liegt, mithin eine sekundäre Erwerbung, eine „falsche" Zehe darstellt und so als Anpassungsbildung an das Aufrechtgehen zur Unterstützung der Sohle oder als Verbreiterung der Fußbasis zur besseren Ver= hütung des Einsinkens vielleicht gedeutet werden kann. Dagegen sind diese Formen ein erneuter Beweis für das Herrschen einer Formbildung, die auch in anderen mesozoischen Typen mit der Tendenz zum Halbaufrechtgehen zusammentrifft und dabei eine gewisse Spreizbarkeit eines Zehengliedes hervorbringt.

Überhaupt finden wir bei den Landtieren des mesozoischen Zeitalters, wie früher schon erwähnt, die Anlage zum aufrechten Gang
auf den Hinterbeinen und dies oft in einer so vollkommenen Weise,
daß es geradezu als Zeitmerkmal angesprochen werden darf. Damit verknüpft ist merkwürdigerweise gelegentlich der opponierbare
Daumen, der auch der Verteidigung gedient haben soll. Zeigten
uns dies schon in der schönsten Art die Sandsteinfährten, so haben
wir auch ganze Skelette verschiedenster Reptilgruppen der mesozoischen Epoche, besonders der Kreidezeit und der oberen Jurazeit, welche jenes Kennzeichen ganz vollkommen entwickelt haben.
So etwa die aufrechten Iguanodonten der belgischen Unterkreide-
formation. Es waren das bis 5 m hohe landbewohnende Pflanzen-
fresser, habituell sehr ähnlich anderen, z. B. nordamerikanischen und
afrikanischen Landsauriern mit Raubtier- wie mit Pflanzenfresser-
charakter, sehr großer und kleiner Dimension. Sie zeigen, wie
schon erwähnt, den aufrechten Gang, haben aber nur eine drei-
zehige oder höchstens vierzehige Extremität, an der das fünfte Glied
allenfalls noch als Rudiment hängt. Dagegen hatten gerade nicht
die jüngeren, sondern die erdgeschichtlich ältesten Landtiere des
paläozoischen Zeitalters entschiedene Anlage zu einer opponierbaren ersten Zehe, unserem menschlichen Daumen entsprechend.
Und dies ist umsomehr ein Beweis für die Altertümlichkeit des
Menschentypus, als die erdgeschichtlich jüngeren, alttertiärzeitlichen Säugetiere zwar vielfach noch vollkommen fünffingerige
Extremitäten besaßen, aber dabei keinen opponierb. ren Daumen
hatten und außerdem auch zu Gruppen gehörten, deren spezifische Ausbildung sie gewiß für keinen Forscher zu einem stammesgeschichtlichen Anknüpfungspunkt gerade des Menschen oder
menschenähnlicher Primaten werden läßt. So geht also die
Menschenhand in ihrer Grundlage unmittelbar auf älteste
Landtierformen zurück, wenn wir auch den Menschen nicht unmittelbar aus jenen Altformen stammesgeschichtlich herleiten
möchten. Denn der Mensch ist vergleichend anatomisch zunächst
ein Säugetier, kein Reptil, wie es jene paläozoischen Landtierformen waren, kann also von diesen letzteren auch nicht „abstammen". Sie zeigen uns aber immerhin, in welcher Epoche
uralter Formbildung seine Extremitäten wurzeln.

Ebenso weisen die im vorigen Abschnitt beschriebenen Land-

5*

reptilien des Erdmittelalters mit ihrem aufrechten Gang und ihrer einfach gestreckten Hinterextremität, deren Länge nicht wie bei spät= zeitlichen Säugetieren erst sekundär durch Aufrichtung des Fußes[20]) bewirkt ist, auf eine mesozoische Zeitsignatur hin, und wir finden den Menschen auch mit diesem Merkmal ausgestattet. Auch dies deutet vergleichsweise auf sein hohes erdgeschichtliches Alter hin.

Im Spätpaläozoikum, in der Permzeit sich andeutend, be= sonders aber in der Triaszeit klar hervortretend, stoßen wir auf eine Erscheinung, die uns offenbart, wann der Säugetiertypus als Zeitsignatur erwachte und sich vollendete. Da gibt es auf einem großen, später untergegangenen Südkontinent, sowie teilweise in Nordamerika, etwas später auch in Rußland erscheinend, eine Reptil= gruppe, die Theromorphen, denen auffallenderweise in vielen ihrer Geschlechter Organe und ein allgemeiner Habitus von Säugetiercharakter zuteil wird. Unter ihnen treten sogar Formen auf mit säugetierartigem Raubtier= oder Pflanzen= fressergebiß, wie sie echte tertiär= und jetztzeitliche Säugetiere haben (Fig. 8);

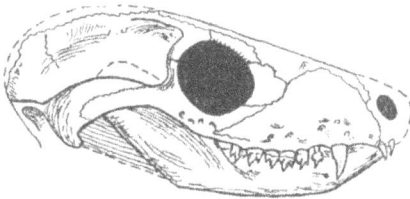

Fig. 8.
Schädel eines Reptils der Triaszeit, mit Säugetier=
merkmalen und Säugetiergebiß. Südafrika.
(Aus W. K. Gregory. Journ. Dental Research. 1920.)
Nat. Gr.

aber ihrem inneren Bau und Wesen nach sind diese scheinbaren Säugetiermerkmale eben doch reptilhaft gewesen. Auch das Skelett bleibt in entscheiden= den Zügen das unverkennbare Reptilskelett, wenn die äußere Gestaltung und Formung oft aufs stärkste an das Säugetier er= innert. Unter dem Einfluß der formalistischen Deszendenzlehre hat man immer und immer wieder versucht, jene Gestalten als die leibhaftigen Ahnen der späteren Säugetiere anzusprechen; doch ist das jedesmal mißglückt. Wir haben eben hier wieder die einander formal überschneidenden Formenkreise nach dem auf S. 46 gegebenen Schema (Fig. 1 B). In der Permzeit ist der Augenblick eingetreten, wo das Säugetierhafte gewissermaßen in der Luft liegt, wo es beginnt, Zeitsignatur zu werden, so daß eben auch ein großer Teil der Reptilien jenes Zeitalters den Säugetierhabitus annimmt, ohne je Säugetier gewesen zu sein oder stammesgeschicht=

lich überhaupt in jene Bahn einzulenken. Wenn man unter dieser Zeitgesellschaft, wie zu erwarten, einmal echte einwandfreie Säugetierahnen und damit also Säugetiere selbst finden sollte, so werden sie einigen theromorphen Reptilien ebenso ähnlich sein, wie etwa die tertiärzeitlichen Affen dem Menschen: man hat es dann auch wieder mit formalen Überschneidungen der festen Typenkreise zu tun, deren Deckungsflächen eine natürliche Familie vortäuschen und Arten liefern, die wie Stammarten oder Urformen der übrigen, sich formal anschließenden Gattungen, sowohl der Reptilien wie der Säugetiere, aussehen werden und es doch nicht sind.

Hiermit ist der Zeitpunkt ermittelt, in dem mindestens das früheste Säugetierwerden vor sich ging. Dort muß der Menschenstamm mit seiner Säugetiernatur und seiner fünffingerigen, sohlengängerigen Extremität mindestens wurzeln — als säugetierhafter Menschenstamm nämlich, unterscheidbar von anderen, gleichzeitig mit ihm erscheinenden Typen. Niemals aber können Reptilien Säugetiere geworden sein. Ihr Skelettbau und andere Merkmale, wie das Fehlen der Hautdrüsen, läßt das nicht möglich erscheinen. Wir müssen, wenn wir überhaupt Stammbaumversuche machen wollen, dem permischen hypothetischen Säugetiertypus amphibische Merkmale beilegen, nicht weil er etwa aus echten Altamphibien hervorgegangen wäre, sondern weil damals die amphibische Gestalt und Lebensweise eine Zeitsignatur war, dementsprechend das Ursäugetier jenes Gewand trug. Da nun die ältesten Säugetiere, die wir nach Zahnfunden aus der Triaszeit kennen, schon einseitig als Beuteltiere spezialisiert sind, so daß sie sich schon frühzeitig vom übrigen Säugetier- und Menschenstamm getrennt haben mußten; da ferner das Reptil nicht in die Stammbahn gehört haben kann, so muß der säugetierhafte Menschenstamm in der Permzeit amphibienhafte äußere Merkmale gehabt haben, aber schon damals als solcher selbständig aufgetreten sein.

Ganz folgegerecht ist also der Schluß, zu dem schon Klaatsch in Würdigung der menschlichen Anatomie gelangte, ohne sich indessen der ganzen ungeheueren Tragweite seiner Entdeckung bewußt geworden zu sein, wenn er sagt: „Die ältesten Stadien der menschlichen Vorgeschichte werden daher mit denjenigen der Urgeschichte der Landwirbeltiere identisch sein." Diese Urgeschichte aber liegt schon im paläozoischen Zeitalter.

Der einzige Paläontologe, welcher die nächstliegende Folgerung aus den neueren stammesgeschichtlichen und vergleichend anatomischen Erkenntnissen auch für den Menschenstamm gezogen hat, wenngleich in noch wenig gegenständlicher Umreißung, ist Steinmann gewesen[21]). Bei der Langsamkeit der Entwicklung aller Tierstämme, sagt er, dürfe man erwarten, daß sich auch die Menschwerdung im Stamm der Anthropotherien außerordentlich langsam vollzogen habe. Weil Skelettreste und Werkzeuge des Menschen erst aus der Diluvialzeit bekannt geworden seien, halte man den Menschen als solchen erst für ein Erzeugnis dieses letzten erdgeschichtlichen Abschnittes. Wahrscheinlicher sei es, daß der Mensch, ebenso wie die ihn zur Diluvialzeit begleitenden Tiere: Pferd, Elefant, Nashorn, Nilpferd, Hirsch usw. schon zur Tertiärzeit existierte, wenn auch in einem etwas anderen, stammesgeschichtlich altertümlichen Gewand. Wie man am Anfang der Stammbahnen nie die von der älteren Deszendenzlehre erwarteten generalisierten Grundformen gefunden habe, aus denen man nachfolgende Spezialtypen ableiten könne, so kenne man aus dem ältesten Abschnitt der Tertiärzeit nicht weniger als 25 Gattungen des Primatentypus, von denen keine die Forderungen erfülle, die sie in anatomischer Hinsicht zu einem stammesgeschichtlichen Bindeglied zwischen Mensch und niederen Primaten machte. Offenbar haben also beide Typen schon am Anfang der Tertiärzeit eine lange selbständige Geschichte hinter sich, so daß man dem Schluß nicht mehr ausweichen könne, daß die ganze Sippe in mehreren getrennten Linien in das mesozoische Zeitalter zurückreiche.

Klaatsch und Steinmann haben mit ihren Ideen und Schlußfolgerungen etwas in der Hand gehabt, dessen ganze Tragweite sie noch nicht erfaßten. Vielleicht hat es Klaatsch, viel angefeindet und als Phantast verschrieen, stärker geahnt, doch drang es bei ihm jedenfalls nicht mehr zum vollen Bewußtsein durch. Keiner von beiden hat es sich klar gemacht und es als unerbittliche Konsequenz seiner Beweisführung angesehen, daß er methodisch und im Resultat die ganze menschliche und tierische Abstammungslehre, wie sie stereotyp seit sechzig Jahren ohne irgend einen wesentlich neuen, vertiefenden Gesichtspunkt vertreten ward, völlig umgestürzt und die Typentheorie und somit auch die Erkenntnis der Selbständigkeit des Menschen-

ſtammes bis in älteſte Zeiten des Landtierwerdens an deren
Stelle geſetzt hat.

Die Forſchung iſt dabei nicht ſtehengeblieben. Seit der erſten
Herausgabe dieſer Blätter haben ſich durch Unterſuchung innerer
und äußere Organe noch andere bedeutſame Hinweiſe auf ein ſehr
hohes Alter des Menſchengeſchlechtes und auf gewiſſe Vorfahren-
ſtadien ergeben[21a]). Die Kinnbildung bzw. Kieferbildung ſtellt einen
Zuſtand dar, der unmittelbar auf die uralte Einwärtsneigung der
Zähne bei Haifiſchen und gewiſſen Reptilien folgt, alſo an den
früheſten Beginn der Säugetierzeit und teilweiſe ſogar noch an ein
Vorſäugetierſtadium erinnert. Man könnte, ſagt Weſtenhöfer, den
Verſuch machen, einem Unbefangenen eine Reihe verſchiedener
Unterkiefer zu übergeben, damit er den menſchlichen an die Stelle
ſetze, wo er nach ſeiner ganzen Entwicklung vergleichsweiſe hingehört;
er würde ihn jedenfalls v o r jedes Säugetier ſtellen. Das aber heißt
nichts anderes, als daß auch in der Zahnſtellung und Kieferbildung
alle Säugetiere ſo ſpezialiſiert ſind, daß der Menſch auch hierin ihr
Ahnenſtadium, nicht ihr Nachkommenſtadium iſt.

Demſelben Forſcher verdanken wir die Erkenntnis, daß wir im
Kindheitszuſtand, ſowie ein nicht geringer Prozentſatz Erwachſener,
mit dem trichterförmigen Wurmfortſatz des Blinddarmes, mit einer
gelappten ſtatt einer geſchloſſenen Niere und einer mehrfach gekerb-
ten Milz auf einer ſtammesgeſchichtlich tieferen Entwicklungsſtufe
ſtehengeblieben ſind. Dieſer dreifache „Progoniſmus" deutet merk-
würdigerweiſe auf Waſſertierſtadien hin, indem jene Formbildungen der Niere und Milz nur von waſſerangepaßten Säugern erreicht
oder übertroffen werden. Und ſo iſt die Möglichkeit nicht von der
Hand zu weiſen, daß in der ſpezifiſch menſchlichen Vorfahrenreihe
eine aquatile Form vorhanden war. Weſtenhöfer meint, daß dieſe
Miſchung von progoniſchen und nichtprogoniſchen Menſchen dadurch
zuſtande gekommen ſei, daß ſie ſich vielleicht aus zwei Stämmen
miſchten, von denen der eine ſchon etwas weiter fortgeſchritten, der
andere etwas zurückgeblieben war; dieſer würde dem Menſchen-
affenvorfahren nähergeſtanden haben, jener ſchon jetztweltmenſch-
licher geweſen ſein; beider Wurzeln lägen aber weit zurück in erd-
geſchichtlicher Vergangenheit.

Wie man ſieht, mehren ſich die Hinweiſe auf die Altertümlichkeit
und Primitivität des Menſchen. Nur in der Gehirnentwicklung

und damit im vollendeten Bau des Gesichtsschädels ist der Mensch allen voraus, die Affen aber sind schon vor diesem vollendeten Stadium seitlich abgewichen und haben sich degenerativ spezialisiert. Und Westenhöfer sagt treffend, daß alle diese Tatsachen doch wohl nichts anderes bedeuten können, als daß der Säugetierstamm insgesamt den Weg zum Großhirn eingeschlagen hatte, daß diese Entwicklung aber in umso stärkerem Maße gehemmt wurde, je mehr sich das Gebiß neigte, d. h. je stärker und mächtiger es zugleich wurde. In unsere Ausdrucksweise übersetzt, bedeutet dies aber: die Säugetiere sind auf dem Entwicklungsweg des Menschenstammes zurückgeblieben und von der Abzweigungsstelle aus dann einseitig spezialisierte Ableger des gemeinsamen und durchlaufenden Urstammes geworden, der zu allen Zeiten eben der „Menschenstamm" selber war.

Doch wie dem auch sei, muß der uralte Stamm des Menschentypus — darüber kann es ja paläontologisch kaum eine grundsätzliche Meinungsverschiedenheit geben — in vergangenen Erdperioden ein anderes Aussehen gehabt haben, ob er nun aus irgend welchen Tierformen genetisch hervorbrach oder ob er von ältester Landtierzeit her selbständig seine Bahn verfolgte; er hat zweifellos seine Evolution gehabt und manche Mutationen hervorgebracht. Aber welche? Wir erinnern uns jetzt noch einmal des oben dargelegten Gesetzes, wonach in bestimmten Zeitepochen bestimmte Gestaltungen und Organe bei den verschiedensten Typen zum Vorschein kommen. Hat aber, so sagten wir, eine Tiergruppe oder eine einzelne Gattung in späterer Zeit noch einen für eine frühere Zeit festgestellten zeitcharakteristischen Formzustand voll entwickelt oder rudimentär an sich, so erkennt man daran ihr geologisches Mindestalter, auch ohne daß man aus früheren Zeiten ihres Daseins fossile Dokumente von ihr hätte. Wenn also der Menschenstamm — das Wort meinetwegen in jedem beliebigen stammesgeschichtlichen Sinn gebraucht — noch in das mesozoische Zeitalter zurückgeht, so muß er eben mesozoische Formeneigentümlichkeiten damals gehabt haben und jetzt noch voll entwickelt oder rudimentär an sich tragen; also z. B. den opponierbaren Daumen oder den aufgerichteten Gang auf primär, nicht sekundär verlängerten bzw. aufgerichteten Hinterbeinen. Und das hat er. Er hat aber auch in seiner Extremität den primitiven Formzustand des Landtieres, wenn auch etwas abgeändert, bewahrt, und der ist mindestens jungpaläozoischer Herkunft.

Mit dieser Erkenntnis dürfen wir jetzt nach dem Gesetz der Zeit= charaktere den Menschenstamm bis in das paläozoische Erdzeitalter zurückführen und für seine Evolution folgende Stadien annehmen: Zuerst muß er amphibische und reptilhaft scheinende Merkmale be= sessen haben. Er hatte vielleicht, wie die Amphibien, den schleppenden Gang und schwimmhautartig verwachsene Finger und Zehen, auch wohl noch keinen entschieden opponierbaren Daumen. Mit den ältesten Amphibien und Reptilien hatte er vielleicht einen teil= weise hornig gepanzerten Körper gemein, ein Merkmal, das über= haupt in der Endzeit der paläozoischen Epoche als Zeitcharakteri= stikum insofern gelten kann, als auch die Amphibien mit ihrem an und für sich schleimigen, drüsenbesetzten Hautmantel zu solcher Panzerbildung, oft an Kehle und Brust, auch auf dem Rücken, bis zur Stärke von Hautknochenplatten sich steigernd, übergehen. Mit beiden Gruppen aber hatte der hypothetische Urmensch wohl ein vollentwickeltes Parietalorgan, d. i. eine auf der Schädeldecke voll= entwickelte augenartige Öffnung, die jenen ältesten Landbewohnern durchweg gemeinsam war und als ein bestimmtes, bisher nicht deutbares, wenn auch sicher augenförmig ausgebildetes Sinnes= organ gelten darf. Der Urmensch war wohl von jeher ein Säuge= tier. Diese Säugetiernatur war aber habituell durch die soeben aufgezählten Merkmale verhüllt. Nach der vorhin erwähnten Tat= sache, daß im Spätpaläozoikum sich sogar unter den Reptilien deutliche Säugetiercharaktere bemerkbar machen, obwohl ein Reptil niemals ein Säugetier gewesen sein kann, ist anzunehmen, daß damals der Säugetierstamm als solcher entstand, aber unter dem äußeren Gewand der Reptilhaftigkeit; ebenso der Mensch als land= tierartiges Wesen.

Im mesozoischen Zeitalter wird der Urmensch — er wird in vielen Stämmen und Einzelformen verschiedener Gattung gelebt haben — im allgemeinen sein Scheitelorgan durch Rückbildung langsam verloren und nun seine Säugetiernatur deutlicher enthüllt haben. In der Triaszeit finden wir die ersten als solche erkennbaren und in diesem Sinne echten Säugetierreste; sie gehören dem Stamm der Beuteltiere an, und nur solche findet man das ganze mesozoische Zeitalter hindurch in seltenen Resten. Dies war die damalige Stufe des Säugetierwerdens, eben als Zeitsignatur, und daher wird auch der äußerlich schon säugetierhafter aussehende Mensch die anatomischen Eigenschaften des Beuteltieres geteilt haben, wie er im paläozoischen Zeitalter die des Reptils und Amphibiums trug. Im mesozoischen Zeitalter erkannten wir auch die Epoche, wo der aufrechte Gang der Landtiere angestrebt wurde; wir übertragen dies entsprechend auf den damaligen Menschenstamm. Es war auch die Zeit, wo die verwachsenere ursprünglichere Extremität der vollendeteren mit den spreizbaren Fingern und dem opponierbaren Daumen Platz machte; so wird auch der Mensch in dieser Hinsicht uns ähnlicher geworden sein. Das Säugetier hatte kein Scheitelorgan mehr; der mesozoische Mensch hatte es also mehr und mehr rückgebildet und dafür die vollere Entwicklung der Schädelkapsel, die vollere Entwicklung des Großhirns erreicht; er muß einen gewölbteren Schädel mit einer abgesetzten, weniger flachen Stirn bekommen haben.

Mit der Kreidezeit, wenigstens der letzten Hälfte der Kreidezeit, wo wir die letzte Herausentwicklung der mit der Alttertiärepoche fertig dastehenden fünffingerigen typischen Säugetierwelt schon jenseits des Beuteltierzustandes anzunehmen haben, wird dann auch der Säugetiermensch sich stark jenem Zustand genähert haben, der uns im Eiszeitmenschen fertig vor Augen tritt. Indessen ist der Eiszeitmensch als degenerierter Abkömmling des Spättertiärmenschen sehr stark pithekoid gestaltet, weil damals, wie schon gezeigt, der affenschaffende Zeitcharakter herrschte. Zuvor also muß der Mensch in seinen verschiedenen Spezialstämmen allerlei äußere Merkmale besessen haben, wie sie für die einzelnen Zeitstufen der Tertiärzeit gelten; so werden einzelnen seiner Stämme Fleischfresser- und Pflanzenfressermerkmale, ins Extrem entwickelt, teilweise nicht gefehlt haben. Schließlich endete der Menschenstamm unter Ausstoßung aller nicht zum Spätzeittypus gehörenden tierischen Charaktere in unserem heutigen Menschenstadium, das gewiß nicht einheitlich, sondern auf vielen Stammlinien wird erreicht worden sein und das nur deshalb anatomisch so einheitlich erscheint, weil eben jetzt die Zeitsignatur unseres Menschenstadiums herrscht. Dieses bevölkert heute die Erde, wie im paläozoischen Zeitalter wohl das scheiteläugige amphibienhafte, im mesozoischen Zeitalter das beuteltierhafte Menschenwesen.

Der Mensch und das Wirbeltier überhaupt, mit Einschluß auch der ältesten Fische, hat kaum etwas in seinem Organismus, was erlaubte, ihn mit dem ganzen Stamm der höheren Tiere an niedere Formen, also etwa Krebse oder Würmer anzureihen. Ein kleines, jetzt lebendes Fischchen, Branchiostoma, äußerlich wurmförmig, aber vielleicht keine ursprüngliche, sondern eine durch Rückbildung scheinbar primitiv gewordene Gattung, von der man das Bild des Urahnen der Wirbeltiere abnehmen wollte, unterscheidet sich ebenso prinzipiell von allen Krebsen oder Würmern durch die grundlegend andersartige Achsenlage des Gesamtkörpers: es hat einen Rückenstrang, ein Rückenmark, während alle jene niederen Tiere ein Bauchmark als zentralen Nervenstrang haben. Die Kluft scheint damit unüberbrückbar. Aber doch gibt es wenigstens einen Anhaltspunkt, daß im menschlichen Organismus, wie in dem der späteren Wirbeltiere, eine Eigentümlichkeit übrig geblieben sein könnte, welche tatsächlich auf ein noch älteres Stadium als das des Uramphibiums oder des Fisches deutet und in die Welt jener niederen Tiere unmittelbar zurückweist. Das merkwürdige Organ des Scheitelauges, das geradezu ein Symbol des Menschenwerdens sein kann, weist uns auch hier wie auf eine älteste Spur seiner Herkunft hinab. Beim Menschen zeigt sich, wie schon betont, das uralte Organ

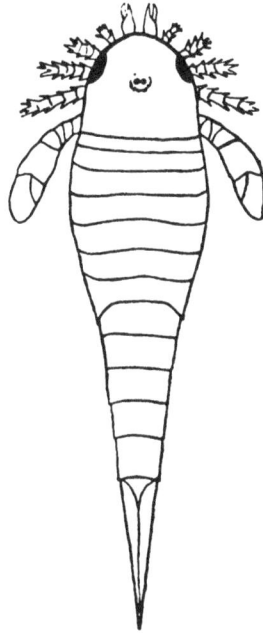

Fig. 9.
Krebsartiges Tier aus altpaläozoischer Zeit. Nordamerika. Mit zwei kleinen in der Mitte des Kopfes liegenden augenartigen Ozellen und 2 oben, nach vorne gerückten, randständigen Netzmalaugen. ¼ nat. Gr. (Aus J. M. Clarke und R. Ruedemann, Eurypterida of New York. 1912.)

in zwiefacher Reduktion. Einmal ist die Zirbeldrüse selbst schon ein rückgebildetes Auge; sie hat aber noch einen seitlichen Begleiter, der den Eindruck einer noch weiter fortgeschrittenen Rückbildung macht und uns die Annahme nahelegt, daß ehedem das vollentwickelte Parietalorgan doppelt gewesen sein muß. Da sich aber sein noch weniger rückgebildeter Teil vergleichend anatomisch als ein altes Auge erweist, so müßte das ehedem vollentwickelte Organ zwei unmittelbar nebeneinander stehende Augen dargestellt haben. Nun finden wir unter den alt- und mittelpaläozoischen Fischen und auch bei krebsartigen Tieren ein derartiges vollentwickeltes doppeltes Augenpaar, oben auf dem Schädeldach, obwohl daneben oder weiter seitlich oder vorwärts noch zwei richtige Normalaugen liegen (Fig. 9). So läßt sich also hier vielleicht noch ein schwacher Strahl einer Zeitsignatur, nicht einer Abstammung, auffangen, die auch einmal bei des Menschenwesens frühesten körperlichen Anfängen vorhanden gewesen sein könnte.

Doch dort verliert sich der vergleichend anatomische Befund ins Ungewisse. Aber innerhalb des übrigen Wirbeltierstammes selbst führen uns die Formbildungen des Menschen in der ganzen Reihe zurück bis zum Stadium des uramphibischen Formdaseins. Und damit haben wir den Boden gewonnen für eine neue Altersbestimmung des Menschentypus, des Menschenstammes, und können nun Schlußfolgerungen ziehen, an die man bisher nur analogiehaft gerührt hat. Wir dürfen erwarten, schon im Altmesozoikum, ja im Spätpaläozoikum den Menschenstamm als solchen zu finden, d. h. ein Wesen, das sich entelechisch durch seine Menschenhaftigkeit, also auch durch gewisse seelische und geistige Besitztümer von der übrigen Tierwelt unterschied. Wenn dies aber in irgend einem Sinne zutrifft, so ist es auch möglich, daß uralte Menschheitszustände und Erlebnisse aus einer ganz anders gearteteten natürlichen und seelischen Welt noch in späteren Mythen und Sagen durchklingen. Sie hervorzuziehen, soll nun versucht werden auf einem Weg, der uns zu neuen Daseinsbildern führt.

Körpermerkmale des sagenhaften Urmenschen

So kann also unser Blick in weite Fernen des Urmenschen-
daseins schweifen. Es ist uns wahrscheinlich geworden, daß
der Mensch in vielen wechselnden Gestalten immerhin so uralt sein
kann, daß Sagengut von ihm, wenn auch noch so zusammenhangs-
los, überliefert sein könnte aus Zeiten, die wir nach der landläufigen Lehre zwar als erd- und lebensgeschichtlich, nicht aber als
menschheitsgeschichtlich anzusehen hätten. Von der Art und dem
Weg der „Überlieferung" sei hier noch abgesehen. Ist nach unserer
Lehre der Mensch als Mensch so alt, wie wir es zu begründen versuchten und es jetzt annehmen wollen, und sind Mythen und Sagen
vielfach oder vielleicht größtenteils vorweltliches, wenn auch längst
nicht mehr ursprüngliches und vielfach entstelltes Wissensgut, dann
dürfen wir auch zu dem Versuch fortschreiten, den die vorausgehenden Abschnitte einleiten sollten: aus den Sagen und Mythen
nun einmal ein Weltbild aufzubauen, wie es der vorweltliche
Mensch um sich und in sich gehabt haben könnte, seine Umwelt
und seine eigene Gestalt und Seele zu ermitteln, indem wir uns
in die Mythen und Sagen und Kosmogonien einfühlen, ihren
Kern zu gewinnen streben und sie naiv als naturhistorische Erzählungen nehmen. So bekommen sie umgekehrt dokumentarischen
Wert, indem wir ihre Inhalte nach jenen Urzeiten hin ausbreiten.

Daß man den älteren Menschen fossil noch nicht gefunden hat,
liegt, wie schon einmal betont wurde, vermutlich daran, daß er
in Gebieten lebte, die heute größtenteils verschwunden sind, wie
etwa der große, von Südafrika und Madagaskar über Indien und
Australien bis in die polynesische Inselwelt hinein sich erstreckende
Gondwanakontinent oder -archipel (Fig. 22); oder daß andere Ge-
bietsteile, die etwa noch den Schauplatz seines Daseins bilden konnten, geologisch so gut wie nicht erforscht sind. In dieser Hinsicht ist von
der dereinstigen gründlichen Untersuchung gewisser afrikanisch-indisch-
australischer oder polynesischer Schichtsysteme des mesozoischen und
spätpaläozoischen Erdzeitalters besonders viel zu erwarten. Wer also

unseren Standpunkt vom hohen Alter des Menschenstammes teilt,
wird es nicht verwunderlich finden, wenn eines Tages in solchen
südlichen, dem alten Gondwanaland angehörenden Landforma-
tionen Abdrücke von Fußspuren, Skelettreste, Gegenstände, Grä-
ber oder Baureste eines vorweltlichen Menschenwesens gefunden
werden. Daß aber Menschenskelette und auch Gegenstände, selbst
dort, wo der Mensch einmal zahlreich und in hohem Kulturzustand
gelebt hat, äußerst selten erscheinen, zeigt nicht nur die allgemeine
Schwierigkeit, selbst in gut erhaltenen, vom Spätmenschen be-
wohnten Höhlen solcher Reste habhaft zu werden, sondern auch die
Tatsache, daß wir speziell von unseren eigenen unmittelbarsten
Vorfahren aus dem hellsten Licht der Nahgeschichte, also etwa den
Franken, ja sogar den Menschen der verflossenen Jahrhunderte
kaum mehr nennenswerte Reste im Boden finden, verglichen mit
ihrer Zahl und Kulturhöhe. Denn damit etwas fossil wird, sind
so außerordentlich günstige Umstände nötig, daß man sie im allgemeinen nur im Flachmeer bei rascher Sedimentation erwarten
darf und auch nur in flachmeerverlassenen gehobenen Böden aus
der Vorwelt in ausgiebigerem Maße hat. Wenn auf dem Land
Sedimentationen mit reicherer Fossileinbettung vorkommen, dann
gehen solche Lager in ihrer Entstehung fast stets auf katastrophale
Ereignisse zurück, etwa auf Vulkanausbrüche, bei denen ungeheuere Staub- und Aschenmassen herunterkommen und in kür-
zester Zeit alles bedecken, oder indem dabei entstehende Schlammregen und Schlammströme rasch alles ersäufen und eindecken; oder
auf rasche Flußverlegungen mit großen Sand- und Schlamm-
transporten; oder auf ein rasches Versinken von Tieren in Sümpfen. Beispiele für das Erste ist aus geschichtlicher Zeit die Verschüt-
tung von Pompeji, wo wir tatsächlich eine Menschenansiedelung
wie fossil finden und die Körperabdrücke der Menschen dazu. In
den nordamerikanischen Bridger beds haben wir die Überreste einer
jungtertiärzeitlichen Sumpf- und Seenlandschaft mit reichem Tier-
und Pflanzenleben, welche von vulkanischen Tuffmassen überdeckt
wurden, wahrscheinlich von erstickenden Gasen und Dämpfen begleitet, welche die dort lebende Welt mit einem Schlage töteten
und alsbald unter Bedeckung fossil werden ließen; und das nicht
nur einmal, sondern mehrere Male. In derartigen Schichtsystemen könnten wohl einmal tertiärzeitliche Menschenspuren,

wenn auch nur in Form von Gebrauchswerkzeugen entdeckt werden. Die Pithecanthropusschichten auf Java, in denen der seinerzeit vielberufene Rest des Affenmenschen gefunden wurde, sind solche, später von Flüssen wieder umgelagerte diluvialzeitliche vulkanische Aschen. Auch aus sehr alter erdgeschichtlicher Zeit gibt es, insbesondere im Süden, wie schon erwähnt, solche und ähnliche Ablagerungen, und es ist deshalb nicht ausgeschlossen, daß wir gerade in terrestren Schichtsystemen vorweltlichen Alters einmal einen glücklichen Fund ältester Menschenformen oder ihrer Kulturreste machen werden, der dann wahrscheinlich auf eine katastrophale Einlagerung zurückgehen wird. Unterdessen müssen wir uns mit anderen Hinweisen begnügen und aus den Sagen das entnehmen, was wir von Körpermerkmalen urältester Menschenrassen überliefert bekommen und es anatomisch wie entwicklungsgeschichtlich prüfen und tunlichst klarstellen.

Schon im vorigen Abschnitt wurde auf die von Klaatsch behandelte Tatsache hingewiesen, daß jene alten Reptil- oder, was wahrscheinlicher ist, Amphibienfährten aus dem mitteldeutschen Sandstein der Perm-Triaszeit sehr an embryonal gestaltete menschliche Hände erinnern. Diese Handform steht in Zusammenhang mit dem bis zu einem gewissen Grade aufrechten Gang solcher Tiere und den opponierbaren Daumen. Das alles ist in mesozoischer Zeit typisch entwickelt als Zeitcharakter, wie früher schon gezeigt wurde. Von Menschen mit einem von den Späteren abweichenden Charakter der Hand ist nun in den Sagen gelegentlich die Rede. So heißt es in einer Überlieferung der Juden: die Hände aller Menschenkinder vor Noah „waren noch ungestaltig und wie geschlossen, und die Finger waren nicht getrennt voneinander. Aber Noah ward geboren, und siehe, an seinen Händen waren die Finger einzeln und jeder für sich"[22]. Hierzu liefert das babylonische Gilgameschepos eine auffallende Parallele[23]. Da fährt Gilgamesch, der Gottmensch, ins Totenreich zu seinem Ahn Utnapischtim, bei dem er sich Rats über Leben und Tod erholen will. Und als er mit dem Schiffe über das Meer kommt, steht Utnapischtim drüben am Ufer und wundert sich über den Ankömmling:

Ut-napištim — nach der Ferne hin schaut [sein Antlitz]
Er redet zu sich und [sagt] das Wort . . .

„Warum . . . fährt einer [im Schiffe], der nicht zu mir gehört(?)?
„Der da kommt, ist doch gar kein Mensch,
„Die Rechte eines Ma[nnes(?) hat er doch nicht].
„Ich blicke hin, aber nicht [verstehe ich es].“

Hier wundert sich also der Ahn über die Rechte — das ist doch
ganz offenkundig die Hand und nicht die rechte Seite — des Nach-
fahren. Ohnehin scheinen sie sich im Anschluß an diese Handver-
schiedenheit über ihre nicht ganz gleiche Körpergestalt auseinandergesetzt zu haben. Denn abgesehen davon, daß Utnapischtim schon
beim Herannahen des Fremden den Unterschied in der Hand bemerkt, müssen sie auch noch von ihrer Unterschiedlichkeit gesprochen
haben, mit dem Ergebnis:

Gilgameš sagt zu ihm, zu Ut-napištim, dem Fernen:
„Ich schau' dich an, Ut-napištim,
Deine Maße sind nicht anders, gerade wie ich bist auch du . . .“

Wenn es nicht schon aus anderem Zusammenhang klar wäre,
daß die dem Gilgamesch den Sintflutbericht übermittelnde Gestalt
des Utnapischtim nur der Ahne schlechthin ist, welchem die Erzählung in den Mund gelegt wird, und daß umgekehrt auch Gilgamesch
im Mythos ein Anderer ist als der nachmalige babylonische historische König, an dessen Namen man ehrend das Epos knüpfte, so
ginge auch aus der Bemerkung über die Hand und die Körpergestalt hervor, daß der Utnapischtim des Totenreiches nicht deshalb der biblische Noah ist, weil er die Sintflut erzählt, sondern daß
hier im Gegensatz zu der jüngeren Menschengestalt überhaupt eine
ältere über die von ihr erlebte Sintflut berichtet. Die Heterogeneität
des Gilgameschepos ist ja von Greßmann schon dargetan; es ist
darin, gleich Ilias und Odyssee, Mythologisches und Junggeschicht-
liches, Äußerlich-Historisches und Wesenhaft-Metaphysisches verbunden, ja vielleicht vom späten Verfasser und Verwerter recht unverstanden durcheinandergebracht. Hier ist nun klar, daß Utnapischtim, der ja nach anderer Sage auch als fellbehaart gilt und
dieses Haar nach seiner Vertreibung aus dem Paradies verlor[24]),
eine ältere Handform besaß; welche — das bleibt dahingestellt;
und Gilgamesch als der Spätere besitzt eine andersartige. Jedoch
scheint die Differenz nicht so groß gewesen zu sein, daß sich die Gestalten nicht als gleichen Stammes erkannt hätten. Das Totenreich, wo sie sich treffen und erkennen, ist ein transzendenter Zustand,

in dem Vergangenes nicht mit den äußeren Sinnen wahrgenommen wird. Welche Bedeutung das für die Erkenntnis der Vorgeschichte hat, wird ein späteres Kapitel noch dartun.

Wir haben es also bei Utnapischtim mit einer uralten Menschengestalt zu tun; er wird also nicht der Spätmensch mit der spreizbaren Hand, sondern der ältere Typus mit embryonal verwachsenen Fingern gewesen sein. Ob Gilgamesch selbst als jüngerer Menschentypus die vollendet spreizbaren Finger schon hat, oder ob es sich da um noch andere mögliche Zwischenstufen handelt, läßt sich auf Grund der Sage nicht feststellen; aber so viel mag festgehalten werden, daß wir uns in einem uralten Zeitkreis damit befinden und daß die äußerlich verwachsene Hand dem Zeitcharakter nach in den Gestaltungskreis des Mesozoikums gehört, wo solche Verwachsungen einer vollkommen fünffingerigen primitiven Extremität zwar bei Wassertieren, aber auch in menschlich embryonaler Form bei jenen Sandsteinfährten vorkommen. Später, wo erst mit Beginn der Tertiärzeit die Säugetierentfaltung dem Paläontologen deutlich sichtbar wird, ist die unreduzierte fünffingerige Landextremität jedenfalls völlig spreizbar. Wo sie äußerlich verwachsen ist, wie bei manchen wasserbewohnenden Säugern, da ist sie entweder zugleich reduziert und nicht mehr wie bei mesozoischen Wassertieren vollzählig fünffingerig; oder sie gehört Formen an, die man von Landsäugern ableiten muß, deren landbewohnende Vorläufer auf mesozoische Herausbildung deuten, weil sie mit Beginn der Tertiärzeit schon einseitig spezialisiert dastehen.

Aus diesen, wenn auch geringen Anhaltspunkten — bessere sehe ich derzeit noch nicht — stelle ich die These auf, daß der die Sintflut überdauernde Menschentypus mit der spreizbaren Hand unserer Art mesozoisch ist und allerspätestens schon mit dem Beginn der Tertiärzeit vollendet da war. Wir werden ihn im Anschluß an die jüdische Überlieferung den „noachitischen Menschentypus" nennen. Seine Großhirnentwicklung war wohl noch nicht so hochspezialisiert wie die unsere und die des Diluvialmenschen.

Zu einem anderen bemerkenswerten Ausblick führt uns der Bericht über eine andere Menschenform, von der es heißt, daß sie ein Auge oben auf dem Schädel oder ein „Stirnauge" trug[30a]).

Nirgends kann man deutlicher sehen, wie die völkische Ausgestaltung einer solchen Sage sich an Fossilfunde knüpfen kann, die in geschichtlicher Zeit gemacht wurden und dann zum Anlaß und zur Unterlage für eine Neuausgestaltung des uralten, urgeschichtlichen Kernes werden konnten. Abel hat so die homerische Ausgestaltung und Lokalisierung der Polyphemsage auf Reste des Zwergelefanten in sizilischen Höhlen zurückzuführen vermocht[25]). Polyphem ist der einäugige Riese mit dem großen Kyklopenauge auf der Stirn, der die schiffbrüchigen Genossen des herumirrenden Odysseus, die in seine Höhle eingedrungen waren, erschlägt und dann von dem schlauen Odysseus geblendet wird. „Nach der Vorstellung der homerischen Griechen", schreibt Abel, „hausten in Sizilien riesenhafte Menschen mit einem einzigen großen Auge auf der Mitte der Stirne. Warum gerade Sizilien als das Kyklopenland gegolten habe? In den unweit des Meeres liegenden Höhlen der Gegend um Messina und an vielen anderen Stellen, so bei Palermo und Trapani, finden sich auch heutigentags noch Skelettreste des eiszeitlichen Zwergelefanten. Man hat sie auch früher gefunden. Sieht man den Schädel eines solchen Zwergelefanten

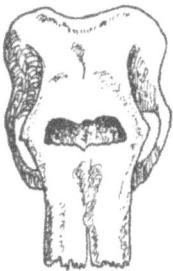

Fig. 10.
Elefantenschädel mit der Nasenöffnung, ein Stirnauge vortäuschend. Stark verkl. (Aus D. Abel, Kultur der Gegenwart a. a. O. 1914.)

mit den Augen des Laien an, so fällt sofort das riesige Stirnloch auf (Fig. 10). Es ist die Nasenöffnung; die Augen stehen seitlich am Schädel. Die homerischen Irrfahrer kannten den Elefantenschädel als solchen nicht; die gewölbte Form ließ auch einen Vergleich mit einem Menschenschädel am ehesten zu, und daraus ergab sich die Vorstellung riesenhafter stirnäugiger Wesen. Seefahrer der homerischen oder vorhomerischen Zeit waren wohl die ersten, welche von diesen Giganten Kunde in ihre Heimat gebracht haben. Sie konnten in einer Strandhöhle Siziliens Schutz vor Unwetter gesucht und beim Anzünden des Lagerfeuers einen aus dem Höhlenlehm aufragenden Elefantenschädel erblickt haben. Alles andere ist spätere Zutat. Eine Zeit, die geneigt war, überall Götter und Göttersöhne zu sehen und überall übernatürlichen Erscheinungen zu begegnen, formte aus diesem Fund zuerst den lebendigen Riesen und zuletzt die ganze Sage von der Bekämpfung und Überlistung des Ungetüms."

Ich will nicht leugnen, daß die homerische Ausgestaltung der
Polyphemsage mit diesem Tatsachenbestand unmittelbar zusam-
menhängt, und halte die Frage, soweit sie jenes literarhistorische
Problem betrifft, hiermit von Abel für glücklich gelöst. Aber ich
glaube nicht, daß er damit dem Kern sehr nahe gekommen ist.
Es muß schon stutzig machen, daß die Nachricht vom stirnäugigen
Riesen oder Menschenwesen auch aus ganz anderen Kulturkreisen
zu uns gedrungen ist, worauf die Abelsche Erklärung nicht paßt.
Beispielsweise lesen wir in „1001 Nacht" von einem hohen Berg[26]),
auf dem eine große Säule stand; darauf saß eine Statue aus
schwarzem Stein, die einen Menschen vorstellte mit zwei großen
Flügeln, zwei Händen wie die Tatzen eines Löwen, einem Haar-
schopf mitten auf dem Kopf, zwei in die Länge gespaltenen Augen,
und aus der Stirne stach noch ein drittes häßliches dunkelrotes
Auge hervor wie das eines Luchses. Eine andere Stelle, die doch
gar keinen unmittelbaren literarischen und völkischen Zusammenhang mit der homerischen und der arabischen Welt hat, kennt ebenfalls die stirnäugige Menschengestalt: die nordischen Volksmärchen.
„Eine Mutter war aus uraltem Geschlecht der Menschen, die nur
ein Auge mitten auf der Stirn und eine Brust unter dem Kinn
hatten"[27]). Auch in dem urweltschwangeren Märchen von der

Fig 11.
Das Stirnaugenmotiv in verschiedenen Abwandlungen als Ornament auf chinesischen Vasen.
(Aus dem chines. Bilderwerk Potutulu.)

Melusine kommt der Menschen- und Dämonensohn mit dem Stirnauge vor[28]). Ferner zeigen die chinesischen Vasenornamente das
Motiv in allen erdenklichen Abwandlungen immer wieder (Fig 11).
Das sind doch wohl zu weit auseinanderliegende Zeugnisse, und
das uns darin entgegentretende Bild ist — einerlei wie es hier
oder dort allegorisch oder symbolisch verwertet und entstellt ist — so
universell gleichartig gerade inbezug auf dieses eine Organ, daß

6*

demgegenüber die Abelsche Erklärung nicht mehr ausreicht. Und dies um so weniger, als bei einer gemeinsamen Quelle der Sage die Griechen sie doch eher aus dem östlichen Kreis bekamen als daß sie selbst sie aus Sizilien aufgebracht und nach Osten hinüber= gegeben hätten. Und überall hat man auch nicht Fossilfunde wie die sizilischen Zwergelefanten oder die paläozoisch=frühmesozoischen Amphibien= und Reptilschädel gemacht, welche das Scheitel= oder Stirnauge trugen, das rudimentär als Epiphyse oder Zirbeldrüse nicht nur bei späteren Reptilien, sondern auch beim Menschen noch ein wichtiges Gehirnorgan geblieben ist.

Es sei auf den vorigen Abschnitt dieses Hauptteiles verwiesen, wo von den für bestimmte Erdzeitalter charakteristischen und offen= bar in ihnen allein möglichen Organbildungen die Rede war. Unter solchen wurde auch das Scheitelauge genannt, das bei niederen Tieren, wie Krebsen, aber auch bei höheren, wie Fischen, Amphi= bien und Reptilien, im paläozoischen Zeitalter voll entwickelt war und im Mesozoikum fast nur noch von höheren Tieren, Amphibien und Reptilien, getragen wurde, die aus dem paläozoischen Zeit= alter herüberkamen. Alle jüngeren Typen unter ihnen zeigen es in stark rückgebildetem Zustand oder überhaupt nicht mehr. Die Säuge= tiere hatten es vielleicht nur in allerältester Zeit, später aber sicher nicht mehr. Die Formen, die es haben, gehen also mit ihrem Typus bis in die letzte Zeit der paläozoischen Epoche zurück. Beim Menschen nun haben wir jenes von der Großhirnhemisphäre eingeschlossene rudimentäre Organ, die Zirbeldrüse, welche in ihrer Fortsetzung dem ehemaligen Scheitelauge entspricht, wenn man die Entfaltung des Großhirns hintangehalten denkt. Man kann sich vorstellen, daß durch die Entfaltung des Großhirns jenes Organ unterdrückt und nach innen verlagert wurde und daß es vermutlich ehemals teilweise an Stelle des Großhirns funktio= niert haben wird, wenn auch mit andersartiger Tätigkeit. Die starke Gehirnentwicklung ist aber eine für das Säugetier, nament= lich für das bisher fast allein bekannte Säugetier des Tertiär= zeitalters, die wesentliche Organbildung gegenüber den älteren amphibischen und reptilhaften Typen der höheren Tierwelt.

Mit dieser Großhirnentwicklung aber hängt vielleicht die in der Sagenüberlieferung öfters ausdrücklich erwähnte Kleinheit der jüngeren Menschengestalt gegenüber der älteren zusammen. Denn in der neueren Medizin und Anatomie ist die Bedeutung der Zirbel des Menschen in ein Licht gerückt worden, das seinerseits auf diesen urgeschichtlichen Zusammenhang zurückstrahlt. Danach[29] ist sie eine Art Sinnesorgan, das wenigstens bei den Säugetieren nichts mehr von einer Sehfunktion besitzt. Bei Mißbildungen allerdings kommt sie gelegentlich als epizerebrales Auge noch zum Vorschein, was als Atavismus, d. h. als Rückschlag in die Ahnenform angesehen wird. Ihre derzeitige Bedeutung beim Menschen erstreckt sich aber auf Sekretausscheidungen für die Genitalsphäre, und sie ändert sich auch während der Schwangerschaft in Größe und Form. Sie soll auch mit den sekundären Geschlechtscharakteren und auch mit der intellektuellen Reife zusammenhängen, welche erst mit beginnender Rückbildung der Zirbeldrüse einsetzt. Deren Zerstörung in einer frühen Lebensperiode führt zu körperlicher und geistiger Frühreife und gelegentlich auch zu Riesenwuchs. Bei noch nicht ausgewachsenen Tieren läßt sich nach operativer Entfernung des Organs ein völliger Stillstand des Wachstums erkennen, wie auch umgekehrt die Beseitigung der sexualen Keimdrüse eine Vergrößerung des Zirbelorgans nach sich zieht. Wir haben jedoch, wie die übrigen Säugetiere, noch eine andere Ausstülpung am Gehirndach, die sich zusammen mit der Zirbel anlegt, die Paraphyse. Beide Organe sind rückgebildet und haben früher Funktionen gehabt, die uns noch unbekannt sind. „Urväter Hausrat" schleppen wir mit ihnen herum, wie Gaupp es nannte, dem wir eine Darlegung über die Anlage dieser seltsamen Organe verdanken. Die Hypertropie dieser Paraphyse führt beim jetzigen Menschen zu Funktionsstörungen oder zu Atrophie der Geschlechtszellen und dies angeblich wieder zu Riesenwuchs.

Bei der schon einmal erwähnten Brückenechse von Neuseeland, jenem altertümlichen kleinen Reptil, das uns schon in der Juraepoche begegnet und dessen Wurzel bis in das paläozoische Zeitalter zurückreicht, ist jenes Parietalorgan noch ein richtiges augenartiges Gebilde mit netzhautartiger innerer Auskleidung eines Hohlraumes, der durch eine Linse nach vorne abgeschlossen ist und auch sonst noch einige mit einem Auge übereinstimmende Einzelheiten aufweist (Fig. 12). Dies ist auch noch bei Blindschleiche, Chamäleon und Eidechse der Fall. Bei den Säugetieren wie beim Menschen dagegen ist das Organ stark rückgebildet und rückt während der embryonalen Entwicklung immer mehr von außen nach innen. Ursprünglich waren die beiden in Verbindung stehenden Organe (Paraphyse und Zirbel) paarig und erscheinen so in ihren frühesten erdgeschichtlichen Entwicklungsformen bei altpaläozoischen Panzerfischen (Fig. 2, S. 48) und einigen merostomen Krebsen (Fig. 9). Aber schon bei den Amphibien und Reptilien der Steinkohlen- und Permzeit erscheint äußerlich nur noch das unpaare Scheitelorgan und ist als solches für die in jener Zeit lebenden höheren Tiere charakteristisch. Daß es dann später, nach seiner Rückbildung, andere, besonders sexuale Funktionen übernahm, ist eine bei rudimentären Organen gewöhnliche Erscheinung. Interessant und wichtig ist, daß, wie gesagt, auch das Längenwachstum der Knochen von Irritierungen der Zir-

Fig. 12.
Scheitelauge der neuseeländischen Brückenechse, unter einem dünnen Hautüberzug. (Nach B. Spencer aus O. Hertwig, Entwicklungsgeschichte 10. Aufl. 1915.) Vergr.

beldrüse abhängig ist und daß ihre Sekrete das Größenwachstum beeinflussen, ebenso wie die Entwicklung des Intellektes; und dies ist umso auffallender, als uns die alten „stirnäugigen" Menschen der Sage als Wesen von besonderer Körpergröße und geringem Intellekt geschildert werden[30]).

Haben wir also auch hier wieder guten Grund, einer so alten und vielseitig übermittelten und bei entsprechend vergleichender Naturbetrachtung ein so bestimmtes, lebensmögliches Bild liefernden Sage, wie der von den „Stirnäugigen", menschheitsgeschichtlichen Wahrheitsgehalt zuzuerkennen, so verdanken wir diesen Ausblick dem prinzipiellen Gegensatz zu einer Deutungsweise, die von vornherein die Absicht hat, den realen naturhistorischen Wahrheitsgehalt zu leugnen, wodurch sie stets zu Resultaten gelangt, welche zwar scheinbar eine naturhafte Auslegung geben, aber sich dennoch in ganz naturfremder Allegorisierung erschöpfen. So heißt es über den Stirnäugigen in einer neueren Mythologie: „Die späteren Vorstellungen von den Kyklopen sind auf eigentümliche Weise zugleich von der Dichtung der Odyssee und von dem alten Bilde der Hesiodischen Feuerdämonen bestimmt worden, nur daß diese jetzt auf vulkanische Gegenden der Erde übertragen werden, wo sie fortan als Schmiede des Hephästos arbeiten. So besonders in der Gegend am Ätna in Sizilien, welche die auffallendsten Merkmale sowohl von poseidonischen als von vulkanischen Naturrevolutionen aufzuweisen hatte… Dahingegen Polyphemos der Odyssee zuliebe auch fernerhin in der Volkssage und Dichtung seine besondere Rolle spielte…"

Wir haben gegenüber solchen Auslegungen immer wieder Anlaß, unserer bisherigen Betrachtungsweise vertrauend zu folgen und der alten Überlieferung vom stirnäugigen Menschenwesen naturgeschichtlichen Wert beizumessen und können bedingungsweise sagen: Wesen höherer Art mit einer geringen Großhirnentwicklung und einem vollentwickelten „Stirnauge" können nur jungpaläozoischer Herkunft sein und noch im Mesozoikum gelebt haben. Das Scheitel- oder Stirnauge hat wahrscheinlich eine Funktion gehabt, womit es spätere intellektuelle Fähigkeiten auf andere, uns infolge der Rückbildung dieses Organs nicht mehr unmittelbar verständliche Weise zum Teil oder ganz ersetzte und hat daher wohl einem uns unbekannten Sinn oder einem anderen Zusammenhang der Sinne entsprochen. Mit der mesozoisch-tertiärzeitlichen Gehirnentwicklung des Menschenstammes ist dieses Organ und damit auch die ältere, körperlich wohl größere und daher vielleicht auch ein höheres individuelles Alter erreichende Menschengestalt verschwunden und hat dem noachitischen Gehirnmenschen mit spreizbaren Fingern und gewölbtem, völlig geschlossenem Schädel Platz gemacht. Wir nennen jenen älteren Menschentypus den „nachadamitischen" oder „vornoachitischen," weil wir ihn von dem jüngeren noachitischen, aber auch von einem noch älteren adamitischen und einem uradamitischen zu unterscheiden gedenken[31]).

Nach diesen Feststellungen tritt vielleicht eine figürliche Darstellung in ein helleres Licht, die sich in der mittelamerikanischen, in Dresden aufbewahrten Mayahandschrift[32]) findet, woraus ein bezeichnendes Feld nachstehend in einer Reihe mit zur Abbildung gebracht ist (Fig. 13 b). Die Geschichte der Mayas, wie auch der Sinn jener viele Blätter umfassenden Bilderschrift und ihrer Hieroglyphen liegt noch sehr im Dunkeln. In dem bezeichneten Bildfeld fahren zwei menschenhafte Wesen ganz verschiedener Gestalt über das Wasser. Die hintere, dämonenhaftere Gestalt rudert, die vordere menschenhafte, weiblich dargestellte macht eine Geste des verwunderten oder überraschten oder beobachtenden Schauens. Bewegung und Charakter des Ruderers hat entschieden etwas Aktiveres, auch Brutaleres im Gegensatz zu Haltung und Gestalt des Menschen, der vergeistigt aussieht; die hintere Gestalt hat etwas fratzenhaft Dämonisches, die vordere etwas kultiviert Menschliches. Was besonders noch auffällt, ist die Andeutung eines Stirnauges beim Rudererdämon und das, daß seine Hand plump ist, einen sehr großen opponierbaren Daumen, wie ein mesozoischer Iguanodon, und wieder die verwachsene, embryonalhaft anmutende Fläche hat. Sobald wir das Bild so sehen und uns an das erinnern, was wir

Fig. 13. Dreigeteiltes Bildfeld aus der Dresdener Mayahandschrift. (Die welligen Schraffierungen sind Wasser, die schwarzen Punkte und Linien deuten wohl auf das Totenreich.)

über den Urmenschen fanden, gibt es vielleicht für dieses Feld eine gewisse Deutungsmöglichkeit. Entweder gehört es zu einer symbolischen Erzählung über die Stammesfolge des Menschen, worin der stirnäugige, dämonischer veranlagte Typus mit dem größeren brutaleren Körper und den verwachsenen Fingern eine Rolle spielt gegenüber dem noachitischen Typus mit der vollendeten Hand und dem jetztmenschlichen Antlitz; oder es ist gar eine ähnliche Erzählung wie die vom babylonischen Gilgamesch, der mit dem Schiffer und Stammesgenossen seines Ahns über das Meer oder in das Totenreich fährt und dort Visionen hat, wie sie das unmittelbar links folgende Bild (Fig. 13a) anzudeuten scheint; also vielleicht ein uralter, zu junger Zeit in Bilder- und Hieroglyphenschrift wiedergebrachter Bericht, daß — sie fahren von Osten her — einst ein Menschenwesen mit der „sonderbaren Rechten" über das Meer oder in das Totenreich gefahren kam; also vielleicht im Grund dasselbe, was uns im Gilgameschepos hinter einem verwirrten Schleier und symbolisch, aber unverkennbar doch wieder auf Urhistorischem fußend, übermittelt wird, nur hier vom West= ufer des Atlantischen Ozeans statt vom Ostufer aus gesehen und noch einmal überliefert? Auch auf die Ähnlichkeit der Hand eines anderen Dämons (Fig. 14) mit einer Embryonalhand, außerdem auch mit den paläozoisch=mesozoischen Sandsteinfährten sei hingewiesen.

Besaß nun, um zum Typus des nachadamitischen stirnäugigen Urmenschen zurückzukehren, dieser gleich der höheren Tierwelt um ihn herum jenes merkwürdige Sinnesorgan, so ergibt sich daraus auch ein Rückschluß auf die Gestaltung seines Hauptes: es muß einer hochgewölbten Schädelkapsel zur Aufnahme eines Großhirns entbehrt und statt dessen eine zugespitzte oder rasch nach rückwärts laufende Form, keine abgesetzte, also eine flache, liegende Stirn gehabt haben oder nur ein hocherhobenes Hinterhaupt, wo das noch wesentlich kleinere Großhirn mehr hinten= oben lag und auf welcher das Parietalauge dominierte. So werden uns mancherorts diese Menschen auch in der Sage geschil= dert; und vielleicht deutet auch die india= nische Sitte, den Köpfen durch Einschnüren zwischen Brettchen von Jugend auf unter Zurückdrängung der Großhirnkapsel jene spitze Form zu verleihen, auf ein traditio= nelles Wissen um jenes uralte Organ, oder hat zum unbewußten Ziel die Wiederfreilegung des Rudimentes, um so einen Anreiz zu seiner Wiederentfaltung zu geben und sich schließlich wieder in den Besitz jener alten Wirksamkeit zu setzen,

Fig. 14.
Dämon aus der Dresdener Mayahandsch. ist mit verwach=
sener embryonaler Hand.
(Vgl. Fig. 6 u. 7.)

wovon der nächste Teil dieses Buches ausführlich handeln wird. Dieser Auffassung kommt eine Sage zu Hilfe, die in dem Bibel= buch jener zentralamerikanischen Quiche=Indianer steht[33]). Dort wird von der Erschaffung schöner und vollendeter Menschen nach der Sintflut erzählt. Aber da sie so vollkommen waren, fürchteten die Götter, daß sie ihnen gleich werden wollten. Daher schwächten sie die körperliche Sehkraft der Neugeschaffenen. So sank ihr Wissen und ihr Erkenntnisvermögen; sie konnten nur mehr das in der Nähe Befindliche sehen, während ihre Blicke früher in unermeßliche Ferne geschweift waren.

Daß der spätere noachitische Mensch, der das mesozoisch-tertiäre Säugetier im Menschen repräsentiert, wie alle Gattungen, nicht an einem einzigen örtlichen und stammesgeschichtlichen Punkt seinen Ausgang nahm, sondern jedenfalls aus vorher schon typenhaft verschiedenen Spezialzweigen des Gesamtmenschenstammes entsprang, ist aus allgemein entwicklungsgeschichtlichen Erfahrungen über das Werden der Formen sehr wahrscheinlich. Übrigens nimmt man auch für den Diluvialmenschen eine vielstämmige Entstehung an. Auch hierfür bieten uns die Sagen, wenn wir ihnen folgen wollen, allerhand Anhaltspunkte. So ist es nicht unmöglich, daß unter den frühtertiärzeitlichen Menschenwesen, deren vollendetster Typus wohl der noachitische war, auch solche mit sehr tierischen Eigenschaften des Körperbaues sich noch befanden. Hierfür sei nur auf eine Sage der Fidschi-Insulaner verwiesen, wonach die Geretteten der Sintflut nur acht Stämme betrugen; zwei gingen zugrunde und von denen bestand der eine nur aus Weibern, der andere aus Menschen mit einer Art Hundeschwanz[34]). Der Hunde- oder Affenschwanz kehrt ja mancherorts in der Überlieferung wieder. Und wenn er auch späterhin vielfach zur Verspottung oder zu allegorischen Fabelgeschichten benützt wurde, so klingt doch die uralte Bedeutung durch, was umso wichtiger erscheint, als ja der jetzige Mensch am Ende der Wirbelsäule das deutliche Rudiment eines Schwanzes hat.

Der noachitische Mensch hat die große Sintflut erlebt. Daß danach noch niedere, auf die schon höher entwickelten noachitischen Menschen wie tierisch wirkende Gestalten sich fortpflanzten und allmählich menschenhafter wurden, schimmert gerade noch in einer Indianersage durch, wo es heißt, nach der Flut sei die Erde durch Verwandlung der Tiere in Menschen wieder bevölkert worden[35]).

Wer weiß, was alles an Menschentypen und Menschenarten und -abarten in den erdgeschichtlichen Jahrmillionen durch die Welt gegangen ist. Ich glaube, wir können uns die Völker gar nicht mannigfaltig genug vorstellen. Ebenso wie die Säugetiere der Tertiärzeit in vielen grundverschiedenen Ordnungen, Familien,

Gattungen und Arten lebten und verhältnismäßig rasch kamen und
gingen, dabei hervorkamen aus Stammlinien und Typen, die wir
bis jetzt nicht imstande sind, genetisch miteinander zu verbinden,
so mag es auch mit der Verschiedenartigkeit der Menschenstämme
und -typen gewesen sein. Und so gibt es auch Platz, die vielen
Sagen und Vorstellungsbilder von Menschen mit Vogelgesichtern
oder Hundsköpfen, von kentaurischen oder faunischen, oder von
ebenmäßigen Körpern mit sylvenhafter Zartheit und Schönheit
reden zu lassen und ihnen naturhistorischen Sinn abzugewinnen.
Es soll dies aber nicht dahin mißverstanden werden, daß etwa
Faunen und Kentauren oder Riesen und Zwerge selbst wirkliche
Menschenwesen in ihrem sagenhaften Abbild seien; vielmehr sind
solche Gestalten vom Menschen erkannte Wesenheiten, die dem ursprünglichen naturverbundenen Menschen eben jene unmittelbar
geschauten Wirklichkeiten waren, die wir Naturkräfte nennen, die
aber lebendig wesenhaft erschienen und erscheinen mußten jenen
Menschen, die mit einer entsprechenden, natursichtigen Seele begabt
waren — ein Begriff, der später noch im Mittelpunkt unserer Betrachtung stehen wird.

Abgesehen von der allgemein bekannten und hier nicht zu wieder-
holenden biblischen Überlieferung, daß sich nach der Sintflutkatastrophe die noachitischen Menschensöhne über die Erde als verschiedene neue Grundrassen ausgebreitet haben, liefert uns die
Sagengeschichte noch zwei markante Erzählungen, die zwar nicht
im Wortlaut, wohl aber im Sinn ziemlich gleich sein dürften, zumal die eine die andere wertvoll ergänzt und beleuchtet. Es ist die
griechische Überlieferung vom noachitischen Deukalion und die babylonische vom wilden Gebirgsmenschen Engidu. Es sind neue
Rassen. Wenig rein und offenbar aus dritter und vierter Hand übernommen, tritt uns in der griechischen und ovidischen Überlieferung
der Sintflutsage ein Anklang entgegen daran, daß ein nachsintflut-
licher Menschenstamm aus dem rauhen Gebirge als seiner ursprünglichen Heimat gekommen ist. Man hat ja oft überlegt, was
es heißt, daß Deukalion mit seinem Weib Pyrrha Steine hinter
sich wirft und dadurch neue Menschen erzeugt. Erinnern wir uns,
daß hier eine symbolische und von der Spätzeit, die es überlieferte, nicht mehr verstandene Sprache ertönt und daß es in älterer
vorovidischer Überlieferung nicht heißt: sie warfen Steine hinter

fid, fondern: fie warfen das Geftein des Gebirges hinter fid[36]),
alfo mit andern Worten: fie ließen die Felfen des Gebirges hinter
fid, woher fie gekommen waren. Vergleichen wir nun hiermit die
im Gilgamefdepos viel klarer und naturhafter berichtete Sage vom
Hereindringen einer jungen wilden, eben erft gefdaffenen Raffe aus
dem Gebirge, wo fie fid nod herumtummelt mit dem Vieh, kul=
turlos lebend, und dann in den alten Kulturkreis des Gilgamefd
eindringt. Im weiteren Verlauf ift mit diefer unverkennbaren
Parallele wieder eine Art Vertreibung aus dem Paradies natur=
hafter Unfduld verbunden, wie fie in der Bibel dem Adamiten zu=
gefdrieben wird, fo daß hier, wie gefagt, die Stoffe durdeinander=
gewoben zu fein fdeinen. Der Inhalt[37]) der wichtigen Zeilen ift,
mit einigen Auslaffungen, folgender:

> Als Aruru diefes hörte,
> Sduf fie in ihrem Herzen ein Ebenbild (?) Anu's; ....
> Lehm kniff fie ab, fpie (?) darauf ...
> Sduf einen Helden, einen erhabenen Sproß ...
> [Bededt] (?) mit Haar war fein ganzer Körper ...
> Er wußte nichts von Land und Leuten;
> Mit Kleidung war er bekleidet ..
> Mit den Gazellen ißt er Kräuter,
> Mit dem Vieh verforgt er fid an der Tränke,
> Mit dem Gewimmel des Waffers ift wohlgemut fein Herz.
> Einem Jäger .. ftellte er fid entgegen ...
> [Es fah ihn der Jäger, da ward fein Antlitz verftört .. er fdrie:
> „[Mein] Vater, [ein] Mann, der gekommen [ift vom Gebirge],
> [Im Lande] ift ftark [feine] Kraft ...
> Er geht einher auf dem Gebirge b[eftändig (?)] ..."

Es find uns jetzt aus den dürftigen Anhaltspunkten, welde fid
aus den mit naturhiftorifchen Tatfachen und Möglichkeiten vergli=
chenen Sagen gewinnen laffen und die fid wohl für den Sagen=
kenner noch treffender belegen oder vermehren und in ein befferes
Licht rücken laffen, als wir es dürftig können — es find uns jetzt
zwei Hauptmenfdenftämme nahegerückt, von denen wir den noachi=
tifchen als den des Säugetierzeitalters, alfo wefentlich der fpät=
mefozoifchen und Tertiärzeit anfprechen, weil ihm die alte Eigen=
fdaft des Sdeitelauges fehlt und feine Hand unverwachfen ift.
Er dürfte in zurückgedrängter Stellung und Zahl fdon feit der
Permzeit und im frühmefozoifchen Zeitalter exiftiert haben; viel=
leicht, wie vermutlich alle anfänglichen Säugetiere, noch mit einem

kleinen Stirnauge begabt gewesen sein und wohl, wie die meso=
zoische höhere Tierwelt überhaupt, zunächst noch keinen vollständig
aufrechten Gang gehabt, sondern diesen vom vierfüßig kriechenden
oder gehenden Zustand her erst während des Mesozoikums erwor=
ben haben. Der andere Menschenstamm ist der vornoachitische ge=
wesen, mit Scheitelauge und verwachsener Hand, den wir mangels
eines treffenden Personennamens den nachadamitischen Menschen=
typus oder den vornoachitischen nennen wollten und dessen Lebens=
zeit wesentlich mit dem permisch=mesozoischen Zeitabschnitt zusam=
menfallen wird, besonders mit dem ganz früh= und mittelmeso=
zoischen, wo, wie gezeigt, jene hervorstechenden Körpermerkmale
vollendet als Zeitsignatur noch im Tierreich bestanden haben. Er
muß entsprechend der Entfaltung seines Parietalauges bis in die
Oberpermzeit mindestens zurückgehen, und dort dürfen wir hoffen,
Anhaltspunkte für den „adamitischen", d. h. den ersten, frühe=
sten, fremdartigsten Menschentypus zu finden.

Wie müßte dieser aussehen, wenn wir ohne Nachricht durch die
Sagen versuchten, ihn uns aus der Anatomie des Spätmenschen
einerseits und aus der Zeitsignatur jener Epoche bei den Tieren an=
dererseits abzuleiten? Er wird noch stark amphibienhafte Merkmale
besessen haben; seine Hand wird verwachsen fünf= bis siebenfingerig
ohne opponierbaren Daumen, vielleicht sogar zum Schwimmrudern
im Wasser geeignet, sein Stirnauge klein oder doppelt, seine Körper=
haut geschuppt, teils gepanzert gewesen sein; denn gerade das ist
der Zeitcharakter der ältesten Landbewohner.

Wir finden in den Sagen wenig, was auf jenen Urzustand des
Menschenwesens deutet; aber ganz vereinzelt klingt doch einiges an.
So heißt es in einer bekannten, öfters abgebildeten indianischen Bil=
derschrift, wo auch die Sintflut beschrieben ist, von dem Großvater
der Menschen und Tiere, daß er kriechend geboren war und sich auf
dem aus dem Meer auftauchenden Schildkröteneiland bewegen
kann[38]). Ferner heißt es in einer vom Babylonier Oannes über=
mittelten Sage: Im ersten Jahre nach der Schöpfung sei aus dem
erythräischen Meer ein vernunftbegabtes Wesen erschienen mit
einem vollständigen Fischleib. Unter dem Fischkopf aber war ein
menschlicher Kopf hervorgewachsen und Menschenfüße aus seinem
Hinterende oder Schwanz; es hatte auch eine menschliche Stimme,
und sein Bild wird bis jetzt aufbewahrt. Dieses Wesen verkehrte

den Tag über mit den Menschen, ohne Speise zu sich zu nehmen, gab ihnen die Kenntnis der Schriftzeichen und Wissenschaften, lehrte sie Städte und Tempel bauen, Land vermessen, Früchte bauen. Seit jener Zeit habe man nichts anderes darüber hinausgehendes erfunden. Mit Sonnenuntergang sei dieses Wesen wieder in das Meer hinabgetaucht, habe die Nächte in der See verbracht, denn es sei amphibienartig gewesen. Später seien noch andere ähnliche Wesen erschienen. Ein solches mit Fischleib, jedoch mit Armen und Füßen des Menschen, habe die Sternkunde gelehrt[39]).

Wenn man einen Widerspruch darin sehen will, daß dieses älteste amphibische Menschenwesen zu den Menschen gekommen sei, daß es mithin schon Menschen gegeben habe, jenes also auch keine stammesgeschichtliche Anfangsform gewesen sein könne, so ist demgegenüber erstens denkbar, daß nur die sinnbildliche Ausdrucksweise der Erzählung den Widerspruch mit sich bringt. Denn daß das amphibische Menschenwesen zu den Menschen kommt, braucht ja nichts anderes zu heißen, als daß es selbst zum Menschen wurde. Ein solches, erst menschwerdendes Wesen mußte ja, sobald seine Menschenhaftigkeit einsetzte, auch der Umwelt mit Bewußtsein oder instinktiv hellsichtig gewahr werden; und da zu den ältesten überwältigendsten Eindrücken auf die Menschenseele der ungreifbare funkelnde Nachthimmel gehört, so begann alsbald in seiner Seele, in seinem Bewußtsein das zu erwachen, was in den ältesten mythischen Zeiten des Menschendaseins mit dem Schauen und dem natursichtigen Durchfühlen der Sternenwelt und ihres Zusammenhanges mit der irdischen Natur verbunden war; denn der Sinn des Wortes Sternkunde oder gar Astronomie ist hier spätzeitlich. Andererseits kann man, wie es meiner Auffassung weit mehr entspricht, bei dem wörtlicheren Inhalt der Sage bleiben und muß dann, wie oben schon angedeutet, folgern, daß neben einem amphibischen Urtypus des Menschenwesens bereits ein terrestrischer bestand, der sich auf einer anderen Stammbahn entwickelt hatte und daß daher beide in ihrer verschiedenen Entwicklungsart genetisch nicht unmittelbar zusammenhingen. Denn es ist wahrscheinlich und würde der Entwicklung der übrigen Tierwelt entsprechen, daß selbst einander sehr nahestehende Typen vielstämmigen Ursprungs sind, so daß auch einzelne Typenkreise innerhalb des Gesamtmenschenstammes verschiedenartig entstanden und organisiert und an verschiedene Lebensbedingungen angepaßt waren. Auch dafür gibt es in der Überlieferung einige Anhalts- punkte. So lesen wir bei Moses, daß die Adamssöhne in ein anderes Land gingen und dort der Menschen Töchter freiten; wir verneh- men dort und sonstwo in den Sagen, daß es gewöhnliche Menschen gegeben habe und vom Himmel gekommene Engel und Kinder Gottes, die an der Menschen Töchter Gefallen fanden und sich mit ihnen zusammentaten.

Nach den schon auf Seite 71 erwähnten Entdeckungen Westen- höfers an einigen inneren Organen des Menschen hat vielleicht in vortertiärer Zeit auch ein an das Wasserleben angepaßter Typ des Menschenstammes existiert. Dieser Forscher, der von unserem Ge- dankengang nichts wußte, schreibt: „Solche Wasserzeiten für den Menschen könnten ganz gut zur Kreidezeit und noch früher bestanden haben. Die menschliche Tradition reicht außerordentlich weit zurück, und sicher ist, daß der Mensch nichts erfinden kann, was nicht wirk- lich existiert... So ist z. B. für mich die Sage von Beowulfs Kampf mit dem Drachen unter dem Wasser ein Hinweis, daß der Mensch im Wasser mit solchen Drachen lebte und kämpfte." Nun ist eine der hervorstechendsten Zeitsignaturen der mesozoischen Epoche die damals einsetzende und sich vollendende Anpassung vieler Landtier- stämme an das Wasserleben. Es sind meistens Reptilien; aber auch die erst im Tertiärzeitalter erscheinenden Wassersäugetiere deuten alle schon auf eine mesozoische Herausbildung ihrer Form hin. Es könnte also auch der Menschenstamm selbst damals eine an das Wasser angepaßte Gestalt nebenher entwickelt haben. Auch diese Deutung läßt sich auf die babylonische Sage, daß jenes Fischwesen schon zu fertigen Landmenschen gekommen sei, anwenden.

Außer jener babylonischen Urmenschensage haben wir noch Über- lieferungen, die noch einen echten adamitischen Menschentypus schildern; sie behandeln das Aussehen von Adam und Eva bei ihrer Vertreibung aus dem Paradies. Nach der einen Version waren sie behaart wie der Wildmensch Engidu im Gilgameschepos; das Haar fiel ab und sie wurden nackt. Nach der anderen Lesart aber hatten sie einen Hornpanzer wie Krebs und Skorpion. „Die Haut war ähnlich unseren Nägeln", heißt es in der mohammeda- nischen Überlieferung. Es war ein hornartig weicher glänzender roter Panzer, der nun allmählich abging; nur die Zehen- und Fingernägel sind noch Überbleibsel davon[40]).

Ob der von Berossus überlieferte Fischmensch als ältester Typus des Menschenstammes und ob der auch im Gilgameschepos seine Rolle spielende Skorpionmensch der alten Sage, wo er als Schreck- gestalt, aber doch als menschlich umgängliches Wesen erscheint, an jenen geschuppten und gepanzerten Urmenschenkörper des Ada- miten anknüpft, ob er nur eine Verzerrung oder eine Parallel- gestalt zu ihm ist und irgendwie mit dem erdgeschichtlich ältesten Adamiten zu tun hat, ist nicht recht ersichtlich. Jedenfalls ist eines geeignet, ein Licht auf die Sache zu werfen. Fragt man sich, was im körperlichen Sinn Skorpionmensch bedeuten kann, so ist es eben jenes Wesen mit gepanzerter und wahrscheinlich stacheliger oder knotiger Haut. Für solche gepanzerten und stacheligen Wesen ist aber die jüngere Phase des Paläozoikums bis herauf zum Ende der Permzeit jene Zeitspanne, worin solche Gestalten erscheinen: ge- schuppte Amphibien und Reptilien, zum Teil sogar mit Dornfort- sätzen auf dem Körper, insbesondere dem Rücken und am Schädel; so daß hier immerhin Andeutungen einer alterältesten Zeitsignatur vorliegen könnten, an der auch der älteste Teil des Menschenstammes Anteil gehabt haben könnte. Wir hätten dann in jenen gepanzerten Typen der Sage den „uradamitischen" Menschentypus vor uns, dem verfeinerteren, wenn auch noch hornhäutigen Adamiten vor- ausgehend.

Daß Siegfried im Grund vielleicht ein solcher Adamit ist, läßt sich vermuten an folgender, ganz offenkundiger Parallele: Siegfried hat eine Hornhaut, vom Drachen. Sie fällt nach der deutschen Sage von ihm ab oder wird wertlos, als er Verrat übt und daher wieder verraten werden kann. Es ist das Motiv der Schuld, wie im Sün- denfall des Adam. Und in der jüdischen Überlieferung, welche in die Volkssage der Kleinrussen übergegangen ist, heißt es: „Noch lange ehe der erste Mensch gesündigt hatte, war er auf dem ganzen Körper mit solchem Horn, wie wir es an den Nägeln haben, be- deckt. Und es verlangte ihn weder nach Kleidern, noch nach Schuhen, wie uns jetzt. Als er aber sündigte, fiel das Horn von ihm ab[41]." Ob auch in dem gepanzerten Achill noch der unver- standene Anklang an den hornhäutigen Adamiten steckt?

Es ist eine alte, tief wahrhaftige Anschauung, die uns in einem letzten modernisierten und symbolisierenden Ausklang noch in Herders „Ideen zu einer Philosophie der Geschichte der Menschheit" begegnet, daß im Menschenwesen körperhaft und seelisch — wir würden sagen entelechisch — alles enthalten sei, was die lebende Natur bildet, wie auch dies, daß die lebende Natur des Menschen körperliches und seelisches Werden widerspiegele. Auch hier haben wir einen Mythus voller Wirklichkeit. Wie wahr, wie tief, wie unentrinnbar bestimmend er ist, zeigt uns ein Blick in die ihm scheinbar ausschließend entgegenstehende naturwissenschaftliche Abstammungslehre. Wir finden in ihr den Gedanken, daß der Mensch im Lauf der Erdgeschichte alle Stadien vom niederen einzelligen Wassertier über den Wurm, den Fisch, das Amphibium und das Säugetier bis herauf zu seinem quartärzeitlichen Menschendasein durchlaufen habe. Dann kam das biogenetische Grundgesetz hinzu, wonach die embryonalen Formzustände des menschlichen Einzelindividuums der Reihe nach, wenn auch in vielem verschoben und verdeckt, die allgemeinen Formzustände dieser Ahnenreihe wiederholen sollten. Zuletzt wurde diese ganze Lehre aus dem Organisch-Physischen heraus auch auf die Entwicklung der Sinne und des Geistes, wie der Kulturseelen, übertragen.

Macht man sich klar, was das heißt, so war es nichts anderes als dies, daß der Menschenstamm einmal eine Amöbe, ein Fisch, ein Amphibium usw. war, daß also das Amöb, der Fisch, das Amphibium auch Formzustände des Menschen waren. Das ist hinwiederum gar nichts anderes als die von uns vertretene Vorstellung, daß der Mensch naturhistorisch ein uralter, auch die übrigen organischen Formzustände mit umfassender Stamm ist. Denn auch die bisherige Form der Abstammungslehre, wie sie ja fast allgemein noch gültig ist oder bis vor kurzem es wenigstens noch war, ist ja nicht der Meinung gewesen, daß irgend ein heutiges Amöb oder Amphibium der Ahne des Menschen sei, sondern daß es eben andere, geologisch ältere waren, die entweder nur auf einer Linie oder auf mehreren, durch viele sonstige tierische Zwischenstadien, zum Menschen wurden und von denen sich gelegentlich Seitenzweige ablösten und in entwicklungsgeschichtliche Sackgassen gerieten und Nichtmenschenhaftes hervorbrachten. In diesem Gedanken sind, das darf man wohl sagen, die biologischen Naturforscher wesentlich einig, wenn sie überhaupt eine Evolution zugeben[42]).

So haben wir auch in Konsequenz rein naturwissenschaftlichen Zu=
endedenkens den Beweis, daß eine andere Vorstellung vom Kom=
men und Werden des Menschen gar nicht vorhanden und wahr=
scheinlich überhaupt nicht möglich ist als die, welche uns als älteste
und festgeschlossenste Lehre in allen Mythen und Religionen ent=
gegentritt: daß der Mensch ein eigenes Wesen, ein eigener Stamm
ist, uranfänglich gewesen, was er sein und werden sollte, wenn=
gleich mit allerlei grundlegenden Veränderungen seiner Gestalt;
und daß er, körperlich und seelisch mit der Tierwelt stammesver=
wandt, doch als die von Uranfang an höhere Potenz die anderen
aus seinem Stamm entlassen haben muß, nicht umgekehrt. Die
volle Entfaltung der reinen, jetztweltlichen Menschenform trat dann
ein, als zuletzt auch die in ihm latente Affenform aus ihm entlassen
war, ebenso wie er durch Entlassung früherer Formpotenzen
immer jetztweltmenschlicher schon geworden war — vom Faun zum
Apoll. Und Apoll tötete dem Zeus seine Kyklopen und deren Söhne;
so berichtet die wissende Sage[43]).

Die letzte Phase des Menschenwerdens, die wir allein bis jetzt
in der Naturforschung als solche anerkannt sehen, hat sich damals
abgespielt, als in der Tertiärzeit in allen Stämmen Affenmerkmale
und Menschenmerkmale als Zeitsignatur ausgebildet wurden, wie
im vorigen Abschnitt schon gezeigt wurde. Damals dürften sich
jene halb tierischen, halb menschlichen Gestalten gezeigt haben, von
denen viele Sagen berichten, die sich aber darin zu widersprechen
scheinen, daß sie bald affenartige Tiere aus dem Menschen, bald
Menschen aus affenartigen Tieren hervorgehen lassen. Wenn die
Tibetaner das Letztere zu berichten wissen, die malayischen Märchen
dagegen eine Geschichte von einem bösen Menschensohn, der ver=
flucht und zum Affen wurde, so ist eben beides möglich und kein
Widerspruch zueinander und zu unserer Theorie. Denn in den sich
bei der Evolution überschneidenden Formenkreisen mußte in der
Zeit der anthropoiden und pithekoiden Formgestaltung sowohl
im Primatenstamm Menschenähnliches, wie im Menschenstamm
Affenähnliches als biologischer Habitus erscheinen. Und solche Kon=
vergenzformen, wenn sie einmal fossil gefunden würden, wären
von neuem geeignet, Verwirrung zu stiften und glauben zu lassen,
der Mensch stamme von tertiärzeitlichen Tieren her. Daß solche
Habitusannäherungen auf mehreren Linien und in mehreren For=

menkreisen möglich waren und tatsächlich vor sich gingen, ist eine selbstverständliche Möglichkeit für den Paläontologen, und sie wird auch in mongolisch-tibetanischer Überlieferung festgestellt. Dort heißt es: Ein König der Affen wurde von einem Chutuktu in die Felsenkluft des Schneereiches gesandt, um Bußübungen auf sich zu nehmen. Da kam ein weiblicher Manggus, ein feindseliges, verderbliches Geisterwesen zu ihm, von scheußlichem Aussehen, aber mit der Gabe, schön und reizend zu erscheinen, und wollte sich mit ihm vermählen. Der Affe wies sie zurück, weil sein Büßerstand ihm die Ehe verbiete. Aber die Manggus führte ihm zu Gemüte, daß sie sonst mit übrig gebliebenen männlichen Manggus zusammenkäme und daß sich dann ihr Geschlecht zum Verderben der Bewohner des Schneereiches aufs neue vermehren werde. In seinem Zweifel vernahm er eine Stimme vom Himmel, er solle die Manggus zum Weibe nehmen. Mit ihr erzeugte er sechs Junge, jedes mit einer anderen, nur ihm eigentümlichen Gemütsbeschaffenheit. Nach ihrer Entwöhnung brachte sie ihr Vater in einen Wald von Fruchtbäumen und überließ sie sich selber. Als er aber nach einigen Jahren hinging, nach ihnen zu sehen, hatten sie sich schon auf fünfhundert vermehrt und bereits alles Obst im Walde aufgezehrt; sie liefen ihm, von Hunger getrieben, mit kläglichem Geheul entgegen. Der Affe klagte dem Chutuktu, wie er durch Nichtbeobachtung seines Gelübdes nun an dem Dasein so vieler elender Wesen schuld sei und bat ihn, sich seiner Kinder zu erbarmen. Der Gott warf ihm von der Höhe eines Berges fünf Gattungen Getreide in Menge herab, das nicht nur zur augenblicklichen Sättigung der verhungerten Affen ausreichte, sondern auch wuchs und ihnen für die Zukunft Lebensunterhalt bot. Aber der Genuß des Getreides hatte merkwürdige Folgen: die Schwänze der Affen und die Haare ihres Körpers verkürzten sich zusehends und verschwanden endlich ganz. Sie fingen an zu reden und wurden Menschen; sie bekleideten sich mit Baumblättern, sobald sie ihre Menschheit bemerkten[44]).

So ist also der Vater dieser später zu Menschen werdenden Affen selbst schon ein sehr „menschlicher Affe" gewesen, naturhistorisch ausgedrückt also ein Mensch mit den pithekoiden Zeitmerkmalen, wie wir es ja im Diluvialmenschen noch so stark anklingen sehen. In dieser bedingten Weise stammt hier also der Mensch vom Affen ab

7*

und wird mit der einsetzenden Bodenkultur und dem planmäßigen Getreidebau eben zum Vollmenschen.

Wenn wir also jetzt zusammenfassen, was wir den Überliefe= rungen entnehmen konnten, so ist es in den Grundzügen dasselbe, was sich im vorigen Abschnitt aus rein paläontologischen Er= wägungen als heuristische These über das Alter und die wechselnde Grundgestalt des Menschenwesens ergab, was wir aber jetzt mit anschaulicherem Leben füllen können, während es uns dort nur skeletthaft, gewissermaßen nur fossil, entgegentrat.

Urmensch und Sagentiere

In allen Literaturen spielen Drachen= und Lindwurmsagen eine
große Rolle. Auch sie sind als Ausgeburten unkultivierter
Phantasie oder als Angstprodukte vor Naturerscheinungen erklärt
oder bloß allegorisch gedeutet worden. So heißt es in der „Ger=
manischen Mythologie" von Golther:

„Der gewaltige Giftwurm, dessen Flügelgestalt und Name
Drache dem antiken Fabeltier nachgebildet sind, erscheint in der
Volkssage unter dem Eindruck von Naturbegebnissen. Aus Wasser,
Nebel, Meteorfeuer läßt die Phantasie diese Drachen hervorgehen.
Das Weltmeer als Schlange wurde genannt, Grendel ist vielleicht
ursprünglich eine Wasserschlange. Die Drachen liegen auf Gold
und schädigen bei ihrer Ausfahrt Land und Leute. Vornehmste
Aufgabe der Helden ist Bekämpfung dieser Ungetüme, Erlösung
von der Landplage, Hebung des Hortes. Die Volkssage denkt bei
den riesigen Würmern an Verwüstung durch die See, im Binnen=
lande an plötzlichen Wassersturz anschwellender Ströme oder Bäche.
Schützt Kraft und Einsicht endlich das Land gegen solche Gefahren,
so ist ein großer Schatz, das Gedeihen der ganzen Gegend, damit
erkämpft. Neben den Meeresdrachen ragen besonders die des
Hochgebirges hervor, mit denen Dietrich von Bern wie auch mit
allen andern Riesen der Bergwelt viel zu schaffen hat. Wo der
Bach vom hohen Fels herabbricht, da springt der grimmige
Drache, Schaum vor dem Rachen, fort und fort auf den Gegner
los und sucht ihn zu verschlingen; bei eines Brunnen Flusse vor
dem Gebirge, das sich hoch in die Lüfte zieht, schießen große Würmer
her und hin und trachten, die Helden zu verbrennen; bei der Heran=
kunft eines solchen, der Roß und Mann zu verschlingen droht,
wird ein Schall gehört, recht wie ein Donnerschlag, davon das
ganze Gebirge ertost. Leicht erkennbar sind diese Ungetüme gleich=
bedeutend mit den siedenden donnernden Wasserstürzen selbst"[45].

Bei aller schuldigen Achtung vor der Arbeit, worauf die philo=
logisch vergleichende Mythen= und Sagenliteratur sich gründet und

womit sie Zusammenhänge historisch-etymologischer Art erkennt
und aufdeckt, kann es doch nicht zweifelhaft sein, daß mit solchen
Erklärungen derselbe Fehler gemacht wird, den wir bei allen
Sagenerklärungen dieser Art immer und immer wieder feststellen:
daß man sich mit einer Aufdeckung der Allegorien und philo-
logischen Zusammenhänge begnügt, die nur eine späte Verwertung
eines nach seinem lebendig ursprünglichen Inhalt längst verloren
gegangenen Mythus oder Naturereignisses allenfalls dartun.

Ich muß hier noch von der tief seelenhaft metaphysischen Bedeutung des Schlangen- und Drachenmythus absehen; wohl
aber ist darauf hinzuweisen, daß die Drachensagenerklärungen
Abels da schon viel naturhafter sind und der Wirklichkeit grundsätzlich näherkommen[46]) als solche allegorischen Deutungen. Auf
seine Erklärung des stirnäugigen Riesen Polyphem wurde schon
hingewiesen (S. 82), wie überhaupt nach seinen Darlegungen
Funde fossiler Knochen, die im Mittelalter und in der Neuzeit gemacht wurden und zum Teil noch heute erhalten sind, immerzu
Anlaß zur Neubelebung alter Riesen- und Drachensagen — nicht
zur Entstehung, wie Abel sagt — gegeben haben. Er gibt da Ver-
schiedenes an: „Zur Zeit Ludwigs XIII. kamen in der Dauphiné
im Chaumonter Feld, das noch heute ‚le champ des géans‘ heißt,
gewaltige Knochen zum Vorschein, aus denen die Gelehrten der
damaligen Zeit den König Teutobochus erstehen ließen; am
11. Januar 1613 war in einer Sandgrube beim Schlosse Chau-
mont ein Skelett entdeckt worden, das ein Arzt von Beaurepaire
namens Mazurier an sich brachte und zuerst in Paris, später auch
an anderen Orten Frankreichs und Deutschlands für Geld zeigte.
Nach Mazurier sollten es die Gebeine des im Kampfe gegen
Marius gefallenen Cimbernkönigs Teutobochus sein. Er erzählte,
daß er die Knochen in einem ausgemauerten, 30 Fuß langen
Grabmal entdeckt hätte, auf dem der Name des Cimbernherzogs
geschrieben gewesen sei. Dieser Schwindel hielt die wissenschaftliche Welt seinerzeit fünf Jahre lang in Atem; zahlreiche Streit-
schriften erschienen über diese Frage. Die Reste werden noch heute
im Jardin des Plantes in Paris aufbewahrt; sie gehören einem
Dinotherium an. Wenn solche abenteuerlichen Ideen noch in der
ersten Hälfte des 17. Jahrhunderts allen Ernstes von den Aka-
demien diskutiert wurden, darf man sich wohl nicht über Pau-

fanias luftig machen, der ein bei Milet gefundenes, zehn Ellen langes Gerippe für die Gebeine des Telamoniers Ajax hielt."

„In Klagenfurt fteht auf dem Stadtplatz ein gewaltiges Lind= wurmdenkmal; es knüpft an die Sage von der Tötung eines Lind= wurmes an. Diefer Klagenfurter Lindwurm ift, wie Cäfar von Leonhard berichtete, im Zollfelde an einer Stelle gefunden worden, die heute noch die ‚Drachengrube‘ heißt. Der Schädel des Lind= wurmes wurde nach Klagenfurt gebracht und dort im Rathaus an Ketten aufgehängt; er diente nachweisbar dem Künftler zum Vorbilde, der im Jahre 1590 das Lindwurmdenkmal auf dem Klagenfurter Stadtplatz fertigte; diefer ‚Lindwurm‘ ift aber nichts anderes als ein eiszeitliches Nashorn gewefen."

„Die Drachenfage hat, ebenfo wie die Lindwurmfage, durch Funde foffiler Schädel wiederholt neue Nahrung erhalten. Aus dem Funde eines Höhlenbärenfchädels in einer Kalksteinhöhle konnte leicht durch die Großmannsfucht und Übertreibung des Finders ein Kampf mit dem lebenden Unhold werden; die Weiter= erzählung fteigerte die Schrecken des Drachens und die Gefahren der Bekämpfung in feiner Höhle; von der Raubluft des Ungetüms legten ja die zahlreichen Knochen der Bärenhöhle genügendes Zeugnis ab. Man follte meinen, daß der Schädel des Bären auch als folcher von unferen Vorvätern hätte erkannt werden müffen; indeffen weife ich nur auf die Tatfache hin, daß in dem Verzeichnis der Sammlung des Benediktinerftiftes Krems= münfter ein ‚Drache‘ angeführt erfcheint, der im 18. Jahrhundert gefunden wurde, und diefer Drachenfchädel gehörte einem Höhlen= bären an. Wenn dies noch im 18. Jahrhundert an einer Stätte reger geiftiger Tätigkeit und humaniftifcher Bildung möglich war, fo kann uns die Deutung von Eiszeittieren als Drachen im Mittelalter kaum verwundern."

„Die deutfche Drachenfage hat ganz unverkennbar füddeut= fchen Einfchlag. Dies hängt ficher damit zufammen, daß in Süd= deutfchland reiche Fundftätten für foffile Saurier liegen, die ganz ficher fchon im frühen Mittelalter beim Brechen der Baufteine für Burgen, Kirchen und Schlöffer ganz ebenfo gefunden werden mußten, wie fie noch heute gefunden werden. ‚Am Fuße des Hohenftaufens‘, fchreibt D. Fraas 1866, ‚werden im dortigen Lias alljährlich Dutzende von Sauriern aufgefunden bei Gelegenheit

des Ausbrechens von Steinplatten. Uralt ist diese Plattenindustrie,
Trümmer auf der Hohenstaufenburg zeigen, daß schon bei Grün-
dung der Wiege des alten Kaisergeschlechtes dort Platten gewonnen
wurden. Die Saurier konnten damals so wenig wie heute der
Aufmerksamkeit der Arbeiter entgehen, der Gedanke an unterirdische Tiere lag nahe. So macht Quenstedt auf die Ähnlichkeit
aufmerksam zwischen dem Drachenbilde an der alten Stadtkirche
zu Tübingen und den Resten des schwäbischen Lindwurms, der
an den Ufern des Neckars im obersten Keuper vielfach sich findet.
Wir dürfen daher wohl auch keinen Augenblick Anstand nehmen,
wenigstens lokal den Ursprung einzelner Drachensagen auf den
zufälligen Fund von fossilen Sauriern zurückzuführen."

„Die Chinesen bezeichnen seit alter Zeit die Knochen und Zähne
fossiler Säugetiere als Drachenknochen und Drachenzähne. Die
Drachenknochen (Lung-ku) und Drachenzähne (Lung-tschih)
kommen in China in ungeheuren Mengen vor; sie stammen
größtenteils aus dem Innern Chinas, wo sie entweder in Höhlen
oder geschichteten Ablagerungen in außerordentlicher Zahl gefunden werden. Die Chinesen sammeln diese Drachenreste sorg-
fältig, da sie einen sehr begehrten Handelsartikel bilden; die
Knochen und Zähne des Drachen spielen in der Heilkunde der
Chinesen noch heute eine sehr große Rolle. Nach der Vorstellung
der Chinesen sind die Lung-ku und Lung-tschih die Reste der
Drachen, die infolge Mangels an Wolken und Regen nicht imstande waren, sich in den Himmel emporzuschwingen."

Ich habe diesen Beispielen aus Abels Abhandlung einen breiteren
Raum geboten, weil sie uns zeigen, wie völlig die alte Bedeutung
der Riesen- und Drachensagen den Spätmenschen abhanden gekommen war, wie sehr aber die Sagenkerne selbst ungeschwächt
weiterlebten und immer wieder die Phantasie dazu anregten, sie
in unmittelbar gegebene Naturbilder einzukleiden. Damit ist aber
über den Sinn und Inhalt der Ursage selbst nichts bewiesen, und
wir verfolgen weiter den im vorigen Abschnitt dieses Kapitels
eingeschlagenen Weg.

Vor allem ist gegen Abels so plausible Erklärungen dasselbe
einzuwenden, was schon im vorigen Abschnitt auch gegen Polyphem einzuwenden war: die lokale und spätzeitliche Anknüpfung
einer Sage, einer Tradition an Knochen- und Skelettfunde be-

weiſt nichts gegen das hohe und höchſte Alter einer ſolchen und
auch nichts gegen das urſprünglich ganz anders geartete Erlebnis
der darin enthaltenen Hiſtorie. Wenn das Alpenvolk nach Jak.
Grimm noch viele Sagen bewahrt hat von Drachen und Würmern,
die vor alter Zeit auf dem Gebirge hauſten und oftmals verheerend
in die Täler herabkamen, und wenn noch jetzt bei Gießbach=
kataſtrophen die Redeweiſe umgeht: „Es iſt ein Drach' ausge=
fahren“, ſo beweiſt das ganz offenſichtlich zunächſt doch nur,
daß die alte Drachenvorſtellung vom Volk und ſeinen Vätern
nur noch in dieſer Form gedacht, erlebt, empfunden wird; auch
der Tatzelwurm in den oberbayeriſchen Alpen, den Scheffel be=
ſingt, iſt an einen in ſchwer zugänglicher Felſenſchlucht nieder=
brauſenden und Höhlen ſchaffenden Waſſerſturz geknüpft. Aber
das alles trifft ebenſowenig Urſprung und Weſen der Sagenidee
ſelbſt und der darin unbewußt überlieferten naturgeſchichtlichen
Wirklichkeit, wie die naturwiſſenſchaftlichen, nicht aber natur=
hiſtoriſchen — beides ſcharf auseinanderzuhaltenden — Erklärungen
der Drachenſagen, wie ſie oben zitiert wurden.

Wieder fällt ſofort eine Tatſache auf, die ſchon an ſich die Er=
klärung als ſpäter, erſt von Foſſilfunden abgeleiteter Phantasmen
nicht als ausreichend erſcheinen läßt. Die alten Drachen= und Lind=
wurmbeſchreibungen und die nach ſolchen Beſchreibungen oder
auch traditionell als ſolche überlieferten Bildvorſtellungen ent=
ſprechen keineswegs den foſſilen Skeletten ſelbſt, die man doch
allein fand und findet, weil Weichteile des Körpers gar nicht ver=
ſteinert vorkommen; ſondern dieſe ſagenhaften Schlangen und
Lindwürmer werden nicht ſelten in voller Leibhaftigkeit ſo ge=
ſchildert, wie ſie die Paläontologie jetzt erſt nach jahrzehntelanger,
ſtreng vergleichend anatomiſcher Forſchung mit Fleiſch und Blut
allmählich zu rekonſtruieren wagt und womit ſie der ehemaligen
Geſtalt dieſer meſozoiſchen Tierwelt wohl in vielem ſchon nahe=
gekommen ſein dürfte. Wie ſollten alſo in der bloßen Phantaſie
aus oft ſehr nichtsſagenden Knochenfragmenten oder auch Ske=
letten gerade ſo ganz entſprechende Bilder des Äußeren der Drachen
ſich geſtaltet haben, wie wir ſie jetzt wiſſenſchaftlich erhalten?
In einem ſpäteren Abſchnitt ſind ſolche Rekonſtruktionen nach den
Arbeiten amerikaniſcher Forſcher gegeben (S. 262), mit denen wir
uns in Europa an Materialfülle und zielbewußter Betriebſamkeit

Fig. 15.
Rekonstruktion einer gedrungeneren Form der Seeschlange (Mosasaurus). Kreidezeit. Belgien.
Größte Körperlänge 12 m. (Nach L. Dollo aus O. Abel, Paläobiologie der Wirbeltiere 1912.)

nicht meſſen können. Sind das nicht die unverkennbaren Lind=
würmer der Sagen, wie wir ſie ahnen? Wo bleibt gegenüber
ſolchen Geſtalten „der ſpritzende Gebirgsbach" und „die Ver=
wüſtung durch die See" und was wir ſonſt an Allegorien noch
zu hören bekommen? Oder haben unſere Altvorderen in den
Wäldern Germaniens nach Skelettfunden dieſe Schreckſaurier ver=
gleichend anatomiſch rekonſtruiert, wie der wiſſenſchaftlich ge=
ſchulte Künſtler im American Museum of Natural History, und
ſie dann zu „Sagen" umgedichtet? Ach nein: hier redet uraltes
wirkliches Leben durch die verworrenen und umgedichteten Sagen
noch aus weiter, weiter Ferne zu uns und zeigt uns den Menſchen
des mesozoiſchen Erdzeitalters in dieſer hochdämoniſchen Umwelt,
erſchrocken fliehend oder kämpfend und oftmals ſiegend oder
erliegend. Wenn wir bedenken, daß es unter dieſen Schreckſauriern
Formen gab von der Höhe eines zwei= bis dreiſtöckigen Hauſes;
daß man von der Schnauzenſpitze bis zur Schwanzſpitze bei
einem amerikaniſchen Exemplar 32 m gemeſſen hat; daß im
ehemaligen Deutſch=Oſtafrika ausgegrabene Skelette auf noch ge=
waltigere Gattungen hinweiſen — was braucht man da noch an
dem vom Menſchen der Vorwelt lebend Geſchauten zu zweifeln,
das ſich in Sagen forterbte, weil es übermächtige und vielleicht oft
für das Leben von Völkern entſcheidende Eindrücke der Natur
auf das noch kindlich empfängliche Gemüt jener Vorläufer unſerer
Tage waren?

Nicht nur von Landtieren, ſondern auch von Waſſer= und Luft=
tieren aus dem Reptilgeſchlecht iſt in den Sagen die Rede. Die
Seeſchlange, aus Landechſen hervorgegangen und in den Ab=
lagerungen der niederländiſchen und nordamerikaniſchen Kreide=
zeit entdeckt, in Skeletten bis über 12 m lang, wovon Fig. 15
nur eine gedrungenere Form wiederſpiegelt: immer wieder lebt ſie
in Märchen und Reiſeberichten älterer Zeit auf und iſt ebenſo
oberflächlich und nichtsſagend gedeutet worden, wie das Übrige.
Was beweiſt es gegen den Wahrheitskern der uralten Sagen von
der Seeſchlange, wenn dieſer von ſpäteren und ſpäteſten See=
fahrern mit erhitzter Phantaſie an Dinge und Naturerſcheinungen
geknüpft worden iſt, die gewiß mit der mesozoiſchen, dem Paläon=
tologen wohlbekannten Seeſchlange nichts mehr zu tun hatten?
Wenn ſagenkundige Seefahrer — und dieſe wiſſen und wußten

viel Märchen und sind dämonischem „Aberglauben" von jeher sehr
zugänglich gewesen — wenn diese Leute in fernen Meeren hinter-
einander schwimmende Delphinrücken für Seeschlangen hielten,
oder wenn ein Curtius Rufus mit so einer alten Sage die Belagerung Sidons durch Alexander den Großen ausschmückt, warum
soll denn die uralte Sage, die hier wieder mit Falschem verjüngt
wurde, nicht ihren dem Wortsinn entsprechenden Wahrheitskern
haben, wo wir doch wissen, daß es solche Wesen wirklich einmal
gegeben hat, vielleicht sogar noch
in der Tertiärzeit, sicher aber in
der letzten Phase des mesozoischen
Zeitalters? Wir haben nach all'
den vorausgegangenen Dar-
legungen keinen Grund mehr,
uns mit den gekünstelten Scheinerklärungen zufrieden zu geben,
wo wir mit Fug und Recht an
den mesozoischen Menschen und
diese von ihm gesehene Tierwelt
glauben dürfen und sie fossil
wirklich vor Augen haben.

Indessen ist das Bild der
eigentlichen Drachen, wie es etwa
Fig. 16 wiedergibt und wie es
auch in Beschreibungen und
Skulpturen gleich oder ähnlich
wiederkehrt, immerfort ein Rätsel geblieben, deshalb, weil es

Fig. 16.
Assyrische Reliefdarstellung eines Drachen aus
dem Kampf mit dem Gott Marduk. Man vergleiche die Behornung mit jener der mesozoischen
Riesenechse Fig. 19, S. 116. (Aus R. G. See-
ley, Dragons of the Air, London 1901.)

eine anatomische Unmöglichkeit scheint und auch ist, daß vier-
füßige Tiere noch einmal eigene Flügel, also gewissermaßen
zwei Extremitäten zuviel an der Seite oder gar am Rücken
gehabt haben könnten. Denn der Flügel, insbesondere auch bei
den reptilhaften Flugdrachen des mesozoischen Zeitalters, ist ja
keine überzählige Extremität, sondern hängt an der umgebildeten
Vorderextremität, wie beim Vogel. Trotzdem glaube ich, daß auch
in jener Überlieferung gefiederter Drachentiere keine Phantasie,
sondern unmittelbare Naturwahrheit zu uns redet. Wir haben
nämlich fossil eine Gruppe von Dinosauriern, welche einen

durchaus vogelartigen Körperbau hat, nämlich lange Hinterbeine,
kurze Vorderbeine, aufrechten Gang und hohle Vogelknochen. Aber
auch die großen Schreckſaurier vom Habitus der in Fig. 4 (S. 51)
abgebildeten, von denen es auch leichter gebaute und nur menschen-
hohe Formen gab, die zum Teil ſpringend auf den Hinterbeinen
hüpften, ſind großenteils hohlknochig, hatten alſo ein leichtes
Skelett und legten auch Eier. Nach dem Geſetz der Korrelation,
wonach ſich bei den Tiertypen die anatomiſchen Einzelheiten des
Skeletts und der Organe meiſtens ſo entſprechen, daß man vom
Vorhandenſein der einen Eigenſchaft auf die andere ſchließen

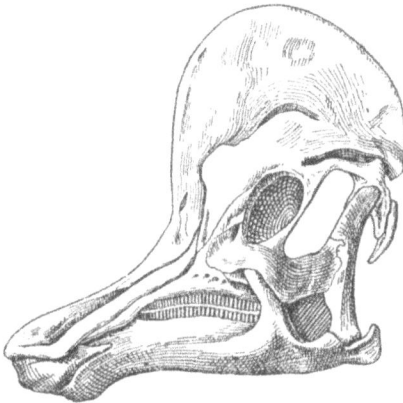

Fig. 17.
Schädel eines großen Schreckſauriers mit vogelähnlichem Hornſchnabel und kaſuarartigem
Hornhelm. Sumpf- oder Waſſerbewohner nach Art der Enten. Ende der Kreidezeit. Kanada.
Ganzes Skelett ca. 10 m lang. (Aus W. D. Matthew. Dinosaurs. New York 1915.)

muß, iſt es nun recht wahrſcheinlich, daß manche aufrecht hüpfende,
körperlich leichte, hohlknochige, wenn auch ſehr große Saurier
ſtatt des reptilhaften Hornſchuppenpanzers ein Federkleid hatten;
denn die vogelartige Feder iſt eine unmittelbare Steigerung der
Reptilſchuppe, was auch embryologiſch nachweisbar iſt. Mög-
licherweiſe iſt auch der einzige echte Vogeltyp der Jurazeit nur
ein gefiedertes Reptil mit konvergenten Vogeleigentümlichkeiten.
Es iſt alſo recht wohl denkbar, daß es unter den halb aufgerichteten
Schreckſauriern nicht wenige gab, welche eine Art Vogelkleid
beſaßen und dieſes in Abwehr-, Angriffs- oder Zornesſtellung

quer über den Rücken herüber und an den Seiten spreizen konnten,
etwa wie ein Pfau sein Rad schlägt. Dann mußte trotz der Vier-
beinigkeit das Tier wie mit Vogelflügeln begabt erscheinen, zumal
das Federkleid von vornherein in der Vorstellung des Beschauers
den Flügel erwarten ließ. Ja, sie mögen sogar unter Umständen
dieses Federnrad durch schlagende Bewegungen zur Unterstützung
und Hebung des Springens oder als Schreckmittel bei dem plötzlichen Aufsträuben mitbenützt haben, was sicher nicht geräuschlos
vor sich ging. Und schließlich würde diese Gedankenreihe noch ein
Merkmal verständlich machen, das auch derartigen Flügeldrachen
zugeschrieben wird: ihr piependes Rufen. Denn auch dieses ist

Fig. 18.
Fragment eines Siegelzylinders aus Babylon mit einem Drachen von Vogelaussehen.
(Aus Jeremias, Das Alte Testament, 1904.)

eine auf anatomischer Grundlage beruhende Eigentümlichkeit der
doch zweifellos aus den Reptilien irgendwie hervorgegangenen
Vögel; und mit dem sonstigen vogelähnlichen Habitus und dem
Federkleid mancher Drachen wäre dann auch diese Art Stimme
eine recht begreifliche Eigenschaft gewesen. Gerade große Schrecksaurier mit vogelartigen Schnäbeln sind schon mehrere bekannt.
Einige haben starke Knochenzapfen wie lebende Rhinozeroten auf
Nase und Stirn gehabt; auch das Schädeldach war nach rückwärts
in einen den Hals gegen die Bisse noch gewaltigerer Feinde
schützenden Schild verlängert (Fig. 20, S. 119); oder es hatte einen
durchbrochenen Steg, ja schließlich einen kasuarartigen Hornhelm
(Fig. 17), der in geringeren Stadien mitsamt dem Hornschnabel,
der auch gelegentlich entenartig breit sein konnte, an den Kopf des
Drachen auf einem babylonischen Tonzylinder (Fig. 18) immerhin

so erinnert, daß auch derartige Formen existiert haben können und daß daher dieses Zusammentreffen wohl mehr als ein zufälliges Phantasiespiel ist. Daß man bei solchen oder ähnlichen fossilen Sauriern das Federkleid noch nicht hat nachweisen können, ist kein schwerwiegender Grund gegen unsere Folgerungen, weil solche Typen entweder noch nicht erkannt oder noch nicht gefunden, oder weil die Federn an sich verweslich und daher fossil nur unter ganz selten günstigen Umständen erhaltungsfähig sind; sie fielen vielleicht auch nach dem Tode rasch ab, rascher als bei den echten Vögeln; und dies alles mag der Grund sein, weshalb bisher bei entsprechenden Skeletten nie eine Spur des Gefieders entdeckt werden konnte. Es ist also anzunehmen, daß einige Rekonstruktionen des äußeren Körpers einiger mesozoischer Schrecksaurier, wie sie uns die amerikanischen Forscher jetzt geben, späterhin noch durch Funde mit Federkleid ergänzt werden können.

Die schon zuvor einmal erwähnte Dresdener Mayahandschrift weist einen unverkennbaren Einschlag mesozoischer Tiervorstellungen auf. Immerfort erscheinen dort Reptil- und Schlangengestalten, die mehr ein urweltliches als ein jetztweltliches Aussehen haben. Schon auf Seite 88 sind herausgegriffene Probestücke wiedergegeben, von denen das rechte (c) ein Zusammentreffen zwischen einem Vogel und einem schlangenartigen Lindwurm zeigt, wobei der Vogel das Reptil begattet. Der Vogel hat aber etwas erdgeschichtlich Altertümliches in seinem Habitus. Ebenso eine andere Tiergestalt, welche sich in dem Bildfeld hier neben darstellt und

Fig. 19.
Verwischtes Feld aus der Dresdener Mayahandschrift, mit altertümlicher Flugtiergestalt.

die eher ein mesozoisches fliegendes Tier versinnbildlichen könnte, besonders was das große Auge betrifft, das solchen Tieren eigen war und von denen sich einige hautbeflügelte Formen mit einem ebenso eingeringelten kurzen Schwanzende im Ruhezustand angehängt haben, wie ihn das Mayabild auch zeigt. Auch das bestärkt die schon oben (S. 88) ausgesprochene Ansicht, daß die Mayahandschrift urmenschheitsgeschichtliche sagenhafte Entwicklungsphasen beschreibt, und daß man es hier teilweise mit einer altertümlichen Tierwelt zu tun hat, die sich auf die Zeit bezieht, aus welcher die Überlieferungen berichtet werden; unbeschadet der allenfalls darin enthaltenen und gleichzeitig damit ausgedrückten symbolischen oder religiösen Inhalte, die an das Naturhistorische darin geknüpft und durch dasselbe versinnbildlicht sein mögen.

Wir haben somit, um es zusammenzufassen, in den alten Drachen- und Lindwurmsagen unverkennbar eine echt meso-zoische Tierwelt vor uns mit ihrem auch paläontologisch feststell-baren biologischen Formcharakter, die wir nun als etwas vom Menschen Erlebtes hinnehmen wollen, nachdem wir, wie gezeigt, keinen unüberwindlichen Grund mehr haben, uns der damaligen Existenz des Menschen oder eines Menschenwesens zu widersetzen. So fänden auch hier die Sagen eine natürliche, ungezwungene Er-klärung, und ich kann dem Sinn nach nur unterstreichen, was ein anderer Forscher[47]), auf einem anderen Weg zum selben Ziel ge-langend, schon einmal ausgesprochen hat:

„Sollte jener Drache der Chinesen, der bei Sonnenfinsternissen das Tagesgestirn verdunkelt oder auffrißt, wirklich nur die Aus-geburt einer vorchristlichen Mandarinenphantasie sein, oder be-wahren vielleicht die altchinesischen Archive Aufzeichnungen von uralten Drachenüberlieferungen des unsererseits vermuteten Ur-sprunges, die solche Phantasie befruchtet haben konnten? Sollten wirklich nur die Rücken reihenweise schwimmender Delphine den Anstoß zu den Seeschlangengeschichten alter Seefahrer gegeben haben, oder bestand bei letzteren etwa schon von früher her eine überlieferte Voreingenommenheit für die Möglichkeit solcher Plesio-saurier und Mosasaurier der Gegenwart? Sollten die Sänger unglaublicher Drachentöter-Abenteuer (Herakles, Siegfried, Sieg-mund, Beowulf) wirklich nur rein Erfundenes niedergeschrieben haben, oder wurden sie durch dunkle Überlieferungen angeregt? Was nun von solchen dämmernden Überlieferungen in spät-lichen Resten endlich unsere frühgeschichtliche oder auch nur die un-mittelbar vorgeschichtliche Zeit des ersten Schrifttums, Dichter-tums und Priestertums erreichte, wurde dann von dessen Ver-tretern aufgefangen, gesammelt, konserviert, in unsere quartär-alluvialen Lebensverhältnisse hereinkonstruiert und von den Nach-kommen zu den Drachentötergeschichten und Drachensymbolen ver-arbeitet, die wir heute bei allen älteren Kulturvölkern vorfinden.

Es ist wohl ganz ausgeschlossen, daß paläontologisches Wissen die alten Drachenkampffänger angeregt haben könnte, indem alle diese Drachensagen älter sind als unsere ersten Kenntnisse von den fossilen Sauriern. Ebenso undenkbar scheint es uns, daß die so weltweit verbreiteten Vorstellungen von drachenähnlichen Ungetümen rein erdacht sein sollten."

Was aber das Maß dieses auffallenden und kaum mehr als zufällig anzusehenden Zusammentreffens von Fabeltieren und Wirklichkeit voll zu machen geeignet ist, ist die nicht eben seltene Wiederkehr des Mythus, daß die Schlange ursprünglich auf vier Beinen oder mehr aufrecht auf zwei Hinterbeinen gegangen sei; später aber auf dem Bauch gehen mußte, weil sie die Füße verlor. Zahlreiche jüdische Sagen, in spätere Texte übergegangen, überliefern dieses Bild. Dähnhardt hat in seinen „Natursagen" mehrere Überlieferungen zusammengestellt[48]). Die Schlange aber, die auf dem Bauche kriecht, tritt tatsächlich als einer der letzten Reptiltypen in die Erscheinung. Sie ist, wie anatomisch nachzuweisen ist, eine spätere Rückbildung eines ehemals vierbeinigen Reptils, dem die Extremitäten abhanden gekommen sind und das noch unscheinbare Reste derselben gelegentlich andeutungsweise im Körperinnern zeigt. Sie kommt wohl am Ende des mesozoischen Zeitalters als solche zur Entwicklung und ist fossil in der Alttertiärzeit zum erstenmal sicher gefunden.

Wenn dies die Sagen schon wissen, so können auch hier nicht Fossilfunde der Anlaß zu diesem merkwürdig richtigen Wissen sein, und wahrscheinlich auch keine vergleichend anatomischen Untersuchungen. Freilich kann der Naturwissenschafter oder Philologe behaupten wollen, daß die anatomische Untersuchung von Schlangenbälgen auch den alten Ärzten gelegentlich schon die rudimentären Extremitäten verraten habe, was dann mittels der sattsam bekannten „phantastischen Ausmalung" zur Sage der ehemals auf Beinen laufenden, dann von Gott kriechend gemachten Schlange geworden sei. Wir hätten so wieder dieselbe Erklärungsart, wie wir sie entsprechend überhaupt für die Drachen und Lindwürmer oder für den Polyphem bekamen — und gerade die halte ich für gründlich falsch.

Es ist ferner bei Namens- und Vorstellungsübertragungen von sagenhaften alten Ungeheuern oder Tieren auf jüngere, jetzt

weltliche Typen auch noch zu erwägen, daß manche urweltlichen
Typen sowohl im tertiären wie im mesozoischen Zeitalter habituell
schon Formen darstellten, die wir in der quartären erdgeschichtlichen
Zeit oder in der Jetztwelt finden[49]). So hat beispielsweise das
Rhinozeros, eine allbekannte jetztweltliche und auch schon tertiärzeitliche Tierform, ihren es nachahmenden oder vielmehr vorweg-
nehmenden Habitusvorläufer in einem Schrecksaurier aus der
Sippe der schon teilweise beschriebenen Riesenreptilien (Fig. 20),
und es ist mit größter Wahrscheinlichkeit zu folgern, daß auch andere
spätweltlichen Säugetiertypen, wie etwa das Nilpferd, womit gelegentlich das alttestamentliche Bohemoth oder der Leviathan
identifiziert wurden, ähnlich im Habitus unter den mesozoischen
Riesenreptilien entdeckt werden. Haben wir doch, wie schon beiläufig erwähnt, unter jenen auch Formen, die große Enten-
schnäbel besaßen und nach Art der Sumpfvögel mit untergetauchtem
Kopf im Schlamm des Wassers ihre Nahrung suchten, ja sogar
in verwandten Formen nach Art des Kasuarvogels hohe Horn-
helme trugen. Damit soll jedoch nicht gesagt sein, daß der alttestamentliche Bohemoth und Leviathan nicht ursprünglich kosmisch-
mythische Gewalten waren, sondern es soll nur gezeigt werden,
wie wenig die Erkennung eines Jetztwelttieres als Träger einer
sagenhaften Tiervorstellung unbedingt die naturhistorische Wahrheit einer noch älteren Vorstellung und Überlieferung eines fast
ebenso geschilderten Tieres auszuschließen braucht.

Nicht minder häufig geht auch die Sage von riesigen Vögeln,
nicht Drachen, mit denen es die Urmenschen zur Sintflutzeit zu
tun hatten, aber offenbar zu einer etwas späteren erdgeschichtlichen Zeit als mit den Drachen. Der altpersische Vogel Rock,
der auch in 1001 Nacht vorkommt, ist ein solcher Typus[50]). Auch
bei dieser Gestalt hat man wohl nicht das Richtige getroffen, wenn
man die Sage allzu einfach auf ausgestorbene Riesenlaufvögel von
Madagaskar und Neuseeland zurückführte, „die der Mensch noch
erlebt hat". Diese Vögel waren im Habitus straußenartige Typen,
also Laufvögel mit rückgebildeten Flügeln; auf Madagaskar sind
spätdiluviale fossile Reste des Aepyornis gefunden worden, dessen
Eier dreimal so groß im Durchmesser wie Straußeneier sind; der
Dinornis von Neuseeland hatte aufrechtstehend eine Höhe von 3,5 m.
Beide Typen dürften wohl erst in geschichtlicher Zeit ausgestorben

sein, vom Menschen ausgerottet. Bölsche führt die Sagen sibirischer Stämme von riesigen Vögeln auf Funde fossiler Rhinozerosklauen zurück[51]). Wir kennen aber aus der Alttertiärzeit schon riesige Vögel ähnlicher Art mit großem, komprimiertem Schnabel, kurzem, dickem Hals, gedrungenem Rumpf, rückgebildeten Flügeln und hohen, vierzehigen Laufbeinen. Sie sind in der Tertiärformation von Nordamerika gefunden und stehen anatomisch südamerikanischen Typen der jüngeren Tertiärzeit nahe, die einen gewaltigen, über $\frac{1}{2}$ m langen Schädel hatten und deren Größe man ermessen kann, wenn man das in entsprechendem Maß auf den übrigen Körper überträgt. Schon jene erwähnten alttertiären Riesenvögel von Nordamerika sind bereits rückgebildete Flugvögel gewesen. Sie mußten also eine längere Entwicklungsgeschichte hinter sich haben und von an und für sich schon großen Flugvögeln abstammen — und nur von solchen ist in der Sage die Rede, nicht von flügellosen Laufvögeln — und diese müssen geologisch daher etwas älter, also ganz früh alttertiärzeitlich oder spät kreidezeitlich, wie die Seeschlange, sein.

Auch die Sagen von Riesenvögeln mußten immer wieder dazu dienen, die Abenteuer der Seefahrer noch zu vergrößern. Wie die in fernen Ländern ihnen begegnenden fremdartigen Naturerscheinungen oder Berichte, so mögen auch die madagassischen oder neuseeländischen jungzeitlichen Vogelriesen noch als lebendige Vorbilder einem alten, schon mitgebrachten oder sonstwo aufgefundenen Sagenstoff untergeschoben worden sein. Gerade so machte es ja Homer mit Polyphem, so das Nibelungenlied mit dem hürnenen Siegfried, so machten es mit Tier- und Flutsagen vor allem viele römische und griechische Schriftsteller, wie Diodorus, Curtius Rufus, Plinius oder der babylonische Oannes oder der alttestamentliche Übermittler der Sintflut und der Psalmen, oder der Verfasser des Gilgameschepos oder die Indianer Nordamerikas — sie alle, tausendfach immer und immer wieder. Das ist gerade das ewig Charakteristische, ein das Gewand an Stelle des Kernes setzendes stetes Schicksal aller Sagen, wo wir auch hingreifen. Und so sei immer und immer wiederholt: eben deshalb ist jede Sagenauslegung, die sich in solchen jetztweltlichen, oft nur allegorischformalen Beziehungen oder Deutungen erschöpft, keine wirkliche Sagenauslegung, sie lehrt den Aufbau der Schale zwar verstehen,

8*

aber sie vorenthält uns die lebenspendende Kraft des Innern. Und dieses Innere erschließt sich, wenn wir nach naturhistorisch sicheren Daseinsbildern der tieferen Vergangenheit suchen, die dem klaren Sinn und Bericht der Mythen und Sagen entsprechen, bei deren Berührung sie von innen heraus anklingen und die Türen ihres Zauberschlosses aufspringen lassen. Das geschieht nie, wie die Literatur zeigt, wenn wir immer an unser bischen Umwelt alles binden wollen oder philologische und ästhetische Netze flechten, in denen das aus den Sagen und Mythen stets so vernehmlich herausrufende uralte Leben immer von neuem wieder erdrosselt wird. Ziehen wir also noch die Erfahrungen mit in Betracht, die wir mit den Lindwurm- und Urmenschensagen hinsichtlich ihrer naturhistorischen Wahrheitsmöglichkeit machten, so möchte auch die Herkunft der Sage von den Riesenvögeln und dem fliegenden Vogel Rock mindestens in den Beginn der Tertiärzeit zu verlegen sein, wo Abkömmlinge solcher Geschlechter tatsächlich schon paläontologisch zu finden oder sie selbst noch zu erwarten sind.

Aber noch etwas anderes wird, wenn wir dieses erdgeschichtliche Datum annehmen wollen, erklärlich, was sonst als sinnlose Übertreibung erscheinen müßte: das Emporheben von Elefanten durch jene Riesenvögel, dem wir ja selbst bei aller Geneigtheit, in den Sagen Wirkliches zu sehen, sonst nicht leicht beistimmen dürften. Vergleicht man einen Vogel von der Höhe der geschichtlichen Moas oder Emus mit einem Kamel oder Elefanten aus dem gleichen Erdzeitalter, so wäre es, selbst wenn wir uns jene Laufvögel im Vollbesitz eines starken Flugvermögens dächten, eine groteske Ungereimtheit, sie für fähig zu halten, solche großen Vierfüßler emporzutragen. Haben wir uns aber den Vorgang im früheren Teil des Tertiärzeitalters vorzustellen, so walteten dort tatsächlich andere Größenbeziehungen zwischen den in Betracht kommenden Tieren. Es ist nämlich ein durchgehendes, besonders in der tertiärzeitlichen Säugetierentwicklung hervortretendes Gesetz, daß die älteren Formen eines Spezialstammes kleiner sind als die nachher kommenden; das ist u. a. für die Pferde, die Elefanten, die Kamele und die Rhinozeroten erwiesen, die damals teilweise nur die Größe einer Dogge oder eines Kalbes hatten, wie fossile Skelette zeigen. Damals waren also die Gattungen dieser Stämme auch im ausgewachsenen Zustand von wesentlich kleinerem Körperhabitus als

die heutigen; und Flugvögel von der Größe auch nur eines Moa
oder eines vermutlichen alttertiärzeitlichen Riesenvogels, wenn wir
ihn fliegend denken, wären imstande gewesen, jene Elefanten und
Kamele in die Luft emporzutragen, ihrer sogar mehrere; und dies
wohl leichter als heutzutage ein großer Adler ein junges Lamm.

Die Alttertiärepoche ist die Zeit, wo die späteren und heute
lebenden Säugetiertypen der oben erwähnten Elephantiden, Came-
liden, Pferde und Wiederkäuer besonders klein gewesen sind, um
erst mit zunehmender Annäherung an die Jetztzeit größer und
größer zu werden. Es scheint die Kleinheit damals der Zeitcharakter für solche Anfangsgattungen, jedoch nur der Säugetiere,
gewesen zu sein, und so könnte auch der spätere Mensch damals
in gewißen Linien seines Stammes diese Zeiteigenschaft besessen
haben und dieser Säugetierumgebung gegenüber von entsprechender Größe gewesen sein. Diesen allen gegenüber wären dann jene
riesigen tertiärzeitlichen Laufvögel und ihre zu vermutenden fliegenden Parallel- oder Ahnenformen in noch viel stärkerem Grade
Riesen gewesen als die historischen, neuseeländischen und madagassischen Laufvögel dem Jetztweltmenschen gegenüber.

Die Riesenvögel kehren besonders auch in chinesischen Überlieferungen wieder, wo teilweise auch von kleinen Menschen die Rede
ist, die von riesigen Kranichen weggeraubt werden konnten und
die darum von ihnen schwer gefürchtet waren; oder die ihnen die
Augen aushackten oder sie beim Bestellen der Felder raubten. Im
Zusammenhang mit solchen Riesenvögeln wird in der chinesischen
Überlieferung eine Art pygmäenhafter Menschen erwähnt, die
ihren Angriffen ausgesetzt waren. Es heißt da u. a.: Im Gebiet
des westlichen Meeres liegt das Land der Kraniche, wo Männer
und Frauen nur sieben Zoll hoch sind. Sie leben nach dem natürlichen Sittengesetz und scheuen davor zurück, einander zu kränken.
Sie scheinen zu fliegen, wenn sie gehen, und legen an einem Tag
sieben Meilen zurück. Die einzigen Geschöpfe, die sie fürchten,
sind die Kraniche, die vom Meer herkommen. Diese Kraniche, die
mit einem Flug tausend Meilen machen, können sie verschlingen;
nur Leute von drei (?) Jahren ab erliegen nicht ihrem Angriff[52]).

Wenn hier diese Menschen als besonders klein geschildert werden,
so bestehen zwei Möglichkeiten für ihre Deutung: entweder sind
sie wirklich im Vergleich zu unserer Körpergröße Pygmäen ge-

wesen; oder sie sind von unserem Normalmaß gewesen und daher für wirkliche Riesenvögel ebenso gut raubbar gewesen wie die oben erwähnten kleineren tertiärzeitlichen Elefanten.

Und in diesem Fall kann der Originalbericht zuerst von Menschen mit wesentlich größeren Körperdimensionen als den unserigen mitgeteilt worden sein, denen diese Riesenvögel nichts anhaben oder ihnen höchstens die Augen im Kampf gelegentlich aushacken konnten. Auch darauf deutet eine vom Araber Qazwini vermittelte Sage: Ein Mann wurde bei einer Reise übers Meer auf eine Insel verschlagen, deren Einwohner (nach seinem Maß) eine Elle hoch und meistens einäugig waren, weil ihnen die großen Vögel ein Auge ausgestoßen hatten. Sie sperrten ihn in einen Käfig. Bald darauf aber wurden sie wieder von einer Schar Störche heimgesucht. Der Mann stellte sich gegen die Vögel mit einem großen Stock und trieb sie in die Flucht, worauf ihn die Zwerge hoch ehrten.

Die Erzählung hat übrigens „Gullivers Reise nach Liliput" zur Grundlage gedient; diese würde also späteren Forschern auch den uralten Sagenkern richtig übermitteln und die gleichen naturhistorischen Rückschlüsse erlauben, wie die alten arabischen und chinesischen Erzählungen selbst. So unverändert erhält sich das Wesen der Sagenstoffe, selbst bei bewußter Umarbeitung. Wenn aber ein Sagenforscher späterer Jahrzehntausende in „Gullivers Reisen" ganz richtig einen Tendenzroman aus der Quartärzeit entdecken würde und dartäte, daß Gulliver die Gestalt eines vom Kleinlichkeitsgeist seiner Zeitgenossen gequälten Menschen nacheiszeitlichen Alters ist, so hätte er eine gewiß richtige Feststellung gemacht und dennoch würde er nicht die volle Wahrheit, nicht das Wesen der Sage gefunden haben, sondern nur die äußerliche Beziehung zwischen ihrer spätzeitlichen Fassung und einem ihr untergelegten spätzeitlichen Sinn.

Es gibt besonders noch eine sagenhafte Tiergestalt, aus der man bis jetzt noch nichts zu machen wußte: das Einhorn. Nicht das in der germanischen Mythologie die Weltesche anbohrende Einhorn; das ist etwas ganz anderes; sondern das als späteres Fabeltier, gleichgeordnet mit anderen Sagentieren auftretende Einhorn. Auch die rein allegorisierenden Sagendeuter wissen nicht viel mit ihm anzufangen. Und so gut Abels Erklärungen sonst

Fig. 20.

Riefenfaurier (Triceratops) vom Ende der Kreidezeit. Nordamerika. 8 m lang. Vorwegnahme
der rhinozerosartigen Gestalt. Vogelartiger Schnabel. (Halbschematische Rekonstruktion mit Be-
nützung von Skizzen von Ch. W. Gilmore, Smithson. Rep. 1920, Washington 1922 und
O. Abel, Paläobiologie 1912.)

für die Aufhellung der lokalen Sagengestaltung sind, so weiß er
auch gerade für das Einhorn keinen eindeutigen Fund anzugeben,
an den er allein es knüpfen würde, wie etwa den Polyphem. Er
zählt nur eine Menge der törichten spätmittelalterlichen und neuzeitlichen Einhornvorstellungen auf, die auf Fossilfunden von
ganz verschiedenen jungzeitlichen Tierresten beruhen. Er sagt
darüber: „Enge verknüpft mit den Riesensagen ist die Einhornsage. Heute kann kaum ein ernster Zweifel darüber bestehen, daß
es Stoßzähne von eiszeitlichen Elefanten waren, die als Einhorn-
reste gedeutet wurden. Der Bauer des niederösterreichischen Löß-
landes bezeichnet noch heute die vereinzelten Funde von Mammut-
stoßzähnen als das ‚Hurn von an Danghürn‘ (Horn des Einhorns);
noch immer lebt also die Vorstellung des großen ‚Einhorns‘ im
Volke fort. Die erste ‚Rekonstruktion‘ eines Einhorns stammt von
Otto von Guericke, dem berühmten Bürgermeister von Magde-
burg. Er hatte am Zeunicken bei Quedlinburg ein Haufwerk von
Knochen und Zähnen ausgegraben, die er kühn zu dem ‚Unicornu
fossile‘ kombinierte; Leibniz bildete dieses Monstrum in seiner
Protogaea zum ersten Male ab und es ging von hier aus in fast
alle Lehrbücher jener Zeit über.“ Es gibt allerdings auch unter

Jetztweltliches Rhinozeros zum Vergleich mit dem Reptil Triceratops.
(Entwurf nach Abbildungen in Brehms Tierleben, 4. Aufl. 1915.)

den fossilen Tieren mehrere, deren Schädel ein großes Horn trägt,
sie sind auch sogar unter den Schreckfauriern der mesozoischen Ära
zu finden; aber nirgends ist das Horn so groß wie es die Einhornsage darstellt, und ich wüßte nicht, welche dieser Tiergestalten darauf
bezogen werden könnte. Im Schlußkapitel werden wir auf dieses
sagenhafte und bisher auch durch Fossilfunde nicht zu identifi-
zierende Wesen zurückkommen.

Ohne auf wirkliche innere Anschauung gegründete „Phantasie"
läßt sich ja überhaupt keine Wissenschaft treiben, keine chemische
Synthese machen, keine in die Vorweltzustände eindringende
Kombination allergewöhnlichster Art. Schließlich kommt eben
doch auch in der Wissenschaft der Seher zu seinem Recht; denn er
kennt die Quelle alles Wissens: das Schauen. Dieses Wissen
und daher dieses Recht des Dichters und Sehers hat ein origineller
deutscher Schriftsteller[53]) gerade im Hinblick auf das Schauen in
die erdgeschichtliche Vorwelt einmal herausgehoben: „Seit Arnold
Böcklin Tritonen und Nereiden, Faune und Centauren malte,
sind die Fabelwesen der Phantasie wieder geläufig und glaublich
wie je vorher. Was keine Gelehrsamkeit und philologische Erklärung vermochte, gelang der belebenden Kraft künstlerischer Arbeit.

Man wünschte sich einmal einen Böcklin, dem es statt der Kunde
halbvergessener Mythen diejenige vergangener Erdentage an-
täte. Wie unendlich viel gäbe es da zu entdecken und zu gestalten!
Der Verstand hat uns das Wesentliche wieder zugänglich gemacht.
Aber der Verstand ist ein armer Geselle, und alle philologische
Gelehrsamkeit ist mit ihren wissenschaftlichen Rekonstruktionen
doch ohnmächtig, solange nicht eine Künstlernatur uns wieder
schauen und glauben läßt, was wir einstweilen nur „wissen".
Wissen etwa, wie ein nüchterner und seelisch armer Jurist um einen
Mord weiß, wenn er sich nur an ein paar Indizienbeweise und
Belastungsobjekte hält; denn mehr sind unsere im Verhältnis so
dürftigen geologischen Funde und wissenschaftlichen Arbeiten auch
nicht, nach denen wir die Vergangenheit einschätzen und aburteilen
wie einen armen Angeklagten. In keine Epoche irdischer Vergangenheit kann man sich versenken, ohne diesen Gegensatz von
Wissen und Anschauung zu empfinden. Was wir gewinnen
könnten, wenn die wissenschaftlich gehobenen Schätze auch künstlerisch entdeckt würden, das läßt uns gleichfalls Böcklin ahnen.
Wir kennen sein Bild „In Höhlen haust der Drachen alte Brut".
Aus einem Felsenloch, in dem es sich schlummernd versteckt hielt,
schiebt sich der Riesenhals eines Ungeheuers. Vorbeiziehende
Reisende haben es geweckt. Das Tier hat keine Eile. Halb
verschlafen noch blinzelt es in den Tag hinein und reckt seinen
Hals so langsam und faul, wie es selbst ungeschlacht und
plump ist. Aber dieser Hals ist von Urweltgröße, er kann
Schluchten ergründen und sich über Felsen biegen — es wird
ihm keine Mühe machen, die rasend davonsprengenden Reiter
gemächlich einzulangen. Einen Albtraum meint man zu sehen,
undenkbar in Wirklichkeit. Aber wie ein Gelehrter Böcklin
nachweisen konnte, daß eine von ihm ‚nur gedachte' Blume in
Indien wirklich blüht, so ist auch das nur gedachte Ungeheuer
der Felsenschlucht einmal Wirklichkeit gewesen: in den unge-
heuerlichsten Fabelwesen der Jurazeit, den Lindwürmern und
Schrecksauriern." Und — fügen wir hinzu — der Mensch hat
sie erlebt.

Wenn die Drachen- und Lindwurmsagen für mich einer
der allerstärksten Wahrscheinlichkeitsbeweise waren, dem Menschen ein mesozoisches Alter zuzuschreiben, so möchte ich noch

eine andere Stelle aus der Mythenliteratur anführen, in der letzten Endes auch eine Andeutung auf dieselbe Zeit enthalten sein könnte.

Wir lesen im Gilgameschepos, daß nach dem Hereintreten des säugetierhaften Gebirgsmenschen Engidu in den Kulturkreis des Gilgamesch ein Kampf entbrennt. Engidu unterliegt; sie schließen Freundschaft und unternehmen einen Kriegszug gegen einen fremden Herrscher, den Besitzer der heiligen Zeder, der einen ganzen Zedernpark hat. Dieser Schützer und Kultivierer der heiligen Zeder, die in der Spätzeit eine ganz bestimmte symbolische Bedeutung hat, bewacht also sagengeschichtlich diese Baumart, die demnach in der Gilgamesch-Engiduzeit noch nicht Allgemeingut auf der Erde, sondern eine in einem bestimmten Land entsprungene und nur dort verbreitete Seltenheit war, so daß sich ein Kampf um sie lohnte. War aber damals die Zeder, wohl als Vertreter der jüngeren tannenartigen Nadelhölzer, noch eine so große Seltenheit, so stimmt das zu der Altersfestsetzung, die wir dem säugetierhaften noachitischen Menschentypus ohnehin schon aus anderen Gründen zugeschrieben haben, einem mesozoischen Alter. Denn jene Nadel= hölzer, zu denen auch die Zeder gehört, kommen frühestens in der mittleren Phase des mesozoischen Zeitalters, in der Jurazeit vor; die Zeder selbst, wenn man die Baumbezeichnung wörtlich nehmen will, kommt wahrscheinlich noch etwas später, in der Unterkreide= zeit, also gegen Ende des mesozoischen Zeitalters vor. Der Schützer der heiligen Zeder wäre also der Herrscher eines Landes und eines Menschenstammes, bei dem diese Gewächsgattung vielleicht zuerst entstanden und verbreitet war. Es dürfte sich dieser, von der späteren übertragenen Bedeutung losgelöste naturhafte Zug der Sage also auf jene Epoche beziehen lassen. Das aber stimmt mit allem überein, was wir sonst schon von jenen alten fabel= haften Menschenwesen und ihrem Zeitalter ermitteln zu können glaubten. Es ist keine Widerlegung der hier geäußerten Vermutung, wenn in historischer Zeit die Gegenstände der Dichtung nachweis= lich allegorische oder religiös=symbolische Bedeutung bekamen, wenn also gerade die Zeder als majestätisch großer, in sich ruhender Baum zum Symbol des Lebens oder der das Leben beherrschenden Gottheit geworden war. Es ist wie mit der Schlange, die später vielfach (China, Griechenland) das Symbol des Guten und Reinen war und die doch im ältesten mythologischen Bewußtsein das Böse und dämonisch Düstere verkörperte.

Eine wesentliche Frage sei hier schon einstweilen berührt. Man kann gegen unsere Deutung sagenhafter Naturgestalten einwenden, die Phantasie sei wohl von sich aus schöpferisch genug, um ohne wirkliche Vorbilder Lindwürmer und Drachen hervorzubringen; es müßten also aus jenen alten Fabelwesen keineswegs natürliche, erdgeschichtliche Erinnerungen zu uns sprechen.

Zweifellos kann die gewöhnliche Phantasie nach äußeren Erlebnissen ihre Gestalten bilden und Zerrbilder anderer Art gebären; aber ob sie ohne Tradition so lebenswahre Tiere bilden könnte, wie sie in den Sagen erscheinen und wie sie tatsächlich fossil vorliegen, ist doch zweifelhaft. Aus dem Leeren wird die Phantasie kaum etwas schöpfen; es müssen ihr äußere Anknüpfungspunkte geboten sein. Daß diese Anknüpfungspunkte nur Jetztwelttiere oder Knochenfunde gewesen seien, erschien uns eben wegen der Lebenswahrheit der Sagentiere schon unwahrscheinlich. Will man aber trotzdem die Entstehung der Drachen- und Lindwürmer- sagen einer spätzeitlichen Phantasiearbeit zuschreiben, so darf man dabei auch eine andere Möglichkeit nicht außer acht lassen. Der Mensch steht trotz aller Entwicklung nicht wurzellos über den Tagen der Vorwelt da. Er ist ein Abkömmling und als solcher von Urzeiten her mit lebendiger Erbschaft an Körper und Geist begabt. Eben darum ist er als Einzelner auch der unbewußten Gattungsinstinkte und eines unbewußten Gattungsgedächtnisses teilhaftig, das nun, intuitiv berührt und stellenweise wieder er- weckt, in das Individualbewußtsein des Schauenden Reflexe werfen und auf solche Weise Gestaltenbilder hervorrufen könnte, die bei aller nachher erfolgenden Anknüpfung an Gegenwärtiges oder bei aller phantastischen Einkleidung und Verzerrung dennoch in ihrem innersten Wesen urweltliche Naturwahrheit bergen können, weil sie unbewußt aus Zeittiefen stammen, die von den Ureltern einmal lebendig durchwandert wurden.

Eben das ist vielleicht der verborgene Quell, woraus späte Zeiten ein sagenhaftes Wissen um längst Vergangenes schöpften, das bei einzelnen tiefdringenden starken Sehern ins Bewußtsein gelangte und so ohne Sprache und Schrift, ohne unmittelbare Tradition dennoch aus urweltlichen Zeiten „überliefert" war.

Die Atlantissage

Drei Auffassungen sind es, soweit ich sehe, die im wesentlichen über den untergegangenen Westkontinent Atlantis in Sage und Forschung beachtenswert sind.

Die älteste und bekannteste ist die aus der griechischen Literatur, überliefert von Platon, auch von vielen anderen Schriftstellern, wie Herodot, Hellanikos, Diodor, Strabo, Plinius nacherzählt oder erweitert, und die nach Platon[54]) folgende wesentliche Züge hat: In uralter Zeit brach eine gewaltige Kriegsmacht von Westen her in den mittelländischen Kulturkreis ein und fand hier ihr Ende. Damals konnte man das Atlantische Meer noch befahren; denn es lag vor dem Tor des Herakles eine Insel, größer als Asien und Libyen zusammen. Von ihr konnte man damals noch nach anderen Inseln hinüberfahren und so an das jenseits liegende Festland gelangen, das jenes Meer abschließt. Auf dieser Insel Atlantis bestand eine große Königsherrschaft, die auch noch vielen anderen Inseln und Teilen des Festlandes gebot und auch über Libyen bis nach Ägypten und Tyrrhenien herrschte. Später kamen gewaltige Erdbeben und Überschwemmungen, und im Verlauf eines schlimmen Tages und einer schlimmen Nacht verschwand die Insel Atlantis im Meer. Darum kann man auch das Meer dort jetzt nicht mehr befahren, weil hoch aufgehäufte Massen von Schlamm, entstanden beim Untergang der Insel, vorhanden sind.

So etwa lautet die Erzählung Platons im Timäos. Sie ist von Solon aus Ägypten mitgebracht worden, wo er sie aus alten Geheimberichten von Priestern gehört hatte, die ihn mit Ehren überhäuften. „Jung seid ihr alle an Geist", hatten sie ihm gesagt, „denn in eueren Köpfen ist keine Anschauung aus alter Überliefe=rung und kein mit der Zeit ergrautes Wissen" — man meint, die Priester müßten es auch uns Heutigen noch zurufen, die wir gelernt haben, so weit in erdgeschichtliche Vergangenheit schon hineinzublicken, ohne doch das Wesentlichste darin noch gesehen zu haben. Und dann berichteten sie ihm über Feuer= und über Wasser=fluten, die schon kamen und noch kommen werden, von veränderten

Bewegungen der die Erde umkreisenden Himmelskörper und von
allerlei Ursachen, an denen schon früher Menschen zugrunde gegangen waren und noch zugrunde gehen werden. Das klingt wie
eine Fabel; so sagten sie ihm selbst; aber es ist wahre Überlieferung.
„Denn was bei euch oder bei uns oder sonstwo geschieht, liegt,
sofern es irgendwie bedeutend ist, insgesamt von der ältesten
Zeit an in unseren Tempeln aufgezeichnet und bleibt dem Gedächtnis erhalten."

Nun folgt eine Schilderung der Atlantis, die hoch und steil aus
dem Meere aufstieg; nur die Gegend bei der Hauptstadt war durchweg eine Ebene, rings herum von Bergen, die bis zum Meer
hinabliefen, eingeschlossen. Am Rand dieser Ebene, etwa 30 000
Fuß vom Meere entfernt, befand sich ein nach allen Seiten ab-
geflachter Berg. Auch stellte „Poseidon" noch mehrere kleinere
und größere Ringe, zwei von Erde, drei von Wasser rings um
den Hügel herum her, jeder nach allen Richtungen gleichmäßig von
den anderen entfernt — das typische Bild einer Kraterinsel mit
mehreren Eruptionsphasen und also auch Nebenkratern, und dabei
ein Hauptkegel, wohl von der ältesten Eruptionszeit herrührend.
Poseidon ließ auch zwei Quellen, eine kalte und eine warme, aus
der Erde emporsteigen und reichlich Früchte aller Art ihr ent-
sprießen; danach bevölkerte er sie mit Menschen. Von Tieren
werden besonders Elefanten genannt. Die Schilderung paßt unverkennbar auf ein aus dem Meere aufgestiegenes und auf-
geschüttetes Vulkaneiland, wenn auch von besonderer Größe.

Die geologische Forschung kennt zwei Elemente atlantischen
Landes. Das eine und offenbar jüngste ist vulkanischer Natur;
das andere, ältere und sehr alte ist rein kontinentaler Natur gewesen. Aus pflanzen- und tiergeographischen Gründen haben
schon die Paläontologen vor vielen Jahrzehnten einen nord- und
südatlantischen Brückenkontinent aus der alten in die neue Welt
hinüber angenommen, der sich auch durch geotektonische Tatsachen,
wie den plötzlichen Abbruch uralter, quer auf den Atlantik zu
streichender Gebirgsrümpfe und übereinstimmender Fossilmate-
rialien aus älteren Epochen hüben und drüben erhärten läßt. Als
der Kontinent verschwunden war, was ein offenbar über mehrere
erdgeschichtliche Zeiten verteilter Vorgang war, machte sich in
dem nun immer rein ozeanischer gewordenen Gebiet ein starker

Vulkanismus geltend, dem nicht nur vielleicht die ganze mittelatlantische submarine Bodenschwelle, sondern auch das, was von
ihr an Inselkomplexen über das Wasser jetzt noch heraustragt, seine
Entstehung verdankt; dagegen sind die Kapverdischen Inseln und
die Antillen Landreste aus später Tertiärzeit, die noch stehen-
geblieben sind. Die altgriechischen Atlantisschilderungen, soweit sie
das Land als solches zum Gegenstand haben, weisen unverkennbar
auf die letzte Phase der atlantischen Bodenentwicklung hin, nämlich auf die vulkanische, und es ist anzunehmen, daß sie letzten
Endes aus der Zeit stammen, als die letzten kontinentalen Reste
unter Erdbebenerscheinungen und gleichzeitig aufdringenden vulkanischen Ausbrüchen unter fortwährenden Bodenveränderungen
und Meereseinbrüchen bzw. Landversenkungen verschwanden, wobei die geologisch verhältnismäßig kurzfristigen vulkanischen Auf-
schüttungen auch über dem Meeresspiegel sehr große Areale eingenommen und immerhin Jahrtausende langen Bestand gehabt
haben können, so daß Ansiedelungen von Tieren, Pflanzen und
Menschen dort sich entwickeln und ausleben konnten. Da aber an
solchen Vulkaneilanden auch das Meer immerfort mit großem
Erfolg zerstörend tätig ist und da ein vulkanisches Gebiet, besonders
nach einer gewissen Abschwächung oder nach dem Erlöschen der
paroxystischen Tätigkeit, auch Gase und warme Quellen oder
Säuerlinge ausstößt, so passen vortrefflich die im Platonschen Bericht dem Poseidon zugeschriebenen Änderungen und Einrich-
tungen zu dem geologischen Sachverhalt; ebenso auch die spätere
Verschlammung nach dem Untergang, die sich mit letzten Eruptionen durch Ausstoßen großer Mengen porösen Aschenmaterials
und durch das zuerst vielleicht nur wenig tiefe Versenken des vulkanischen Landbodens für längere Zeit bilden konnte.

Eine zweite bedeutsame Auffassung der Atlantis stammt von
dem nordamerikanischen Forscher Hosea. Er vertrat die Theorie[55]),
daß der griechische Atlantisbericht seine sehr reale geschichtliche
Grundlage haben müsse und nur der richtigen, wissenschaftlichen
Deutung bedürfe, um diese alte Geschichte zu enthüllen. Die
Deutung findet er darin, daß die amerikanisch-kontinentale Kultur
mit der ägyptischen gemeinsamen Ursprunges sei oder daß wenigstens eine Verbindung der Ureinwohner Amerikas mit den
Ägyptern oder anderen Völkern des Ostens bestanden habe. Viel-

leicht sei die alte Atlantis selbst tatsächlich eine größere Insel im Ozean oder eine Inselgruppe gewesen, die gleichfalls besiedelt war. Allerdings sieht Hosea in der von der Tradition behaupteten besonderen Größe des Atlantislandes, das Libyen und Vorderasien zusammen an Ausdehnung übertroffen haben soll, eine auf der griechischen Unkenntnis der damaligen ozeanischen Gebiete beruhende Übertreibung, die bei dem zur Phantasie neigenden Orientalen ja verständlich sei. Eben darin will Hosea auch die Behauptung eines raschen katastrophalen Versinkens und die angeblich gewaltige räumliche Ausdehnung des Ereignisses begründet sehen. Dagegen nimmt er an, daß im Atlantik ein Band vulkanischer Inseln bestand, welches für die in ganz alter Zeit noch unbeholfene Schiffahrt eine Möglichkeit, über den Ozean hinüber zu kommen, bot. Denn die frühe Schiffahrt hatte ja noch nicht die Mittel, ausgedehnte Fahrten in der offenen See zu machen, außer wenn eine Inselkette sie in den Stand setzte, sich auf kurze Entfernung sozusagen an den einzelnen Festpunkten hinzutasten. Daß dies nun auch die Art des angenommenen Verkehrs zwischen Ägypten und dem atlantischen Kontinent war, gehe aus der Sage selbst hervor. So könnten wir wohl verstehen, wie die Nachricht eines solchen mit der Zerstörung des Lebens verbundenen Unterganges, durch erschreckte Seefahrer in den mediterranen Kulturkreis gebracht, das Ereignis zu einem schrecklichen Kataklysmus vergrößerte und daß dessen Erinnerung tatsächlich von einer weiteren Durchforschung jener Gegend für viele Menschenalter die Schiffahrer abhalten konnte. Der von der Tradition jedoch dafür angegebene Grund ist namentlich der, daß durch die Katastrophe dieselbe Stelle, wo zuvor die Insellande lagen, durch ungeheure Schlammassen unpassierbar geworden war. Kurz und gut, diese mehr naturhistorisch begründeten Erläuterungen und die von Hosea vertretene Übereinstimmung zwischen den alten Kulturen diesseits und jenseits des Ozeans, die sich außer in Sprachwurzeln auch in Bauten (Pyramiden, Obelisken) und Figuren (Sphinxe) und religiösen astronomischen Vorstellungen (Seelenwanderung, Kalenderfeiertage) kundgebe, führten Hosea zu folgendem Ergebnis: Wenn auch die von der Überlieferung übermittelte Theorie der Atlantis noch nicht so begründet sei, daß sie mit wissenschaftlicher Sicherheit angenommen werden könne, so verspreche sie doch wichtige Ergebnisse über den Kulturursprung des amerikanischen Kontinentes; denn man bemerke darin die Spuren fremder Einwirkung in weit zurückliegender Zeit, und diese Erscheinungen stimmten letzten Endes am besten mit der durch die Atlantissage vermittelten Tradition überein.

Einen dritten, wissenschaftlich gehaltenen, das Historische mit dem Naturhistorischen vereinigenden Hinweis auf die vom Menschen erlebte Existenz der Atlantis und ihren Untergang gibt der französische Geologe und Alpenforscher Termier. Aus verschiedenen geologischen Momenten[56]) ergebe sich ein spätatlantisches Inselland. Die Azoren bilden den höchsten Teil jener mittelatlantischen untermeerischen Bodenschwelle, die den Ozean in S-förmiger Krümmung, den Küsten parallel, mitten durchzieht, deren Haupterhebungen, die Azoren, genau westlich der Straße von Gibraltar liegen. Das von da ab südwärts an Westafrika vorbeiziehende tiefe Senkungsgebiet des Ozeanbodens ist stark vulkanisch; hier erheben sich die Sockel von Madeira, den Kanarischen und Kapverdischen Inseln. Viele von ihnen sind aus vulkanischem Gestein aufgebaut und es ist eine wenig stabile Gegend der Erdrinde. Im Sommer 1898 entdeckte ein französischer Kabelleger 900 km nördlich der Azoren in 3000 m Tiefe einen Meeresgrund von gebirgigem Charakter mit hohen Gipfeln, steilen Hängen und tiefen Tälern. Von den felsigen Gipfeln brachte man mit Greifzangen glasige Lava herauf, die nach Termiers Ansicht nicht unter Wasser, sondern nur an der freien Luft, also an der Landoberfläche erstarrt sein konnte. Da diese glasige Lava auch noch ganz ihre feinen Spitzen besaß, so kann sie nicht lange der Verwitterung ausgesetzt gewesen sein, sondern muß sehr bald nach ihrer Entstehung verhältnismäßig rasch in jene Meerestiefe versenkt worden sein. Bemerkenswert für die geotektonische Unruhe jener atlantischen Zone ist auch, daß im Atlasgebiet noch in der Quartärzeit gebirgsbildende Faltungsbewegungen vor sich gingen, wie ja überhaupt das mittelatlantische Gebiet als Kreuzungspunkt der nordsüdlich laufenden atlantischen und der ostwestlich darauf treffenden mittelländischen Senke besonders starken Erdkrustenbewegungen ausgesetzt sein mußte. Die beschriebenen vulkanischen Bewegungen seien also gewiß erdgeschichtlich sehr jung, und es stehe der Annahme nichts im Wege, daß der quartärzeitliche Mensch sie miterlebt habe.

Termier schließt mit einem lebendigen Ausblick: Es ist nach den
Anhaltspunkten, die uns die Geologie und der Platonsche Bericht
geben, nicht wohl etwas anderes anzunehmen, als daß eine Sintflut das Verschwinden der Atlantis gewesen sei. Eine Sintflut
oder am Ende die Sintflut, die Sintflut der Religionslehre, die
unsere Phantasie von Kindheit an beschäftigt hat? Sollte Noah
ein Atlantier gewesen sein? Die Ureinwohner Mexikos, so berichtet die Tradition, kamen von Osten, als dort das Land unter-
ging. Warum hatten die Mexikaner Namen für ihre Städte, die
mit „atlan" gebildet waren, als der Spanier das Land betrat?
Warum dieselbe Wortbildung diesseits und jenseits des großen
Wassers, ehe die Verbindung von Europa nach Amerika nachweislich bestand? Vernahmen sie irgendwo und irgendwann einmal
in grauer Vorzeit die Stimme der Diesseitigen? Wenn die Atlantier vor dem Hereinbruch der Sintflut ihr Land ost- und west-
wärts verließen, dann wissen wir auch, warum die Sintflutsage
hier und drüben den Völkern im Gedächtnis haftete. Die Chinesen
hatten sie nicht; die zirkumatlantischen Völker haben sie.

Die Termierschen Schlußfolgerungen sind, wie sich im Folgenden
noch zeigen wird, nicht ganz die unseren. Die noachitische Sintflut
ist für uns mit dem Untergang der älteren Lemuria und vielleicht
noch mehr östlich liegender Teile des Gondwanakontinents, eines
im Indischen Ozean ehemals gelegenen Landes, verknüpft, und
die Auswanderung von der zirkumindischen Gegend erklärt auch
viel besser, warum die eigentliche Sintflutsage nicht, wie Termier
meint, im ostatlantischen, sondern im malaisch-polynesischen
Gebiet verbreitet gewesen ist. Der Untergang der Atlantis dagegen ist auch für uns ein spätzeitliches, jedenfalls quartärzeitliches Ereignis gewesen und hat, nach den geradezu geschichtlich
anmutenden Berichten aus dem Altertum, jedenfalls entwickelte
Kulturen mit in den Abgrund gerissen, während zu gleicher Zeit
auf europäischem Boden vielleicht der Steinzeitmensch sein einsames Dasein geführt hat. Tatsache ist jedenfalls, daß wir noch
in sehr naheliegender geologischer Zeit atlantische Landkomplexe
nachweisen können, auch ohne die sagenhaften und halbhistorischen
Berichte aus dem griechischen Altertum. Abgesehen von sonstigen
erdgeschichtlichen Wahrscheinlichkeitsbeweisen, genügt hierfür schon
die Tatsache, daß das erdgeschichtlich sehr junge Atlasgebirge auf

den Atlantik zuſtreicht und unvermittelt dort abbricht, ſo daß der
Abbruch alſo erſt nach der Gebirgsauffaltung geſchehen ſein kann.

Eine Sage nun, welche uns den Gebirgszuſammenhang zwiſchen
der Atlantis und dem Atlasgebirge erkennen läßt, iſt die von den
Töchtern des Atlas, den Plejaden. Dieſer Name iſt, wie aus der
Sage ſelbſt hervorgeht, erſt ſpäter dem Sternbild beigelegt worden
und bezog ſich zuerſt auf Weſenheiten, die auf der Erde waren. Als
Sternbild haben ſie in der hiſtoriſchen Sagenzeit des Griechentums im Zuſammenhang mit jahreszeitlichen Perioden geſtanden;
aber zuvor war es anders. Nach Preller-Robert[57]) iſt ihre Ver-
kettung mit anderen Geſtalten folgende: Die Beziehung des
Plejadengeſtirnes zur Jahreszeit erhelle aus der Fabel von den
ſieben Atlastöchtern, einer alten Dichtung wahrſcheinlich pelopon-
neſiſchen Urſprungs. Schon Heſiod nenne die Plejaden Atlageneis.
Sie ſeien Töchter des Atlas geweſen, des den Himmel tragenden
Meeresrieſen im Weſten, und der Okeanostochter Pleione; letztere
ſei auch eine mythiſche Abſtraktion der ganzen Gruppe. Geboren
ſind ſie auf dem Kyllenegebirge Arkadiens, woher Pindar und
Simonides ſie Gebirgsgöttinnen nennen. Doch heißen ſie auch
Ouraniai, Himmelstöchter, da ihre urſprüngliche Bedeutung die
von befruchtenden himmliſchen Nymphen zu ſein ſcheine. Zu
Töchtern des Atlas ſeien ſie geworden, weil dieſer den Himmel
trägt und weil die Wolken aus dem weſtlichen Ozean aufſteigen,
wo Atlas ſeinen Standplatz hat; denn auch das Geſtirn der Plejaden ſei in dieſer Gegend heimiſch. Als Urſache ihrer Verwandlung
in ein Sternbild erdichtete Aſchylos den unendlichen Schmerz der
Plejaden über die Leiden ihres Vaters Atlas.

Soweit die philologiſchen Darlegungen, die das Weſen der Sage
nicht berühren. Denn was in den ſpäteren Dichtungen aus den
Plejaden wurde, iſt nicht von Belang. Es ſoll nicht beſtritten
werden, daß das Sternbild der Plejaden, nachdem es erſt einmal
dieſen Namen bekommen hatte, die große Rolle im Kalender der
Alten ſpielte. Aber das alles, was da an ſolchen äußeren Zuſammenhängen vorgebracht wird, bringt nicht in das Herz der Sage
vor, bei der ein nachatlantiſcher Sinn von einem atlantiſchen doch
wohl zu unterſcheiden iſt, alſo eine ältere, gegenſtändlich naturhafte
Überlieferung von einer jüngeren mißverſtandenen oder übertragenen Umgeſtaltung. Löſen wir alſo auch aus dieſem Sagen-

komplex wieder das Erdgeschichtliche heraus, so können wir einen Einblick in den Aufbau und die Geographie der Atlantis daraus gewinnen.

Was wir aus der Geologie des nordwestafrikanischen Kontinentalrandes (Fig. 21) unmittelbar entnehmen können — die ehemalige Fortsetzung des Atlasgebirges unter Abbrüchen und Versenkungen in den Atlantischen Ozean hinein — das bestätigt uns die Sage. Ja wir erfahren aus ihr noch mehr, was sich auch geologisch rechtfertigen läßt: daß diese Gebirgsfortsetzung nicht so

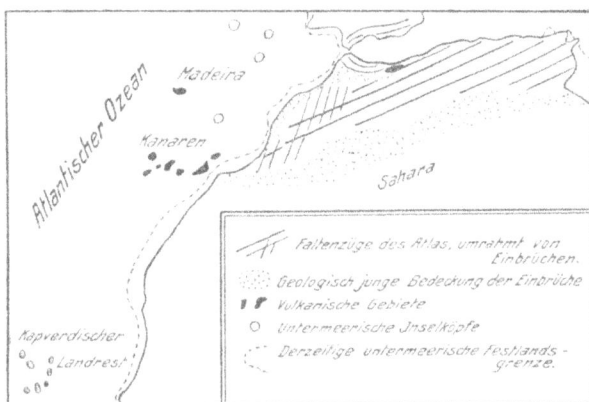

Fig. 21.
Schematische Kartenskizze des Atlasgebietes und des nordwestafrikanischen Kontinentalrandes und Inselgebietes. (Nach P. Lemoine in Handb. d. Region. Geologie VII. 1913.)

hoch und nicht so einheitlich geschlossen war wie der festländische Atlaskörper, sondern daß sie vermutlich in einzelne Züge und Stränge von geringerer Höhe aufgelöst war, die plejadenhaft beisammenstehende Höhenzüge und Berge bildeten. Der ozeanische Teil der tertiärzeitlichen Atlasfaltung ist bei der schon alsbald einsetzenden Senkung wohl überhaupt niemals zu den bedeutenden Höhen des afrikanischen Atlas emporgediehen, sondern war mehr ein Anhang, vielleicht ein ausklingendes Faltenteil und daher niedriger, zerstreuter, aufgelöster. Das waren die Töchter des Riesen Atlas, die Plejaden. Wie später dieser Gebirgsteil verhältnismäßig bald versank und am Rand sogar noch innerhalb des jetzigen afrikanischen Festlandes versunken ist, wie die Karten-

9*

skizze zeigt, so ist er auch schon bei seiner Auffaltung vermut=
lich nicht zu geschlossenem Bau alpiner Mächtigkeit gediehen, ähnlich
wie die Ostalpen mit ihren kleineren Strähnen nicht die Mächtigkeit
der Westalpen erreichten, und zwar deshalb nicht, weil der Ost=
alpenboden schon in vortertiärer Zeit labiler war und die im Tertiär=
zeitalter einsetzende letzte alpenbildende Kraft schon vorher in Teil=
bewegungen verzettelt war, während die Westalpenzone vorher
ruhiger war und dann mit voller Kraft in der Tertiärzeit zu einem
Deckfaltengebirge aufgewalzt werden konnte. Analog könnte auch
das geotektonische Verhältnis zwischen dem Bau des atlantischen
und dem des afrikanischen Atlaskörpers gewesen sein, und so
mag also das Plejadengebirge nicht das hohe Ausmaß des Atlas
erreicht haben. Die Kapverden=Inseln sind Reste von ihnen.

So sind die Plejaden ganz naturgemäß ursprünglich die
Atlageneis und eben darum auch Töchter der Okeanidentochter
Pleione. Später, als die plejadische Atlantis untergegangen war
und nur noch der sagenhafte Name sich nach Urhellas herüberrettete,
wurden sie als Symbol des Untergegangenen „von Zeus an den
Himmel versetzt"; aber die Erinnerung an ihre Gebirgsnatur
zittert nach, denn wir hören ja, daß Pindar und Simonides sie
Gebirgsgöttinnen nannten. Sie werden nun, vermutlich weil man
sie anders nicht mehr zu lokalisieren wußte, in den Peloponnes ver=
setzt, denn die alte Tradition über Atlantis war in Griechenland
längst aus dem Bewußtsein der Damaligen verschwunden, wie es
ja schon Solon von den ägyptischen Priestern zu hören bekam.

Bis hierher können wir die Sage klar auf ihre Naturgrund=
lagen zurückführen und wir sehen die Veränderungen, welche In=
halt und Wortbedeutung uralter Überlieferungen bei den Spät=
zeitmenschen durchgemacht haben müssen. Aber noch in dieser
späten Abwandlung liegt der Kern klar erkennbar da. Doch
wir vermögen noch einen weiteren Zug zu erkennen. Als Ur=
sache der Verwandlung gibt Aschylus den unendlichen Schmerz
der Plejaden über die Leiden ihres Vaters Atlas an, um dessent=
willen Zeus sich ihrer erbarmte und sie an den Himmel ver=
setzte. Die philologische Erklärung meint, der Schmerz sei aus=
gebrochen, weil der Atlas zum Himmel aufragt und die dun=
keln Wetterwolken aus dem westlichen Ozean aufzusteigen pflegen
und ihm das Haupt umhüllen.

Deuten wir wieder einfach und zwanglos naturhistorisch, nach dem geologischen Befund. Wie schön ausgesprochen liegt in dieser Allegorie das Ende des atlantischen Landes als Fortsetzung des Atlaskörpers zutage. Dieser ist zerbrochen und zum Teil abgesunken; die Urplejaden selbst, die Gebirgsteile sind es, welche den Schmerz des zerbrechenden Vaterkörpers im innersten Mark mitfühlen, die nun untergehen, um „unsterblich im Gesang zu leben" und übertragen zu werden auf das westliche okeanische Sternbild, das gleich ihnen den Geschwisterhaufen darstellt. Nicht ganz untergegangen ist ihr gewaltiger Vater Atlas, nur sein Körper ist schmerzvoll verzerrt und zerrissen. Ringsum, gegen alle, auch die Mediterrankülten, ist er zerschlagen, zerbrochen; und von Norden her hat sich der hispanisch-alpine Faltenbogen noch hineingedrängt (vgl. die Karte). Wir erfahren aber auch aus der geologischen Forschung, daß noch in der Quartärepoche, also fast schon zur historischen Menschenzeit, sein Körper erneuten Faltungen ausgesetzt war, die ein posthumes Nachwehen der tertiärzeitlichen Gebirgsbildung gewesen sind. Da muß das ganze Atlasgebiet merklichen Erdbeben, Verschiebungen ausgesetzt gewesen sein, und so lag der Vaterkörper im Zusammenhang mit den atlantischen Abbrüchen und Versenkungen in schmerzvollen Zuckungen da. Ich glaube, die Naturgeschichte selbst ist hier der volle Inhalt der Sage vom Untergang des Atlaslandes in spät erdgeschichtlicher, unserer Kulturentwicklung noch recht naheliegender Zeit. Dann kamen die vulkanischen Eruptionen und damit die Schaffung jenes Inselkomplexes, dessen Topographie der oben gegebene Platonsche Bericht ja beschreibt und von dem die Kanarischen Inseln ein jüngeres, kleineres Abbild sein dürften. Das war dann die allerletzte Zeit des atlantischen Landes, dem eine ältere Kontinentalzeit wahrscheinlich vorausgegangen ist, und schon aus deren katastrophaler Beendigung stammen wohl die Plejadensagen. Von der älteren, offenbar in Griechenland nicht erhalten gebliebenen kontinentalen Zeit des atlantischen Gebietes aber wird noch bei Besprechung der noachitischen Sintflut und der damit zusammenhängenden Menschenwanderung kurz ein Schimmer zu gewinnen sein.

Eine weitere Sage wird noch klar. Herakles kommt hinüber zu Atlas, der ihn veranlaßt, die Himmelskugel ihm abzunehmen. Sollte sich hieran das Eindringen der spanischen Ketten anknüpfen

laſſen? Und warum heißt gerade deren Unterbrechung das Tor
des Herakles? Atlas ragte in den Himmel hinauf; und die poſt‐
humen Faltungsbewegungen haben, wie es geotektoniſch ganz ſelbſt‐
verſtändlich iſt, die Gipfel nicht nur erhöht, ſondern gewiß auch
vorübergehend oder dauernd abgeſenkt. Da wälzte Atlas die
ſchwere Laſt des Himmelsgewölbes von ſich, auf die gegenüber‐
liegenden, ebenſo hohen Gebirgsketten bei dem Tor des Herakles,
vielleicht nur für kurze Zeit, um ſie alsbald wieder durch neues
Emporrecken ſeiner Schultern auf ſich zu nehmen.

Um das ſpätatlantiſche Inſelgebirge herum wohnte, nach der
griechiſchen Sage, Amphitrite. Was der Name bedeutet, ſcheint
noch nicht übereinſtimmend feſtgeſtellt zu ſein. Amphitrite iſt
in der ſpätmythologiſchen Zeit die Meeresgöttin und wohl auch
Gemahlin des Poſeidon. Nach einigen Sagen flüchtete ſie vor
dem ſie bedrängenden Poſeidon zu Atlas; eine andere Sage da‐
gegen läßt ſie zwar auf der Flucht zu Atlas hingelangen, wo ſie
aber zuletzt der Delphin findet. Die Etymologie von Amphi‐
trite enthält jedenfalls das Wort amphi, d. i. auf beiden Seiten
oder rings herum; Trite, derſelbe Stamm wie im Namen
des Meergottes Triton, iſt nach Preller‐Robert die rauſchende
Flut. Nimmt man das an, ſo iſt Amphitrite die Perſonifikation
des „ringsum von der rauſchenden Flut Umgebenen“, in unſerem
Sagenkomplex alſo der ozeaniſche Inſelkontinent ſelbſt und, in
übertragenem Sinn: ſeine Bewohner. Das letztere könnte wahr‐
ſcheinlicher ſein; denn nicht das Land flüchtete zu Atlas vor dem
hereindrängenden Poſeidon, ſondern ſeine Bewohner, während
das Land verſinkt. Es wird nicht auf einmal verſunken ſein, ſon‐
dern nach und nach in mehreren Abſchnitten; darum erreicht der
Delphin, ſinnbildlich alſo das drängende Meer, die zu Atlas geflüch‐
tete Amphitrite. Es kann aber auch ſein, daß Amphitrite das Land
ſelbſt war, das allmählich mehr und mehr von Weſt nach Oſt ver‐
ſank. Auf dieſe Weiſe entſtünde das Bild eines immer mehr zum
Atlas hin zuſammenſchrumpfenden Landes, das ſo gleichſam zu
ihm flüchtete, um dort am Rand des Jetztzeitatlas vom Delphin,
alſo dem Meer eingeholt zu werden; denn dort kam die Senkungs‐
bewegung und damit das Nachdrängen des Meeres zum Stillſtand.

Noch iſt ein Wort über die Bewohner der Atlantis ſelbſt zu
ſagen. Ihre Kultur iſt ja im Platon und bei Anderen beſchrieben.

Hier soll nur auf das allgemein Sagenallegorische noch hingewiesen werden.

Die Atlantismenschen begegnen uns in der Sage noch unter einem anderen Namen: Hesperiden, d. i. Bewohner des West-landes, des Landes im Abend. Wir erfahren auch von einer Frucht, die sie bauten und die sie vielleicht selbst aus einem Wildbaum herangezüchtet hatten. Es sind ihre goldenen Äpfel, die Herakles ge-gangen war, zu holen: Orange oder Zitrone. Von Atlantis scheinen diese Früchte in den griechisch-mediterranen Kulturkreis demnach frühe eingeführt worden zu sein. Denn nicht nur in der sehr alten Heraklessage klingen sie an, sondern auch bei verschiedenen Hoch-zeiten der griechischen Mythologie spielen sie eine Rolle, so daß sie offenbar in älterer, vorgeschichtlicher Zeit ein begehrter Gegen-stand, aber im Mittelmeerkreis noch nicht heimisch waren, sondern aus dem atlantischen Gebiet eingeführt oder gelegentlich, wie von Herakles, unter Opfern und Gefahren geholt wurden.

In der Heraklessage tritt deutlich das Westland als solches hervor. Von dem Dasein jenes Landes und seiner Bewohner hat sich die mythische Tradition hergeleitet, und als das bestimmte Wissen davon erloschen war, bemühte man sich, die Hesperiden irgendwo auf bekanntem Land unterzubringen. Preller-Robert sagt: „Zunächst dienten sie wie Atlas dazu, die Grenze der Schiffahrt, d. h. des be-kannten Meeres zu bezeichnen, gewöhnlich in der Gegend der Heraklessäulen, aber bisweilen auch in der der Hyperboräer. Oder man suchte sie auf gewissen Inseln des Atlantischen Ozeans, zumal in den Gegenden des Atlantischen Gebirgs, bis zuletzt aus diesen ganz mythischen Nymphen und Bäumen die sog. hesperischen Früchte der späteren Zeit geworden sind, die man wieder auf ver-schiedene Arten von Südfrüchten, gewöhnlich auf die Goldorange deutete."

Auch hier ist wieder die philologische Deutung zutreffend, soweit es sich um die Wandlungen und Ausdeutung der Sage in ganz später Zeit, nämlich in Griechenland selbst handelt[57a]. Aber man bleibt auf der Außenseite des Problems und macht Halt, ehe man den entscheidenden Schritt zur Aufhellung getan hat, wenn man nicht noch weiter rückwärts geht und die Hesperiden nimmt als die prähistorischen Atlantisbewohner, was man später eben nicht mehr wußte; ebenso wie ihre goldenen Äpfel, von denen es schließlich einerlei ist, ob es Orangen oder Zitronen waren. Auf jeden Fall müssen diese Hesperiden ein älterer Menschenschlag mit reiferer Kultur gewesen sein als jener, aus dem „Herakles" zu ihnen kam. Sie hatten auch in ihrem Besitz Dinge, welche vermutlich das Ergebnis großen Könnens und Wissens waren, also vielleicht Veredelungen von Getreide und Obstarten, was ein begehrenswertes Neuprodukt für den ärmeren, primitiveren, in solchen Dingen wohl unerfahreneren mediterranen Volkskreis war. Vielleicht war es die Zeit eines sehr weit zurückliegenden Urhellenentums, eine Urpelasgerzeit, in der man sich um die Züchtung von höheren Fruchtarten bemühte? Denn es wird berichtet, daß Deukalions Sohn Orestheus, d. i. der Mensch vom Berge, aus einem vergrabenen Holz den Weinstock schuf. Auch im Alten Testament gibt ja Gott erst dem nachsintflutlichen Menschen den Weinstock zum Geschenk. Sollte man da nicht auf den Gedanken kommen, daß der die Sintflut überlebende „Noah" und sein Geschlecht die kontinentale Uratlantis besiedelten, da wir diese drei Parallelen: Noahs Weinstock, Orestheus' Weinstock und das Können der Hesperiden in wesentlich gleichem Sinne derart finden? Jedenfalls scheinen sich die Atlantier darin ausgezeichnet zu haben, und was den Urhellenen zu züchten nicht gelang oder wofür sie die Grundpflanzen nicht hatten, das wurde aus der Ferne geholt, und darum ging der alte Sendbote aus nach den goldenen Äpfeln der Leute, die im Abend wohnten. Das alles mag in verhältnismäßig späte Abschnitte der Tertiärzeit fallen, aber die vulkanische Schlußkatastrophe der Atlantis wohl erst in die Diluvialzeit.

Legt man überhaupt den Sagen und Mythen, wenn auch gewiß nicht allen unbesehen, einen symbolischen, d. h. wirklichkeitsbedeutenden, demnach nicht bloß allegorisierenden Sinn bei, so handelt es sich immer und unentrinnbar um die Beantwor ung der Frage, was sie symbolisieren — und das eben müssen wirkliche Geschehnisse, Zustände, Dinge, Naturobjekte, lebende Wesen sein, also Naturhistorisches, Menschheitsgeschichtliches in der ganzen Gegenständlichkeit seines Daseins oder Erlebtwerdens. Man muß ihnen also eine dem Wirklichen entsprechende ernsthafte, aber nicht eine poetisch-gegenstandslose, also spielerische Ausdeutung geben, also in jedem Falle eine natur- oder menschheitsgeschichtliche im kernhaftesten Sinn. Gelingt es aber, in ihnen einen solchen

Sinn geschlossen aufzufinden, dann hat man eben auch das Wesen und die zutreffende Deutung, mag das Gewand, von dem der Kern umhüllt ist, auch noch so märchenhaft und phantastisch und widerspruchsvoll und zusammengeflickt und flach allegorisierend sein. Um die Herausarbeitung solcher Sagenkerne handelt es sich hier. Die Methode besteht in der Heranbringung naturhistorischer Zusammenhänge an die alten Sagen, die selbst meistens andeutungsweise zu bestimmten Möglichkeiten unmittelbar noch hinleiten, wenn man ihnen unbefangen folgt. Freilich ist hier mit exakten Methoden derzeit noch nicht viel anzufangen, und eine ganz andere Art Empirik muß mitten hindurchgewoben sein.

Wir haben nunmehr eine Zeitepoche wissenschaftlicher Forschung und Auslegung alter Erzählungsstoffe hinter uns, in der man es anscheinend für selbstverständlich hielt, in jedem Mythos, in jedem Märchen die dichterische Darstellung und Ausgestaltung eines Naturvorganges oder Naturzustandes gewöhnlicher Art oder auch bloß eine Symbolisierung, ja nur eine seichte Personifikation geistiger oder seelischer Zustände und Wandlungen zu sehen. Die positivsten naturhistorischen und urgeschichtlichen Äußerungen und Berichte wurden da mit Gewalt zu dichterischen Begebenheiten umgegossen und den uralten Überlieferern der Sagen, den Schöpfern der Mythen eine Geistesverfassung beigelegt, die ihr Wesen nicht erschöpft, unbeschadet des künstlerischen Wertes an sich. Ein Beispiel hierfür ist die Sage der Atlantis mit dem, was dazu gehört. Die bilderreiche, aber echt symbolhafte Sprache der ältesten Zeit hat später in der Mythologie des Griechentumes, die im tieferen Sinn dann keine mehr war, der Unwirklichkeitsauffassung Platz machen müssen. Wenn also z. B. die Überlieferungen von dem menschenbewohnten, später untergegangenen Kontinent schon in der Urhellenenzeit nur in der Form des personifikatorischen Sagenbildes der flüchtenden Amphitrite existierte, so war es nicht, wie der philologische Forscher meint, eine Umdichtung Platons in das Geographische, sondern es war geradezu eine sagengeschichtliche Erkenntnis, wenn von ihm und Anderen endlich der geologische und menschheitsgeschichtliche Kern herausgeschält und nun wieder einfach und natürlich die Vorgänge berichtet wurden, von denen die unverstanden gebliebene Allegorie ehedem schon einmal ihren Ausgang genommen hatte. Es ist daher zweifellos eine den Sachverhalt geradezu umkehrende Auslegung des uralten Stoffes, wenn der philologische Forscher, sich an die Wortbilder statt an die Natur und Geschichte haltend, schreibt:

„Mit der Zeit haben sich diese Sagen dadurch verändert, daß man ihnen eine geographische Wendung gab. Lange waren die Säulen des Herakles für die Griechen das äußerste Ziel der Schifffahrt gewesen, da drangen zuerst die Samier und Phokäer darüber hinaus und es eröffnete sich eine ungeheure Ferne, wo die Phantasie von neuem die reichlichste Nahrung fand. In diesem Sinne dichtete Solon seine von Platon im Timäos überlieferte, im Kritias überarbeitete Fabel von der Atlantis, dem großen Festlande außerhalb der Säulen des Herakles, wo der Name Atlas zuerst in einer erweiterten Bedeutung erscheint. Dazu kam das Bild des himmeltragenden Berges Atlas, welches sich die Griechen nach Herodot von den Eingeborenen jener Gegenden aneigneten und sich um so leichter aneignen konnten, da auch ihnen das Bild von Bergen, welche den Himmel wie Säulen stützen, geläufig war. Einheimische Märchen und die Dichtung von den Abenteuern des Perseus und des Herakles in diesen Gegenden trugen dazu bei, diesen Berg immer mehr im Lichte des Wunderbaren erscheinen zu lassen, während unter Einwirkung anderer Einflüsse bei den Griechen die Vorstellung von einem mythischen Könige Atlas entstand, der in diesen Gegenden geherrscht habe und in himmlischen Dingen, d. h. in der Astronomie und Philosophie sehr erfahren gewesen sei, bis er in jenen Berg verwandelt wurde.“

Die Betrachtung müßte, wie gesagt, den umgekehrten Weg gehen; sie dürfte nicht von der Idee einer primären Götterallegorie und deren späterer Anknüpfung an wirkliche Gegenden oder Situationen ausgehen, sondern sie müßte in alten, wirklich naturhistorischen Begebenheiten und Erlebnissen der Menschheit den Anstoß und Urgrund zur späteren Allegorie sehen, die sodann in historischer Zeit erst wieder von einem wissenschaftlich klareren Geist ihres allegorischen Gewandes entkleidet und damit auf das Wirklichkeitsbild zurückgeführt wurde, das sie verhüllte und das ursprünglich allein da war, nicht erst erdichtet wurde: ein erd- und menschheitsgeschichtliches Ereignis.

Die geologische Erklärung der noachitischen Sintflut

Bekannter als alle die anderen Sagen ist uns von Kindheit an die „Sündflut". Wie hat sie auf unser Gemüt und unsere Phantasie gewirkt, unterstützt von der Erzählung der Arche des Noah mit ihrem lebenden Inhalt.

Die Sintflutsage hat manche Wandlung in ihrer Wahrheitseinschätzung erlebt. Zuerst, in älterer Zeit, galt sie unbezweifelt als weltgeschichtliches Ereignis. Der einfach gläubige Sinn des Christen hat sie so auch immer betrachtet und ist damit der Wahrheit, wenn auch blind, näher gewesen als die beginnende Geognosie im 18. und die auf ihrer Höhe befindliche Erdgeschichtsforschung unseres vergangenen Jahrhunderts. Erstere, in bezug auf die Sintflutlehre am drastischsten vertreten durch den Schweizer Naturforscher Scheuchzer, hatte, sobald die Versteinerungen oder Fossilien als Reste wirklicher ehemaliger Tiere erkannt waren — nicht nur als Naturspiele, wie das christliche Mittelalter geglaubt hatte — die naturwissenschaftliche Erklärung hierfür eben in der biblischen Sündflut gefunden, bei der das Wasser über den höchsten Bergen gestanden habe. Als es sich verlief (Diluvium), waren die Reste der umgekommenen Lebewelt versteinert im erhärteten Schlamm zurückgeblieben.

Diese Diluvialtheorie ward bald erschüttert, als man in der ersten Hälfte des 19. Jahrhunderts die Vielzahl solcher Diluvien aus den Erdschichten ablesen und diese selbst, ebenso wie die Fossilreste, immer sicherer deuten lernte. Nun ließ man die Sintflut als gegenstandsloses Phantasma beiseite liegen, bis in den 80er Jahren Eduard Sueß die inzwischen bekanntgewordene babylonische Sintfluterzählung als Urbild der chaldäischen Sintflutsage überhaupt aufgriff und sie als Einleitung zu seinem monumentalen, die Geologie lange beherrschenden „Antlitz der Erde", wie im Folgenden wiedergegeben, ausdeutete[58]). Dessen Sintflutauffassung ist seitdem auch in der weiteren wissenschaftlichen Welt, soweit sie sich überhaupt mit diesem Problem beschäftigte, also auch bei Theologen und Philologen, größtenteils maßgebend geblieben. Unter einem Ausblick auf große Erdbebenkatastrophen und dabei durch die Erschütterungen und Wellungen der subozeanischen Erdrinde häufig erzeugte Meeresflutwellen, die durch einen ganzen Ozean eilen und Küsten, ja ganze Landstriche verheerend überfluten und Städte hinweggefegt haben, erörtert Sueß eingehend den chaldäischen Sintflutbericht, der ihm wesentlich im babylonischen Gilgameschepos verkörpert ist und zeigt, sich an die Einzelheiten des Gedichtes haltend, daß sich, bis auf den Schiffbau herab, alles darin mit der Annahme einer seismischen Meeresflut, verbunden mit einem Zyklon folgendermaßen erklären lasse.

Es ist ein Tiefland, jetzt freilich vergrößert durch die landabsetzende Tätigkeit der beiden großen Ströme Euphrat und Tigris. Damals reichte der Ufersaum des Persischen Golfes um 400 km weiter nordwestlich ins Land herein, und soviel ist seitdem, wesentlich durch Deltabildung, dem damaligen Tiefland hinzugewonnen worden. Das im Gilgameschepos geschilderte Sintflutereignis spielte sich also wesentlich weiter im Land ab, als heute die Vereinigung von Euphrat und Tigris liegt. Die Verwendung von Asphalt beim Bau des Fahrzeuges weist unmittelbar auf die asphaltreichen Schichten in der Umgebung der Euphrat- und Tigrisniederung hin. Die Warnungen des Meeresgottes bestanden in kleineren, dem Hauptereignis vorausgehenden Bebenfluten; vielleicht auch in dabei auftretendem Erdbebendröhnen. Die starken Regen waren vermischt mit einer der in jenen Gegenden auch sonst auftretenden Staubtrombe eines Wirbelwindes, welche die Sonne verfinsterte. Das Öffnen der Brunnen der Tiefe sind Ausschleuderungen von Grundwasser, wie man sie auch am Baikalsee und in Indien schon bei Erdbeben beobachtet hat. Die Hauptüberschwemmung aber sei eine Meeresflut gewesen, sturmgepeitscht durch einen Zyklon. „Plötzlich und furchtbar", sagt Sueß, zur Erläuterung seiner Auffassung, „sind die Überschwemmungen, welche durch Zyklonen herbeigeführt werden. Sie kommen nur in der Nähe des Meeres vor, entweder auf Inseln oder in den Niederungen des Unterlaufes großer Ströme. In einer Breite von Hunderten von Seemeilen nähert sich die Zyklonenwelle dem Festlande, und wird sie durch den sich verengenden Umriß des Meeres

gestaut, so erhebt sie sich mehr und stürzt endlich über das Flach-
land verwüstend hin. Geradezu grauenvoll sind die Folgen, welche
man auf den westindischen Inseln und an den ostindischen Fluß-
mündungen erlebt hat." „Es gibt Beispiele aus unseren Tagen,
wo der Verlust an Menschenleben, welcher in einer einzigen Nacht
eintrat, auf ein- bis zweimalhunderttausend Seelen geschätzt wird".
„In der Regel fallen überaus heftige, von den heutigen Beobach-
tern oft geradezu als ‚sintflutartig' bezeichnete Regenmassen,
namentlich an der Vorderseite des vorschreitenden Wirbelsturmes,
vom Himmel; häufig treten zugleich starke Gewitter auf."

Nun folgt eine genaue geologische Analyse des Euphratlandes,
womit Sueß den Einzelheiten des Epos gerecht wird, die er — es
sind die äußeren Umstände, worein die Begebenheit spätzeitlich
gekleidet ist — dann in folgendes nüchterne Bild ausklingen läßt:
„Wir haben als Schauplatz dieser Vorgänge das untere Strom-
gebiet Mesopotamiens von der nahe dem Meere am Euphrat
liegenden Stadt Surripak bis zu den Abdachungen der Berge von
Nizzir jenseits des Tigris zu betrachten." Und später in der Zu-
sammenfassung heißt es: „Das unter dem Namen der Sintflut bekannte Naturereignis ist am unteren Euphrat eingetreten und war
mit einer ausgedehnten und verheerenden Überflutung der mesopotamischen Niederung verbunden. Die wesentlichste Veranlassung
war ein beträchtliches Erdbeben im Gebiete des Persischen Meer-
busens oder südlich davon. Es ist sehr wahrscheinlich, daß während
der Periode der heftigsten Stöße aus dem Persischen Golf eine
Zyklone von Süden her eintrat. Die Traditionen anderer Völker
berechtigen in keiner Weise zu der Behauptung, daß die Flut über
den Unterlauf des Euphrat und Tigris hinaus oder gar über die
ganze Erde gereicht habe."

Dem Beweis dieses letzten Satzes sind bei Sueß noch viele
Seiten gewidmet. Er zeigt, daß auch in den Niederungen und den
Mündungsgebieten der indischen Ströme durch ungeheure Flußverlegungen mit und ohne Erdbeben ganze Städte und Landschaften katastrophal zerstört, überflutet und weggeräumt wurden.
„In der Niederung des Indus sind große und volkreiche Städte
die Opfer von Naturereignissen geworden. Mit Tausenden von
Einwohnern wurden sie wohl öfters binnen wenigen Augen-
blicken zerrüttet, und die Vernichtung der Bewässerungsanlagen

oder die Ablenkung des Flußlaufes überhaupt verhinderte die
Wiederaufrichtung durch die Überlebenden. Nach Jahrhunderten
trifft dann der Reisende auf ausgedehnte Ruinen und auf die
figurenreichen Bildwerke einer verlassenen Hauptstadt an dem
trockenen Gerinne des abgelenkten Flusses, und die Ergründung
auch nur ihres Namens mag schon das Ziel des Ehrgeizes unserer
Altertumsforscher werden". Ein anderes Beispiel ist an der In-
dusmündung das weite Niederungsbecken des Ran von Kutch,
der im 18. und 19. Jahrhundert durch ein Erdbeben und einen damit verknüpften Einbruch der ozeanischen Flut geschaffen und umgeschaffen wurde und dessen Seespiegel einem Empordringen von
Grundwasser und dem gleichzeitig eingetretenen Nachsitzen des
Bodens sein Dasein verdankt. Das ganze Gebiet hat etwa die
Größe von Bayern. Es bestehe eine vollkommene Übereinstimmung
mit solchen Vorgängen bei New-Madrid am Mississippi und in der
Burjätensteppe am Baikalsee in Asien. In der Bucht von Ben-
galen, wo Ganges und Brahmaputra münden, sind gleichfalls in
den letzten Jahrhunderten ganz gewaltige Boden- und Landschafts-
und Siedelungsveränderungen immerzu eingetreten. Auch hier
handelt es sich um ungeheure Flächen. 1762 wurde ein großer
Teil der Niederung durch ein heftiges Erdbeben erschüttert. „Die
Wasser stürzten wie eine brausende See aus ihren Gerinnen über
das Land; weit und breit öffneten sich Spalten, Wassermengen
wurden viele Fuß hoch aus dem Boden emporgeworfen und dabei
sank das umliegende Land". 1810, 1829 und 1842 „wiederholten
sich die Erderschütterungen in Kalkutta. Wenige Monate vor dem
letzten Erdbeben war eine Zyklone über Kalkutta hingegangen.
1869 bildeten sich bei einem Beben in Kachhar östlich des Brahmaputra Sprünge im Boden, aus denen zuerst mit der Heftigkeit
eines Kanonenschusses trockener Staub, dann zäher Schlamm auf-
drang." Noch weit schrecklicher als die Erdbeben wüten nach Sueß
in dem Flachlande dieser Flußniederungen von Zeit zu Zeit die
vom Meere her kommenden Wirbelstürme. „Viele von ihnen entstehen in der Nähe der Andamanen. Von dort ziehen sie verderbenbringend gegen Nord, Nordwest oder West. Bald treten
sie, ungeheure Wassermassen herbeitragend und von unermeß-
lichem Regen begleitet, in die Mündungen des Megna oder des
Ganges, bald stürzen sie sich auf die Ostküste des Festlandes bis

Pondicherry hinab, oder sie treffen die Insel Ceylon." Zahllos
sind die Beispiele, die Sueß gibt und die überzeugen müßten,
zumal auch die Zahl der umkommenden Menschen bei solchen
Naturereignissen oft so groß ist, daß sie wie der Sintflutbericht
anmuten. So traf 1831 eine Sturmflut den äußersten Westen
des Flachlandes des Ganges südlich von Kalkutta gegen Kuttack;
300 Ortschaften wurden weggefegt und mindestens 11000 Menschen ertränkt; es folgte Hungersnot, und der gesamte Verlust
aus diesem Ereignis mit seinen unmittelbaren Folgen wird auf
50000 Seelen geschätzt. So meint Sueß, daß an vielen Stellen
der Erde aus sehr begrenzten Einzelkatastrophen die Sintflutsage
entstehen konnte und von da aus weitergegeben wurde.

Sueß unterscheidet mehrere Arten von Sintflutsagen, je nach
der Färbung, die ein solcher Bericht bei einem seenahen oder einem
binnenländischen Volk annehmen mußte. Der Sintflutbericht der
Genesis sei binnenländischen Charakters und sei abgeleitet aus dem
babylonischen Gilgameschbericht. Dieser hinwiederum gehöre einem
Volk an, das die Meeresschiffahrt gekannt habe. Es gehe das aus
dem Unterschied der Schiffsbeschreibung, dem Fehlen des Steuer-
mannes in der mosaischen Erzählung, auch aus der Bezeichnung
Kasten (Arche) hervor, die aus dem mesopotamischen Schiff geworden sei; daher sei der mosaische Bericht entlehnt. Entlehnt ist
nach Sueß auch das, was man aus Ägypten als Überlieferung
der Sintflutsage allenfalls bezeichnen darf; vielleicht seien chaldäische
Berichte damit vermischt. Jedenfalls sei in Ägypten selbst eine
solche Katastrophe nie eingetreten; denn darauf deute auch, daß in
der ägyptischen Erzählung die Vernichtung der Menschen nicht
durch eine Flut, sondern durch die blutvergießende Hathor zuwege kommt. Dann gibt es noch eine Gruppe: die syrischen Berichte. Bei ihrer Vergleichung mit den anderen dürfe man nicht
übersehen, daß die Küsten des östlichen Mittelmeeres, auch die hel-
lenischen Gestade, im Altertum, wie in neuerer Zeit häufig von
seismischen Fluten überspült wurden. Ein Beispiel seismischer Bewegung des Meeres, das an den Untergang des Pharao im Roten
Meer beim Auszug des Volkes Israel aus Ägypten erinnert,
trat bei der Belagerung Potidäas durch Artabazus 479 v. Chr.
ein. Herodot erzählt, wie die Belagerer eines Tages eine beträcht-
liche Ebbung des Meeres wahrnahmen, wobei die Bucht gegen

Pallena gangbar wurde, die sie nun durchquerten und dabei von der zurückkehrenden Flut ereilt wurden. Noch viele andere derartige Fluten sind bekannt. „Unter solchen Verhältnissen ist es begreiflich", sagt Sueß, „daß in Hellas Traditionen von wiederholten Fluten vorhanden waren, so jene des Ogyges, des Deukalion, des Dardanos; daneben bestanden vereinzelte Überlieferungen auf den Inseln, wie auf Samothrake. An diese, und insbesondere an die Berichte von der Flut des Deukalion wurden einzelne Teile der chaldäischen Überlieferung, wie von der Rettung in einem schwimmenden Kasten, dem Mitnehmen von Tieren und dem Aussenden von Vögeln, namentlich einer Taube, geknüpft". Aus keinem dieser Berichte aber lasse sich eine Ausbreitung des Ereignisses von Surripak bis in das Becken des Mittelmeeres erweisen. Bei dem hohen Alter ägyptischer Kultur und der Fremdartigkeit des dortigen Mythus lasse sich im Gegenteil mit nicht geringer Sicherheit annehmen, daß das Mittelmeerbecken nicht erreicht wurde.

Schließlich geht Sueß, so ganz auf der Außenseite des Problems bleibend, auch noch auf die in den altindischen Büchern der Rig Veda u. a. enthaltenen Flutberichte ein. Es bestehen dort große Anklänge an die chaldäische Überlieferung, auch in der Person des Helden; aber, sagt er, „alle diese unter mannigfaltigen Umgestaltungen erkennbaren Anklänge an die chaldäische Überlieferung deuten wohl an, daß die Tradition von dem großen Ereignisse hierhergetragen worden sei, nicht aber, daß die Flut selbst hierhergereicht habe. Schon daß in dem ältesten dieser Berichte, in der Rig Veda, der gerettete Manu Vaivasvata sein Schiff an einer der Hochspitzen des Himalaya befestigt, zeigt, daß die Sage aus fremdem Lande eingeführt und in gänzlich naturwidriger Weise lokalisiert worden ist." Die chinesischen Berichte gehen nach Sueß wohl nur auf Überflutungen des Landes durch die sich verlegenden großen Ströme zurück und beanspruchen auch nichts anderes, als einfache historische Aufzeichnungen zu sein. „Frei von allen Wundern, ohne den Anspruch auf eine höhere Offenbarung, erzählen sie in der Regel in nüchterner und bestimmter Sprache die Begebenheiten". Einzelne Missionäre haben irrtümlicherweise in einer unter der Regierung des Kaisers Yáo um 2357 v. Chr. ausgebrochenen großen und verheerenden Über-

schwemmung, die man wohl dem Ho zuschreiben darf, Anklänge
an die biblische Sintflut finden wollen. Im übrigen fehlen in
Nord- und Zentralasien, wenn man Tibet abrechnet, die Flutsagen anscheinend vollständig; ebenso kennt sie die ostasiatische
Inselwelt im allgemeinen nicht. Erst in der malaiischen Welt,
also auch in Polynesien sind sie wieder da. In den buddhistischen
Schriften Chinas sollen sie nicht wiederkehren. „Was man in
China Sintflut nennt", sagt Andree, „bezieht sich auf ganz natürliche örtliche und geschichtlich bekannte Ereignisse, auf die Überschwemmungen des Hoangho"[59]).

Merkwürdig ist, wie kurz und ohne Begründung Sueß die höchst
auffallenden, weil den chaldäischen im Wesen und in Einzelheiten
vielfach so ähnlichen, um nicht zu sagen: mit ihnen übereinstimmenden neuweltlichen und polynesischen Sintflutberichte mit einer Hand-
bewegung zur Seite schiebt oder gar nicht erwähnt, während er
im mesopotamisch-mediterranen Gebiet so ausführlich wird und
das teilweise Übereinstimmende sogar noch in vier Gruppen teilt
und dort noch die im Propheten Amos erwähnten Erdbeben mit
hereinnimmt, obwohl dabei überhaupt nicht von Fluten, nicht
einmal von Meeresfluten, die Rede ist. Als Grund aber, weshalb
er die Flutsagen der nordamerikanischen eingesessenen Völker-
schaften übergeht, gibt er an, daß sie von so bestimmten Einzelheiten aus der biblischen Darstellung begleitet seien, daß der Einfluß der Missionäre auf sie unverkennbar sei[60]). Soweit das süd-
amerikanische Sagengebiet und die ozeanischen Inseln den Sintflutbericht haben, sind ihm aber solche Überlieferungen, wie schon
bemerkt, selbständig aus Bebenfluten des Meeres hervorgegangen.

Ist das nun eine erschöpfende Erklärung der Sintflutsage?
Und ist ihr Wesen damit irgendwie offenbar geworden?

Der Wesenskern des Sintflutereignisses

Aus dieser großen, von E. Sueß unternommenen und scheinbar eine Lösung des uralten Problems bringenden Erläuterung des Gilgam-schepos können wir im Grunde nur wieder
entnehmen, wie in den verschiedensten Ländern infolge späterer
örtlicher Katastrophen ein uralter, traditionell überkommener Sagenstoff oder ein auf weite Flächen von kontinentalem Ausmaß
sich erstreckendes Weltereignis verschieden ausgestaltet wird. Wir
haben solches schon bei den alten Tiersagen, den Basilisken und
Lindwürmern gefunden, es trat uns beim Kyklopenmythus entgegen, und nun treffen wir es wieder bei der Sintflut.

Eine Lösung des Sintflutproblems hat Sueß nicht gebracht. Es
erscheint mir, worauf Sueß so großen Wert legt, ganz neben-
sächlich, ob im mosaischen Text oder im babylonischen zwei oder
noch mehr Überlieferungen oder Grundberichte ineinander ver-
arbeitet sind; denn sie sind in einem bestimmten Kern einheitlich,
und diesen wollen und müssen wir herausholen — auch bei ähnlichen Sagen anderer Gegenden und Völkerstämme — und müssen
vom Gewand absehen, in dem sie auftreten. Das aber ist der
umgekehrte Weg, den Sueß einschlug: er bemüht sich, gerade das
Einheitliche in der Überlieferung aufzulösen zugunsten der den Kern
umkleidenden Ausgestaltungen.

Das Sintflutproblem gipfelt in der Tatsache, daß bei so und so
vielen Völkern nachgewiesenermaßen unabhängig von gegen-
seitiger oder durch Dritte gehender Beeinflussung eine uralte, weit
ausgreifende Erinnerung bewahrt und überliefert ist, deren oft
wiederkehrender und dort, wo er wiederkehrt, stets in den Vordergrund des Bildes tretender Kern nicht in erster Linie Einbrüche des
Meeres war, sondern eine ungeheuere atmosphärische Katastrophe,
Regengüsse, Gewitter und unterirdische Wasserausströmungen,
welche die Flut erzeugten. Nicht Salzwasser, sondern Regenwasser!
Dies ist das Kriterium, woran jede Erklärung gemessen, woran das
Gold des Erkennens vom Katzensilber des Allzuvielerlei getrennt
und bewertet werden muß. Denn wir haben doch wahrlich nicht

das Recht, nur aus wissenschaftlicher Voreingenommenheit gerade das in der Überlieferung besonders Hervorgehobene als nicht vorhanden hinzustellen und dem Sagenkern willkürlich ein anderes Wesen aufzuprägen, wenn er es so deutlich zur Schau trägt wie die Sintflutsage ihre Wetterkatastrophe.

Immer und immer wieder tragen die dem noachitischen im Sinn entsprechenden Sintflutberichte — in prinzipiellem Gegensatz zum Atlantisuntergang — unverkennbar dieses Merkmal der meteorischen Regenflut, verbunden mit Gewittersturm in erster Linie an sich. Alle diese Überlieferungen beziehen sich offenbar auf dasselbe Ereignis sehr ausgedehnter Natur, das uns in der biblischen Nacherzählung und im babylonischen Epos überliefert ist. Zu den das gleiche Ereignis wie die Bibel meinenden Berichten, d. h. zu denen, die sich auf jene ganz besondere und nur einmal, aber auf große Erstreckung hin in der Urmenschenzeit sich abspielende Regenflut beziehen — ganz einerlei, ob sie vom chaldäischen Bericht mit beeinflußt oder ganz selbständig überliefert sind — rechne ich deshalb auch, entgegen Andree, eine unter den Schwarzen Westaustraliens aufgefundene Sage des Inhalts[61]), daß vor langen Jahren an den Ufern eines großen Stromes zwei Stämme lebten, an der Nordseite die Weißen, an der Südseite die Schwarzen. Sie heirateten untereinander, hielten zusammen Feste ab und fochten friedlich miteinander. Die Weißen waren die kräftigeren und besaßen bessere Waffen, so daß sie den Schwarzen überlegen waren. Das machte sie stolz und sie brachen den Verkehr mit den Schwarzen ab. Lange bestand dieses Verhältnis; da begann es eines Tages zu regnen und goß und goß monatelang; der Fluß trat aus seinen Ufern und die Schwarzen mußten sich ins Land zurückziehen. Ebensolange, wie die Fluten gestiegen waren, brauchten sie auch wieder, um zu verrinnen. Als die Schwarzen aber auf ihre alten Jagdgründe zurückkehren wollten, fanden sie dort statt des Flusses das Meer, das ihre stolzen Nachbarn verschlungen hatte.

Was mich veranlaßt, diese Sage zwar nicht mit der chaldäischen als aus derselben Quelle geflossen zu identifizieren, sondern sie als einen selbständigen Bericht, jedoch über dasselbe erdgeschichtliche Ereignis anzusehen und sie daher in ihrem Kern und Wesen dem babylonisch-biblischen Bericht gleichzusetzen, sie dagegen mit jenem von ähnlichen Sagen kosmogonischen Charakters, etwa aus der

germanischen Mythologie, zu trennen, ist erstens wieder die entschiedene Betonung des Regens als Grundursache der Überschwemmung, wohingegen der Meereseinbruch nur sekundär und
lokal erscheint; zweitens die deutliche Anspielung auf das moralisch
Verwerfliche im Leben der Untergegangenen, während die Gut-
gebliebenen gerettet sind — absolute Sinn- und Inhaltsgleichheit
mit dem chaldäischen Sagengut bei aller Gewands- und Nennungs-
verschiedenheit und zweifellosen Herkunft aus einer anderen kontinentalen Region, wo sich eben dasselbe Weltereignis anders abgespielt haben konnte.

Auch bei den Fidschi-Insulanern ist es übrigens eine Versündi-
gung gegen Gott, auf die hin sich am Himmel dunkle Wolken
sammelten, aus denen unaufhörlich Regen auf die Erde herab-
strömte. Ortschaften, Hügel und Berge, alles wurde nach und nach
überschwemmt. Auch die Aufrührer, auf den höchsten Höhen ver-
schanzt, wurden schließlich von den Wassern ergriffen und riefen
in der höchsten Not einen Gott an, der ihnen ein Fahrzeug zimmerte,
worin sich die Übriggebliebenen retteten, bis die Wasser sich ver-
liefen. Die Sage ist gewiß, wie sogar Andree meint, ursprünglich.
Und doch trifft sie ganz unverkennbar wieder das biblische Ereignis, und denkt ihrem ganzen Wesen nach an keine Meeresflut
in erster Linie. Das ist umso auffallender, als sie demnach kontinentaler und nicht insularer Herkunft sein muß, was später seine
Erklärung finden wird.

Also überall und zwar in weitverbreiteten Berichten, die wir aus
dem Chaldäerland nach dem Indischen Ozean und von da nach
Polynesien verfolgen können, um sie noch weiter östlich, in Amerika,
sinngleich wiederzufinden — überall ist es immer wieder die gewaltige Himmelsflut, dann das Grundwasser und nur gelegentlich und sekundär das Meer, woraus die Sintflut entsprang. Was
aber machte Sueß daraus? Er leugnet einfach die naturwissenschaftliche Berechtigung gerade dieses so wesentlichen Inhaltes der
uralten Überlieferung und ergeht sich, nach dieser Grundsünde
gegen den Geist der Sage, in Erläuterungen über ihr äußeres Gewand. „Es muß", sagt er in den ersten Zeilen seiner Darlegungen,
„schon vom Beginne an festgehalten werden, daß an so großen
Fluten die atmosphärischen Niederschläge nur einen untergeordneten
Teil haben können. Sie können ihrer ganzen Entstehungsweise

nach ein gewisses Maß nicht überschreiten; sie bleiben in ihren heftigsten Formen räumlich beschränkt, und sie fließen ab, indem sie dem Gefälle der Täler folgen. Außerordentlich viel gewaltiger sind die Fluten, welche von Wirbelstürmen, und die ausgedehntesten sind jene, welche von Erdbeben verursacht werden." So viel Respekt hat der überlegene Naturforscher des 19. Jahrhunderts vor der Menschheit uraltem Wissen! Soweit sich also die Sintflutsagen chaldäischen Charakters — der Leser versteht jetzt, wie das Wort gemeint ist — auf dasselbe Weltereignis beziehen, war dieses ganz unverkennbar eine ungeheuere und einzigartige Regenflut und zunächst nicht ein Meereseinbruch. Erst mit dem die ungeheueren Wassermassen aus dem Luftmeer auf die Erde schleudernden katastrophalen Vorgang traten dann auch Bodenerschütterungen, heftige Erdbeben und wahrscheinlich auch innerkontinentale, sowie randliche Senkungen und Abbrüche ein, wobei Spalten von besonderer Tiefe aufrissen, wie sie ja in geringerem Grade auch bei jetztzeitlichen Erdbeben entstehen, wenn diese eine gewisse Heftigkeit haben, an denen das Grundwasser austreten kann.

Schreitet man also zu einer Erklärung, die, wie man sieht, grundverschieden von jener des Atlantisunterganges sein muß, so ist bei aller Ausgestaltung der Sintflutsage im einzelnen vor allem Licht zu werfen auf den in ihr enthaltenen, vollständig eindeutigen Bericht einer ungewöhnlichen einmaligen Regenflut, verbunden mit einigen anderen Naturvorgängen teils gewöhnlicher, teils ungewöhnlicher Art wie Erdbeben, Aufbrechen der Grundwasser, Versinken des Landes ins Meer. Wir haben vor uns ein, wenn auch nicht über die ganze Erde, so doch in einem großen und daher gewiß nicht ganz gleichartig sich bei der Katastrophe verhaltenden Lebensraum eingetretenes einzigartiges und daher fest im Gedächtnis der Menschheit haftengebliebenes Naturereignis, das eben gerade darum nicht aus lokalen Zufällen, und seien sie noch so katastrophal, erklärbar ist. Denn die lokalen Katastrophen haften nicht im Gedächtnis einer ganzen Welt, sondern höchstens in dem des betroffenen Volksstammes und da oft nicht einmal lang. Erzählt uns doch Sueß selbst viele, viele solcher Lokalkatastrophen fürchterlichster Art, und doch dringt davon die Kunde kaum bis zum nächsten Nachbarvolk und wird gewiß nicht weitergegeben über den halben Erdball hin und noch weniger durch Jahrtausende

mit immer wieder gleicher Frische erzählt, mit immer wieder gleicher
Zähigkeit festgehalten. Wohl aber dienen sie alsbald dazu, alte
festgewurzelte Sagen, aus tiefster Vergangenheit heraufreichend,
neu zu beleben, ihnen eine neue lebendige Farbe und damit das
Kolorit eines Lokalereignisses aufzuprägen, zumal wenn sie dann
unter dem Eindruck und auf Veranlassung des neuerlebten Furcht=
baren von neuem dichterisch durchfühlt und ausgestaltet werden.

Ich stelle zum Beweis dieser Einhüllung der uralten Sintflut=
sage in jungzeitliche Lokalereignisse zwei amerikanische Sagen=
fassungen einander gegenüber, von denen die eine offenbar die
ursprünglichere, die andere aber die spätere, durch Meeresflutkata=
strophen neu belebte und in ein jüngeres Anschauungsgewand ge=
gossene ist.

Die Sac= und Foxindianer, ein Stamm der kanadischen Algon=
kins, erzählen: Bei Erschaffung der Menschen kämpften unter=
irdische Götter gegen den Gott des Oberirdischen. Als sie nichts
gegen ihn ausrichten konnten, wandten sie sich an den mächtigen
Donnergott und baten ihn, eine große Wasserflut auf die Erde
kommen zu lassen. Alle Wolken der Welt kamen zusammen, so
daß der Himmel schwarz war und der Regen in wigwamgroßen
Tropfen herabstürzte, der die Erde bis zu den höchsten Bergen be=
deckte, auf die der Lichtgott sich geflüchtet hatte. Um sich zu retten,
baute er ein geräumiges Kanoe, worin er und seine Tiere bequem
Platz hatten. Als er einige Tage auf dem Wasser umhergetrieben
war, band er einen seiner größten Fische los, hieß ihn aus der
Tiefe Erde holen und schuf daraus das trockene Land, das seine
roten Kinder noch heute bewohnen[62]). Das ist die echte Sintflutsage.

Die andere, von den Makah=Indianern (Washington Terr.) be=
wahrte und der vorigen gegenüberzustellende Sage lautet nach
derselben Quelle: Vor langer Zeit, doch nicht allzufern, ergossen
sich die Wasser des Stillen Ozeans über das Land, welches jetzt
von den Sümpfen und Prärien zwischen dem Dorfe Wäatsch und
der Neah=Bay eingenommen wird, so daß Kap Flattery eine Insel
bildete. Das Wasser zog sich plötzlich zurück, so daß die Bay trocken
stand. Nach vier Tagen hatte das Wasser seinen tiefsten Stand
erreicht; dann stieg es wieder ohne Wogen und Brandung, bis
das Kap unter Wasser stand und auch das ganze Land, ausgenom=
men einige Bergspitzen. Das Wasser war bei seinem Steigen sehr

warm. Die, die Kähne hatten, retteten sich mit ihren Habselig-
keiten hinein und trieben mit einer Strömung nordwärts. Als die
Wasser wieder ihren gewöhnlichen Stand angenommen hatten,
befand sich ein Teil des Stammes jenseits Nutka, wo seine Nach-
kommen jetzt noch wohnen.

Hier nun erscheint die alte Sintflutsage völlig durchtränkt und
eingewickelt in dem späten selbsterlebten Ereignis des Stammes,
das Swan, der diese Tradition aufzeichnete, mit vulkanischen
Kräften in Zusammenhang bringt. Es sind aber wohl kaum vulkanische Hebungen und Senkungen des Landes selbst gewesen;
denn diese hätten nicht mit dieser Schnelligkeit ohne Erdbeben
heftigster Art vor sich gehen können, wovon die Sage nichts berichtet; ebensowenig wäre dabei das Meerwasser warm geworden;
sondern es wird sich außerhalb der Küste am Meeresboden ein
vulkanischer Herd mit gewaltiger anfänglicher Einsenkung und
Spaltenbildung geöffnet haben, der das Wasser einsog, was sich
an der Küste unmittelbar bemerkbar machte, ehe der Niveauaus-
gleich durch den nachrinnenden Ozeanspiegel wieder eintrat. Hand
in Hand damit traten submarin gewaltige magmatische Massen
aus, die das Wasser örtlich erhitzten und am Boden des Meeres
später erstarrten, ohne sich selbst oder ihre im Wasser sofort wieder
kondensierte Dampfbildung oben am Lande bemerkbar zu machen.

Man könnte sich denken, daß die Leute am Ganges und Brahmaputra, wenn sie eine urechte Sintflutsage besaßen, nicht nur einmal, sondern zehnmal im Laufe der Jahrhunderte diese mit ihren
Erlebnissen umhüllten und so weitergaben; oder daß die Ägypter
am Roten Meer, wenn sie die echte chaldäische Sintflutsage ver-
nommen oder besessen hätten, das Ereignis beim Auszug Israels
mit hineinverwoben und die Sage alsbald am Roten Meer lokalisiert hätten. In die Erläuterung solcher rein äußerlicher, zum
Teil sehr spätzeitlicher, zum Teil ganz nebensächlicher Momente
und Bilder und Hinzudichtungen aber hat sich die Sintfluterklärung
von E. Sueß verirrt und ist daher dem Wesen der Sage fern-
geblieben.

Es muß besonders betont werden, daß bei einem Weltereignis,
auf das wir allein den Namen Sintflut im chaldäischen Sinn beschränken sollten, schon von allem Anfang an die verschiedensten
Originalfassungen, mit und ohne Meereseinbruch, mit und ohne

dauerndes Versinken von Kontinentalland, mit und ohne Vernichtung „aller" Menschen entstehen konnten, ja entstehen mußten,
sobald nur dieses Ereignis eine nicht bloß örtliche, sondern eine
kontinentale Ausdehnung besaß und deshalb Gegenden mit der
verschiedensten Küsten= und Landkonfiguration, mit den ver=
schiedensten Flußsystemen und Wetterbahnen gleichzeitig traf.
Dann mußte eine im Innersten einheitliche, dasselbe Ereignis

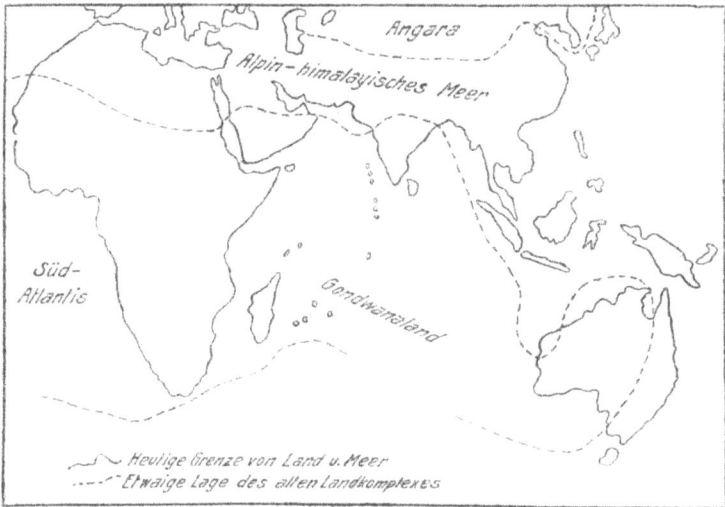

Fig. 22.
Schematische Skizze der Lage des Gondwanalandes zur Permzeit. Im Norden das asiatische
Angaraland. Die heutigen Landgrenzen existierten noch nicht. (Original.)

meinende, weitverbreitete, in Aller Gedächtnis haftende, weil eben
kontinentale Ausdehnung annehmende Sage zustande kommen,
aber eben darum auch von Anfang an gestützt und gefüllt mit den
verschiedensten äußeren Vorgängen, wie Vulkanausbrüchen, Erd=
beben, Flußverlegungen, Meereseinbrüchen, die nicht überall
dieselben waren; zumal auch die Völker, die sie unmittelbar er=
lebten, nicht alle ein und dieselbe geistige und seelische Verfassung
hatten, womit sie ein solches Ereignis schauten, überlebten und
verarbeiteten.

Wir haben nun im Gebiet des Indischen Ozeans und in seinen
kontinentalen Randflächen ungeheuere Bruchsysteme der Erdrinde,

an denen ſowohl vertikale wie horizontale Kontinentalverſchie-
bungen in erdgeſchichtlich nicht allzuweit zurückliegender Zeit, insbeſondere im Spätmeſozoikum und in der Tertiärzeit vor ſich gegangen und auch heute noch nicht ganz erloſchen ſind. Stete Erdbeben und örtliche Meereseinbrüche ſind hierbei die allermindeſten
Begleiterſcheinungen geweſen. Die Bruchſyſteme ſind Spalten,
denen die Auflöſung eines großen, das Areal des Indiſchen Ozeans

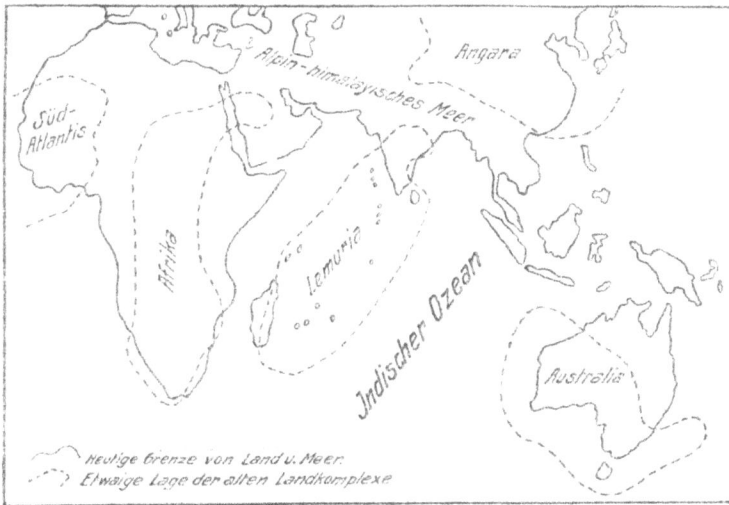

Fig. 23.
Schematiſche Skizze der Inſelflächen nach dem Zerfall des Gondwanalandes am Ende
der Kreidezeit. Die heutigen Landgrenzen exiſtierten noch nicht. (Original.)

zu paläozoiſcher Zeit einnehmenden Kontinentes, des Gondwanakontinentes (Fig. 22) folgte und der im Spätmeſozoikum endgültig zerfiel (Fig. 23), ſei es, daß er durch Niederbrüche zu oze-
aniſcher Tiefe, wie es Sueß meinte, oder durch Auseinandertriften
der indiſchen, auſtraliſchen und madagaſſiſchen Scholle oder durch
eine Kombination beider Vorgänge verſchwand.

Am großartigſten erſcheint der Reſt im oſtafrikaniſchen Bruchfeld,
wo erſt nach dem Verſchwinden des öſtlicheren Gondwanakontinentes eine ungeheure geotektoniſche Bewegungslinie zur Abſenkung des oſtafrikaniſchen Randgebietes vom Sambeſi im Süden
bis zum Roten Meer im Norden geführt hat. Dieſer Abſenkung

verdanken auch die Seebecken des Viktoria-Njansa-, des Nyassa-
und Rudolfsees ihre Entstehung. Die Randlinie der ostafrikanischen
Geländestufe und des abessynischen Hochlandes sind identisch mit
dieser Verwerfungsspalte der Erdrinde. Zufälligerweise hat sich
der Ostflügel des Systems noch nicht tief genug gesenkt, um dem
Meer dauernd Eintritt zu gewähren; im Gegenteil hebt sich neuerdings sogar die Küste dort wieder. Aber weiter nördlich, im Roten
Meer, haben wir die Grabenversenkung so durchdringend aus-
gemeißelt vor uns, daß hier das Ozeanwasser zwischen Arabien
und Nordostafrika eingedrungen ist. Das Verwerfungssystem setzt
sich fort und hat in Palästina das Jordantal und das Tote Meer
geschaffen. Das Tote Meer liegt mehrere hundert Meter unter
dem Idealniveau des Meeresspiegels; es ist stark salzig, aber nicht
durch Zufluß ozeanischen Wassers, sondern lediglich durch die Ver-
dunstung des zufließenden Landwassers, was wohl zum Teil mit
den Naphta- und Asphaltquellen dort zusammenhängt. Sodom
und Gomorrha, Lots Weib als Salzsäule mögen nebenbei an die
Natur jenes geotektonisch so bedeutsamen Feldes erinnern. Es ist
auch dort, wie in Ostafrika, nur ein Zufall, daß das Meer beim
Niederbrechen des Toten Meeresbeckens nicht eindrang wie in das
langgezogene Bruchbecken des Roten Meeres, wo eben an dessen
Südende zwischen Afrika und Arabien der freie Ozean von dem
Bruchsystem gekreuzt wurde. Hätte sich zufällig die palästinische
Bruchgrabensenkung noch ein kleines Stück gegen das Mittelmeer
ausgegabelt oder wäre die Linie zwischen Rotem und Totem Meer
etwas tiefer geraten, so wäre auch in Palästina, statt des Jordan-
tales und eines Binnensees, ein Meeresarm vom Charakter des
Roten Meeres als dessen unmittelbare Fortsetzung entstanden.
Und wie leicht hätte es sein können, daß heute der Indische Ozean
bis an die nun mit Vulkanen besetzte ostafrikanische Geländestufe
heranreichte und daß der Kilimandjaro und Kenia als Vulkan-
inseln an diesem Randmeer erschienen wären, wenn eben zur
Jungtertiärzeit, als der Abbruch vom Sambesi bis zum Jordan
sich vollzog, die Senkung in Ostafrika um einige hundert Meter
tiefer gegangen wäre, wie im Toten Meergebiet.

Man stelle sich nun vor, solches spiele sich rasch ab; rechts
und links hätten, zur Zeit solcher Bewegung mehr oder weniger
verteilt, Menschen gewohnt. Sie würden alle, wenn sie auch noch

so vielen heterogenen Völkern mit den verschiedensten Sprachen,
der verschiedensten seelischen und kulturellen Höhe, ja vielfach ohne
Bekanntschaft miteinander angehörten und vielleicht durch nicht
passierbare Wüsten oder Vulkangebirge oder Urwälder getrennt
gewesen wären — sie würden alle übereinstimmend berichten von
gewaltigen Erdbeben, von Spalten, die sich nach der Tiefe öffneten, von Überschwemmungen durch abgelenkte, aufgestaute und
ihres gewohnten Bettes beraubte Flüsse, von Wassern der Tiefe,
die als warme oder kalte Brunnen sich ergossen, von Vulkanausbrüchen. Je nach der Gegend, wo sich mehr das eine, mehr das
andere als vordringliche Erscheinung abspielte, würde sich dieses
oder jenes Naturmotiv bei der Überlieferung in den Vordergrund
drängen. Aber Andere wüßten auch zu erzählen, daß Meer da
war, als sie nach der Flucht zu ihren alten Jagdgründen zurückkehren wollten; daß dieses Meer ganze Länder mitsamt den Bewohnern, Tieren und Pflanzen verschlungen habe. Andere wieder
würden berichten, daß sie selbst sahen, wie mit den ersten Erdbeben schon die Meeresfluten hereinbrachen, aber danach sich wieder
zurückzogen. Alles das träte uns in einer vom Sambesi bis an
die Grenze Syriens verbreiteten, über zwei Kontinente gehenden
bodenständigen und im Wesen völlig einheitlichen Sage, jedoch
mit Abweichungen in den vielen Einzelheiten von Meereseinbrüchen, Vulkanen, heißen Quellen, Grundwasserausflüssen, Spaltenbildung, Untergang von Stämmen entgegen, also in einer Sage,
die durchaus den Sintflutsagen von chaldäischem Charakter gliche,
wenn — ja wenn damit nur auch die entsetzliche Überschwemmung
durch die ungeheueren Regenmassen vom Himmel, also das
Hauptstück unserer noachitischen Sintflutsage, mit inbegriffen wäre.
Das aber würde ganz und gar bei dem beschriebenen erdgeschichtlichen Vorgang fehlen, wie es in Sueß' Erklärung fehlt[62a].

Diesen Mangel suchte Riem zu beseitigen[63] und eine geologische
Erklärung zu geben, bei der nicht nur die ungeheueren meteorischen
Niederschläge, sondern auch die Universalität des Ereignisses verständlich würde. In früherer erdgeschichtlicher Zeit soll die Eigen-
wärme der Erde durch die damals noch sehr viel dünnere Kruste
hindurch den Boden erwärmt haben, so daß viel mehr Wasser als
heute verdampfte und in der Atmosphäre, vergleichbar dem Planeten Venus, als Wolkendecke immerfort schwebend blieb. Das

Sonnenlicht drang nicht unmittelbar, sondern nur in zerstreuter
Form durch die weiße Wolkendecke hindurch und die Erde hatte
den Charakter eines abgedeckten helldämmerigen Treibhauses.
Dadurch war eine gleichmäßige Erwärmung aller Zonen bis hinauf
an die Pole gewährleistet und die Funde üppiger fossiler Floren
und Meerestierwelten bis in die hocharktischen Gegenden hinein
beweisen dies. Das Gleichgewicht zwischen Luftwärme, Erdwärme
und Feuchtigkeitsgehalt blieb nicht stabil. Immer mehr Erdwärme
wurde durch den Wolkenschleier an den kalten Weltraum abgegeben
und nicht wieder ersetzt. Schließlich war die Erdkruste so abgekühlt,
daß die Wasserverdunstung zurückging, daß die Wolkendecke dünner
wurde und nun ein katastrophales Ereignis eingeleitet wurde. An
irgend einer Stelle, vielleicht innerhalb eines Polargebietes, das
gerade die halbjährige Nacht durchmachte, erreichte die Abkühlung
die unterste zulässige Grenze und überschritt sie; die Wolken be=
gannen sich zu verdichten, zu zerreißen, und durch die Öffnung
strahlte die Wärme noch stärker nach außen, so daß durch diese
Abnahme der Temperatur das Regnen begann. Dieser Vorgang
muß sich reißend schnell über die ganze Erdkugel verbreitet haben,
und überall begannen die Wolken Wasser herabzugießen, alles
vernichtend und zerstörend. Zum großen Teil erneuerte sich der
Wassergehalt der Luft sofort wieder; mit nachlassendem Luftdruck
konnte die Atmosphäre immer neue Wassermengen aufnehmen
und der Regen erhielt immer neue Nahrung. Es kann monatelang
geregnet haben; es folgte eine Überschwemmung auf der ganzen
Erde, welche Flußläufe zerstörte, das Erdreich von den Bergen
schwemmte, die Gestalt der Oberfläche der Länder veränderte und
alles Leben tötete, das nicht stark genug war, dem empörten
Element zu widerstehen oder auf hohen Bergen, in Höhlen sich
zu retten. Dies Ereignis war nicht eine Sintflut, es war die Sint=
flut, von der die ältesten Überlieferungen des Menschengeschlechtes
reden.

Was an der Riemschen Erklärung gegenüber der von E. Sueß
einen Vorzug bedeutet, ist die klare Beantwortung der Ent=
stehung der Regenkatastrophe. Was seine Erklärung aber un=
möglich macht, ist die erdgeschichtliche Datierung, die er diesem
konstruktiven Regenereignis gibt. Er verlegt es in den Ausgang
der Tertiärzeit, wo er mit Recht schon den Menschen vermutet.

Das Ereignis, wie er es schildert, wäre geophysikalisch aber nur
möglich gewesen zu einer Zeit, als die innere Erdwärme wirklich
noch durch die Kruste hindurch den Boden erwärmte. Das aber
kann schon am Anfang des paläozoischen Zeitalters nicht mehr der
Fall gewesen sein, weil wir schon in jener ältesten, ein Tierleben
bietenden Epoche auch große Eisbedeckungen kennen, die sich in
der Permzeit wiederholen, wo wir zugleich auf der Nordhemisphäre
die klarsten Anzeichen eines sehr trockenen und heißen, von Regengüssen allerdings wieder unterbrochenen Klimas haben, so daß
der hypothetische venusartige Wolkenschleier und das Treibhaus
gewiß nicht als Dauerzustand und über die ganze Erde hin in der
für uns einigermaßen übersehbaren erdgeschichtlichen Zeit bestanden haben. In ganz alte, vorpaläozoische Zeiten aber die
Existenz des Menschen und die Sintflut zu verlegen, kommt nicht
in Frage. Es bliebe nur eines, was das Prinzip der Riemschen
Erklärung als Sintflutdeutung retten könnte: vorübergehend eine
solche starke Wolkenbildung in der Tertiärzeit anzunehmen, wo
tatsächlich reicher, auf südlicheres Klima deutender Pflanzenwuchs
auf heute polareisbedeckten Landflächen nachgewiesen ist; das Ende
dieses geologisch vorübergehenden, vielleicht durch größere Sonnenwärme bedingten Zustandes könnte dann gelegentlich eine große
Regenkatastrophe herbeigeführt haben, wie Riem sie konstruiert, die
zu einer Art Sintflut Anlaß gab und die der Tertiärmensch miterlebt haben würde.

Ob diese Deutung angängig ist, wird die Zukunft lehren, wenn
die hier behandelte Frage einer Beziehung der Sagen zu einem
vorweltlichen Menschengeschlecht einmal besser fundiert sein wird.
Vorläufig scheint mir eine andere Erklärung dem Wesen jenes
vorhistorischen Naturvorganges näherzukommen.

Die kosmische Erklärung der noachitischen Sintflut

———

Ein großer, vielleicht das wohlgeprägte System einer Wissenschaft oder die Philosophie und Weltanschauung einer Zeit
umschmelzender Gedanke tritt im Geiste eines Forschers fast immer
mit einem Schlag ins Licht. Mag es auch da und dort, in anderem
Zusammenhang oder verdeckt und unverstanden sich geregt haben,
was der Gedanke bringt: dort, wo er Leben und Bewegung ge-
winnend ausstrahlt, ist er in einem Augenblick geboren. So berichten alle Forscher, die ihren Genius bei der Arbeit belauscht
haben. Oft ist es, freilich von langer Arbeit vorbereitet, nur ein
kleiner wie zufälliger Anlaß, der über die Geburt des Gedankens
entscheidet. Er erfaßt den Denker unmittelbar, ohne daß er es in
diesem Augenblick gewußt, gewollt, geahnt hat. Es fällt ihm „wie
Schuppen von den Augen". All' sein Einzelwissen, alle da und
dort schon in ihm aufgetauchten, erwogenen, wieder als ungereift
oder ihm noch unprägbar, oft ihm scheinbar wieder verlorengegangenen oder freiwillig wieder beiseite gelassenen Bilder schießen
plötzlich zu einem neuen, unerhörten Schauen zusammen. In
diesem ganz erhobenen Augenblick sieht er in eine endlose helle
Weite, wo Totes ihm lebendig, Fernes ihm nah und greifbar,
nie Verstandenes ihm vertraut wird und eine große Gewißheit
ihn erfüllt. Er „weiß". Dann muß er zur Alltagsarbeit zurück;
er muß den freien Gedanken in festes Erz gießen. Es kommt die
Not des Ausbauens und der verstandesmäßigen Begründung,
des Selbstverneinens und Selbstwiderstreitens, Glaube und Zweifel, Fragen und Wissen — der Gedanke wird zum System und
steht nun mitten im Streit des Lebens und der Wissenschaft, be-
haftet mit allen Fehlern und Mängeln des Menschenwerkes.

In seiner Umwelt sieht der Forscher nun allerlei Wellen sich
erheben: solche vom selben Rhythmus wie die seine, die ihn tragen,
ja sich mit der seinen zu doppelter Stärke und Höhe verbinden;
andere, die wohl ähnlich schwingen, aber eine andere Grundrich-

tung haben und daher nur teilweise und gelegentlich auf Augen-
blicke in seinen Rhythmus voll einklingen, dann sich aber wieder
mit ihm kreuzen und unharmonische Wogenkämme bilden. Wieder
andere rufen nur unharmonische, stets seine Schwingungen, wie
er die ihren störende und lähmende Bewegungsbilder und Zwi-
schenwogen hervor; die Kämme und Kreuzungspunkte spritzen auf
und bilden nur Schaum, der in Gegensatz tritt zu dem tiefen
Grün der Wogen mit ihren gleichen Höhen und Tiefen. Alle aber
bilden sie das weite, weite Meer und schlagen ans unbewegte
Felsenland, nur wenig in all den Jahrhunderten ihres Wogens
und Kämpfens davon erobernd.

Oft bleibt ein neuer, großer Gedanke einsam. Vielleicht ist er
einem Kopf entsprungen, dem das wissenschaftliche Rüstzeug fehlte,
um ihn in die Sprache derer zu kleiden, die den Besitz des größeren
umfassenderen Fachwissens vor ihm voraushaben. Er hat das
Rechte gesehen; aber die Begründung und auch sonst das Tat-
sachenwissen oder die Berechnungen reichen nicht aus, seinem Gedanken die sichere Unterbauung einer guten wissenschaftlichen
Theorie zu geben und die anderen Geister desselben Schauens
teilhaftig werden zu lassen. Oder er tritt mit seiner Erkenntnis
zwischen zwei mehr oder minder gut abgegrenzte Wissensgebiete
hinein, ohne jedes so zu beherrschen, daß er dem Fachmann in jedem
gerecht werden könnte; dann lehnen ihn beide Seiten ab. Oder
endlich, er hat etwas gebracht, das so groß ist oder dem Zeitwissen
noch so abgewandt, daß es so gut wie keinem der bekannten
Wissensstoffe assimilierbar wird oder ihn zu beleuchten vermag;
dann wird das ziemlich einstimmige Urteil der maßgebenden
Fachwelt erst recht eine Ablehnung sein. Und doch kann eine neue
Idee, indem sie ein einsames, verkanntes Aschenbrödeldasein führt,
die von allen gesuchte Königstochter sein und Ahnen gehabt haben,
die im Lichte wohnten. Vergleicht man ihre Züge mit den alten
Ahnenbildern, dann bemerkt man überrascht, wen man vor sich
hat, auch ohne daß die an der Tafel sie erkannt und dort geduldet
haben. Sie müssen sich erst von den alten Ahnenbildern, die man
ihnen vorhält, belehren lassen, wen sie hinausstießen. Und während
nun die Einen, die Besinnlichen, ins Nachdenken kommen, werden
die Anderen, und stets die mehreren, die Echtheit der alten Ahnenbilder selbst in Zweifel ziehen, sie als verwechselt, untergeschoben,

übermalt, oder als wertlose, frei erfundene Personifikationen von
Naturkräften ohne geschichtlichen Wert ausschreien — bis die
Wahrheit irgendwann und irgendwie, auch ohne weitere Zuhilfe-
nahme der Ahnenbilder, ihr eigenes kraftvolles Leben zeigt.

Hörbigers Glazialkosmogonie[64]) ist eine solche unerhörte Erkenntnis, auf die alles paßt, was die vorigen Worte sagen. Sie
hat uns auch die Sintflut verstehen gelehrt und sieht uralten Berichten über die einströmenden Himmelswasser ähnlich. Sie sei hier
als geniale Idee — einerlei ob sie in allen ihren, hier nicht zu entscheidenden astronomischen Einzelheiten fachmännisch einwandfrei ist oder nicht — vorgetragen, weil sie eine Lösung für unser
eigenes Suchen bedeutet und sich weit erhebt über alles, was vom
Naturforscherstandpunkt aus je über die Sintflut gedacht und geschrieben worden ist. Freilich macht auch sie den alten Fehler, der
den meisten, aus einem großen Wurf gewonnenen wissenschaftlichen Theorien eigen ist: sie wollen sich nicht beschränken auf den
Ausschnitt des Weltgeschehens, für den sie intuitiv geboren wurden, sondern werden vom Meister oder seinen Schülern allzu
leicht überspannt und auf Dinge ausgedehnt, für die sie nicht Maß
noch Inhalt mitbekamen. Das aber sollte und wird uns nicht
abhalten, die neue Kosmogonie im Rahmen des hier ihr zu-
kommenden Erscheinungsgebietes ins Licht zu rücken, auch wenn
sie sich in mancher Richtung als Übertreibung erweist, gelegentlich
sogar haarsträubende Seitensprünge macht, aber trotzdem als
Ganzes, als Idee großartig bleibt und, wie jede geniale Tat, er-
lösend, klärend, befreiend wirkt. Ihr für uns wichtiger, allerdings
hier sehr vereinfachter Gedankengang ist kurz folgender:

Im Weltraum bewegen sich unzählige Fixsterne von einer oft
so erstaunlichen Größe, daß der Sonnenball, ja der ganze, von unserem Planetensystem eingenommene Raum klein dagegen sein
mag. Weißglühende, rotglühende, schwachleuchtende und dunkle
Giganten mögen da sein und sind da, teils sich nahe umkreisend
und gemeinsame Systeme bildend, teils so weit entfernt voneinander, daß sie sich mit ihrer Schwerkraft nicht mehr beeinflussen.
Von vielen solcher Systeme konnte die Eigenbewegung durch den
Raum, unabhängig von anderen, schon festgestellt werden. Die
Sonne selbst bewegt sich mit 20 km Sekundengeschwindigkeit nach
dem Sternbild der Leyer und des Herkules hin. Wenn Fixsterne in

bestimmter Bahn durch den Raum nach unbekannten Zielen eilen, wenn unser Sonnensystem nach Leyer und Herkules flieht, so wird das nicht die Wirkung einer Gravitation sein müssen; denn wo sollte der Riesenkörper stehen, der auf solche Entfernungen Gravitationswirkung ausübte, die doch im umgekehrten Quadratverhältnis zur Entfernung steht? Wohl aber kann es eine dem Sonnensystem vor unendlich langer Zeit erteilte Stoßkraft sein, womit es seinem ungefühlten Ziel ziellos zueilt.

Wie die Planeten ihre Monde, wie die Sonne ihre Planeten, so saugen auch die in einem System vereinigten hellen und erloschenen Sonnen und ihre Riesenplaneten sich gegenseitig an. Wir wissen, daß viele leuchtende Firsternsonnen ihre dunkeln Begleiter haben. Diese mögen früher selbständige, aber nun erloschene Sonnen sein, die sich bei ihrem Lauf in der Bahn einer noch weißglühenden Riesensonne verfingen und ihr von da ab folgen mußten. Der dunkle Begleiter kann auf seiner Oberfläche Eis oder Wasser haben als Niederschlag des einst glühenden Wasserstoffes, der beim Erkalten des Körpers sich mit seinem Sauerstoff zu Wasser verdichtete; aber das Wasser kann auch chemisch gebunden in den Gesteinen seiner Rinde und seines Inneren enthalten sein.

Je größer ein Weltkörper ist und je dichter sein Material, umso mehr innere Festigkeit hat er, die schon bei unserer wenig dichten Erde dreimal die des Stahles übertrifft. Wird ein größerer Weltkörper von einer Riesensonne eingefangen und streicht er in den Zentralkörper rasch ein, so braucht er keineswegs auseinandergezogen und verteilt zu werden wie ein kleiner Mond, sondern er kann bei der großen Schnelligkeit, mit der solches geschehen muß, und bei seiner erheblichen Festigkeit als Ganzes hineinstürzen. Wenn man ein Eisstück in die Glut eines Hochofens bringt, so verpufft es nicht augenblicklich und wird auch nicht unmittelbar ganz zu Wasserdampf aufgelöst, sondern es umgibt sich nach kurzem Aufzischen mit einer Schlackenkruste, die es isoliert und das Hindurchdringen der Hitze in den Eiskörper wesentlich hintanhält. So schmilzt es langsam erst zu Wasser aus; aber auch das Wasser wird in dem Glutmantel nicht sofort zu Dampf, sondern tritt in den Siedeverzug ein. Danach, bei der geringsten Druck- und Gleichgewichtsstörung in der umgebenden Masse, explodiert es mit ungeheurer Spannung und richtet die größten Zerstörungen an.

Iſt nun ein Weltkörper mit einer gewiſſen Feſtigkeit in eine noch
weißglühende Fixſternſonne eingeſchoſſen, ſo dringt er gemäß
ſeiner Schwere, ſeiner Schnelligkeit und der Widerſtandsart des
Sonnenkörpers bis zu einer gewiſſen Tiefe in dieſen ein. Er wird
nicht ſofort aufgelöſt, ſondern gelangt in Selbſtiſolierung, und
das in ihm enthaltene oder chemiſch gebundene Waſſer wird frei.
So entſteht in jenem Sonnenkörper eine Sprengbombe aus weit
überhitztem Waſſer und Waſſerdampf, und ſchließlich kommt
es zur kataſtrophalen Exploſion. Ein trichterförmiges Stück des
Sonnenkörpers ſchießt, unter allerhand Nebenerſcheinungen, ge‹
radlinig heraus und enteilt, aus der eingeſchmolzenen eigenen und
der mitgeriſſenen Sonnenmaterie beſtehend, in den Weltraum
hinaus. Seitwärts dabei herausgeſchleuderte Maſſen fallen auf
den Sonnenkörper zurück, der in ſich ſelbſt ein neues Gleichgewicht
ſchaffen muß, wobei er um‹ und umfluten wird. Die herausge‹
ſchoſſene Hauptmaſſe aber ſetzt unter der ihr erteilten ungeheueren
Fliehkraft ihren Weg in den Weltraum fort und verläßt mehr
und mehr das Anziehungsbereich des Mutterkörpers. Da aber
der Urſonnenkörper in Drehung war, ſo war auch die Ausſchuß‹
bewegung der neuen Weltmaſſe nicht abſolut geradlinig, ſondern
hatte die Figur einer Sandmaſſe, die man mit einer geſchwungenen
Schaufel über die Erde ſtreut. Alsbald drehte ſie ſich um ihren
eigenen Schwerpunkt. Es hatte dieſe Maſſe alſo nicht durch
Gravitation, ſondern durch Stoßkraft und die ihr innewohnende
Trägheit des Fluges ihre Richtung im Weltraum gewonnen.

Das alles iſt eine kosmologiſche Konſtruktion, wie die ſo lange
maßgebende und von Vielen jetzt noch feſtgehaltene Kant‹Laplace‹
ſche Weltwerdungstheorie. Aber die Stoßkraft iſt nicht weniger
weitreichend als die Newtonſche Gravitation, welche doch nur
dem Raum unſeres ſo kleindimenſionalen Planetenſyſtems ent‹
nommen iſt, aber praktiſch unwirkſam iſt im weiten interſolaren
Weltraum. Hörbigers Theorie hat eine von den Aſtronomen
bisher unbeachtet gebliebene, der Hochofentechnik entnommene
phyſikaliſche Grundlage. Aber außerdem liefert die Fixſternenwelt
weitere Grundlagen für dieſe neue Lehre. Denn es gibt eilende
Fixſterne, deren Bewegungsrichtung, durch den Raum rückwärts
verlängert, auf einen gemeinſamen Ausgangspunkt zurückführt —
das Gegenteil der Newtonſchen Vorſtellung der Ordnung im Weltall.

Kommt auch unſer Sonnenſyſtem von einem ſolchen Ausgangspunkt her und verdankt es ſein früheſtes Entſtehen einer ſolchen
wegſchleudernden Exploſion?

Beim Abſchuß eines Geſchützes haben die herausdringenden
Gaſe zuerſt eine größere Geſchwindigkeit als das Geſchoß; erſt
danach gewinnt dieſes den Vorſprung. So mag es bei einer Son-
nenexploſion wohl auch ſein. Da der Weltraum nur fein verteilten
Stoff, insbeſondere den von Sonnenkörpern abgefloſſenen gas-
förmigen Waſſerſtoff ſehr verdünnt enthält, ſo iſt die Reibung gering und die den Schwerpunkt tragende Hauptmaſſe bleibt lange
hinter den vorauseilenden Gaſen zurück. Sobald das neue Syſtem
ſich dem Schwerkraftsbereich der Ausgangsſonne entzogen hat,
läuft es, ganz anders wie ein irdiſches Geſchoß, nur noch nach
ſeinen eigenen inneren Schwerkrafts- und Bewegungsverhält-
niſſen dahin. Wenn es daher auch kaum einem Widerſtand begegnet, ſo wird doch die an ſich zarte Reibung am feinverteilten
Weltraumſtoff infolge der großen Geſchwindigkeit und endloſen
Wirkungsdauer allmählich die vorauseilenden Gaſe bremſen und
der nachfolgende Hauptkomplex infolge ſeiner größeren lebendigen,
die Reibung ſtärker überwindenden Kraft allmählich die zuerſt
vorausgeeilten Teile zu überholen beginnen. Unterdeſſen hat
ſich auch innerhalb des Geſamtſyſtems ſelbſt eine Geſtaltung infolge der darin wirkſamen Gravitationskraft vollzogen. Die neue
Weltmaſſe war vorher in ſich durchaus unregelmäßig und gewichts-
ungleich geſtaltet. Seitwärts voreilende Maſſen- und Gaswolken
werden allmählich eine andere Richtung eingeſchlagen haben als
die dichteren, ſchwereren Teile, insbeſondere als der übergeordnete
Maſſenſchwerpunkt ſelbſt. Aber auch andere, dichtere Komplexe
und Zuſammenballungen, die ſelbſt nur untergeordnetere Mengen
bedeuten, werden zunächſt gegen das Maſſenzentrum hingezogen
und beginnen nun umzulaufen. Hierdurch entſteht eine Unzahl
umlaufender Körper, die ſich gegenſeitig wieder ſtören, ſchwächen,
abfangen oder zu gemeinſamer Wucht verſtärken. So kommt es
durch Ausleſe zu neuen, geordneteren Maſſenanſammlungen mit
beſtimmteren Umlaufbahnen. Sie vergrößern ſich weiterhin durch
Einfangen des Schwächeren, Ungeordneteren, und umlaufen endlich das Hauptmaſſenzentrum. Das nun in vollem Schwang
ſtehende Einfangen verſetzte gleichzeitig die Subzentra in Rotation,

11*

ebenso wie auch das Hauptzentrum auf solche Weise in Rotation
geriet.

Als der ursprünglich dunkle, eingefangene Weltkörper in die
Sonnenriesin gestürzt war und eingeschmolzen wurde, stand er
unter ungeheuerem Druck. Es ist eine Erfahrung der Hüttenchemie,
daß glühende und geschmolzene Metallmassen unter Druck viel
Sauerstoff an sich binden; vom Druck entlastet, stoßen sie ihn wieder
aus. Sobald also das neue Weltsystem in den Raum hinausge-
schossen war, war seine Materie vom Druck entlastet; und der in
großer Menge frei werdende Sauerstoff konnte sich alsbald mit
dem reichlich vorhandenen und aus der Sonnenmutterkorona überdies noch mitgerissenen Wasserstoff unmittelbar zu Wasserdampf
konstituieren, sobald nur die Abkühlung um ein Weniges fort-
geschritten war. So war alsbald die ganze Geschoßmasse in eine
Dampfhülle getaucht. Gerade diese aber mußte, im Gegensatz
zu den dichteren Stoffen, am leichtesten an die Ränder des nun
rotierenden Systems gedrängt werden; und kam so aus der Hitze
heraus in Berührung mit dem kalten Weltraum. Das war der Ort
und der Augenblick, wo das erste Feineis, der erste Eisstaub sich
im Umkreis der Rotationsebene des neuen Weltsystems bildete.
Es konnten alsbald auch hier Ballungen, Eisballungen entstehen,
zum Teil sogar auch mit festeren Stoffkernen. Diese Randzone
nahm natürlich an der Rotation des Ganzen zunächst noch teil,
wurde aber mehr und mehr durch das Herausströmen neuer
Dampfmengen und ihr Wegeilen in den Weltraum langsam dahin
mit abgedrängt und so immer mehr der Schwerkraft des Übrigen
entzogen, zumal auch der Strahlungsdruck auf die größtenteils
noch feinverteilte Masse diese weltraumwärts auszudehnen und
abzudrängen suchte, die sich deshalb kaum verdichtete.

Die Rotationsbewegung dieser Randeismaterie mußte schließlich
durch Reibung an feinstverteiltem, den Weltraum durchdünstendem
Stoff und wohl auch durch den Ätherwiderstand erlahmen. War
also der ganze ursprüngliche Geschoßkegel durch das, was sich inzwischen in ihm abgespielt hatte, in Linsenform übergegangen, so
blieb jetzt der Randkranz der Linse allmählich stehen und wurde
vom Zentrum in der ehemaligen Flugrichtung mehr eingeholt.
Wenn unser durch den Raum eilendes und längst geordnetes
Sonnensystem solchen Vorgängen sein Werden verdankt, so haben

wir ja in ihm vollendet das Bild jener weltenschaffenden Ereignisse: ein um ein Massenzentrum kreisendes Planetensystem von
folgendem Aufbau: Dem Massenzentrum zunächst die aus Sonnenstoff bestehenden inneren Planeten; weiter draußen die sowohl
aus Sonnenstoff wie aus Meteormaterial aufgebauten äußeren
Planeten, auf deren Oberfläche sich Eis angesammelt hat. Außerhalb der Planetenbahnen laufen Eisballungen (Planetoiden) um
und von ihnen stammen die Kometen, die Eiskörper sind. Es folgt
eine Lücke und dann, im Abstand von 4—5 Neptunentfernungen,
der nicht mehr umlaufende, nur aus Eisstaub und Eiskörpern bestehende kometarische Milchstraßenring, dem die Sternschnuppen
entquellen, die auch in unsere Atmosphäre geraten. Es ist jenes
schwach leuchtende breite Himmelsband, an einzelnen Stellen heller
als an anderen, während die siderische Milchstraße aus Fixsternen
besteht und hier nicht gemeint ist.

Die Ebene der Eismilchstraße bewegte sich zur Zeit ihrer Entstehung
in gleicher Richtung wie ihr Hauptzentrum, die Sonne. Die Sonne
ist infolge ihrer größeren und schwereren Masse dem Mediumwiderstand gegenüber ausdauernder als die feine Milchstraße, von
der sogar Teile zurückbleiben. Diese wird daher bestrebt sein, sich
senkrecht gegen die Flugrichtung einzustellen, was bereits um
15° geschehen ist. Infolgedessen ist die Sonne scheinbar aus dem
Ring herausgetreten und befindet sich dem in der Fahrtrichtung
linken Innenrande des Ringes näher als dem rechten, der schon
tief „unter" ihr liegt. Da die Sonne ihr Schweregebiet in der Bahn-
richtung des ganzen Systems gegen die allmählich zurückbleibenden
Teile und Teilchen des Milchstraßenringes langsam hinschiebt,
so werden solche immer mehr oder weniger zahlreich in das Planetensystem hereingezogen. Diese eingeholten Eiskörper werden
dann unmittelbar in die Sonne stürzen, wenn sie auf dem kürzesten
Wege herankommen; die seitlich einstreichenden werden in scharf
gekrümmten Bahnen zuerst um die Sonne ziehen und erst allmählich
hereingelenkt werden. Nach der verschiedenen Art des Herein-
dringens und Heranziehens dieser großen und kleinen bis kleinsten
Körper bildet sich um den Sonnenball ein Eisschleier, den die Erde
kreuzt und in dem je nach der Herkunftsrichtung, der Größe, der
Geschwindigkeit, den gegenseitig störenden Ablenkungen oder An-
ziehungen und dem Einfluß der Planeten eine Sonderung und

Sortierung sich vollzieht. Je nach der Stellung der Planeten haben diese, wenn die Eiskörper in den Bannkreis der Sonne geraten sind, größere und kleinere schon angezogen, sie sofort verschluckt oder gelegentlich zu Monden gemacht. Für die Erde kommen aus bestimmten Gründen nur kleinere in Betracht, selten einmal wohl ein großer. Sie sind die Verursacher der Hagelschläge und anderer Wetterkatastrophen. Wenn sie über dem Luftraum vorbeiziehen und dem Anziehungsbereich der Erde wieder entrinnen, sehen wir sie als Sternschnuppen. Tritt aber ein solcher Körper in die Erdatmosphäre ein, so zerplatzt er sofort infolge des Luftwiderstandes und löst sich auch infolge der Wärmewirkung in Wasser auf, das nun als katastrophaler, teilweise mit Hagel vermischter Gewitterregen herunterkommt. Häufen sich die zutretenden Eiskörper und Eisstaubmassen an oder ist ein solcher Körper ausnahmsweise besonders groß, so können sie nicht nur Wetterkatastrophen größeren Ausmaßes herbeiführen, sondern auch „die Schleusen des Himmels öffnen", so daß es sieben oder mehr Tage und Nächte endlos regnet, die Sonne verfinstert bleibt und furchtbare Gewitterstürme rasen, vielleicht vermischt mit Erdbeben, die ja durch starke atmosphärische Druckänderungen ohnehin erfahrungsgemäß ausgelöst werden können. Am ärgsten würde dem die Äquatorialzone ausgesetzt sein, weil die größeren Eiskörper im allgemeinen in die Rotationsebene des Äquators hereingezogen werden.

Wäre das nicht ein Ereignis, wie es der noachitische Mensch erlebte? Hier hätten wir eine Erklärung der ungeheueren meteorischen, auf die Erde niederfallenden Wassermassen, von denen Eduard Sueß behauptete, daß sie nicht möglich seien — trotz des klaren uralten Sintflutberichtes. Aber Hörbigers Theorie geht weiter und wohl zu weit: sie erklärt die Sintflut durch Auflösung eines früheren Erdmondes.

Die Oberfläche des jetzigen Mondes soll durch ehemalige Aufnahme von Wasser aus dem Weltraum ein Eismeer sein; die Formen der Mondoberfläche und das spezifische Gewicht des Mondkörpers widersprechen dem nicht. Der Mond soll im Laufe der Zeit in die Erde hereingezogen, dabei zu einem Spiralring aufgelöst und so nach und nach von der Erde aufgezehrt werden. Zuerst würden da wieder ungeheure Wasserfluten durch Auflösung des Eises in die Erdatmosphäre herunterkommen. Je mehr der

Eismantel aufgezehrt und die tiefere Steinzone des Mondkörpers
aufgelöst würde, umsomehr würden Schlammregen, danach kosmischer Gesteinsstaub niedergehen; zuletzt wohl metallische Stoffe,
da wohl auch der Mond, wie die Erde, im Innersten starke Metall-
anreicherungen haben dürfte. Dann wäre erfüllt, was die Offenbarung des Johannes als Untergang der jetzigen Erdoberfläche
und ihres Menschengeschlechtes voraussieht und in vielen Einzelheiten beschreibt. Wie unser Jetztweltmond einen Eismantel habe
und allmählich durch die Erdanziehung aufgelöst und später mit
dem Erdkörper vereinigt werde, so sei ein früherer Mond zu einer
ringförmigen Spirale ausgezogen worden, habe sein Eis als Wasser,
seinen Gesteinskern als Schlammbrei der Erde einverleibt. Durch
den zuvor allmählich näher und näher kommenden damaligen
Mondkörper habe sich aber infolge der Anziehungskraft ein ungeheuerer äquatorialer Meeresflutring angesammelt, der nach
Auflösung des Trabanten und Verschwinden der zuvor durch ihn
gegebenen lunaren Anziehungskraft zu beiden Seiten polwärts
wieder abströmte und damit die noachitische Sintflut mit Wetterkatastrophen, Erdbeben und Meeresüberflutungen erzeugt habe[65]).

Ich kann die Ansicht nicht teilen, daß die noachitische Sintflut
mit rückströmenden äquatorialen Mondgürtelfluten etwas zu tun
gehabt habe; wohl aber mit dem Eindringen kosmisch-glazialer
Körper, die durch Auflösung in der irdischen Atmosphäre jene
ungeheueren, aber kurzfristigen Regenfluten erzeugten, von denen
berichtet ist. Denn wäre ein Mond in die Erde eingelaufen, so
hätte eine ungeheuere, zuerst ostwestliche, dann nordsüdliche und
zuletzt wieder ostwestliche, die Rotation der Erde beschleunigende
Gürtelhochflut entstehen müssen. Aber die in der Hörbigerschen
Lehre und den Schriften seiner Interpreten so anschaulich geschilderten geologischen Wirkungen, nämlich Überflutung und wieder Trockenlegung der ganzen Hemisphären und einheitliche Schichtbildungen werden von dem Befund in allen Formationen aufs
bündigste widerlegt. Ebensowenig kann ich in der noachitischen
Sintflut etwa den Untergang der Platonschen Atlantis sehen, wie
schon zuvor einmal erwähnt. Und auch in die letzte, die diluviale
Eiszeit möchte ich bei weitem nicht die noachitische Sintflut nach
den Andeutungen verschiedener Nebenumstände verlegen, sondern
in eine viel frühere erdgeschichtliche Epoche. Die glazialkosmogo-

nische Literatur führt näher aus, wie die Luftabsaugung, welche der mit Ende der Tertiärzeit der Erde sich nähernde und angeblich aufgesogene Altmond von den Polen nach dem Äquator hin bewirkte, durch polare Luftverdünnung ein Eindringen der Weltraumkälte und damit die diluviale Eiszeit hervorgerufen habe; denn ebenso wie das Wassermeer sei auch das Luftmeer zur Äquatorialzone hingezogen worden. Auch dies ist geologisch nicht aufrecht zu erhalten. Denn die Eiszeit war keine Zeit großer Kälte, sondern nur eine Zeit sehr vermehrter schneeiger Niederschläge und etwas kühlerer Jahresmitteltemperatur. Insbesondere müssen die Sommer kühler, nicht die Winter kälter gewesen sein, und eine in diesem Sinn erfolgte Herabsetzung des gesamten Jahresmittels um etwa 5—6° würde genügen, um heute wieder den übrigens nicht allzu großen Umfang der diluvialen Eisbedeckung herbeizuführen, vorausgesetzt, daß dabei die Niederschläge zahlreicher wären.

Jedenfalls können wir aber der glazialkosmogonischen Theorie den Ruhm einräumen, daß sie die erste wirklich durchschlagende, prinzipielle Lösung der hier behandelten erd- und menschheitsgeschichtlichen Frage anbahnt, ja großenteils schon gegeben hat[66]). Daß bei dem verhältnismäßig häufigen Hereintreten von Eiskörpern oder Eisplanetoiden aus dem Milchstraßengürtel in den Kreis unseres Planetensystems die Erde doch so selten davon betroffen werde, und daher keine glazialen Sekundärmonde besitze, komme davon, daß Mars zu allererst solche Körper einfange. Dieser sei — wie früher auch der jetzt als Mond von der Erde eingefangene „ehemalige Planet Luna" — der Schild, welcher die Blockadebrecher abhalte, zu uns vorzudringen. Umgekehrt seien es sonnenwärts die Planeten Venus und Merkur, die den uns aus der Sonnenkorona zugestrahlten zodiakalen Feineisstaub wesentlich aufnähmen. Alle drei Planeten: Mars, Venus und Merkur, seien deshalb tief unter Wasser stehende Sterne, wie der Mond aus seiner früheren Planetenzeit her auch, denen gegenüber die Erde noch verhältnismäßig wasserarm geblieben sei, so daß nur ihre tiefsten Oberflächensenken von Ozeanen ausgefüllt seien.

Es kommt hier nicht darauf an, die glazialkosmogonische Theorie als geschlossenes Ganzes wiederzugeben; man muß sie in der eingehenden Begründung des Originalwerkes studieren. Es sollte sich

nur zeigen, auf welchem Wege vielleicht eine Erklärung der noachitischen Sintflut befriedigend durchgeführt werden könnte — zum
erstenmal, nachdem sie vorher als Phantasma, Allegorie oder örtlicher Vorgang unter falschen geologischen und meteorologischen
Voraussetzungen vergeblich gedeutet worden war. Nehmen wir
aber diese neue Erklärung der möglichen Wasserzufuhr aus dem
Weltraum in Form von Eisplanetoiden oder Eisstaub wenigstens
im Prinzip, also ohne Mondauflösung an, so bekommen wir, daran
kann kein Zweifel sein, eine geschlossene Theorie zur Aufhellung
auch anderer ursprünglicher und weitverbreiteter Sagen, von denen
die noachitische Sintflut ein Hauptereignis katastrophaler Art gewesen ist, das aller kleinlich örtlichen Ausdeutungen doch immer
wieder spottet, auch wenn sie zu einzelnen Völkern hingetragen und
dort an deren eng begrenzte sonstige Erlebnisse angeglichen ist.

In der Flutsage der Chippewayan-Indianer steht ganz ausdrücklich, daß die große Sintflut zuerst mit Schneeniederschlägen
begonnen habe: Im Anfang der Zeiten fand eine große Schnee-
flut statt, heißt es dort. Aber die Fortsetzung macht den Eindruck,
als ob sie wieder mit kosmogonischem Sagengut verwoben sei:
Da durchfraß die Maus den Lederschlauch, der die Hitze enthielt,
die sich nun über die Erde verbreitete. In einem Augenblick schmolz
die ganze Schneemasse, so daß die höchsten Fichten überflutet
wurden; immer mehr wuchs das Wasser, bis es auch die Spitzen
des Felsengebirges überragte[67]). Es handelt sich vielleicht um vulkanische Ausbrüche einer noch älteren Urzeit, die damit verknüpft
erscheinen, obwohl immer wieder im Auge zu behalten ist, daß ein
und dasselbe kosmisch bedingte Grundereignis in verschiedenen
Gegenden nach dem dort gerade herrschenden Erdkrustenbau und
den vulkanischen oder seismischen Bodenbedingungen, wie nach
der klimatischen allgemeinen Lage in mannigfacher Abwandlung
auftreten und doch dasselbe Ereignis gewesen sein kann wie andernorts, wo eben andere Grundbedingungen zu seiner Auswirkung
vorhanden waren. Aber man kann es noch einfacher erklären.
Daß bei dem Herabstürzen der Wasserfluten aus dem Luftraum
auch Feuermeteore beteiligt waren, was wieder stark für Hörbigers
Auffassung spricht, geht aus folgender Schilderung des Sintflutereignisses hervor: Als die Menschen das Wasser aus den Brunnen
der Tiefe hervorquellen sahen, nahmen sie ihre Kinder, deren so-

viele waren, legten fie auf die Öffnungen der Brunnen und drückten
mit ihren Leibern ohne Erbarmen darauf. Aber der Herr ließ von
oben eine Flut auf fie niederfallen. Aber feft war ihre Kraft und
groß ihr Wuchs; und da der Herr fah, daß nicht die Brunnen der
Tiefe, noch die Fluten des Himmels etwas über fie vermochten,
ließ er vom Himmel einen Feuerregen fallen, wie es auch heißt:
das Übrige fraß das Feuer. Es heißt auch: jedweden Tropfen, den
der Herr auf fie regnen ließ, machte er vorerft in der Hölle fiedend
heiß und danach ließ er ihn fallen[68]).

Hier fcheint nun ein Zufammenfließen von Sagen zweier ver‐
fchiedener Gegenden des Schauplatzes der Sintflut vorzuliegen.
Wahrfcheinlich waren, dem ftrichförmigen Niedergehen der Hagel‐
fchläge und Meteorfälle entfprechend, in einzelnen Teilen des Kon‐
tinentes folche glühenden Meteoriten niedergegangen und hatten
den mit ihnen niedergehenden Regen heiß gemacht. Wo die Me‐
teoriten felbft nicht mehr fielen, konnte immer noch heißer Regen‐
fchauer fallen, wenn er unmittelbar zuvor im Luftmeer durch
die Meteoritenbahn gegangen oder von ihr gekreuzt worden war.
So können gleichzeitig drei verfchiedene Erfcheinungen zuftande
gekommen fein: Hagelfchnee und kalter Regenfchauer an der einen
Stelle, Meteorfall und heiße Regengüffe an der anderen, und allein
heißer Regen an einer dritten Stelle. Das find alfo keine Wider‐
fprüche, fondern fie beweifen viel eher die Naturwahrheit der ur‐
fprünglichen Sage, eben wegen ihrer verfchiedenen Faffungen.

Daß die Sintflut ein großes kosmifches Ereignis war und mit
dem Herantreten eines kosmifchen Körpers oder Körperagglome‐
rates irgend welcher Art an die Erde und in ihren endgültigen
Bannkreis zufammenhängt, fcheint auch eine jüdifche Sage[69]) zu
lehren, wonach zuvor fchon Änderungen in der aftronomifchen Kon‐
ftellation eingetreten waren. Denn zuvor, fo heißt es, hatte der
Herr die Ordnung der Schöpfung geändert; er ließ die Sonne
auf der Abendfeite aufgehen und auf der Morgenfeite unter‐
gehen. Aus einer anderen Sage kann man ablefen, wie vor der
Sintflut ein kosmifcher Körper die Erde periodifch umkreifte:
„Auch die Waffer pflegten vor Noah morgens und abends hoch‐
zufteigen und fpülten die Leichen der Toten aus ihren Gräbern
heraus. Wie aber Noah kam, ftanden auch die Gewäffer ftill".
Nicht nur das Meerwaffer wird durch einen Satelliten zu regel‐

rechter Ebbe und Flut bewegt, sondern auch der Grundwasser=
spiegel. Lief der Satellit nahe und rasch um, so spülte auch das
rasch auf= und niedersteigende Grundwasser den Boden durch.
Die Erscheinung mußte mit der Beseitigung des Trabanten wieder
verschwinden, wie dieser auch bei seiner letzten größten Annäherung
„die Brunnen der Tiefe" aufbrechen mußte.

Es ist ja geradezu dem Sinne nach eine Vorwegnahme der
Hörbigerschen Lehre, wenn die babylonische Wissenschaft die Sint=
flutentstehung aus den Bewegungen der Gestirne und des Welt=
alls erklärt. Danach[70]) muß es eine Zeit gegeben haben, in der das
Frühlingsäquinoktium, das in Äonen den ganzen Tierkreis durch=
läuft, in der Wasserregion des Tierkreises (Eas Reich) gestanden
hat. Damals sank das irdische All in die Wasserflut und daraus
ging eine neue Weltära hervor. Ebenso hat es eine Zeit gegeben,
in der das irdische All in den entgegengesetzten, an den Feuerhimmel
stoßenden Teil des Weltalls getreten ist; damals trat eine Feuer=
flut ein. Die Sintflut muß sich also nach babylonischer Lehre wieder=
holen, wie sich die Feuermeteorflut wiederholen wird.

Wir sehen es als ausgemacht an, daß die altbabylonische Stern=
seher= und Sternberechnungskunst in Weltbeziehungen Einblick
hatte, die unserer Schulweisheit verschlossen geblieben sind. Wenn
wir daher hier einer Lehre begegnen, die mit einer solchen Zähigkeit
weit verbreitet und lange Zeiten hindurch festgehalten worden ist
von Menschen, deren Weisheit doch gewiß nicht nur quantitativ,
sondern auch wesenhaft es mit der eines modernen Gelehrten
aufnehmen kann und sie vielleicht in manchem übertraf, insoweit
sie ein anderes Weltbild hatte, so werden wir einer solchen Lehre
mit Ernst als etwas Fundiertem begegnen, zumal wenn wir sehen,
daß ein genialer Denker, wie Hörbiger, wesentlich dieselbe Lehre auf=
baut, wenn auch gewiß mit ganz anderen Erkenntnismitteln und
von einer ganz anderen Seite der Betrachtung her als jene Alten.

Datierung und Raumbegrenzung der noachitischen Sintflut

———

Es ist uns zuvor schon klar geworden, wohin wir nach unserer vergleichenden Methode den noachitischen Menschen zu stellen haben, sowohl in der Evolutionsstufe des Menschenstammes selbst, wie in der erdgeschichtlichen Zeitskala. Dieser Noahtypus — man darf ja nicht an eine Person, auch nicht bloß an einzelne Generationen denken, sondern muß ganz frei aus der Höhe den Menschentypus in allen möglichen Spezialstämmen und Ausgestaltungen seiner Körpergestalt und Kulturfähigkeit, doch innerhalb gewisser Grenzen als denselben begreifen — dieser von uns so genannte noachitische Menschentypus ist, wie wir versuchten darzutun, vielleicht schon frühmesozoischen Alters. Nicht sofort mit dem Entstehen dieses noachitischen Menschenstammes trat die Sintflut ein. Denn Noah selbst, wie er als Menschenfigur im Sintflutbericht auftritt, lebte ja schon länger unter entarteten Menschen. Er ist ein schon höher entwickelter Repräsentant des mesozoischsäugetierhaften Intellektualmenschen gewesen.

Ein Merkmal, wonach man zunächst versuchen kann, das Sintfluterlebnis Noahs erdgeschichtlich einzuordnen, ist die Pflanzenwelt, die ihn umgibt. Es wird der Ölbaum genannt, den er zuerst nach der Flut wiederfand. Sodann die Züchtung des Weinstockes, die ihm nach der Sintflut gelang. Der Ölbaum, wie der Weinstock gehören zu den Blütenpflanzen, denen wir in der Erdgeschichte zum erstenmal in der letzten Hälfte der Kreidezeit, also am Ende des mesozoischen Zeitalters begegnen. Da der Weinstock als solcher nicht wild vorkommt, sondern als Züchtungsprodukt angesehen werden muß, so kann er jedenfalls nicht früher als in dem oberen Teil der Kreidezeit vom Vorweltmenschen gezüchtet worden sein. Da er nach der Sage erst nach der Sintflut in den neu besiedelten Gebieten hervorgebracht wurde, so kann diese Neubesiedelung nicht viel vor dem Ende der Kreidezeit stattgefunden haben. Damit ist eine älteste Zeitgrenze gegeben.

Unter den Tieren, die Noah in die Arche mitnahm — die meta=
physische Bedeutung des Bildes der Arche werden wir später noch
kennzeichnen — sind stets nur Säugetiere und Vögel genannt, wie
Elefant, Nashorn, Maus, Hase, Taube, also keine Reptilien mehr.
Diese Typen weisen ebenso allgemein auf die Tertiärzeit hin; sie
entstanden aber wohl schon in der letzten Phase des mesozoischen
Zeitalters. So bekommen wir abermals eine untere Zeitgrenze in
die Erdgeschichte rückwärts: das Ende der Kreidezeit.

Ein weiteres, dasselbe erdgeschichtliche Alter der Flut bestimmen=
des naturhistorisches, aus den Mythen entnommenes Merkmal ist
die Nennung des Riesenvogels im Zusammenhang mit dem Sint=
flutmenschen. Die Knistino= oder Creesindianer haben eine Sage[71]),
wonach ein solch großer Vogel zur Zeit der Sintflut gelebt haben
muß. „Zur Zeit der großen Überschwemmung, die .. alle Völker
der Erde vertilgte .. ergriff eine junge Frau den Fuß eines vor=
überfliegenden sehr großen Vogels und wurde .. auf die Spitze
einer sehr hohen Klippe geführt. Hier gebar sie Zwillinge, deren
Vater der Kriegsadler war, und ihre Kinder haben seitdem die
Erde bevölkert." Bei aller späteren bewußten Allegorie, die zu=
gleich in dieser Fassung steckt, fußt sie doch auf dem Urbild des
großen Vogels als solchen. Die vermutlichen fliegenden Riesen=
vögel haben wir aber schon in einem vorhergehenden Abschnitt
als alttertiärzeitlich oder spätkreidezeitlich bestimmt (S. 114).

Die angenommene Zeitbestimmung der noachitischen Sintflut
kann sagengeschichtlich noch weiter erhärtet werden. Denn eine der
schon wiedergegebenen Sagen, die von den Binnas der Malayi=
schen Halbinsel, weiß noch zu berichten, daß erst später, nach der
Sintflut der Berg Lulumut und die Gebirge entstunden. „Die
Gebirge" sind aber natürlich die besonders beachtbaren Gebirge,
also wohl die des indisch=hinterindisch=neuseeländischen Bogens,
deren Entstehung erdgeschichtlich endgültig in die mittlere oder
letzte Phase der Tertiärzeit fällt. Wir haben eine weitere Sage,
die eben dahin zielt, nämlich bei den Somalis, wonach vor der
noachitischen Flut das Rote Meer noch nicht bestand. Dieser
Vorgang nun ist jungtertiärzeitlich[72]); die Flut müßte danach
mindestens schon in der Alttertiärzeit gewesen sein.

Die Binnas auf der Malayischen Halbinsel wissen, wie wir, daß
die Erde keine feste Masse sei, sondern eine dünne Haut habe. In

alter Zeit brach Gott die Kruste durch, so daß die Welt zerstört und
von Wasser überflutet wurde. Später ließ er Berg und Gebirge
entstehen und auch die von den Binnas bewohnte Niederung.
Von diesen Bergen hängt die Festigkeit der Erde ab. Nach dem
Emportauchen des Berges schwamm auf dem Wasser eine aus
Holz gezimmerte Prahu umher, worin Gott einen Mann und eine
Frau, von ihm erschaffen eingeschlossen hatte. Als sie festsaß, bahn=
ten sie sich einen Ausweg. Anfangs war alles noch dunkel, es war
weder Abend noch Morgen. Später wurde es licht und sie bekamen
Kinder, von denen alle Menschen abstammen[73]). Andree sagt,
diese Sage erscheine ihm, wenn sie gut aufgezeichnet sei, nicht
unverdächtig; sie sei kosmogonischer Natur, zeige aber Vermischung
von biblischer Schöpfungsgeschichte mit dem Flutbericht, ja wört=
liche Anklänge, z. B. daß Gott mit Wohlgefallen auf die Men=
schen schaute, deren Zahl er zählte. Es ist aber wohl unrichtig,
die Entstehung der Berge kurzweg als „kosmogonisch" und daher
als dem biblischen Schöpfungsbericht entsprechend zu bezeichnen.
Der Sagenforscher soll nicht Dinge, die zeitlich weit getrennt sind,
in einer Fläche sehen. Die Entstehung von „großen" Gebirgen ist
ein sehr später erdgeschichtlicher Vorgang, und gerade das, was
wir heute an hohen Gebirgen auf der Erde haben, entstammt
meistens Faltungsvorgängen der Jungtertiärzeit und hat sich ver=
hältnismäßig so rasch hergestellt, daß dies fast als katastrophal
bezeichnet werden kann, wenn man demgegenüber die Dauer
der geologischen Perioden in Betracht zieht. Also von einem
kosmogonischen Alter, d. h. einem auf ursprüngliche Erdzustände
deutenden Alter kann man bei der Gebirgsentstehung überhaupt
nicht reden, und so wird in der angeführten Sage eben ver=
mutlich auch ein sehr später erdgeschichtlicher Vorgang berührt,
nämlich die Entstehung der tertiärzeitlichen Hochgebirgszüge, zu
denen die himalanischen Ketten ebenso gehören wie die neusee=
ländischen Alpen und die hinterindischen Gebirgsketten und unsere
Alpen, während uns kosmogonische oder, genauer gesagt, geogonische
Flutsagen im allgemeinen mehr in der nordischen Mythologie
entgegenzutreten scheinen, wo die Sintflutsage im noachitischen
Sinn nicht selbsterlebt vorhanden ist. Es scheint mir daher von
äußerster Wichtigkeit für die naturhistorische Klärung der alten
Sagenbilder, jenen Unterschied im Auge zu behalten, damit nicht

Heterogenes und zeitlich weit Auseinanderliegendes zusammen-
fließt. Wir haben es also in der Binnasage doch mit demselben
geschichtlichen Kern zu tun wie in dem biblischen Naturereignis
und datieren daher auch hier dieses Ereignis mindestens in die
Alttertiärzeit.

Unter diesem Gesichtspunkt erscheint dann selbst eine geophysisch
zunächst so Unmögliches bietende Sintflutüberlieferung rational,
wie die auch von Sueß schon erwähnte Sage, daß nach der Sintflut die im Schiff Dahintreibenden ihr Fahrzeug an die Spitze
des Himalaya festbanden. Wenn man unsere Datierung gelten
läßt, so kann damals das gesamte Himalayagebiet, ebenso wie
die Alpen, nur erst ein Inselarchipel gewesen sein, dessen später
höchste Partien zum Teil noch völlig unter dem Meeresspiegel
(vgl. Fig. 22, 23) lagen oder als Inseln und Landrücken hervorge-
kommen waren. Geht also die Menschheitserinnerung in jene von
uns angenommene Zeit zurück, so ist es geradezu richtig, daß
spätmesozoisch-alttertiärzeitliche Menschen an den höchsten Spitzen
des späteren südasiatischen Hochgebirges landeten, das dem versunkenen Gondwanaland unmittelbar gegenüber lag. Ja, wenn
man dem Auswanderungsvorgang der vom versinkenden Gondwanakontinent vertriebenen Sintflutüberlebenden einige Zeit-
weite gibt, so bekommt die Sage noch stärkeres naturhistorisches
Gewicht, weil das Absinken des Gondwanalandes geradezu ursächlich mit dem langsamen erstmaligen Auftauchen himalayischer
Gebirgskörpermassen zusammenhängen kann.

Schon im vorigen Abschnitt wurde im Anschluß an Hörbigers
Sintfluttheorie darauf verwiesen, daß ein Hereinziehen kosmischen Eisstaubes oder die Auflösung eines wasser- oder eis-
reichen Planetoiden oder irgend eines sonstwie eingefangenen
kosmischen Körpers wesentlich in der Äquatorialzone eine sint-
flutartige Wirkung ausgeübt haben mußte. Ein solches kosmisches
Ereignis konnte aber nicht ohne Einfluß auf die isostatische Lage
des davon in erster Linie betroffenen Kontinentalgebietes bleiben.
Die ungeheueren Wassermassen mußten eine Druckbelastung hervorbringen, welche den bis dahin im planetaren Gleichgewicht
befindlichen Landgürtel nach abwärts zu drücken die Tendenz
hatten, und so in den tiefer liegenden Teilen alsbald das Meer
hereintreten ließen. Dies umso mehr, als der Umlauf des ein-

gefangenen Fremdkörpers zuvor schon eine, wenn auch nur kurz=
fristige äquatoriale Flut hervorgerufen haben mußte. Sodann
mußten im Zusammenhang damit Erdbeben entstehen, Spalten
sich bilden und Brunnen der Tiefe aufbrechen. Wenn es ein größerer
kosmischer Körper war, der hereingezogen wurde, so mußte bei
seiner Annäherung auch eine Beeinflussung der Form des Erd=
körpers, also in der Aquatorialzone innerhalb der Wasserhebung
auch die attraktive Tendenz zu einer Landhebung hervorgerufen
werden, wie jetzt bei der gewöhnlichen Mondflut und =ebbe. Nun ist
aber jede Kontinentalfläche immer in gewissen regionalen Span=
nungszuständen, welche im gegebenen Augenblick zum Ausgleich
schreiten und dann Auf= oder Abwärtsbewegungen, Horizontal=
und Vertikalverschiebungen hervorbringen, sei es, daß solche an
älteren, vorgebildeten und zuvor schon öfters im gleichen Sinne
benützten Unstetigkeitslinien und Verwerfungsspalten im Ge=
steinsgerüst der Kontinente sich ausleben, oder daß neue Spalten=
linien sich bei solcher Gelegenheit bilden. Solche Spannungen
werden wohl bei gewissen astronomischen Änderungen, also etwa
bei Exzentrizitätsschwankungen der Erdbahn oder allenfalls bei
Änderungen der Ekliptikschiefe, am ehesten ausgelöst und könnten
natürlich in mehr katastrophaler Weise bei einer solchen Gelegen=
heit, wie sie das Herantreten eines kosmischen Körpers bietet,
ausgelöst werden. Bei derartigen Kontinentbewegungen und dem
dabei einsetzenden Aufreißen von Spalten und Bruchsystemen
treten dann auch Quellen, heiße Thermen oder Vulkane zutage.
Das sind gewöhnliche geologische Erscheinungen, die hier nicht
erst begründet zu werden brauchen und deren Heranziehung nichts
Besonderes ist.

Wir wissen nun aus der Erdgeschichte, daß mit dem Ende des
mesozoischen und am Beginn des Tertiärzeitalters der große, schon
öfters erwähnte Gondwanakontinent zwischen Polynesien, Austra=
lien, Indien, Madagaskar und Afrika zerfiel, sei es, daß er zu
ozeanischen Tiefen niederbrach oder daß unter geringeren Nieder=
brüchen seine Teile im Sinne der Wegenerschen Kontinentalverschie=
bungslehre[74]) auseinandertraten. Jedenfalls ist dieser Kontinen=
talzerfall eine erdgeschichtliche Tatsache und hat sich in der Jura=
zeit zum erstenmal stark bemerkbar gemacht. Wenn dieser Vorgang
auch über längere Zeit sich erstreckte, so kann er stellenweise und

flächenhaft doch auch katastrophal erfolgt sein. In der Oberkreide-
und Alttertiärzeit blieb dann zuletzt, unter vorübergehender gleich-
zeitiger starker Überflutung der Randgebiete des afrikanischen Kontinentes, eine im Indischen Ozean liegende große Festlandsinsel,
etwa an Größe Australien vergleichbar, übrig, die sich von Ost-
madagaskar nach Indien erstreckte und seit Wallaces tiergeographischen Studien auch in der geologischen Literatur den Namen
Lemuria bekam und die mit der Tertiärzeit ebenfalls endgültig verschwand (Fig. 23). Seitdem ist auch die Ausdehnung der Ozean-
gebiete und das Zurücktreten großkontinentaler Flächen auf der
äquatorialen und der unmittelbar südlich anschließenden Kugelzone
besonders auffällig. Deuten und datieren wir also die noachitische
Sintflut, entgegen Ed. Sueß, in der bisher verfolgten Weise, so
wird uns allerhand verständlich, was vorher undurchsichtig war,
nämlich nicht nur die allgemein sagenhafte Seite des Sintflutereignisses und die merkwürdige Verbreitung seiner Kunde, sondern auch menschheitsgeschichtlich, tiergeschichtlich und erdgeschichtlich das, daß vermutlich jene ältesten vornoachitischen und noachitischen Menschen auf jenem südlichen Gondwanaland und später
auf seinem lemurischen Rest saßen; daß auch dort die ersten Säugetiere von reptilhaftem Habitus zugleich mit dem vornoachitischen
und noachitischen Menschen entstanden und daß nach oder mit der
Sintflut und dem Untergang bzw. der Überschwemmung jenes
ersten Kontinentes die Auswanderung der Menschen und der
Säugetiere vor sich ging. Nach den damaligen Verteilungsver-
hältnissen von Land und Meer aber darf es als unwahrscheinlich
gelten, daß sich die Auswanderung gerade nordwärts vollzog, weil
damals dort das breite, von Hinterindien über Persien, Kleinasien
und das Mediterran- und Alpengebiet sich erstreckende Weltmittel-
meer sich ausdehnte, dem die Geologie den Namen Tethys gab
und das zu den permanentesten Meeren der Erdgeschichte gehört,
so daß eine Auswanderung nach Osten und Südwesten in Betracht kommen wird, wo Festlandsteile gesucht werden dürfen
oder wenigstens Inselarchipele, welche die nach der Sage damals
noch kaum der Schiffahrt kundigen Noachiten erreichen konnten.
So kamen sie leicht zu dem südatlantischen Kontinent im Westen,
der noch bestand, und erreichten wohl Südamerika, womit jener in
Verbindung war; andererseits konnten sie auf dem Land nach

Südindien gelangen und auch Australien halten. Endlich ist an=
zunehmen, daß damals, selbst nach dem Untergang des größten
Teiles von Gondwanaland, noch im Pazifik ein polynesischer Land=
komplex sich hielt, der ebenfalls dem noachitischen, sintflutver=
triebenen Menschen erreichbar war, von wo er ebenfalls durch
Inselguirlanden nach Süd= oder Mittelamerika gelangen konnte.
Und überall dahin nahm er die originale, wenn auch regional von
Anfang an verschiedene, aber im Kern
übereinstimmende Sintflutsage mit, was
ganz der unserer Sagenforschung ursprüng=
lich scheinenden Verbreitung entspricht.

Daß die Sintflutsage in Mittelamerika
ursprünglich ist, d. h., dort vorhanden war,
ehe die Spanier ins Land kamen, ist heute
wohl ausgemacht. Umso wichtiger scheint
mir daher ein Stück aus der schon wieder=
holt zitierten aztekischen Mayahandschrift,
auf dem vielleicht eine Anspielung auf die
Sintflut zu erkennen ist (Fig. 24). Der
mit dem Menschendämon über das Wasser
gefahrene Mensch sitzt dort in der Flut, am
Grund des Wassers, das ihm über dem
Haupt steht. Ihm gegenüber ein Tier, das
jedoch keine Schlange ist, denn es fehlen
ihm alle zu einer solchen gehörigen Merk=
male. Eher ist es mit einem Wurm ver=
gleichbar; aber die merkwürdige spirale Ein=
rollung erinnert auch an ein Ammons=

Fig. 24.
Bildfelder der Mayahandschrift,
vielleicht mit Andeutungen der
Tierwelt zur Sintflutzeit.

horn, das charakteristischste niedere Meerestier der Meere im meso=
zoischen Zeitalter. Auf dem kleineren Teilbild erscheint diese am=
monshornförmige Gestalt noch einmal, und zwar so involut, daß
ein unspiraliger Fortsatz kaum mehr vorhanden ist. Naturhistorisch
läßt sich über den Typ des Ammonshornes kurz sagen, daß es am
Ende der Kreidezeit, also gerade an jenem erdgeschichtlichen Zeit=
punkt, den wir als Sintflutdatum festsetzen möchten, völlig aus=
gestorben ist. Das schlangenartige Tier aber, das der Dämon
im Wasser hält, könnte eine Anspielung auf die fabelhafte See=
schlange sein, die wir im Kapitel über die Sagentiere schon

kennen lernten und die gleichfalls in der späten Phase der Kreidezeit und an der Grenze gegen die Tertiärzeit hin lebte; es ist
auch in diesem Zusammenhang bemerkenswert, daß man Anhaltspunkte dafür hat, daß jene Seeschlangen an der Oberfläche des
Wassers lebten und wohl stets nur zum Beutehaschen kurz und
vorübergehend untertauchten. Es liegt immerhin nicht außer dem
Bereich der Möglichkeit, daß als Sintfluterzählung der Mayahandschrift hier allerlei von dem Gesagten anklingt. Ohne bei der
Unsicherheit des Objektes mehr daraus machen zu wollen, sei
dieser Zug wenigstens der Beachtung bei Aufhellung der alten
Bilderschrift anheimgegeben.

Wichtig für die Beurteilung der schon erreichten Kulturhöhe
zur Zeit der noachitischen Sintflut ist, daß in den babylonischen
Texten[75]) ausdrücklich berichtet wird, daß schon lange Zeit Herr-
schergeschlechter vor der Flut bestanden hätten, daß sogar Aussprüche
von Weisen vor der Flut mitgeteilt werden, und daß ausdrücklich
für die Zeit vor der Flut auch schriftliche Tradition behauptet wird.
Asurbanipal sagt, er habe Steine aus der Zeit vor der Flut gelesen. Wir haben doch nicht das Recht, solches bloß für eine Rede-
weise zu erklären, herbeigebracht, um seinen Worten und Gesetzen
Würde zu verleihen. Heißt es doch abermals ausdrücklich in anderen Schriften aus Babylon, daß sich dort eine große Menge
stammesverschiedener Menschen befunden habe, die ordnungslos
zusammengekommen seien und wie die Tiere lebten. Man erinnere
sich an die biblische Überlieferung von der Sprachenverwirrung
in Babel. Daß vor der Sintflut schon Kultur und schriftliche Überlieferung da war, bezeugt auch die Tradition, daß Xisuthros, der
letzte der zehn vorsintflutlichen Urkönige, die Verbindung mit den
Weisen über die Sintflutkatastrophe hinüber dadurch herstellte,
daß er vor der Flut alle Schriften vergrub; die Angehörigen des
babylonischen Noah hätten sie dann ausgegraben und unter den
Menschen verbreitet[76]).

In Platons Atlantisbericht heißt es, daß es zur Zeit der Besiedelung der Atlantis noch keine Schiffe gab. Wenn nun die Atlantis von Osten her nach dem Untergang des Gondwanakontinentes,
also nach der Sintflut besiedelt worden ist, so war es der Noachit,
der sie besiedelt hat. Er müßte also zu Land wandernd hinüber-
gelangt sein. Wenn man will, so kann man seine Arche als ersten

Schiffsbauversuch mit der damaligen ersten Erfindung des Schiffs-
baues ja allenfalls in Zusammenhang bringen. Für mich ist sie,
wie in einem der Schlußabschnitte dargelegt wird, auch noch von
anderer Bedeutung. Aber wenn erst mit der von uns angenommenen nachsintflutlichen Atlantisbesiedelung das Schiff erfunden
wurde, so wird damit auch ein Licht auf die „Steinkisten" fallen,
mit denen der Schiffer des babylonischen Utnapischtim im Gilgameschepos zu tun hat und die ihm Gilgamesch vor der Überfahrt
zertrümmert, worauf sie an Stelle der alten Steinkisten ein Schiff
bauen. Gerade darüber wundert sich ja der Ahn Utnapischtim,
als er von fern die beiden in einem Schiff über das Meer fahren sah.

Auch in den Atlantismärchen von Frobenius findet sich, um
nur dies noch herauszugreifen, eine Stelle, welche auf ganz uralte natursomnambule Zustände des Menschenwesens deutet und
dabei das damalige Vorhandensein von Schiffen noch in Abrede
stellt; es wird erzählt von der Tochter eines Agelith, welche einen
Monat schlief und einen wachte, bis sie heiraten würde. Und dabei
heißt es, daß es damals noch keine Schiffe gab[77]. Das merkwürdige Schlafen, bis sie ein Mensch würde, wie es an anderer
Stelle steht, und das Unbekanntsein mit dem Schiff weist auch
wieder auf jene ganz alte vornoachitische und vorsintflutliche
Menschenzeit hin.

Daß durch den Eintritt der Sintflut Menschen von ihren Wohn-
sitzen vertrieben wurden und andere Landstriche besiedelten, deutet
eine Sintflutüberlieferung der Juden an. Als die Flut begann
und Noah mit seinem Geschlecht im Kasten war, kamen Menschen
heran und wollten ihn aufsprengen, um noch Unterschlupf darin
zu finden. Aber da ließ Gott über sie herfallen das Vieh und die
wilden Tiere, die den Kasten umlagerten. Und die Tiere über-
wältigten die Menschen und schlugen sie und töteten ihrer viele
und vertrieben sie. Da suchte sich jeder seinen Weg und sie zer-
streuten sich über die Erde[78].

Am Ende des mesozoischen Erdzeitalters bildeten sich auch schon
die heutigen Grenzen von Festland und Meer heraus. Große
Landuntergänge und weitausgreifende Meerestransgressionen haben sich, abgesehen von dem später noch folgenden, aber wohl
nicht sehr umfangreichen atlantischen, nicht mehr abgespielt.
Bemerkenswert ist aber die Tatsache, daß mit dem Ende der

Kreidezeit ein großes Sterben einsetzt, die gewaltige Reptilwelt in den Meeren und auf den Kontinenten verschwindet wie mit einem Schlag, danach herrschen wesentlich die vorher kaum bemerkbaren Säugetiere. Auch unter den niedrigen Meeresbewohnern verschwinden manche, im mesozoischen Zeitalter noch herrschende Typen. Es ist nun sehr wahrscheinlich, daß sich auch die Tiefsee im Zusammenhang mit der damals einsetzenden und in der Tertiärzeit sich vollendenden letzten großen allgemeinen Faltengebirgsbildung erst voll ausprägte.[78a] Mesozoische niedrige Meerestiere wanderten nachweislich damals in die Tiefsee ein und leben noch heute dort. Für alle diese geologischen und biologischen Erscheinungen aber gäbe ein kosmischer Wasserzufluß auf die Erde eine gute Erklärung. So wären von dem in die Oberflächenschicht der Meere eindringenden Süßwasser viele Meerestiere, und gerade die bis dahin äußerst zahlreichen und an der Wasseroberfläche lebenden Ammonshörner rasch ausgestorben, andere konnten sich in das salziger gebliebene Tiefenwasser zurückziehen, und es ist bezeichnend, daß die mehr in der Tiefe und am Boden lebenden Geschlechter der Muscheln, Schnecken und Krebse diese Epoche überstanden haben, während die genannten Oberflächenbewohner und einige an der Meeresoberfläche lebende festgewachsene Molluskengruppen, die noch für die Kreidezeit so charakteristisch waren, danach ganz verschwunden sind. Damals wäre dann durch das hereinströmende kosmische Wasser auch der Ozean aufgefüllt worden.

Das alles würde also unmittelbar an die Grenze von Kreide- und Tertiärzeit zu legen sein, und damals wäre auch der Vornoachit mit zugrunde gegangen; dann herrschte nur noch der Noachit und blieb vornehmlich von einer Säugetierwelt umgeben. Daß aber alle diese Deutungen, wie schon wiederholt gesagt, nur Vorversuche sind, um später einmal zu einer gediegeneren Erklärung zu gelangen, dessen bin ich mir wohl bewußt.

Jüngere Fluten und Landuntergänge

Es ist oft unter dem Sammelbegriff Sintflut allerhand zusammengestellt worden, was recht verschiedener Herkunft ist und sich nicht nur wie Sagenkern und Umdichtung zueinander verhält, sondern vermutlich auch auf die verschiedensten äußeren erdgeschichtlichen Ereignisse zurückgeht. Schon die Tatsache, daß doch die längst durchgearbeitete griechische Mythologie mehrere Fluten kennt, die sie aber selbst anscheinend durcheinanderwirft und die man gelegentlich auch mit der noachitischen Sintflut identifiziert hat, zeigt, daß man die Sintflutsagen behutsam getrennt halten muß. Es war daher von R. Andree nur sinnvoll, seine bekannte Zusammenstellung allgemein als „Flutsagen" zu bezeichnen und auf deren ganz verschiedene Entstehungsursachen, nicht nur Entstehungsräume, hinzuweisen. Dagegen scheint ihm Golther in der „Germanischen Mythologie" hierin nicht zu folgen, sondern vereinigt z. B. die kosmogonische, aus dem Blute des erschlagenen Riesen Ymir quellende Flut auf Grund einer hergeholten Wortdeutung mit der biblischen Erzählung, obwohl beide bei unbefangener Betrachtung unmöglich dasselbe meinen können und erdgeschichtlich ganz weit auseinanderliegenden, sehr verschiedenen Ereignissen und Überlieferungswegen angehören müssen[79]).

Die Vermischung der kosmogonischen Ymirflutsage, wie wir sie ganz allgemein nennen könnten, mit der gewöhnlichen noachitischen Sintflutsage zeigt schon eine Erzählung aus Borneo, die durch den erscheinenden Blutstrom unmittelbar an jene erinnert, aber andererseits doch auch der Sintflutgruppe, wobei der Mensch als solcher beteiligt ist, angehört. Es scheint mir überhaupt einen südöstlichen und einen nordwestlichen Flutsagenkreis zu geben, die sich gelegentlich etwas überschneiden und dann eine Vermischung kosmogonischer und noachitischer Flutbilder ergeben. Denn der nordwestliche scheint ursprünglich nichts von der noachitischen Sintflut gewußt zu haben, sondern hat nur kosmogonische Sagenbilder hervorgebracht. Jene, die Nahtstelle und Überdeckungsfläche beider Sagenwelten verratende Überlieferung aus Borneo

lautet ungefähr so: Einst zogen einige Dajakweiber aus und setzten
sich im Dschungel auf einen umgestürzten Baum. Auf einmal be=
gann der Baum zu bluten, und einige hinzukommende Männer
sahen, daß es kein Baum war, sondern eine große Schlange, die
erstarrt dalag. Sie töteten das Tier, schnitten es auf, nahmen das
Fleisch mit nach Hause und brieten es. Da erhob sich ein Lärm,
es begann heftig zu regnen, bis alle Berge außer den höchsten
unter Wasser standen. Alle Menschen gingen zugrunde, nur ein
Weib wurde gerettet, aus dem später die feuerbohrenden Menschen
hervorgingen[80]).

Für die Sintflutsage noachitischer Natur haben wir als Mittel=
punkt einen südöstlichen Erdkomplex, in den z. B. Griechenland
schon nicht mehr ursprünglich gehört, sondern der vielmehr mit
Babylonien und Chaldäa nach Westen und Nordwesten abgrenzt.
Dagegen erstreckte er sich auf das Gebiet am und im Indischen
Ozean bis hinüber nach Polynesien und von dort wohl — also nicht
von Westen und nicht von Nordasien her — auf Süd= und Mittel=
amerika. China, Tibet und Zentralasien, ebenso wie der germanisch=
nordische und der mediterran=atlantische Kreis gehörten zum nord=
westlichen Flächenkomplex. Unsere heutige, von Europa aus=
gehende Orientierung in eine westliche Erdhalbkugel, unter der
man die beiden Amerika mit dem Atlantik versteht, und in eine
östliche, worunter man den Orient und Asien mit Australien
und Polynesien versteht, legt die Grenznaht mitten durch Europa
hindurch. Die Ureinwohner beider Amerika sind aber für unsere
Betrachtungsweise hier Ostvölker.

Es gibt nun manche Berichte über Fluten älteren und jüngeren
Datums, die auf allerlei regionale Abbrüche von Festlandsteilen,
Meereseinbrüche und, in Küstenländern, wohl auch auf seismische
Fluten, wie sie Sueß so zahlreich bei der Sintfluterklärung bei=
bringt, zurückgehen mögen. Viele von ihnen werden vermutlich mit
jener einen großen Kontinent überlaufenden noachitischen Sintflut
späterhin zusammengebracht worden sein, und so wird es vielleicht
unmöglich sein, diese verwobenen Fäden je zu entwirren. Denn
selbst seit der jüngsten Phase der Tertiärzeit haben sich immerhin
noch soviel Veränderungen von Meer und Land abgespielt, daß
genug Stoff und Anlaß für eine stete Neubelebung der ältesten
Sintflutsage dagewesen ist, die so stets neue Gestaltungen an=

nehmen mußte bei den Völkern, bei denen sie nicht wurzelecht im Gedächtnis steckte, sondern denen sie nur zugetragen war. Deshalb braucht es uns nicht zu wundern, wenn wir nicht nur auf die allerverschiedenartigsten Flut- und auch Sintflutsagen stoßen, sondern sie auch in ein und demselben Volke, in ein und demselben Lande oft mehrfach übereinandergeschichtet und teilweise miteinander verfilzt finden.

Es liegt außerhalb der hier gegebenen Möglichkeiten, nun allen solchen Flutsagen nachzugehen. Nur einige wenige, leichter erfaßbare seien noch besprochen; so vor allem die aus dem griechischen Sagenkreis[81]), wohl z. T. mit der Atlantis zusammenhängend.

Die ogygische Flut, benannt nach dem König Ogyges, einem Ureinwohner Griechenlands, soll die älteste sein; die deukalionische die zweite; die unter dem Böotierkönig Dardanos die dritte. Es scheint, daß man auf die griechischen Fluterzählungen und vor allem auf die Flutdatierungen nicht viel geben darf, ja daß sie erdgeschichtlich geradezu irreführend behandelt sind. Nirgends ist durch den unmythischen Intellektualismus und die rein allegorische oder humanistische Art am uralten Sagenleben für uns soviel verdorben worden, wie durch die griechische Poesie und Schriftstellerei. Schon bei Homer treffen wir hinsichtlich der urältesten von ihm verarbeiteten Sagenwerte auf einen vornehmlich theologisch allegorisierenden Rationalismus und reine Romanhaftigkeit. Mag sein daß dies im orphischen Kreis und Urgriechentum anders und besser war; aber davon wissen wir kaum etwas. So ist der ohnehin in Griechenland und bei den Atlantiern wie bei den Ägyptern wohl nicht bodenständige noachitische Sintflutmythus naturhistorisch entstellt worden durch Vermengung mit den späteren autochthonen Fluterlebnissen, die sich offenbar im Mittelmeer, insbesondere in Griechenland und seiner ägäischen Inselwelt abgespielt haben. Wenn der Mensch im Mediterrangebiet auch nur ein quartärzeitliches Alter hätte — Diluvialmenschen gab es ja zweifellos dort — so muß er solche Regionalfluten bzw. Landuntergänge öfters erlebt haben. Denn die Einbrüche des Ägäischen Meeres und die Absenkungen des Griechenlandes, dessen Buchten ja meistens im Meer ertrunkene Flußtäler sind, gehören in eine erdgeschichtlich so nahe bei uns liegende Zeit, daß es geradezu ein Wunder wäre, wenn wir keine Nachrichten davon hätten. Wenn freilich Ogyges, der Uralte, nur

eine andere Form des Wortes Okeanos wäre, so würde auch die
„ogygische" Flut nur eine Vermischung allerjüngster, in Griechenland lokalisierter Vorgänge mit den etwas älteren atlantischen
Versenkungsvorgängen kontinentaler Gebiete sein.

Für uns besonders wertvoll ist, daß im Platonschen Atlantisbericht außerdem noch von mehreren, teilweise gleichzeitigen Katastrophen im Mittelmeergebiet selbst die Rede ist. Griechenland wird,
geologisch einwandfrei, als Rest einer ehemals ausgedehnteren zusammenhängenden Landmasse bezeichnet. „Das ganze Land erstreckt sich vom Festland aus weithin in das Meer und liegt da wie
ein Vorgebirge; das Meeresbecken, von dem es umschlossen wird,
ist überall an seinen Gestaden sehr tief. Da nun in den 9000 Jahren,
die seit jener (atlantischen) Zeit bis jetzt verstrichen sind, viele gewaltige Überschwemmungen stattgefunden haben, so hat sich die
Erde, die in dieser Zeit und bei solchen Ereignissen von den Höhen
herabgeschwemmt wurde, nicht wie in anderen Gegenden hoch
aufgedämmt, sondern wurde jeweils ringsherum fortgeschwemmt
und verschwand in der Tiefe. So sind nun, wie das bei kleinen
Inseln vorkommt, verglichen mit dem früheren Land, gleichsam
nur noch die Knochen des erkrankten Körpers zurückgeblieben".
Nach diesen Sätzen beschreibt Platon das alte, waldreiche Land mit
seinen Herden und seiner Bevölkerung. Es erscheint hier in
einer geradezu modern naturwissenschaftlich anmutenden Analyse,
geologisch vollkommen richtig als Landrest, dessen Hauptkörper
dem Meer zum Opfer gefallen ist.

Fr. Frech, einer der geologischen Erforscher Kleinasiens, erklärt
diese und verwandte griechische Flutsagen durch die zahlreichen
nachtertiärzeitlichen Einbrüche des Ägäischen Meeres. Dieses ist,
ebenso wie der Pontus, also das Schwarze Meer, und die Propontis
in dem späteren Abschnitt der Diluvialzeit eingebrochen. Die Linie
der Dardanellen bis zum Bosporus ist ein altes Flußtal, das niedergegangen und nun meerbedeckt ist. Auch Fossilfunde beweisen das.
So sind im Boden des Bosporus Süßwasserschnecken gefunden
worden, welche dort lebten, als das Marmarameer und das
Schwarze Meer noch einen Teil jenes großen, immer enger werdenden Süßwassersees bildeten, der ehemals im Spättertiärzeitalter auch noch die ungarische Tiefebene und das Wiener Becken
ausfüllte[82]).

Solche und ähnliche Ereignisse im Mediterrangebiet, die immerhin zahlreich gewesen sein müssen, wurden sogleich oder später an
altüberlieferte Menschheitsmythen und -sagen geknüpft, mit ihnen
verwoben, und so kommen nicht nur erdgeschichtliche Unklar-
heiten, sondern natürlich auch falsche Zeitdatierungen und Um-
stellungen des einen über das andere hinweg, ja vielleicht Über-
kreuzungen mehrerer Sagenhälften vor. So hat, wie ich in Roschers
Lexikon fand, Welcker gewiß recht, wenn er sagt, die böotische,
also ogygische Flutsage sei durch die deukalionische verdunkelt worden. Die deukalionische war eben mit der noachitischen gleichgesetzt
oder vielmehr als noachitische überhaupt von Osten her übernommen und nomenklatorisch umgestaltet worden, weil diese im
Mediterrangebiet überhaupt nicht bodenständig war. Diese noa-
chitisch-deukalionische Flutsage kann als uraltester Überlieferungs-
stoff sogar schon auf eine griechisch-autochthone Lokalsage getroffen und mit ihr alsbald verwoben worden sein; danach, wer
weiß wie oft, mit einem der gewiß nicht seltenen ägäisch-medi-
terranen, später eintretenden Meereseinbrüche neu identifiziert oder
in einen solchen umgegossen worden sein; es braucht das außerdem nicht im ganzen Griechenland überall geschehen zu sein. Ohnehin gibt es ja auch für die ogygische Flut allein schon, außer der
böotischen Überlieferung, noch eine attische. Und bei den an die
attische Flutsage später noch geknüpften Opferfesten wurde, ebenso
wie jenseits in Hierapolis bei dem Fest der Erinnerung an das
Ende der noachitischen Sintflut, auch noch der Erdspalt gezeigt,
durch den die attische Flut abgelaufen sein sollte — ein Motiv, das
andernorts, nämlich bei ganz nördlichen Indianern, ebenfalls
lebt[83]), und bei seiner auffallenden Anschaulichkeit umso mehr auf
ein und dieselbe außermediterrane Quelle zurückweist, als es geologisch unmöglich ist, daß Riesenüberschwemmungen in einem
kleineren Erdspalt ablaufen, ohne sonstwo, wie eine Karstfluß-
versickerung, wieder zum Vorschein zu kommen.

Hier, in der Sage der nördlichen Dindje-Indianer, wo es heißt,
daß die Wasser der Sintflut sich danach in einen ungeheueren
Schlund der Erde zurückgezogen hätten, ist es, auch abgesehen
von der attischen Flut, doch ganz offenbar, daß ein so identischer
und spezifisch eigenartiger Zug nicht erst durch die Beeinflussung
christlicher Missionäre kann geschaffen worden sein, zumal der bib-

lische Bericht gerade auf diesen Ablauf kein Wort verwendet, so
daß das Motiv ursprünglich aus der Sintflutzeit selbst stammen
muß, wo mit dem Zusammenbrechen des Gondwanakontinentes
eine so riesige, zur Aufnahme großer Wassermengen und zu ihrer
Hinausleitung ins Meer geeignete Spalte sich bilden konnte.
Weil dieser Zug an zwei so ganz entgegengesetzten Punkten der
Erde nun ursprünglicherweise in der gleichen Überlieferung wiederkehrt, so muß er von den Urbewohnern Nordamerikas wahrscheinlich von Polynesien her und nicht über das die noachitische Sint-

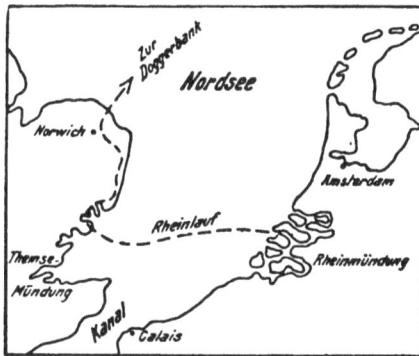

Fig. 25.
Altdiluvialer Rheinlauf vor der Trennung Großbritanniens vom Kontinent.
(Nach J. W. Harmer aus A. Rothpletz, Monatsschr. f. naturw. Unterricht. Bd. 8. 1915.)

flutsage ursprünglich gar nicht besitzende Mediterrangebiet, also
auch nicht durch das abendländische Christentum eingebracht worden
sein, und so hätten wir auch hier wieder den östlichen Komplex vor
uns, diesmal in einem Ausläufer nach dem Norden der Neuen
Welt dringend, im Gegensatz zum westlich-nordwestlichen.

Es sei noch auf eine Überlieferung hingewiesen, welche möglicherweise dazu führen könnte, auch einen Bestandteil der Nibelungen-
sagen als mindestens eiszeitlich oder vielleicht ganz spättertiärzeit-
lich zu erkennen. Das ist die Fahrt nach Isenland vom Rhein
aus. Ich glaube, man darf kaum annehmen, daß die Rheinschiffe
der Nibelungen so seetüchtig waren, daß sie jeweils Fahrten nach
Isenland über die immerhin nicht gerade kleinwellige Nordsee als
etwas Selbstverständliches und anscheinend oft Wiederholtes,

ihnen alfo Bekanntes wagen durften. Nun wiſſen wir aber, daß vor der Eiszeit und wohl auch in der Eiszeit ſelbſt, ſolange die Nord= ſee noch nicht vereiſt war, die Rheinmündung (Fig. 25) gar nicht

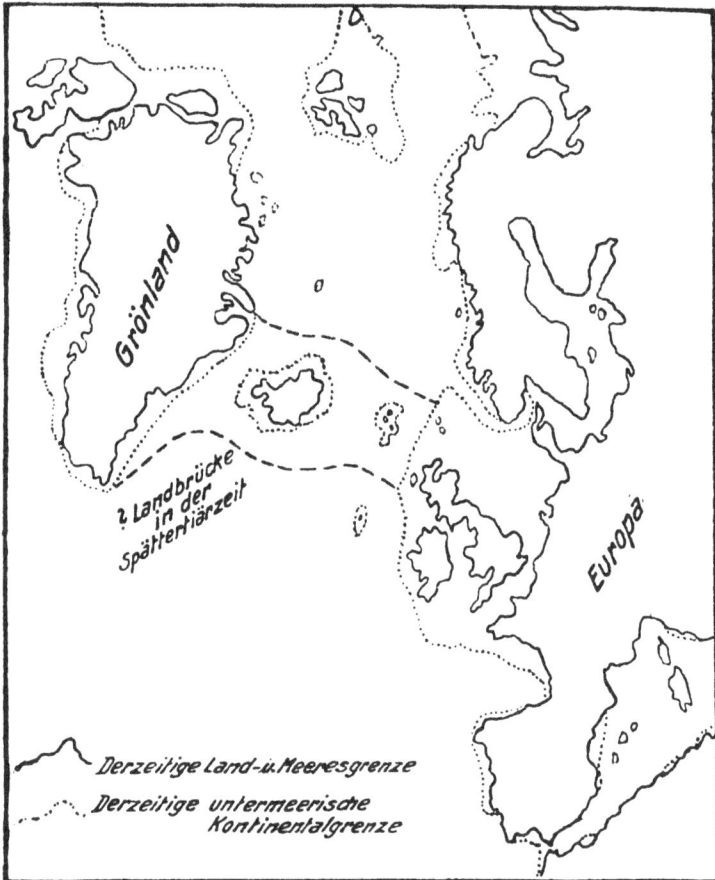

Fig. 26. Vermutliche tertiärzeitliche Landverbindung zwiſchen Europa und Grönland (Original).

in Holland lag, ſondern daß ſich eine weite kontinentale Trocken= fläche (Fig. 26) unter Umfaſſung von Friesland, Holland und Eng= land, bis hinauf an die Nordgrenze Schottlands erſtreckte, während die Rheinmündung ſelbſt jenſeits der Doggerbank lag und offenbar

in eine weite Meeresbucht trat. Von diesem Lande und seiner Bucht
aus ist es nur eine kurze Überfahrt nach Isenland gewesen. Wie
wir also schon Grund zu haben glaubten, die Urgestalt des Sieg=
fried als einen ungeheuer alten menschheitsgeschichtlichen Bestand=
teil der späten Nibelungensage anzusehen, so könnte auch die Fahrt
hinüber nach Isenland auf einen spättertiären Menschenverkehr
zwischen einem südlicheren atlantischen und einem nördlicheren,
damals nachgewiesenermaßen noch ausgedehnteren und vor allem
wärmeren Nordland hinweisen. Ebenso könnte dies die vielen merk=
würdigen Fahrten nordischer Menschen erklären, wie beispiels=
weise die Fahrt Leifs des Glücklichen nach Grönland oder die des
Djarni, der Grönland sucht[84]). Es wäre einer künftigen Unter=
suchung wert, aus den isländischen Sagen die Elemente heraus=
zuholen, welche nach den ganzen klimatischen Verhältnissen, die
darin zum Ausdruck kommen, in die Voreiszeit, also in die Tertiär=
zeit zurückgehen. Denn es ist ganz unmöglich, daß in der Quartär=
zeit solche Reisen und Entdeckungen im hohen Norden stattge=
funden haben konnten. Die dort herrschende geringe Jahresmittel=
temperatur und auch der düstere Polarwinter konnten niemals ge=
statten, daß man ein Land fand, wo Weizenäcker standen, die nie=
mand bestellt hatte, wo Weinranken grünten und Ahornbäume
wuchsen; und die Fahrten nach Grönland selbst hätten ebenso=
wenig solche Erlebnisse gebracht. Auch wenn man das alles auf
Amerika deutet, wo ja die Wikinger wohl gewesen sind, so ist eine
solche Deutung für die älteren Elemente des Sagenkreises doch
ganz untunlich. Denn auch drüben das nordische Amerika hätte
zum mindesten keine Weinranken gegeben. Wenn man aber die
erdgeschichtlichen Tatsachen ins Auge faßt, wenn man sich gegen=
wärtig hält, daß in dem letzten Teil der Tertiärzeit dort oben im
hohen Norden noch Ahorn= und Lorbeerbäume und sonstige immer=
grüne Pflanzen wuchsen, daß die Meere frei waren und daß kaum
am Pol selbst Eis gewesen war, so bekommen Raum und Zeit,
worin die isländischen Sagen sich abspielten, eine ganz andere
Weite, unbeschadet aller nachweisbar späteren, quartärzeitlichen
Entdeckerfahrten, in die jene uralten Stoffe wohl wieder nur mit
hineinverwoben sein mögen, so wie in die späten Seefahreraben=
teuer die uralten Sagen von den Meerungetümen, den meso=
zoischen Seeschlangen oder den Riesenvögeln.

Sagen von Mond und Sonne

Wenn wir nach den vorherigen Darlegungen mit der großen Wahrscheinlichkeit rechnen dürfen, daß der Mensch als eigenes Wesen, wenn auch mit anderen Kräften und, wie wir noch sehen werden, auch mit anderen Geisteseigenschaften begabt, Zeitalter der Urwelt durchlebt hat, die bisher nach ziemlich allgemeiner wissenschaftlicher Lehre als menschenleer anzusehen waren, so ist es auch nicht mehr weiter verwunderlich, wenn wir in der Überlieferung, bald bestimmter, bald unbestimmter, von Himmelskonstellationen vernehmen, welche unserem anscheinend so stabilen Weltbild große Rätsel oder leere Phantasien sind. Indessen ist zu bedenken, daß alle unsere wissenschaftlichen astronomischen Vorstellungen und Rechnungen ohne die Stütze eines gesicherten, sehr alten Wissens nur aus ganz jungzeitlichen, nicht einmal bis in die Diluvialzeit zurückreichenden Himmelskonstellationen und Himmelsbewegungen abgeleitet sind, und daß die rechnerische Zurückverfolgung allenfalls bemerkbarer Unstimmigkeiten doch auch nur für eine höchstens bis an die Grenze der Diluvialzeit reichende Zeitstrecke Gültigkeit haben können, abgesehen von nicht deutbaren sonstigen Beobachtungen.

Schon in der gewöhnlichen, nur aus dem Erdrindenmaterial und den Fossilien ermittelten Erdgeschichte kennen wir allerlei Vorgänge und Zustände, welche uns nötigen, sehr veränderte astronomische Stellungen der Erde, wohl auch Änderungen der Sonnenwärme, Polverlagerungen, ja vielleicht sogar Zufluß von Material und Wasser aus dem Weltraum für wahrscheinlich zu halten. Hier kann die Astronomie den Erdgeschichtsforscher so gut wie nicht belehren, sondern der Erdgeschichtsforscher wird seinerseits der Astronomie neue wissenschaftliche Probleme vorlegen, Postulate in bestimmter Richtung stellen und von ihr verlangen, sie nun auf ihre Weise, mit ihren Methoden hypothetisch durchzuarbeiten. Haben wir aber auch noch aus anderen Quellen als der Erdrinde selbst ein mehr oder weniger bestimmtes Wissen über

die erdgeschichtliche Vergangenheit und damals herrschende ura-
nische Bewegungen, so können auch diese Überlieferungen aus
früheren Epochen von Weltbildern und Weltkörperbewegungen
berichten, womit die Astronomie selbst bisher noch nichts anzufangen weiß, die sie nicht aus dem derzeitigen Weltbild ableiten,
die sie rechnerisch nicht erfassen kann; die sie aber einmal, falls
jene weiterhin als naturgeschichtliche Tatsachen erhärtet werden, in
den Kreis der von ihr betrachteten Möglichkeiten wird ziehen müssen.
Und dies umso mehr, wenn sich herausstellen sollte, daß jene uralten Tatsachenberichte von einem astronomisch so hochstehenden
Geist wie dem chaldäisch-ägyptischen weiter überliefert und offenbar in ein durchaus wissenschaftliches System gebracht worden
waren.

Man kennt aus der biblischen Geschichte die Erzählung im Buch
Josua (Kap. 10, Vers 12ff.), wo der König mit Gott redet und vor
dem versammelten Kriegsvolk rief: Stehe still, Sonne, zu Gibeon
und Mond im Tale Ajalon. Da stand die Sonne und der Mond
stille, die Sonne mitten am Himmel, und verzog unterzugehen,
beinahe einen ganzen Tag; und war kein Tag diesem gleich, weder
zuvor, noch danach. Dies ist aber nur eine von vielen Stellen, die
uns in allen Literaturen begegnen, wo Himmelswunder erzählt sind, über die wir Aufgeklärten den Kopf schütteln müssen.
Wenn ein urgeschichtliches Ereignis aus viel viel früherer Zeit
als der eines chaldäischen Königs hier noch durchschimmert,
so ist es denkbar, daß nicht eine Änderung der Bahn jener
himmlischen Körper dahintersteckt, sondern eine Umlagerung oder
Drehung des Erdkörpers oder der Erdbahn, vielleicht damit in
Zusammenhang eine gewisse horizontale Verschiebung eines
kleinen Teiles der Erdrinde, wobei dann scheinbar ein Stillstand der allein in Bewegung gedachten Himmelskörper entstehen konnte. Doch ist hier alles Mögliche zu mutmaßen mit
wenig Aussicht auf wirkliche Schlüssigkeit. Dagegen lassen sich
andere uns überlieferte astronomische Begebenheiten zunächst
genauer fassen und dann eher erklären.

Eine der positivsten Angaben über eine wesentliche Änderung
der astronomischen Konstellation, in der sich die Erde gegenüber
anderen Himmelskörpern oder diese zu ihr sich befanden, ist die
in verschiedener Form auftretende Sage von Menschen, die lebten,

ehe der Mond schien. Bei den Griechen waren es die Proselenen, Ureinwohner angeblich des Peloponnes, die nach einer von Aristoteles vermittelten Überlieferung von den späteren, also noch vormykänischen Urbewohnern unterjocht wurden. Mindt hat die Berichte teilweise zusammengestellt[85]) und weist auf eine Stelle im Apollonius Rhodius hin, der Ägypten als das älteste bewohnte Land bezeichnet, das ursprünglich eingenommen war von denselben Arkadiern wie der Peloponnes, damals, als noch nicht alle Gestirne am Himmel kreisten, als die Danaer noch nicht existierten und noch nicht das deukalionische Geschlecht. Diese Proselenen hausten, Eicheln essend, auf den Bergen.

Es muß auffallen, daß die Mondmythologie der griechischen Urzeit auch nicht einheitlich ist und sowohl auf Störungen des Mondlaufes oder des Mondkörpers selbst, wie auch auf zwei verschiedene Mondgestalten hindeutet[86]). Artemis gilt als Jungfrau und war unberührt geblieben; der Semele aber wird gelegentlich eine verborgene Liebe zugeschrieben. Doch heißt es dann auch wieder, daß sich Artemis als schwarze Bärin im Walde versteckt aufhalten könne und so einst von Zeus umfangen worden sei, danach ihm den Arkas, den Stammvater der Arkadier gebärend. Liegen hier Verwebungen ältesten, verschiedenzeitlichen Sagenwissens über den jetzigen und einen uns unbekannten Satelliten, oder ein Zusammentreffen mit einem anderen, etwa vorübergehenden Körper vor? Oder von zwei Monden, von denen der eine in langfristiger Periode verdunkelt wurde oder später überhaupt nicht mehr da war, oder von denen der andere später kam?

Die mir einleuchtendste Erklärung für die Proselenen hat, ebenso wie die für die Sintflut, die geniale Lehre Fauth=Hörbigers gebracht. Sie sucht den Nachweis zu führen, daß der Mond ein von der Erde eingefangener kleinerer Nachbarplanet sei, dessen Fesselung an die Erde wir im Abschnitt über die kosmische Erklärung der noachitischen Sintflut schon erwähnten. Der Mond sei ein eingefangener Planet, ehedem zwischen Mars und Erde stehend, und bewege sich nun auf die Erde zu. G. H. Darwin hält den Mond für einen Körper, der die Erde einmal verließ und nun vorläufig auf einer immer mehr sich erweiternden Spiralbahn von ihr wegtreibt.[87]) Doch hat (nach Fauth=Hörbiger) Darwin bei seiner Berechnung übersehen, daß alle Weltkörper einem

Mediumwiderstand ausgesetzt sind, der, wenn man allenfalls von dem seiner Natur nach hypothetischen Äther absieht, sich aus dem auch im Planetenraum verteilten und in der Nähe der Planeten angereicherten Wasserstoffgas ergibt und der sie je nach ihrer Masse, Dichte und Geschwindigkeit zwingt, abgesehen von der Anziehung selbst, in Spiralbahnen zum Kraftzentrum ihrer Bahnkurve herein zu gravitieren. Sobald aber ein Weltkörper einen Trabanten an sich gekettet hat, wie die Erde den Mond, bilden sie zusammen ein System mit einem gemeinsamen Schwer-punkt. Dieser liegt bei dem System Erde—Mond etwa dreiviertel des Erdradius vom Erdmittelpunkt entfernt, also noch innerhalb des Erdkörpers. Dieser gemeinsame Schwerpunkt zieht den labil außerhalb befindlichen Mond zu dem Planetenkörper hin, ihn sozusagen gegen ihn hin fallen lassend, wobei es jedoch zunächst nicht zu einem Einstürzen kommt, weil die Fliehkraft des Tra-banten dem entgegenwirkt und so die Mondbahn zu einem un-endlich eng gewickelten Spirallauf macht. Die Spiralbahn ver-engert sich aber infolge der unausgesetzt wirkenden Schwere gegen den Erdkörper hin immer mehr, und das Ende wird, unter großen Veränderungen der Mondgestalt, schließlich ein spiralstreifen-förmiges Hereinwickeln der Mondmasse in den äquatorialen Teil des Erdkörpers sein.

Ebenso, wie dieses Ziel einem Mondkörper bevorstehe, so stehe es allen Planeten bevor, die in die Sonne gezogen werden. Immer enger werde, auch von intermittierenden Änderungen ab-gesehen, ihre Bahn um den zentralen Schwerpunkt des ganzen Systems. Die Planeten laufen aber in Ellipsen um die Sonne, und zwar verschieden rasch. Im einen Brennpunkt ihrer Ellipsen steht die Sonne selbst, also nicht im idealen Mittelpunkt der Bahn. Infolgedessen befindet sich jeder Planet einmal während seines Umlaufes in Sonnennähe (Perihel) und einmal in Sonnenferne (Aphel). Seine Umlaufszeit ist sein „Jahr"; für die Erde beträgt es 365 Tage, für den Mars 687 Erdentage, für den Merkur als nächsten an der Sonne und daher mit einem raschen Umlauf eilend, 88 Erdentage. Da die Planeten nicht alle gleichzeitig in ihr Aphel und in ihr Perihel treten, so kommt es, daß benach-barte und verschieden große unter ihnen sich einander so an-nähern, daß der größere auf den kleineren eine schwach ablenkende

Wirkung ausübt. Der angezogene kleinere Planet wird sich zwar wieder entfernen, aber seine Bahn hat sich von da ab gegen den größeren Bruder hin etwas verschoben. Zudem verengern sich dauernd die Planetenbahnen. Je weniger rasch der Umlauf eines Planeten um die Sonne ist und je weniger dicht und je spezifisch leichter er ist, umso mehr wird die Verengerung der Bahn vorschreiten. Es kommt also schließlich zu Annäherungen, die so groß sind, daß von einem gegebenen Augenblick an der kleinere Planet nicht mehr an der Bahn des größeren vorbeikommt, sondern sachte von ihm herum gezogen wird und nun auf ihn sich zuzubewegen beginnt. Von diesem Augenblick an erhält er nun eine Gravitationsbeschleunigung gegen den anziehenden Planeten hin, dessen Trabant er nunmehr geworden ist. Er erscheint den Bewohnern desselben zuerst in zunehmender Größe, aber dann tritt die abtreibende Flutwirkung ein, und die oben für Mond und Erde erörterten Verhältnisse treten ein.

So sei auch der Mond ursprünglich ein Planet zwischen Mars und Erde gewesen und vor Zeiten auf die beschriebene Weise unkatastrophal eingefangen worden. Einen Beweis für solche Mondeinfänge kann man ja darin wohl noch erblicken, daß auch andere Planeten Monde haben, die teilweise ganz entgegengesetzte oder gar nicht in der äquatorialen Umdrehungsebene gelegene Kreise um ihren Hauptkörper ziehen; so die Monde des Jupiter. Wie der Mond eingefangen worden sein kann, das schildert die neue kosmogonische Lehre sehr anschaulich an der möglichen zukünftigen Ankettung des kleineren Mars an die Erde. Beide erleben eine andauernde Bahnschrumpfung gegen die Sonne. Aber diese Bahnschrumpfungen schreiten in dem Sinne voran, daß der mehr unter der feinen Energieaufzehrung leidende Mars allmählich so nahe an die Erdbahn herankommt, daß bei den bedeutenden Schwankungen ihrer beiderseitigen Bahnexzentrizitäten einmal eine letzte Perihelannäherung des Mars an das dann bestehende Erdaphel erfolgt. Dann wird die Anziehung der Erde soviel überwiegen, daß Mars, statt sich wieder zu entfernen, aus seiner Bahn abgedreht wird und nun fernerhin in Gemeinschaft mit der Erde dahinzieht, wie es der Mond jetzt tut. Ebenso sei der damalige „Planet Luna" eingefangen und zum Trabant der Erde gemacht worden.

Man stelle sich nun vor, was proselenische Menschen erlebt haben müssen, ehe der Mond eingefangen war. Jedenfalls empfanden sie keinen katastrophalen Vorgang. Sie hätten seit vielen Generationen unter den Wandelsternen einen oberen Planeten bemerkt, der alle anderthalb Jahre in Opposition kam und sich als ansehnliches rotes Scheibchen zu erkennen gab, Jupiter und Venus zu solchen Zeiten an Glanz weitaus übertreffend. Kamen die Erde und dieser Planet in unmittelbare Nähe, wenn die Erde im Aphel, der Planet im Perihel stand, so übte die Erde eine immer mächtigere Bahnstörung auf Luna aus und, im gegenseitigen Massenverhältnis, natürlich auch umgekehrt. Beider Bahnen wurden daher immer exzentrischer, das Erdaphel rückte daher jedesmal etwas weiter hinaus, das Lunaperihel um etwa das Achtzigfache dessen herein, so daß schließlich eine so nahe Opposition entstand, daß Luna nicht mehr an der Erdbahn vorüberkam, vorne herum gezogen und so zum erstenmal als Mond in Neumondstellung kam. Dieser Mondeinfang war ein so unkatastrophales einfaches Ereignis, daß die Planetenbahn der Luna gar nicht abgebrochen wurde. Denn der Mond läuft streng genommen noch immer in seiner alten Bahn, die lediglich um die Erdbahn gewunden ist. Wenn sich also der Mondeinfang den damaligen Menschen bemerkbar machte, so war es einfach so, daß sie in der vorletzten Lunaopposition den Planeten in der Größe eines kleinen Tellers am Himmel bereits wahrnahmen. Nach drei oder sechs Jahren, in der Zeit der größten Annäherung, wuchs der kleine Planet sichtlich rasch zu Schüssel- oder Wagenradgröße an. Von da ab leuchtete er als Mond dauernd am Himmel, wenn auch nicht in der Stellung und Entfernung wie heutzutage.

Proselenen, die damals im Innern des Landes hausten, werden von weiteren Wirkungen nichts wahrgenommen haben. Aber die Küstenbewohner und die auf flachem, dem Meeresufer genäherten Lande saßen, erlebten von da ab zum erstenmal Ebbe und Flut, und die erste Flut dürfte bemerkenswerte Wirkung auf sie gehabt haben — nicht als Sintflut im Sinne von Eduard Sueß, sondern als Meeresflut, die sich von da ab stetig täglich wiederholte und als Alltagserscheinung nachher nicht mehr sagenhaft im Gedächtnis der Überlieferung geblieben ist.

Daß der Mond vorübergehend einmal größer, also der Erde
näher und heller war und dann vielleicht nach dem beim ersten
Einlaufen zunächst für kurze Zeit geltenden Darwinschen Prinzip
teilweise wieder abgetrieben wurde, berichtet eine Sage der Juden,
die sich allegorisch nur um die Feindschaft von Katze und Maus
dreht. Da die Maus die ihr ehedem nicht feindselige Katze vor
Gott verklagte, sagte der Herr zu ihr: „Garstiges Tier, hast du
keine Lehre gezogen von dem, was sich mit Sonne und Mond
zugetragen hat? Beide waren gleich an Größe und Gestalt; aber
dieweil der Mond die Sonne verleumdete, machte ich seinen Schein
kleiner und vermehrte den Schein der Sonne[85]". Wieviel
läßt sich aus solchen sagenhaft durchklingenden Bemerkungen
über das ehemalige Himmelsbild ahnen und wieviel haben wir
zu erwarten, wenn diese Quellen erst einmal mit gediegeneren
Methoden, als wir sie hier noch haben, erschlossen werden
können!

Eine ganz verwunderliche Parallele zu Himmelsbewegungen,
die gerade nach dem Hörbigerschen kosmologischen Prinzip denkbar
sind, steckt in einem Komplex von Sagen, die sich mit der Verheiratung der Sonne beschäftigen und „deren altertümliches Aussehen sofort in die Augen fällt", wie Dähnhardt, dem sie entnommen sind, merkwürdigerweise selber sagt, ohne natürlich im
entferntesten an unseren großen erdgeschichtlichen Altersbegriff gedacht zu haben. Man sieht in allen jenen Sagen das Bild eines
dunkeln Weltkörpers, der auf die Sonne zukommt, wobei die
Gefahr der Vereinigung besteht. Wenn es geschähe, würde die
Auflösung des Fremdlings zu ungeheueren Ausbrüchen des
Sonnenkörpers führen, neue Weltkörpermassen würden ausgestoßen werden, welche in den Planetenraum und darüber hinaus
eilten und der Erde mitsamt ihren Bewohnern schädlich, ja tödlich
werden müßten. Die Sonne wird durch den Vorübergang des
dunkeln und daher den Erdbewohnern unsichtbar gebliebenen
Körpers einige Tage verdunkelt und scheint nicht, bis sie wieder
aus dem Ozean auftaucht und bis offenbar mit dem Abzug des
Fremdlings aus dem Planetenraum die Gefahr dann vorüber
ist; vermutlich war mit der ganzen Episode eine gewisse, wenn
auch nur vorübergehende Störung in der Stellung der Erde zur
Sonne verknüpft. So etwa ist der reale astronomisch geschichtliche

Sinn der Sagen. Nach einigen, miteinander zusammengenommenen Versionen nacherzählt, lautet sie:

Einmal schien die Sonne gar niedrig über der Erde. Sie wollte
sich verheiraten. Da erschraken die Menschen und Tiere und sagten:
Jetzt schon scheint die Sonne so heiß im Sommer, daß Stein und
Bäume bersten; wenn sie nun heiratet, werden viele Sonnen geboren werden und wir werden Alle lebendig verbrennen. Als
die Sonne solches gehört hatte, tauchte sie unwillig unter und es
ward dunkle Nacht. Die Tiere gerieten in Angst und Schrecken.
Aber der Hahn sprach: Seid unbesorgt, ich werde ihr morgen früh
mein Lied singen und die Sonne aus dem Meer hervorholen.
Er sang sein Lied, aber die Sonne erschien nicht. Darauf badete
er am andern Morgen im Meer und schlug mit den Flügeln.
Da sah es die Sonne, und auf ihre verwunderte Frage sagte ihr
der Hahn: Meine Freunde wollten mich verheiraten, um Schande
über mich zu bringen; aber Besseres als Ledigsein gibt es nicht.
Als das die Sonne hörte, freute sie sich, daß sie nicht heiraten
müsse und schien wieder wie zuvor, alle Morgen [89]).

Die Rettung der Sonne aus dieser Gefahr der Verheiratung
gibt auch eine amerikanische, nach Dähnhardt möglicherweise aus
Asien übernommene Sage wieder: Als Gott die Welt erschuf,
tat der Böse alles, um sie zu zerstören und besonders das Menschengeschlecht zu schädigen. Ihm wollte er, da es nicht ohne Licht und
Wärme leben konnte, die Sonne nehmen. Darum stand er des
Morgens früh auf, lange ehe die Sonne aufgegangen war, und
gedachte, sie zu verschlingen. Aber Gott wußte um seinen Plan
und machte eine Krähe, um ihn zu vereiteln. Als nun die Sonne
aufging, kam der Böse und öffnete seinen Rachen, sie zu verschlingen. Aber die Krähe, die auf der Lauer gelegen hatte, flog
ihm in die Kehle und rettete die Sonne [90]).

Es erübrigt sich wohl, das Bild weiter zu erklären, so einfach
und natürlich ist es, wenn man ihm die obige Auslegung gibt.
Nur noch eine, möglicherweise späteren eindringenderen, exakteren
Forschungen dienende Bemerkung sei gemacht. Wenn jener
fremde Weltkörper die Sonne nahe umkreiste, so mußte seine Masse
die Attraktion der Sonne auf die Planeten für die Zeit des Nahumlaufes mit verstärken, also entweder eine vorübergehende größere
Heranziehung der Planeten, also auch der Erde, bewirken oder

gewiſſe Störungen in der Stellung der Planetenkörper zu ihrer
Bahn um die Sonne hervorrufen. Es iſt ferner klar, daß nicht
überall auf der Erde die Erſcheinung in gleicher Weiſe zu beobachten
war, wie ja auch eine gewöhnliche Sonnenfinſternis nicht überall
dieſelbe Bedeckung der Scheibe zeigt und an vielen Stellen überhaupt nicht ſichtbar wird. So konnte auch eine vorübergehende
Änderung im Bahnlauf der Erde und eine größere Annäherung
und dann Wiederentfernung von der Sonne in den verſchiedenen
Quadranten oder Zonen der Erde geradezu ein gegenſätzliches Bild
hervorrufen und in der einen Gegend eine lang dauernde totale
Finſternis, in der anderen Gegend weiter nichts als einen vorübergehenden ſcheinbaren Stillſtand oder eine ſcheinbare Ver-
langſamung des Laufes von Sonne und Mond vortäuſchen.
Damit wäre auch die Erzählung Joſuas erklärt und geradezu eine
Identität der Kerne dieſer und jener Sage wahrſcheinlich gemacht.

Das in den Überlieferungen wie auch in der gewöhnlichen,
ſpätmythologiſchen Sprache häufig angewandte Bild des Ver-
ſchlungenwerdens von Sonne und Mond bei Finſterniſſen ſollte
man alſo bei der Auslegung der Sagen nicht in einem flach
allegoriſchen Sinne nehmen. Man hat allerdings noch in griechi-
ſcher Zeit und auch bei den ſpäteren Babyloniern vom Bedrohen
des Mondes und der Sonne durch Ungeheuer gefabelt und dies
jedesmal allegoriſch gemeint, wenn Finſterniſſe eintraten. Aber
die Ausdrucks- und Vorſtellungsweiſe ſelbſt nimmt doch wohl
ihren Ausgangspunkt von anderen und wahrſcheinlich ſehr alten,
vielleicht ſogar nur mythiſch übermittelten Naturvorgängen, aſtro-
phyſikaliſchen Vorgängen oder Kataſtrophen, oder gelegentlicher
und wieder vorübergegangener Bedrohung der bekannten Himmelskörper durch fremde Eindringlinge oder bahngeſtörte Geſtirne, wie es die Sage von der Sonnenverheiratung erzählt.

Auf die Sonne[91]) geht ununterbrochen ein Meteorhagel nieder;
es ſind aus dem Weltraum ſtammende Fremdkörper. Man nahm
bisher meiſt an, daß der Einſchlag ſolcher Fremdkörper die Sonnenflecken dadurch hervorrufe, daß ſie den kühleren äußeren Gaskern
durchbrächen und ſo dem inneren heißeren Gas Austritt verſchaff-
ten. Wie beim Bunſenbrenner der dunklere Kern der Flamme
der heißere, dagegen der äußere gelb leuchtende Rand der weniger
heiße Teil der Flamme iſt, ſo ſollten auch die von innen heraus-

tretenden heißeren Gase dunkler brennen und so die Erscheinung
der Sonnenflecken hervorrufen. Oft sind die Sonnenflecken von
ungeheuerer Ausdehnung; so etwa ein großer Flecken von 1894
so groß wie Skandinavien. Wären nun die Flecken bloß durch
Meteore in die Glutgashülle geschlagene Öffnungen, so müßte
diese sich alsbald wieder schließen. Dem ist aber nicht so; sondern
die Flecke bleiben oft sehr lange bestehen, sogar bis über ein Jahr,
und verändern sich dabei; es ergeben sich zuweilen Bilder, die an
eine wirbelnde Bewegung der Ränder gemahnen.

Die Sonnenoberfläche besteht nun zweifellos aus glühenden
Metallgasen und ist etwa 300000 km tief. Darunter ist ein Kern
von hohem spezifischem Gewicht, ein Metallkern, dessen Durchmesser wohl mehr als die Hälfte des Sonnendurchmessers beträgt,
was der Entfernung Erde—Mond entspricht. Die äußere Hülle
wird von dem Kern attraktiv festgehalten und kann daher als
Ganzes nicht in den Weltraum entweichen. Der beständig nieder-
gehende Meteorhagel hält sie in stürmischer Bewegung. Durch
ihn wird der Sonne im Aufprall als umgesetzte Bewegungs-
energie soviel Wärme zugeführt, daß der Ausstrahlungsverlust
reichlich wettgemacht wird, ja daß möglicherweise die Sonne in
Zukunft noch heißer werden kann. „Wer einmal durch ein größeres
Fernrohr", sagt Voigt, „einen gut ausgebildeten Sonnenfleck
gesehen hat, wird den lebendigen Eindruck gewonnen haben, daß
wir es hier mit einer Erscheinung zu tun haben, die einer äußeren
Ursache ihr Dasein verdankt. Diese kann sich aber nicht darauf
beschränkt haben, nur ein Loch in die Sonnenhülle zu schlagen,
sondern muß Kräfte in die Photosphäre hineingetragen haben, die
diese veranlassen, den Fremdkörper wieder auszustoßen; diese Rück-
wirkungen aber rufen die mit den Flecken im engsten Zusammenhang stehenden Kräfteäußerungen hervor, wie Nordlichter, erdmagnetische Störungen, Niedergehen kosmischen Staubes. Es ist
festgestellt, daß sich, wenn ein Fleck durch den gerade der Erde zu-
gekehrten Längengrad hindurchgegangen ist, ungefähr 15 Stunden
später irgend eine der genannten Erscheinungen auf der Erde bemerkbar macht. Kann aber dieser Zusammenhang nicht bestritten
werden, dann müssen die Flecken reelle Gebilde sein, und es ist
unsere Aufgabe, zu untersuchen wie sie entstehen und welche Kräfte
in ihnen vorhanden sein können, die diese Wirkungen hervorrufen".

Unter den in die Sonne stürzenden Meteoren sind vielleicht die meisten gerade Eiskörper aus dem Milchstraßenring. Diese haben im Gegensatz zu Metallmeteoren ein geringes spezifisches Gewicht und dringen daher nur bis zu einer geringen Tiefe in die Photosphäre ein. Sie werden sofort in ihre Elemente Sauerstoff und Wasserstoff zerlegt, wenn sie klein sind; sind sie aber groß, so tritt das ein, was uns schon (S. 158) beim Eindringen eines erloschenen, aber wasserhaltigen Weltkörpers in eine Fixsternsonne als Ursache für eine neue Welt bekannt geworden ist: sie erhalten sich zunächst bis zu einer gewissen Erhitzung. Da sie aber doch verhältnismäßig klein sind, so brechen alsbald Dampfströme durch den sie umgebenden Schlackenmantel, der etwa die Struktur des Bimssteines haben wird. Die Eismasse wird aber trotzdem solange erhalten, daß sie tiefer sinken kann bis zu einer Zone, in welcher der Massenauftrieb ihrem Gewicht entspricht. Schließlich ist das Eis in Wasser übergegangen und wird nun zu überhitztem Dampf. Nun drängt dieser in der Richtung des geringsten Widerstandes nach außen, also in den meisten Fällen in radialer Richtung. Es bläst wie aus dem Sicherheitsventil eines Dampfkessels ein beständiger Dampfstrahl heraus und schafft so eine sich vorläufig nicht mehr schließende Öffnung: den Sonnenflecken.

Gewisse Mengenteile des Dampfes werden an den glühenden Wandungen der Ausblasröhre in die chemischen Grundelemente Sauerstoff und Wasserstoff zersetzt. Aber das Übrige eilt heraus, bildet Protuberanzen und kosmischen Staub, der aus einer Verbindung des durch die Zersetzung frei gewordenen Sauerstoffs mit den Metallgasen der äußersten Photosphäre und den gleichzeitig zerblasenen Oxydations- und Schlackenprodukten des alten Mantels und der Explosionstrichterwandung entsteht. Ist die Explosion und Protuberanzenentfaltung so stark, daß Wasserdampf und Staub in den Planetenraum hinausgeblasen werden und sich der Schwereanziehung des Sonnenkörpers entziehen, so haben wir auf der Erde allerhand Erscheinungen, vom Nordlicht bis zum Niedergehen kosmischen Staubes und Feineises.

Es ist ja auch möglich, daß ein sehr großer Eiskörper oder ein größerer planetoidischer Körper von der Sonne langsam eingefangen wurde und lange Jahrhunderte sich im Planetenraum herumtrieb, um schließlich der Sonne näher und näher zu kommen, wobei entweder zuletzt sein Einsturz in den Sonnenkörper erfolgte oder er in rasender Geschwindigkeit noch einmal von ihr wegeilte und völlig bahngestört einem anderen Stern des Planetenraumes, also etwa der Erde, sich nähern mußte. Ein solcher Körper mußte lange Zeit auch von den Erdbewohnern bemerkt werden und bei seinem Endumlauf einen katastrophalen Prozeß, wenn auch nur von ganz kurzer Dauer, bewirken. Erdmagnetische und elektrische Erscheinungen wurden in der Erdatmosphäre ausgelöst, wie auch der in's Glühen geratene Weltkörper Materie in Flammen- oder Streifenform ausgab und bei seiner letzten oder vielleicht einzigen Erdannäherung und seinem kurz zuvor geschehenen nahen Sonnenumlauf eine große Hitzewirkung hervorgerufen haben kann. War er aber zuvor schon in die Sonne gestürzt, so mag dort späterhin seine explosive Ausstoßung, nach Analogie des früher geschilderten Weltkörperwerdens, eine katastrophale und rasch vorübergehende Wirkung auf die sonnennahen Planeten oder nur auf die Erde erzeugt haben.

Nimmt man solche Vorstellungen, im Prinzip wenigstens, an, so bekommt die Sage vom Phaëton, der sich die Rosse seines Vaters Helios frevelhafterweise aneignet und Unheil anrichtend dabei zugrunde geht, einen klaren natürlichen Sinn. Um seines Ursprungs vom Sonnengotte gewiß zu werden, sucht der Jüngling diesen in der nahen Burg seines Aufganges auf, fordert den Sonnenwagen auf einen Tag und besteigt denselben trotz aller Bitten und Warnungen des Vaters. Bald gehen die Pferde durch und es entsteht eine entsetzliche Verwirrung. Da sind viele Gebirge und Flüsse für immer verdorrt, Libyen ist zur Wüste, die Äthiopen sind zu Mohren geworden, der Nil verbirgt seitdem seine Quellen. Endlich schleudert Zeus seinen Blitz, und Phaëton stürzt zerschmettert und verbrannt in den Eridanos, wo ihn die Nymphen begraben und seine Schwestern, die drei Heliaden, ihn beweinen, bis sie in Bäume verwandelt werden, aus denen noch immer goldene Tränen herabrinnen. Die Sonne verwandelt die Tränen in das strahlende Elektron, welches der Eridanos durch nördliche Völkergegenden in den Okeanos trägt[92]).

Wir können aus diesem sagenhaften Bericht herauslesen, daß der planetoidische oder sonnenausgestoßene Körper als Abkömm-

ling des Sonnengottes ehedem eine wohlbekannte und lange
Zeit ungefährlich scheinende Himmelsgestalt war, bis er durch
Störungen seiner Bahn zu nahe an die Sonne kam, dort Kon=
vulsionen hervorrief, ins Glühen geriet, dann in die Sonne stürzte
und wieder in veränderter Form ausgestoßen und der Erde zu=
gesandt wurde oder zuvor schon ohnedies in die Erdbahn gelangte
und hier, die Sonnenwärme übertäubend und durch seine Nähe
selbst nun wie die Sonne erscheinend, aber ihre Hitzewirkung weit
übertreffend, eine Katastrophe hervorrief, bis er irgendwo, viel=
leicht über einem nördlichen Meer niederging, zerbarst und als
bald erlöschender Meteorfall zur Erde kam. Was aber vielleicht
besonders wertvoll an der ganzen Erzählung sein könnte, ist die
Verknüpfung mit den Bernsteinbäumen. Der Bernstein war ein
sehr auffallendes Handelsmaterial im Mediterrangebiet und kam
aus dem Norden. Wir wissen, daß er ein fossiles Harz aus unter=
gegangenen tertiärzeitlichen Wäldern ist, wo er durch starke Aus=
scheidung aus den Bäumen entstand und im Schlammboden
fossil wurde. Heute wird er an der Küste des Samlandes in=
dustriell herausgeholt, nachdem er bisher am Boden der Ostsee
durch die Wogen aus jenen älteren Schichten herausgewaschen
und ans Ufer gespült worden war. Von dort, aus dem Land der
Hyperboräer, kam er im Altertum als Handelsware nach Griechen=
land. Es springt also aus der sonderbaren Verknüpfung mit den
Bernsteinbäumen der Phaëtonsage möglicherweise eine uralte Be=
ziehung heraus, die ja auch in der germanischen Sagenwelt lebt.
Ob die in solchem Maße trotz sonstiger schwächerer Vorkommen
immer noch ganz einzigartige hyperboräische Bernsteinausscheidung
selbst etwas mit der Hitzewirkung des Planetoiden Phaëton zu
tun hatte, mag ja dahingestellt bleiben, ist aber, wenn auch
unwahrscheinlich, doch der Erwägung wert; wohl aber könnte es
scheinen, daß der Tertiärmensch dort oben das Schauspiel mit=
erlebte, als der kosmische Körper hereinstürzte, und daß er selbst
vielleicht den sagenhaften Zusammenhang schuf, der, nach endloser
Zeit, uns plötzlich in der griechischen Fassung der Sage entgegen=
leuchtet.

Sternsagen

Einst stahl der Teufel dem Herrn die himmlische Kraft und erschuf
mit ihrer Hilfe einen Kristallhimmel. Der Erzengel Michael
wollte sie ihm wieder nehmen. Der Teufel tauchte unter das Meer.
Unterdessen bedeckte Gott das Meer mit Eis und der Teufel hatte
Mühe wieder heraufzukommen. Eine serbische Überlieferung malt
es etwas anders aus und berichtet, daß der Teufel nicht heraus=
konnte und daraufhin noch einmal hinuntertauchte und einen
Stein holte, mit dem er das Eis durchbrach und hinter dem Erz=
engel drein jagte, durch dessen Blasen sich das Meer mit dem dicken
Eis bedeckt hatte. Doch Michael drehte sich um, riß dem Satan
die Fittiche ab, daß er ins Meer fiel; nach anderer Version: daß
er in Stücke zerschellte, die vier Tage lang herniederregneten[93]).

Man sieht der Sage auf den ersten Blick an, wenn man über=
haupt einmal naturhistorisch auf die Sache eingestellt ist, daß
hier in einer nicht einmal sehr undurchsichtigen Verhüllung
eine Einwirkung aus dem kosmischen Raum auf die Erde dar=
gestellt wird, in deren Gefolge eine große Eisbildung einsetzte.
Die auch das Meer bedeckende Eismasse wurde von vulkanischen
Ausbrüchen durchschlagen, die sehr stark waren und weit in die
Atmosphäre hinausgingen. Später scheint dann ein ungeheuerer,
mehrere Tage währender Meteorfall dem Schauspiel den Abschluß
gegeben zu haben — und aus alledem wird wieder der Zusammen=
hang von Kälte oder Wassereinwirkung aus dem Weltall, Eis=
bildung auf der Erde, vulkanischen Paroxysmen und Zerlegung
eines herumirrenden kosmischen Körpers in Meteore und ihr
Niedergehen auf die Erde ersichtlich, womit dann die Eisdecke ihr
Ende findet und wieder Erwärmung eintritt. Gerade bei dieser
Sage kann man, wenn man bei Dähnhardt nachliest, wieder
die spätere und nach Gegenden verschiedene Gestalt verfolgen,
die sich schließlich auch wieder biblischer Personen bedient,
später nacherzählt und umgegossen wird, aber einen wirklichen
uralten kosmologischen Kern bewahrt. Auch hier spielt übrigens

in einer Fassung die Verdunkelung der Sonne mit herein, die
Michael wieder rettete, so daß man darin ein weiteres Moment
findet, daß die Erzählung eine kosmische Grundlage im eben bezeichneten Sinne hat. Die dabei gar nicht vermeidlichen gewitter-
haften Erscheinungen, sei es im Zusammenhang mit den vulkanischen Ausbrüchen, sei es, was wahrscheinlicher ist, mit den kosmischen Evolutionen, deutet eine bulgarische Ausführung der
Sage an, wobei Elias mit seinem feuerigen Wagen fährt, der
uns hiermit an den bei der griechischen Phaëtonsage erwähnten
Zusammenhang erinnert.

Der Ursprung zweier Gestirne wird in der Edda gemeldet,
aber niemand weiß es bis jetzt, welche Konstellation darunter
gemeint ist, sagt Jakob Grimm[94]). So kommt Thôr zu Grôa
mit einem Korb auf dem Rücken, in dem er ihren Gemahl, den
kühnen Orvandill, getragen habe. Orvandills Zehe sei aus dem
Korb vorgestanden und erfroren, weshalb er sie abgebrochen, an
den Himmel geworfen und daraus einen Stern geschaffen habe,
der Orvandilstâ heißt. Ein anderer Zug des Mythus ist der, daß
Orvandill auf Abenteuer auszog und dabei die von dem Gott
an den Himmel versetzte Fußzehe eingebüßt habe. Die ganze
Sage hängt zusammen mit dem Stein in Thôrs Haupt, den er
los sein möchte, wofür Grôa, die Gemahlin Orvandills, einen
Zauberspruch sprechen soll, den sie über der ihr von Thôr ge-
meldeten Geschichte vergißt, so daß Thôr den Stein aus seinem
Haupte nicht los wird.

Das andere ist die Erzählung, daß die Asen den Riesen Thiassi
getötet haben, und daß Odin dessen Augen nahm und sie an den
Himmel warf, wo sie zwei Sterne bildeten. Die Sage hängt zusammen mit einer ausführlicheren, kosmogonisch anmutenden,
aber doch vielleicht eine spätere menschheitsgeschichtliche Erinnerung
bergenden Sage. Es ist die von Thôr und Hrungnir[95]).

Man stelle sich die durch die Hörbigersche Weltlehre verständlich gewordenen möglichen Disturbationen im Weltraum und
innerhalb unseres Sonnensystems vor, und man wird leicht einen
allgemeinen kosmisch-historischen Sinn in diesen Sagenreihen
durchfühlen, ohne daß man natürlich jetzt schon den speziellen
kosmologischen Vorgang angeben könnte. Jedenfalls scheint hier
aber eine sehr weit zurückgehende Menschenerinnerung selbst vor-

zuliegen. Ich gebe die Sagen nach Golther mit einigen Kür=
zungen und sinngemäßen Abänderungen wieder: Thôr, der
Schrecken der Riesen, fuhr von Flammen umringt ins Stein=
gebirge zum Höhlenbewohner. Jords Sohn fuhr zum Kampf,
unter ihm erdröhnte des Mondes Pfad, der Himmel. Die Luft
war von Feuer erfüllt, Hagel ging herunter, die Erde zerbarst,
als die Böcke den Wagengott zum Streit mit Hrungnir zogen.
Die Berge erbebten, stürzten, das Meer schlug empor. Der Riese
verzagte, als er den kampfkühnen Gott erblickte; er warf den
gelben Schild unter seine Fußsohlen; nicht lange brauchte der
Felsenmensch auf den Wurf des Hammers zu warten. Der
Riesentöter brachte den Unhold über seinem Schild zu Fall, daß
er vor dem scharfen Hammer sich neigte. Doch ein harter Splitter
der Steinwaffe des Riesen fuhr in den Schädel Thôrs, bis die
Wundheilerin mit Zauber ihn löste. Thôr war nach Osten ge=
zogen, Unholde zu schlagen. Odin ritt nach Jotunheim. Er kam
zum Riesen Hrungnir, der ihn fragte, was das für ein Mann sei,
der mit goldenem Helm durch Luft und Meer reite. Odin er=
widerte: in Riesenheim sei kein gleich gutes Pferd. Da sprang
Hrungnir zornig auf sein Pferd, um Odin zu fangen. Der entkam,
aber der Riese verfolgte ihn bis Asgard. Dort luden sie ihn zum
Trinkgelage und er erhielt die Schalen, aus denen Thôr seinen
Durst zu stillen pflegte. Hrungnir ward trunken und prahlte,
er wolle Walhall nach Jotunheim schaffen, Asgard versenken und
alle Götter töten, ausgenommen Freya und Sif; die gedenke er
mit sich fortzuführen. Thôr trat in die Halle und schwang, zornig
über Hrungnirs Besuch, den Hammer in der Luft; er solle es
büßen, ehe er hinauskomme. Hrungnir antwortete, das sei für
Asathôr geringer Ruhm, ihn, einen Waffenlosen zu töten; größer
sei das Wagestück, wenn er ihm auf der Länderscheide im Bezirk
der Steingehege entgegentrete; es sei auch eine große Torheit
gewesen, seinen Schild und seine Steinkeule daheim gelassen zu
haben. Thôr wird beim Zweikampf von Thjalfi begleitet, und dem
Hrungnir steht Mokkurkalfi, ein Lehmriese, zur Seite, den die
Riesen zuvor noch groß machten; auch legten sie ihm das Herz
einer Stute in den Leib, das sich aber wenig standhaft erwies.
Hrungnir dagegen trug ein Herz aus hartem Stein. Als Waffe
schwang er einen Wetzstein. So harrten sie Thôrs. Thjalfi ruft

Hrungnir zu, Thôr werde in die Erde fahren und ihn von unten
her angreifen, und darum schiebt Hrungnir den Schild unter die
Füße und stellt sich darauf. Hammer und Wetzstein treffen sich, der
Stein bricht entzwei; die eine Hälfte fällt zu Boden; daher stammen
alle Wetzsteinfelsen. Die andere Hälfte fliegt Thôr in die Stirne,
daß er zusammenbricht. Thjalfi hatte inzwischen den feigen Lehm-
riesen zu Fall gebracht. Hrungnir war vornüber gestürzt, sein
einer Fuß lag auf Thôrs Halse. Weder Thjalfi noch die anderen
Asen vermochten ihn wegzuheben. Da trat Magni, der Sohn
Thôrs und der Jarnsaxa, der damals erst drei Nächte alt war,
hinzu. Der warf den Fuß Hrungnirs von Thôrs Halse herunter
und sprach: Jammerschade, daß ich so spät herzukam, ich würde
den Riesen mit der Faust erschlagen haben, wenn ich ihn vorher
getroffen hätte. Thôr ging heim nach Thrudwang; das ab-
gebrochene Stück des Wetzsteins steckte noch immer in seinem Kopfe.
Soweit der Bericht, an den sich dann die oben schon mitgeteilte
Erzählung der Zauberin Groa und das Übrige anschließt.

Golther gibt der ganzen Sage nun folgende Deutung: „Klar
ist der Grundgedanke dieser Thôrsage besonders im Skaldenlied,
ein Gewitter, das krachend ins Felsgebirg fährt. Schwieriger
sind die anderen Einzelheiten auszulegen. Hrungnir heißt der
Lärmer (rungla lärmen), Mokkurkalfi die Nebelwade (mokr,
Nebel; kalfi, Wade), ein Bild der Nebelwolke. Der Riese ist aus
Lehm gefertigt, während Hrungnir im Felsgestein herrscht. Vielleicht ist damit der zähe, wäßrige Lehmboden am dunstigen Fuße
des Felsengebirges gemeint. Lehm und Gestein widerstreben dem
Anbau und werden mit Gewalt bezwungen. Bergsturz, Erdrutsch,
Wasser und Nebel, alle Erscheinungen eines im Gebirge wütenden
Gewitters mögen zusammengewirkt haben bei der Vorstellung,
daß währenddem Thôr den Riesen schlug. Schön erklärt Uhland:
‚Den Lehmhügel hinan, am Abhang des Gebirgs regt sich der
mühsame Anbau, oben hinein ragt das ungeheuere Felshorn,
an dem eine Gewitterwolke blitzt und donnert, daß plötzlich der
ganze Gebirgsstock erbebt. Die Feldarbeiter blicken empor und
siehe! der Fels wird zum Steinriesen, in der Wolke steht der
feurige Wagenlenker Thôr, den malmenden Hammer schleudernd.
Da fühlt Thjalfi, daß er nicht allein arbeite, ein gewaltiger Gott
ist hilfreich mit ihm, und während er das Geringe schafft, voll-

bringt jener das Große und hat das Schwerste schon vorgearbeitet.'
Weniger ungezwungen fügt sich das Übrige der Naturdeutung."

Nein, und immer wieder nein, mit diesen harmlos ästhetisierenden, fast möchte man sagen lieblichen Erklärungen, die allzusehr an den bürgerlichen Sonntagsspaziergänger mit seiner ungefährlichen Naturfreundschaft erinnern. Gewaltige Katastrophen
kosmischer Natur waren es, die mit der ganzen Wucht apokalyptischer Ereignisse sich der Urmenschenseele einprägten und nun
im Mythus unverblaßt fortleben. Mögen auch die Skalden
später selbst keine Ahnung mehr von der ursprünglichen, hier
versinnbildlichten Naturgewalt gehabt haben: die Urzeit hatte
es als Mythus, als ein großes gewaltiges Ereignis oder als eine
Kette von jahrhunderte, vielleicht jahrtausendelang währenden
kosmischen Verwickelungen erlebt. Denn was sollte das alltägliche
Gewitter so eindringlich furchtbar gemacht haben? Was hätte
— um es noch einmal zu sagen — den naturkräftigen Urmenschen
veranlaßt, eine so alltägliche und wesentlich ungefährliche Naturerscheinung, wie das Gewitter, in so ausführlich tiefgründigen
Mythen steinern herauszumeißeln? Wo und wann erbebt ein Gebirgsstock von einem Gewitter? Wo und wann schafft eine irdische
Naturgewalt „Wetzsteinberge"? Wo und wann fliegen Glieder
von Riesen, Schilde, Hämmer oder Reiter mit goldenem Helm
durch den Raum? Wo und wann eilen Riesen von einem Weltende
zum anderen und wollen das eine zum anderen herüberschaffen?
Im Gewitter über der grünen Aue oder am Fuße des Berghorns?
Nein, immer wieder nein: hier werden gewaltigere Ereignisse erzählt.

Man stelle dem gegenüber eine Schilderung, wie sie H. Voigt
auf Grund der glazialkosmogonischen Lehre von einer Trabantenauflösung gibt[64]), die fast ebenso auf den Einfang eines aus dem
weiteren Weltraum hereindringenden Körpers oder eines sonstigen
Planetoiden paßt. Da werden die gewaltigen Bilder aus der
Offenbarung Johannis lebendig, und diese sind es, welche wesenhaft den alten nordischen Götter und Riesensagen obiger Art
gleichen. Man lese sie nur nach und man wird bald das Verwandte ebenso fühlen, wie die Unmöglichkeit, solche Mythen mit
harmlosen Naturszenen zu vergleichen. Ein solcher Trabanteneinfang hat auf der Erde das Meer aufwallen lassen; er hat
seinen in Stücke zerschmetterten Körper zu langen Nebelstreifen

ausgezogen; die Stücke sind ins Meer geflogen und haben auf dem
Erdkörper neue Felsmassen geschaffen; sie haben sich gegenseitig
getroffen und sind um die Erde herumgejagt und durch den Raum;
haben Teile von sich entlassen und andere Körper damit getroffen.
Das sind die Hämmer, das sind die Schilde, das die goldenen
Helme, das die Glieder, das die Steinbrocken, die dem Gott
und dem Riesen in den Körper fahren.

Bei allen Mythologien finden wir immer wieder dieses kosmisch-
katastrophale Bild. Wie mannigfaltig wird es uns dargebracht,
immer in demselben, das irdisch Gewitterhafte weit hinter sich
lassenden und nur in Bildern von Riesen und Göttern ausdrück-
baren urgewaltigen Ton geschrieben. So sei erinnert an die babylonische Jstarsage, wo auch ein Himmelskörper, der vorher
nicht da war, nämlich der vom Vater Anu geschaffene Himmels-
stier, daherjagt und zugrunde geht im Kampf mit dem Recken
Engidu, der ihm den Schenkel losreißt und ihn niederschlägt[96]).

Die ziemlich zahlreichen Sternsagen und die Überlieferungen,
wonach Sterne zusammenstießen — man beobachtete offenbar
solches in verschiedenen Zeiten oder wurde davon in Mitleiden-
schaft gezogen — schleppen sich schließlich noch in die christliche
Legendenerzählung mit herüber, wie die germanisch-heidnischen
Feste in den christlichen Festkalender, und zeigen wieder, wie wenig
das Gewand bedeutet, wenn der Wesenskern erfaßt ist. So berichten magyarische Sagen, daß Jesus und Petrus auf der Milchstraße herumfuhren und Stroh aus dem Wagen fallen ließen;
Petrus hatte ein blindes Roß und begegnete einem Betrunkenen;
ihrer beiden Wagen fuhren aneinander und Petrus verlor das
Stroh. In einer anderen Überlieferung ist dies dem „Zigeuner“,
d. h. dem Stern Atair geschehen. Jeder Kommentar würde hier
nur die klare, kosmisch ohne weiteres verständliche Schilderung
des Ereignisses trüben können. Dieselbe Sage lebt in Ungarn,
wonach Christus und Petrus einem würmigen Hund begegnen,
welchem Petrus weit auswich. Bald danach begegneten sie einem
Besoffenen, dem nun Christus weit auswich. Auf die darob
verwunderte Frage des Petrus versetzte der Heiland: Sieh, Peter,
jener würmige Hund fügt niemand ein Leid zu; dieses Schwein
aber greift jedermann an; deshalb muß man ihm aus dem Wege
gehen. Seitdem spaltet sich die „Landstraße“ am Himmel. Nach

anderer Faſſung weicht Chriſtus beim Sternbild Cepheus dem
Beſoffenen aus; die Kneipe, wo ſich dieſer betrank, ſind einige
Sterne der Kaſſiopeia. Wieder andere Überlieferungen nennen
dieſe Sterne die Kneipe und das Auge des Cepheus den würmigen
Hund; der Beſoffene iſt das Geſtirn Daneb[97]).

Es ſchimmert in ſolchen Überlieferungen noch allerhand von
bedeutſamen aſtronomiſchen Bewegungen und Kataſtrophen am
Sternhimmel durch, die gewiß keine bloßen Allegorien waren und
ihres moraliſchen Gewandes, das ſie erſt übergeworfen erhielten,
leicht zu entkleiden ſind. Es wird einer planmäßigen Forſchung
einmal beſchieden ſein, hier wie in anderen Sagen die naturhiſtoriſchen, vielleicht vorweltlichen Zuſammenhänge und Ge-
ſchehniſſe zu erkennen und als ſolche zu beſchreiben. Im gleichen
Untergrund mag auch die auf alle möglichen Landſchaftsbilder
angewandte Sage vom „Teufelsſtein“ letzten Endes wurzeln.

Daß die Geſtirne oder Weltkörper immer wieder auf die Erde
einwirkten, bringen auch noch andere Sagen beredt zum Ausdruck. Der arabiſche Gelehrte Qazwini gibt in ſeiner Kosmo-
graphie aus dem 13. Jahrhundert folgende, die aſtronomiſche
Bedingtheit der Sintflut noch einmal dartuende Erzählung: Die
drei Sterne an der linken Hand des Waſſermannes nennen die
Araber das Glücksgeſtirn eines Verſchlingenden, weil man ſie
mit einem zum Verſchlingen geöffneten Munde verglichen habe.
Andere aber leiten den Namen davon her, daß das Geſtirn in
dem Zeitpunkt der Sintflut ausgegangen ſei, wo geſagt wurde:
O Erde, ſchlinge deine Waſſer ein[98]).

Immer und immer wieder die Einwirkung von Geſtirnen, alſo
von kosmiſchen und vielleicht vor ihrem Hereinkommen in die
Bahn der Erde von der Sonne beleuchteten und daher als bewegte
Fixſterne erſcheinenden Körpern und ſeien es auch ausſchließlich
nur Eiskörper geweſen. Ein Teil mag ſich ja wieder dem Bannkreis der Erde entzogen und ſich dann allmählich entfernt haben,
ſo daß nach der Sintflut am Himmel noch lange das Schauſpiel
ſich bewegender fixſternartiger Punkte vor ſich gegangen ſein mag,
was dann die Tradition von wieder feſtgebannten Fixſternen
geſchaffen haben mag. Jedenfalls tritt auch da wieder die Hilf-
loſigkeit anderer als naturhiſtoriſcher Erklärungen, wie ſie uns
mit Hörbigers Theorie an die Hand gegeben ſind, hervor, wenn

man als Einleitung zu der eben wiedergegebenen Überlieferung bei Dähnhardt, dem wir sie entnehmen, liest: „Es wäre ein sonderbarer Mangel, wenn die Noahsagen nicht auch die Sterne in ihren Bereich gezogen hätten." Nein: die Überlieferer uraltester Geschehnisse haben nichts willkürlich herangezogen, sondern sie haben unter dem Eindruck und dem Bewußtsein überwältigendster Wirklichkeit gestanden!

Hiermit läßt sich jetzt der Unterschied fühlen zwischen der Symbolik, welche die Arche Noah zum Mond umdeutet (S. 26), und einer Symbolik wie die hier angestrebte, welche nicht ein außen gesehenes Bild hineinträgt, sondern aus dem Wesen der Sache heraus das Erdgeschichtliche, das vom Menschen geschaute und sich ihm tief einprägende Erlebnis zur Darstellung zu bringen sucht. Dem Einen ist das Symbol das Unwirkliche, dem Anderen das Wirkliche, das wesenhaft Seiende.

Daß für die Alten und ihre Überlieferungen die Himmelsgegend des Sirius, also das Sternbild des Orion eine Art kosmischen Wetterwinkels war, geht nicht nur aus der verhältnismäßig klaren babylonischen Sage vom Stern Istar hervor, sondern auch aus dem für uns noch recht verworrenen Zeug, das die griechische Mythologie vom Orion übermittelt. Ich ziehe aus Preller-Robert einiges heraus, wovon ich glaube, daß es allenfalls in der oben bezeichneten Weise ausgewertet werden könnte[99]). Orion ist der Riese mit geschwungener Keule, der wilde Jäger des griechischen Himmels, den man sich hin und wieder in den Bergen und Wäldern jagend dachte, dessen Schatten Odysseus in der Unterwelt sah, wie er auch dort noch das Wild in Scharen vor sich hertrieb, das er einst in den Bergen getötet hatte, die eherne Keule in den Händen schwingend. Oder man erzählte von ungeheuren Werken und schildert ihn als Meeresriesen, der den Ozean aufwühlt, den Himmel mit dichten Wolken verfinstert oder gewaltige Felsen zusammenschleppt, Vorgebirge und Häfen baut. Ein andermal vergreift er sich am Weib Oenopions, des Weinbaugottes von Chios, der den Trunkenen blendet; Orion tappt nach Lemnos, packt dort einen Gesellen des Hephästos, setzt diesen auf seine Schultern und läßt sich von ihm nach Sonnenaufgang führen, wo sich das Licht seines Auges an den Strahlen des Helios von neuem entzündet. Dann eilt er zurück, um sich an Oenopion zu rächen, den er nicht findet. Als er sich, nach Kreta eilend, rühmt, alles Wild auf der ganzen Erde vertilgen zu können, sendet die erzürnte Erdgöttin einen Skorpion, der den Riesen ersticht. Oder man erzählt, daß er mit Artemis im Diskuswurf zu wetteifern wagte und deshalb von ihr getötet wurde. Oder sie erschießt ihn, als ihr Apoll das dunkle Haupt des im Meer schwimmenden Riesen zeigt. Nach anderer Sage soll er die von Hera in die Unterwelt verstoßene Granate dort freien, oder selbst von der Erde geboren sein.

Wenn man alle solche Mythen frei auf sich wirken läßt und wenn man sich einmal mit dem Gedanken vertraut gemacht hat, daß aus dem Sternraum oder vielleicht sogar bloß aus dem interplanetarischen Raum Planetoiden und Fremdkörper zur Erde dringen können und zu früheren Zeiten vielleicht gelegentlich oder periodisch einmal oder mehrmals hereindrangen, dann sind unschwer und naturhaft alle die Phänomene erklärt, welche der Orionmythus uns vorführt, wenn auch die Nennung von Örtlichkeiten mit dem Wesen des Mythus nichts mehr zu tun hat und eine geologische Zeitdatierung mangels sonstiger Anhaltspunkte nicht gewagt werden kann. Daß das Sternbild des Orion selbst nicht zur Erde gelangte, ist klar. Aber wenn Fremdweltkörper aus dieser, wie wir sagten „kosmischen Wetterecke" herkamen, so mußten sie alsbald größer und leuchtender erscheinen als der strahlende Sirius des Orion selbst. Vereinigte sich ein solcher Körper nicht mit der Erde und kehrte er nach einem kometenhaften Umlauf in derselben Richtung, aus der er kam, in den Weltraum zurück, so konnte er als wieder heimkehrender Stern erschaut werden, einerlei ob er selbstleuchtend war oder nur Sonnenlicht zurückwarf. Wenn er nicht selbstleuchtend war, sondern wie der Mond nur sonnenbeglänzt, so mußte er bei seiner Annäherung an die Erde unter bestimmten Stellungen dunkel werden. Er war blind geworden, geblendet, und als er, an der Sonne vorbeieilend, den Planetenraum wieder verließ, kam er entweder selbst ins Glühen oder er erschien alsbald wieder im reflektierten Sonnenlicht. Wenn Teile von ihm absprangen, die auf die Erde kamen, so lag er betäubt am Boden; oder er stürzte ins Meer und man sah getötet sein dunkles Haupt. Er wühlte beim Vorbeieilen wohl auch attraktiv durch Fluterzeugung das Meer auf; den dann Eingefangenen tötete die Erde. Oder ein Einsturz in die Erde zersprengte irgendwo die Rinde: er freite die in der Unterwelt eingeschloſſene Granate, vulkaniſche Wirkungen her-vorrufend; vielleicht eilte er weiter, nachdem er die Erde nur be-rührt oder mit einem abgeſprungenen Trümmerſtück getroffen hatte. Wäre der ganze Körper mit der Erde zuſammengeſtoßen, ſo hätte er alles Leben töten können.

In immer neuer Geſtalt kehrt die unruhige, gefahrdrohende Orionwelt in den Sagen wieder. So bei den Juden: Da zur Zeit der Sintflut die Taten der Menſchen verkehrt wurden, kehrte auch der Herr die Ordnung der Schöpfung um und er ließ das Stern-bild des Sirius dazumal am Tage aufgehen, obwohl im Monat Jjar, da die Sintflut ausbrach, die Zeit iſt, da das Sternbild des Sirius am Tage untergeht. Dann riß er zwei Sterne aus ihrem Ort heraus und es wurden geöffnet die Fenſter des Him-mels und die Sintflut ergoß ſich über die Welt. Nachdem aber die Sintflut vorüber war, wollte der Herr die Himmelsöffnungen wieder ausfüllen. Da nahm er zwei Sterne vom Bären und deckte die Löcher zu; aber dermaleinſt wird er die Sterne wieder an ihren Ort zurückbringen[100]).

Dieſes geheimnisvolle Bild des Orion, das an die Milchſtraße grenzt und von dem her oder wenigſtens aus deſſen Richtung offenbar Fremdkörper und ſonſtige materielle Einflüſſe auf unſer Planetenſyſtem, alſo auch auf die Erde in urgeſchichtlicher Zeit kamen und wieder kommen könnten, wird auch in der germaniſchen Mythologie immer in einem ſolches andeutenden Sinn ange-ſprochen. So nannte man den Orion einen Trupp wilder Eber, und Jak. Grimm fügt wieder hinzu: warum, das wiſſe er nicht[101]).

Aus den einzelnen Weltregionen mögen wohl ganz verſchieden-artige Sendboten dann und wann zum Planetenraum vorge-drungen ſein — wer weiß, ob wir es nicht wieder einmal erleben. Die Eindringlinge waren bald kalt, Eiskörper; bald heiß, Glut-körper; oder dunkel und kalt wie Stein- und Metallkörper. So können ſich folgende Sagen deuten laſſen: „Wäre nicht der Orion mit ſeiner Wärme da, die Welt würde vor dem Froſt des Sirius erſtarren; und wäre nicht der Sirius mit ſeiner Kälte da, die Welt würde vor Hitze nicht beſtehen können"[102]). Oder eine andere, die deutlich den hereintreffenden Eiskörper verrät, und die im Bunde-heſch, einem jüngeren Ableger der Zendaveſta, überliefert iſt.

In den erſten Zeiten der Welt brachte der Stern Tiſtar in dreifacher
Geſtalt den Regen in die Welt. Die Erde war damals angefüllt
mit ſchädlichen Geſchöpfen, die das böſe Prinzip geſchaffen hatte:
Tiſtar regnete in jeder ſeiner Geſtalten zehn Tage lang. Zuerſt
ſtieg das Waſſer mannshoch auf der Erde und alle ſchädlichen Ge-
ſchöpfe mußten ſterben. Dann kam ein himmliſcher Wind und
fegte die Waſſer hinweg; aber der Schlamm verbreitete Fäulnis-
gift. In weißer Pferdsgeſtalt kam Tiſtar zum zweitenmal. Ihm
trat der Dämon Apaoſha entgegen in Geſtalt eines ſchwarzen
Pferdes, um ſein Vorhaben zu verhindern. Lange ſchwankte
der Kampf, bis zuletzt Tiſtar ſiegt. Er ſchlägt den Apaoſha mit
dem Blitzfeuer, der nun ein Donnergeheul anſtimmt. Tiſtar
regnet jetzt von neuem, und das auf der Erde gebliebene Gift
der ſchädlichen Tiere miſcht ſich mit dieſem Waſſer und macht es
ſalzig. Wieder erhob ſich ein großer Wind, der dieſes Waſſer in
drei Tagen nach dem Ende der Erde hintrieb; es entſtanden davon
drei große und dreiundzwanzig kleine Meere[103]).

Wenn ſich ein kosmiſcher Körper der Erde nähert, ſo entſteht
nicht nur eine in der Bahnebene dieſes Körpers verlaufende
größere oder geringere Flut- und Ebbewirkung im Meere, ſondern auch der Luftmantel der Erde wird in derſelben Richtung
ſtärker oder ſchwächer emporgezogen. Sobald jener Körper zerplatzt oder im Luftmeer beim Einfangen aufgelöſt wird oder
ſich ſonſtwie mit dem Erdkörper vereinigt, hört nicht nur die Flut-
und Ebbewirkung im Weltmeer auf, ſondern auch die Spannung
und Akkumulation im Luftmeer, das nun zur normalen Form
der Kugelhülle zurückkehrt. Es entſtehen ſtarke Ausgleichs-
ſtrömungen, die in derſelben Richtung wie das Abſtrömen der
Flutwelle des Weltmeeres verlaufen und ſcheinbar, wie die Sage
berichtet, das Waſſer nach den Enden der Welt hintreiben. Tiſtar
iſt ein kosmiſcher, ſtark waſſergeſchwängerter Körper, vielleicht ein
reiner Eiskörper geweſen, dem ein dunkler Körper gegenüber der
Erde begegnete, iſt vielleicht bei ſeinem Umlauf zerſprungen, kam
wieder, und beim letzten Zerplatzen im Luftmeer entſtand das Geheul wie von ſauſenden Granaten. Starke Gewitter waren die
Folge und ungeheure ſintflutartige Regengüſſe. Danach war nicht
nur das Waſſer auf der Erde vermehrt, die Ozeane voller geworden, alſo mit dem kosmiſch zugeſtrömten Süßwaſſer das Salz-

waſſer der Erdozeane vermehrt; ſondern durch die mit dem Vor=
gang verbundene Störung des Gleichgewichtszuſtandes der Erd=
rinde mußte auch ſtellenweiſe eine andere Verteilung von Land
und Meer bald oder als geotektoniſche Nachwirkung platzgreifen,
und aus beiderlei Gründen konnte ſich die Zahl der Meeresflächen
vermehrt haben. Vielleicht fällt der ganze Vorgang in erdgeſchicht=
lich ſehr alte Zeit, und wenn er geogoniſchen Charakter hat, ſo mag
für ſeine Überlieferung als Sage dasſelbe gelten, was ſpäter über
die Herkunft der kosmogoniſchen Mythen geſagt wird.

Man muß nur bedenken, daß das Eindringen eines kosmiſchen
Fremdkörpers in den Planetenraum oder in das Anziehungs=
bereich der Erde nicht als iſolierte Erſcheinung vor ſich geht,
ſondern daß unter Umſtänden eine ganze Garbe von größeren
und kleineren Splittern und Körpern ankommt, die ſich vielleicht
beim Vorübereilen an anderen Weltkörpern ſchon mehr oder
weniger geteilt hatten und nun bei ihrer Annäherung an die Erde
alle die verſchiedenartigen Bilder hervorriefen, die wir ſoeben an
unſerem Geiſt vorbeiſpielen ließen. Die ſcheinbaren Widerſprüche
in der mythiſchen Schilderung und der kosmologiſchen Ausdeutung
beſtehen alſo dem Weſen nach nicht.

Es wurde ſchon oben bei Erklärung der Sintflut (S. 169) erwähnt,
daß ein und dasſelbe kosmiſche Ereignis, wenn es ſich in der Nähe
der Erde abſpielte oder durch Materialzufluß unmittelbar auf ſie
einwirkte, in den verſchiedenen Zonen auch ein ganz verſchiedenes
Schauſpiel bieten mußte. Denn langſam ſich nähernde und allmäh=
lich einverleibte Körper oder Staub und Eis oder Waſſermaſſen
mußten nach und nach in die Rotationsebene des Äquators gezogen
werden. Wenn nun die nordiſchen Sagen hauptſächlich von Schildern
und Hämmern und Wagen und Steinen und Bergen erzählen, die
am Himmel hineilten, wogegen die mehr äquatorialwärts entſtan=
denen Sagen von niedergehenden Fluten und Feuer reden, ſo zeigt
das eben ein und dasſelbe Ereignis an, bei dem der nordiſche Menſch
großenteils nur Zuſchauer blieb, der ſüdliche aber unmittelbar Leid=
tragender war; es zeigt aber vielleicht auch, daß die Sagen dort
entſtanden, wo ſie durch alle Zeiten hindurch bewahrt worden ſind.

Daß der Weltraum waſſerſpendend war und daß ſich ſolche,
vielleicht längſt vor der Sintflut eingetretenen Waſſerzuflüſſe in
bedeutenderem Maße eingeſtellt haben und überliefert ſein könnten,

scheint mir die Auffassung des Okeanos in der griechischen Mythologie bei näherer Betrachtung unter dem Licht glazialkosmo-
gonischer Vorstellungen zu ergeben. Gewöhnlich gilt der Okeanos
z. T. als das die scheibenförmig gedachte Erde rings umschlingende
Weltmeer.   Erst später spricht Platon noch von dem westlichen
Land, das jenes Weltmeer begrenzt. Aber außerdem scheinen doch
noch ausgreifendere, nämlich kosmische Vorstellungen mit darin zu
liegen, die vielleicht die älteren und von dem griechischen Rationalismus, der in räumliche und zeitliche Nähe sah, noch nicht
verdorbenen und umgedeuteten Bestandteile eines tiefer in die
kosmische Vergangenheit eingedrungenen Wissens enthalten.   So
heißt es in Prellers Mythologie[104]): Ist der Okeanos zuerst dagewesen, so muß die Erde, muß selbst der Himmel aus ihm entsprungen sein, doch gibt die gewöhnliche Mythologie darüber
keine bestimmtere Andeutung; sie kennt den Okeanos nur als die
allgemeine Weltgrenze, als den uralten, Erde und Meer rings
umfassenden Grenzstrom, der mit tiefer und gewaltiger Flut wie
eine Schlange in sich selbst zurückfließt und dadurch die Grenze
aller sichtbaren Dinge bildet, während er selbst unbegrenzt ist: ein
Gebiet des Wunders und aller Geheimnisse des Ursprungs;
seine Küsten und Inseln die Heimat der Götter und seliger Menschen
und Völker.   Dort waltet auch Okeanos selbst als altväterischer,
aber milder und allfreundlicher Greis, der in seinem Jenseits wie
außerhalb der Welt lebt und bei allen Weltkämpfen unbeteiligt
bleibt.   Seine Gemahlin ist Tethys, die Urältermutter. Hera ist
bei diesem Paar aufgewachsen, als die ganze Götterwelt im Tita-
nenkampf entbrannt war. Flüsse, Bäche und Quellen stammen von
Okeanos ab.   In kosmogonischer Hinsicht aber sind unter allen
Söhnen und Töchtern des Okeanos bei weitem am merkwürdig-
sten Styx und Acheloos, die älteste Tochter und der älteste Sohn
des alten Ursprungswassers.

Hierdurch ist offenkundig Okeanos nicht nur das irdische Weltmeer, sondern vielleicht die den Planeten mit Wasser versorgende
glaziale Milchstraße. Das Wissen um diesen Zusammenhang des
speisenden „Weltmeeres" mit unserem Erdstern, was uns ja
auch durch die nun so viele Türen zur Mythologie aufschließende
Glazialkosmogonie wieder eröffnet wird, kann auf anderem Erkenntnisweg in uralten Zeiten schon vorhanden gewesen sein.

Gondwanaland

Die mythische Überlieferung der Japaner führt das Alter der dortigen Bevölkerung auf so unabsehbare ferne Zeiträume zurück, daß davor selbst die kühnste Phantasie verblaßt. Und wenn auch die Millionen von Jahren", heißt es in Helmolts Weltgeschichte weiter, „auf die der Sohn des fernen Inselreiches stolz herabblicken zu können vermeint, vor der Kritik nicht standzuhalten vermögen, so liegt doch anderseits stets ein Körnchen Wahrheit unter der Spreu der nationalen Eitelkeit".

Wir haben ja unterdessen das Maß der Phantasie des alten japanischen Mythus nicht allzugroß mehr gefunden. Wenn auch zweifellos die Mythe nicht von den Japanern selbst stammt, sondern schon bei ihrer Einwanderung vorgelegen haben dürfte und vielleicht selbst in tiefer Urzeit aus dem polynesischen oder indisch-ozeanischen Gebiet mitgebracht und dann von den späteren Einwohnern auf den japanischen Inseln wie von Anfang an dort existierend angesehen wurde, so ist eben das „Körnchen Wahrheit" vielleicht ein Rest der großen Tatsache, daß wir die ältesten, vornoachitischen Menschen und dann den noachitischen Menschen selbst zu allererst im Gebiet des Indischen und wohl noch des südlicheren Pazifischen Ozeans, also in einem dort versunkenen oder versprengten Kontinentalgebiet suchen müssen (S. 178). Dort allein ist der Platz für jenen alten, geologisch erwiesenen Kontinent, der am Ende des paläozoischen Zeitalters bestand, damals sogar starke Gletscher- und Inlandeisbedeckung hatte und erst in spätmesozoischer Zeit erkennbar den Fluten zum Opfer fiel. In diesem, vielleicht mit Unterbrechungen und in Form von Inselkomplexen sich wohl ehedem noch bis in das polynesisch-pazifische Gebiet hinein erstreckenden Landgebiet suche ich den Wohnsitz der ältesten Menschheit. Dort auf jenem Kontinent dürfte auch die Hauptmasse der eigentümlichen ältesten und zum Teil säugetierhaften Reptilwelt gelebt haben, während Polynesien, die indische Landplatte, Westaustralien und die Osthälfte von Madagaskar, sowie

Südafrika gerade noch Umrandungsreste jenes alten Gondwana=
kontinentes sind, weshalb dort, wie schon erwähnt, am ehesten
auf Funde urweltlicher Menschen= und Kulturreste zu rechnen
ist. Der Untergang des Gondwanakontinentes aber, dessen Ver=
sinken in den Fluten sich auf mehrere geologische Zeitalter er=
streckte und erst in der Tertiärzeit ganz vollendet war, steht auch
irgendwie in Zusammenhang mit der Katastrophe der noachiti=
schen Sintflut.

Auf jenem Kontinent herrschte in der Permzeit eine große
Vergletscherung, von der wir aus einigen Schichtprofilen ent=
nehmen können, daß sie auch in das Meer vorstieß und eine un=
geheure Flächenausdehnung besaß. Die Schuttablagerungen der
Eisströme sind in Indien, Australien, Süd= und Mittelafrika
nachgewiesen und kamen wohl von Gebirgszügen herab, die viel=
leicht den Gondwanakontinent durchzogen oder teilweise um=
randeten. Diese Eiszeit könnte der adamitische und nachadamitische
Urmensch miterlebt haben und dadurch auch zum Wandern und
zur Besiedelung des weiten Umkreises seiner Urheimat gedrängt
worden sein. Später, nach dem Ende jener Eiszeit, war der große
Gondwanakontinent in der mesozoischen Epoche bewohnbarer, und
da hinein fiel wohl die Verbreitung des noachitischen Menschen, der
sich vermehrte, während neben ihm die alten nachadamitischen
Typen noch lebten, bis der Kontinent allmählich zerfiel (S. 176)
und überflutet wurde und bis die Sintflut am Ende des Meso=
zoikums oder zu Beginn der Alttertiärzeit jene alten Menschen
ausrottete, die nun mit der Überspülung und Versenkung des
größten Teiles des Kontinentes untergingen, während sich der
intellektuell höherstehende noachitische Mensch in seinem bis dahin
schon sehr entwickelten, durch die Gestalt des biblischen Noah
personifizierten Repräsentanten mit Hilfe seines technischen Kön=
nens und rechtzeitiger Vorkehrungen zu retten wußte, den lemuri=
schen Rest bewohnte (S. 153) und auswanderte.

Nehmen wir nun die erdgeschichtliche Datierung, die wir für das
Erscheinen des Menschenwesens dort auf der physischen Erde an=
setzten, als richtig an, so kommen alsbald einige Sagen unter das
rechte Licht. So wird aus arabischer Quelle erzählt: Nach der
Vertreibung aus dem Paradies saß Eva trauernd auf der wüsten
Erde. Es wuchs keine Blume und der Schnee fiel dicht als ein

Bahrtuch für das unzeitige Begräbnis der Erde nach des Menschen
Fall. Aber ein Engel fing eine Schneeflocke auf, machte eine schöne
Blume daraus und sagte, sie solle ein Zeichen sein, daß Sommer
und Sonne wiederkämen[105]).

Eine eigentümliche Zeit ist es jedenfalls gewesen, damals, als
der südliche Gondwanakontinent noch in seiner ganzen Ausdehnung bestand und den vermuteten Urmenschen mit seinen
mannigfaltigen Gestalten trug. Die irdische Natur war damals
von so bedeutenden Veränderungen betroffen, daß es den Gedanken nahelegt, es mögen unbekannte kosmische Kräfte im
Spiel gewesen sein. Auffallend ist vor allem das Zusammentreffen
ganz verschiedenartiger ungewöhnlicher Verhältnisse: Nach einer
in der Steinkohlenzeit über die ganze Erde ausgedehnten Faltengebirgsbildung tritt jene größere Eiszeit ein; jedoch ist nur
ein Teil der Südhemisphäre eisbedeckt, hauptsächlich das Gebiet
des Gondwanakontinents, auch ein Teil von Südamerika, jedoch wahrscheinlich nicht analog dem heutigen Grönland und nicht
unter großer Kälte, sondern nach Analogie von Neuseeland, wo
heute noch Gletscher aus dem Gebirge bis ins Meer reichen,
nur einzelne Strähnen bilden und auf ihrem träge sich weiter-
bewegenden schuttüberdeckten Rücken Wälder wachsen. Entsprechend
größer, flächenhafter ausgedehnt, mag man sich auch die Eisströme
des Gondwanakontinentes denken. Die Nordhemisphäre war
damals im Gegensatz zu diesem offenbar niederschlagsreicheren
Gondwanagebiet trocken und hat, wenigstens auf weite Strecken
hin, den Charakter eines zwar nicht überall pflanzenlosen, jedoch
in vielen Teilen wüstenartigen Landes, in dem oft gewaltige Regengüsse die Trockenzeiten auf wenige Tage oder längere Zeit unter-
brachen. Dann schwindet die in verschiedenen Teilen der Südhemisphäre nicht ganz gleichzeitige und verschieden starke Eisbedeckung; die Trockenwirkung aber bleibt im Norden wie im Süden
bestehen, der große Südkontinent zeigt die ersten Spuren seines
Verfalls in der Triaszeit. Wenn wir annehmen, daß ein größerer
kosmischer Körper oder — was im Wesen dem gleichkommt —
ein Haufen kleinerer, vielleicht zusammengeschaarter oder schweif-
förmig auseinandergezogener oder aus dem Zerfall eines größeren,
planetoidenartigen Körpers entstandener Boliden sich der Erde
näherte, sie umkreiste, von ihr eingefangen und schließlich mit ihr

vereinigt wurde, und wenn dieser oder diese Körper wesentlich
wasserhaltig waren oder gar aus Eis selbst bestanden, dann ist
damit ein großer und entscheidender Teil der erdgeschichtlichen
Zustände in der jüngeren Hälfte des paläozoischen Zeitalters und
ihr merkwürdig gegensätzliches Zusammentreffen, wie ihre Aufeinanderfolge einigermaßen erklärbar. War nämlich ein Weltkörper unbekannter Herkunft in den Bannkreis der Erde geraten,
so mußte seine Massenanziehung alsbald eine große Unruhe
ins Weltmeer bringen und je nach seiner periodischen Annäherung
im Perigäum und Wiederentfernung ins Apogäum wechselnde
Ebben und Fluten erzeugen, die in den seichten Epikontinental-
meeren und an den Kontinentalrändern bald längere oder kürzere
Überschwemmungen, bald Trockenlegungen und Versumpfungen mit
sich brachten. Der Wechsel kann Jahrtausende und Jahrhunderttausende betragen haben. Ein solcher, die Erde eine gewisse Zeit
lang auf exzentrischer Bahn umkreisender, zufällig trabanten-
artig gewordener Weltkörper oder eine Weltkörperherde übte
aber auch ihre fluterzeugende Wirkung auf die unnachgiebigere
Erdrinde und das stets in Spannungszuständen befindliche und
nach Kräfteausgleichen strebende subkrustale Erdinnere aus. So
geriet die Kruste in gebirgsbildende und einfach bruchartig bedingte Bewegungen — es ist das Bild der Steinkohlenzeit mit
einem raschen Wechsel von Überflutungen, Trockenlegungen und
Vermoorungen, wie auch mit seiner besonderen geotektonischen
Unruhe in der Erdrinde. Sobald aber der Körper oder die Körper-
massen auf ihrer aus der Gravitationswirkung sich ergebenden
Spiralbahn im Lauf von Jahrzehntausenden oder Jahrhundert-
tausenden der Erde näher kamen und die Bahn weniger exzentrisch
wurde, mußten in den äquatorialen Gegenden Meerestransgressionen mit einer allgemeinen Erhöhung des Meeresspiegels sich
einstellen. Was nun von dem wasserreichen, in einen Spiralring
ausgezogenen Weltkörper oder Weltkörpergemisch endgültig eingefangen und in der Atmosphäre aufgelöst und der Erde zugeführt
wurde, mußte zu kurzfristigen und öfters aufeinander folgenden
starken Niederschlägen in Form von Regengüssen und in höheren
oder sonstwie durch ihre Lage besonders prädestinierten Regionen
zu ergiebigen und häufigen Schneefällen führen. Diese mußten
auf der warmen, dem Äquator genäherten Südhalbkugel, ja unter

dem Äquator selbst, also auf dem Gondwanakontinent, dann eine
Eisbedeckung — eine Eiszeit — hervorrufen; doch auf der ebenso
warmen, aber vielleicht niedrigeren Nordhemisphäre ein periodisch
niederschlagsreiches, sonst trockenes Wüstengebiet bestehen lassen.
War aber der kosmische Fremdling endlich absorbiert, so war
auch die Quelle der Eisbedeckung versiegt und sein ebenfalls
niedergehendes kosmisches Stein- und Staubmaterial dem Mechanismus des irdischen Ablagerungskreislaufes einverleibt. Das
alles braucht nicht auf einmal geschehen zu sein, wie auch der fremde
Weltkörper und seine ausgezogene Masse gewiß nicht auf einmal
aufgezehrt wurde. Daß bei allen den beschriebenen Vorgängen
auch der Vulkanismus sehr rege werden mußte, ist eine Folgerung, die in dem geologischen Befund aus jener Epoche ihre Be-
stätigung erfährt. Nun trat mit dem Beginn des mesozoischen
Zeitalters eine Epoche ein, wo wir weder Eisbedeckungen, noch
starke geotektonische und gebirgsbildende Unruhe bemerken, wo
die Klimagegensätze schwanden und der so ausgiebig vollzogene
Ausgleich der innerkrustralen Spannungen vollendet war. Mit
solchen Ausgleichen ging nun der Gondwanakontinent mehr und
mehr seinem Zerfall entgegen.

Es ist ein viel behandeltes Problem der Erdgeschichtsforschung,
ob die heutigen Kontinentalflächen, unbeschadet ihrer nachweis-
baren periodischen Überflutung vom Ozean her, als solche per-
manent geblieben sind seit alter erdgeschichtlicher Zeit, oder ob
sich Ozeanböden selbst in Festland umwandeln konnten und Fest-
landsflächen in Ozeanböden. Der Haupthinderungsgrund, einen
so weitgehenden Austausch beider Krustenelemente anzunehmen,
bestand, neben Erwägungen über die Gleichgewichtszustände und
Schwereverhältnisse in der äußeren Schale des Erdkörpers, vor
allem in folgender, von A. Penck angestellter Berechnung: Gleicht
man theoretisch alle Höhenunterschiede der Erdrinde aus, so würde
das jetzt vorhandene Wasser die ideale Kugeloberfläche als eine
Hülle von 2640 m Dicke umgeben. Nun wissen wir aber bestimmt,
daß zu allen bisher überschaubaren erdgeschichtlichen Zeitepochen
im Gebiet der jetztweltlichen Kontinentalflächen stets Land oder
wenigstens Flachsee lag und daß infolgedessen die Ozeane selbst
immer über 2640 m tief gewesen sein und auch an der gleichen
Stelle wie heutzutage gelegen haben müssen. Freilich, wenn

sich ein Grund zu der Annahme finden ließe, daß sich während
der bekannten geologischen Epochen das Wasser wesentlich auf
der Erde vermehrt oder der Erdumfang wesentlich sich vermindert
hätte, würde diese Rechnung nicht mehr gelten, und man dürfte
dann mit einem sehr weitgehenden Austausch von Festland und
Ozeanboden, insbesondere auch mit dem ausgreifenden Versinken von Kontinentalflächen rechnen. Wenn daher die neue
glazialkosmogonische Lehre in irgend einer Form zurecht besteht
und man mit einem Wasserzufluß aus dem Weltraum für die
erdgeschichtlich überblickbaren Epochen mit Bestimmtheit rechnen
dürfte, so bekäme auch dieses Zentralproblem paläogeographischer
Forschung ein neues Gesicht, es würde eine weitsichtigere Lösung
möglich werden, als man sie bisher hatte, wo Widerspruch gegen
Widerspruch stand; und man würde damit auch wieder zur Anerkennung kosmisch bedingter Katastrophen kommen, wie es die
Heroen der erdgeschichtlichen Forschung am Ende des 18. und
am Anfang des 19. Jahrhunderts noch ahnten und schauten, und
womit uns abermals die alten Sagen nach ihrer daraufhin vor-
genommenen kritischen Sichtung, die hier ja nicht durchführbar
ist, nicht länger ein Phantasma oder der Ausdruck von Seelen-
stimmungen, sondern geradezu Führer im Hindurchdringen zu
einer lebendigeren Erdgeschichte sein würden.

So wird es vielleicht noch einmal gewiß werden, daß wir
kosmisch nicht so unbehelligt geblieben sind, wie es die lyellisierte
Geologie heute noch wahrhaben will, sondern daß eingefangene
Weltkörper mit und ohne Wasser, Splitter und Staub, ebenso
wie Eismaterie und Eisboliden in unsern Anziehungsbereich her-
eingetreten sind und hier nicht nur Wassergüsse und Wetterkatastrophen bis zu sintfluthaftem Ausmaß, sondern auch li-
thische Materialien in Form von Löß, Schlamm- oder Sand-
regen, Meteoriten, ja vielleicht auch aufgelöste größere Körper
hereingebracht haben; dabei, wenn sie größer waren und sich
annäherten oder in wechselndem Abstand umliefen, Fluten erzeugten, die Formationsbildungen zyklisch und materiell mit beeinflußten, die Erdrinde störten, geotektonische Spannungen im
Erdgerüst auslösten und so nicht nur große Erdbeben, sondern auch
Vertikalverschiebungen der kontinentalen Kruste, somit „atlantische"
oder „gondwanische" Untergänge, Meeresüberflutungen und rück-

flutungen und überhaupt dauernden Land- und Meereswechsel
herbeigeführt haben.

Wir sind in der Erdgeschichtsforschung mit dem alten Lyell-
schen System der endlosen Summierung kleinster Vorgänge zu
großen planetarischen Wirkungen, um mit E. Sueß zu reden, viel
zu viel in eine behäbige Auffassung des erdgeschichtlichen Ablaufes
gedrängt worden. Ebenso wie bei Ch. Darwin die Häufung kleinster
nützlicher Varietäten zur Umgestaltung des Artcharakters lebender
Wesen führen sollte, so atmet auch die Lyellsche erdgeschichtliche
Lehre den gesättigten, katastrophenfeindlichen Zeitgeist des bürgerlichen 19. Jahrhunderts. Diese Denkweise in Wissenschaft und
Leben hat die tieferen Werte, welche in der alten elementaren
Katastrophenlehre Cuviers lebten, ganz in den Hintergrund gedrängt. Erst neuerdings kommen sowohl Erdgeschichte wie Biologie wieder zu stärkerer Betonung der Tatsache, daß Zeiten
ruhiger Evolution mit Zeiten revolutionärer Gewaltwirkung auf
dem Erdkörper und in der Lebensentfaltung wechselten, wie wir
es auch jetzt wieder so ungeheuerlich im Völkerleben f.hen. Weltall,
Erdgeschichte, Lebensgeschichte und Menschheitsdasein widerspiegeln
dasselbe uralte rhythmische Gesetz.

Metaphysik

„Ist nicht der Kern der Natur
Menschen im Herzen?"

Goethe.

Das Metaphysische in Natur und Mythus

Vergleicht man jetzt nach all' dem Vorgetragenen unsere naturhistorische Deutung der kernhaften, vielfach so überraschend gleichlautenden Überlieferungen des Menschengeschlechtes mit der bisher wohl allgemein üblichen, so tritt die ganze wirklichkeitskräftige Wesensart der Ursagen und mythen in das volle Licht. Zunächst rechtfertigt sich also die naivnaturhistorische Deutung unmittelbar. Diese aber wird möglich, wenn man die ältere Abstammungslehre verläßt, die Typentheorie und das Gesetz der Zeitcharaktere auf die Herkunft des Menschen folgerichtig anwendet und damit das hohe erdgeschichtliche Alter des Menschenstammes als solchen anerkennt. Das neue, wenn auch noch nicht durchgereifte Weltbild der Glazialkosmogonie vollendete erst die naturhistorische Ausdeutung jener sagenhaften Vorgänge, denen die irdische Natur und in ihr die vorweltliche Menschheit ausgesetzt war. Damit konnten wir den Sagen und Mytheninhalten eine zeitliche Weite und Tiefe geben, die sie in der Vorstellung der Forscher noch nicht besaßen. Und was man bisher in einen engen prähistorischen Zeitraum drängte, bekommt so, nach der erdgeschichtlichen Vorzeit hin ausgebreitet, ein wahrhaft welthistorisches Gesicht.

Es soll aber diese Anschauung nicht dahin mißverstanden werden, als ob wir meinten, es sei in den kernhaften uralten Sagen und Mythen bloß eine naturhistorische Seite zu enthüllen. Sie sind in ihrem Wesen gewiß ebenso sehr symbolisch bestimmt. Alles Äußere, alles TrivialWirkliche ist Erscheinung und als solche Gleichnis; Gleichnis aber nicht im Sinne einer von außen herangebrachten Allegorie, sondern Gleichnis des ihm selbst Immanenten. Wie unser Körper der lebendige Ausdruck der ihm immanenten Seele ist und beides miteinander von uns erlebt wird als Ausdruck einer nicht aussprechbaren höheren Einheit, so ist auch der naturhistorische Sagen und Mythenkörper zugleich

der unmittelbar mitgesetzte Ausdruck eines metaphysischen Ge=
schehens, wie jede Naturerscheinung auch. Darin gründen wohl
auch die uns so sagenhaft, ja fast mythisch anmutenden Ideen
und Handlungen der alten originellen, nicht späterer Astrologen
und Alchemisten; in jedem Stern, in jedem Stoff erkannten und
erfühlten sie ein Wirklich=Metaphysisches, für das der äußerlich
wahrgenommene Körper und Stoff die mitgesetzte notwendige,
nicht bloß die sinnbildliche Darstellung ist. Es ist wie mit einem
wissenschaftlichen Buch oder dem Werk eines großen Denkers.
Man kann es nicht lesen, wenn man nicht lebendig den Gedanken=
zusammenhang nacherlebt, aus dem heraus der Forscher sein
Werk schuf; sonst bleibt es trotz des äußeren Verstehens der Sätze
tot oder es wird nur dogmatisch aufgenommen. Denn nicht alles,
ja oft gerade nicht das innerlich Feinste, kann in Wort und Bild
ausgedrückt werden; und wer nicht den inneren Geist kennt, ver=
mag nicht jenes Unausgesprochene und Unaussprechliche zu er=
fassen, das zwischen den Zeilen steht und anders nicht dargeboten
und nicht aufgenommen werden kann. Darin liegt übrigens der
berechtigte Kern jenes oft zwecklos betonten Unterschiedes, den
man zwischen Fachmann und Laien, im Religiösen zwischen Priester
und Volk macht; womit nicht gesagt ist, daß der nur Fachmann
ist, der sich so nennt. So auch beim Lesen der Natur und der
Geschichte. Nicht die Analyse der Schrift, nicht der äußere Gang
der Sätze, nicht die Einteilung und der äußere Vergleich der
Gegenstände erschließt den Sinn; sondern das lebendige Erfassen
des inneren Wesens, der inneren Welt. Deshalb forderten die
Weisen aller Zeiten von sich und Anderen nicht nur die äußere
Betrachtung der Dinge — das war die Übung des Geistes, um
ihn an geordnetes Denken zu gewöhnen — sondern sie forderten
die Versenkung, das Aufgehen des Ich im All=Einen, um zum
Wesen der Dinge vorzudringen. Denn sie erkannten, »daß wahres
Verstehen Glaube ist«.

Eine Mythenerklärung also, die nur naturhistorisch vorgehen
wollte und mit einer äußerlich naturhistorischen Auflösung ihre
Arbeit getan glaubte, wäre, selbst bei richtigen Resultaten, ebenso
einseitig wie eine nur das Metaphysische allein zu enthüllen trach=
tende Deutung — von dem Allegorischen als etwas Untergeord=
netem zunächst ganz zu schweigen. Erst beides als Auswirkung eines

umfaſſenden Einen begriffen und dargeſtellt, bedeutet Enthüllung
des Weſens eines Mythus; denn beides zuſammen erſt iſt über=
haupt Wirklichkeit.

Jede Lebens= und Leidensgeſchichte einer gewaltigen Perſön=
lichkeit oder jedes große religiöſe Erleben und Geſchehen in der
Menſchheit wird notwendig zu einem Mythus, nicht bloß zu einer
Hiſtorie, weil ſtets das äußere Geſchehen, die äußere Gebärde
und Geſtalt als das naturnotwendige Symbol eines ſich kraftvoll
auswirkenden ſchöpferiſchen Innern erlebt wird. Es wird jede
ſolche Lebens= und Erlebensgeſchichte ſofort oder ſpäter umge=
ſchaffen zu einem Mythus oder einem Evangelium, worin es ſich
als Einheit Anderen mitzuteilen und darzuſtellen vermag, denen
noch nicht ſelbſt jenes unmittelbar umgreifende, zeitloſe Schauen
aufgegangen iſt und die noch nicht ohne Bild und Wort anzu=
beten fähig ſind.

So wird uns auch das Entſtehen urälteſter Mythen in ſeiner
Wurzel klar: ſie waren nie und nimmermehr eine Dichtung, wie
etwa Goethes Iphigenie Dichtung war, die einen ſeeliſchen oder
ſittlich geiſtigen Zuſammenhang zu einem Ideal entwickelt und
es an ſeinen Gegenſätzen ſpiegelt, um daran Sieg oder Untergang
der Perſönlichkeit erleben zu laſſen; ſondern ein Mythus im Ur=
ſinn iſt gerade das, was ihn von jeder Dichtung unterſcheidet,
in die er ſpäter einmal gegoſſen werden könnte und ſtets gegoſſen
worden iſt: das große Einheitserleben im Geſchehen jenſeits der
Perſönlichkeit, wobei dieſe ſelbſt oder das Hiſtoriſch=Naturhiſto=
riſche um ſie herum nicht ſchlechthin die Wirklichkeit, auch nicht
bloß das intellektuelle Sinnbild, ſondern ſelbſt der mitgeſchaffene
Ausdruck und die inhärente Gegenſeite des Metaphyſiſchen iſt,
beides zuſammen die Offenbarung des Unausſprechbar=Ewigen
in zwei Weſensſeiten — wie in der großen Muſik und Malerei,
wo gewiß nicht das techniſche Können oder die ſinnfällige Wieder=
gabe, ſondern unausſprechliches ſchaffendes Erleben das Weſen der
Klänge und Geſtalten iſt, weshalb auch die im naturaliſtiſchen
Sinn unmöglichſten Geſtalten dennoch den Sinn metaphyſiſcher
Wirklichkeit zum Ausdruck bringen können. So wird etwa auch
Urſprung und Kraft des Sonnenmythus und des daraus
abgeleiteten Sonnenkultus verankert geweſen ſein in einem
mythiſchen, nicht dichteriſchen Erſchauen und wirklichen Erleben

15*

der Natursonne auch als eines Metaphysischen, im Ergreifen ihrer platonischen Idee im Transzendent=Wirklichen, Schöpferischen. Wer kann das in Worte fassen! Später erst folgte eine Umdichtung und Ausdichtung zu Mythen und Religionen, als das mythische Schauen und Urerlebnis selbst schon nicht mehr ursprünglich, nicht mehr urwüchsig war. Und zuletzt wurden auch noch flache Allegorien daraus, in welchem Stadium unsere Mythen= und Sagenüberlieferung jetzt fast ganz und gar noch verharrt.

Wollen wir eine klare Definition der Begriffe Sage und Mythus geben, wie sich beides nach unseren Überlegungen darstellt, so sind Sagen alle jene Überlieferungen, bei denen das einfach Menschen= und Naturgeschichtliche der Kern ist; Mythen dagegen jene Überlieferungen, bei denen das äußere Erleben und die Wiedergabe von Bildern die Gegenseite eines unaussprechbar inneren, ja vielleicht nur transzendenten Geschehens ist. Daß wir tatsächlich kaum je einem Mythus begegnen, der nicht auch einen einfachen Sagenkern enthielte, und daß wir umgekehrt so häufig Sagen als Einkleidungsmittel mythischen Geschehens benützt sehen, ändert nichts an dem Grundsätzlichen dieser Definition. Denn auch Märchen als seelisch bedeutsame Erzählungen knüpfen wohl nicht selten an Sagenelemente an oder verarbeiten solche, ohne daß man deshalb den Begriff Märchen entbehren könnte; und schließlich können auch Sage und Mythus noch zur Legende wer= den, ohne ihren Wesenskern zu verlieren. Es ist daher ganz ent= sprechend, daß unsere vorausgegangenen naturhistorischen Ab= schnitte sich hauptsächlich mit Sagen zu beschäftigen hatten, während im nachfolgenden metaphysischen Teil die eigentlichen Mythen in den Vordergrund unserer Betrachtung treten werden.

Unsere Zeit, unsere Verstandesart ist eines echt mythischen Einheitserlebnisses, auch in seinen schwächeren Graden, und darum auch eines echt religiösen Heldentumes fast ganz entwöhnt. Und wenn sie Großes erlebt, wie den Weltkrieg, wo die Lebensgestaltung ganzer Rassen in Frage steht, dann ist sie — wir haben es Alle erlebt und gefühlt — von einer sittlich ernsten, zähen Kraft des Leidens und der Selbstüberwindung, oder, wo sie Begeisterung hat, ist sie romantisch, wie es der Anfang des Krieges für unser Volk wohl war; aber sie hat kein echt mythisches Erleben mehr, sie empfindet das Gewaltige des Geschehens kaum mehr als den

notwendig mitgesetzten Ausdruck innerster Verbundenheiten. Ja
unsere Zeit ist dem echt Mythischen sogar mit Bewußtsein abhold,
weil sie seinen Wirklichkeitswert verkennt und es mit leerer Phantasie oder allegorischem Spiel verwechselt. Darum bleibt uns auch
die Natur ein äußerlich empirischer Gegenstand und als solcher
unenträtselt; darum stellt man die Forderung einer mechanistisch
zu erklärenden Welt, sogar einer mechanistisch zu erklärenden organischen Welt, und schafft sich aus dieser Denkstruktur heraus
eine nur diesem technischen Ziel angemessene Naturwissenschaft,
wie man andererseits die Metaphysik scharf davon trennt oder
methodisch davon zu trennen sucht und so die Welt, das Dasein,
die Wirklichkeit äußerlich verstehen will. So jagen wir Körpern
ohne Seele und dem Seelenhaften wie einem Körperlichen, also
einem Phantom, einem Gespenst im wörtlichsten Sinn des Ausdruckes nach. Jene Geisteswelten und jene Seher anderer Epochen,
die als Heroen die innere Gestaltung der Wirklichkeit erschauten und
so ein echt mythisches Leben und Erleben hatten, sind in ihrem
eigentlichen Wesen für uns noch wie tot. Was unsere geschichtlichen Kulturzeiten aus ihnen machten, das sind nur noch Dichtungen und zuletzt Allegorien, die als solche freilich die gewöhnlichen, flach natürlichen und äußerlich sinnbildlichen Auslegungen
als der Weisheit Gipfel zu rechtfertigen scheinen.

Wenn man nun sieht, wie etwa das Sagenwerk des babylonischen Gilgameschepos einerseits als „dürftiges dürres Produkt
eines Geistes, dem wir keinen Funken des Genius anmerken",
bezeichnet wird[106]), dagegen von anderer Seite als Inbegriff und
Urquell aller Epen und Sagen, die ganze Weltliteratur mit seinem
Sonnenmythus durchdringend, gepriesen wird[107]), so erkennt man
schon daran, welches Rätsel eine solche alte Mythenüberlieferung
doch wohl birgt. Hat der Eine recht mit seinem Urteil oder der
Andere? Aber so darf man die Frage gar nicht stellen; denn sie
haben Beide recht und sind nur einseitig in dem, was sie aus dem
Werk ziehen. Die Lösung der gegensätzlichen Auffassung liegt
darin, daß — wie in fast allen schon aus dem „Altertum" überlieferten Heldenliedern und Mythendichtungen — nur noch eine
äußerliche, das Tiefste und Letzte nicht mehr kennende Verarbeitung
ältester Stoffe auch im babylonischen Gilgameschepos vor uns liegt,
dessen aneinander geschweißte, kaum zu einheitlicher Dichtung mehr

gebrachte Teile von einem, fast möchte man sagen: bibliophilen
Zeitalter (Bibliothek des Asurbanipal) gesammelt worden sind.
Trotzdem aber lebt ein geheimer Sinn in dem so toten Buchstaben,
der aus seinen durch die späte und, wer weiß wievielte, Epos-
bearbeitung entstandenen Widersprüchen wohl befreit werden
kann, wenn erst einmal ein wirklich fundiertes Wissen um die
Menschheitsalter mit ihren Geschehnissen, Rassenfolgen und Geistes-
zuständen gewonnen sein wird, das wir jetzt nur vorzufühlen erst
in der Lage sind. Solche alten Stoffe, wie sie das Gilgameschepos
ebenso bietet wie etwa die Genesis, die Ilias, die Odyssee, die
Edda, die Bhagavad Gita, sind eben in dem bezeichneten zwiefachen
Sinn zu nehmen und zu lesen: als historisch-naturhistorische Stoffe,
aber auch als mythisch-metaphysische Gesichte und Erlebnisse. Als
solche sind sie freilich symbolisch, jedoch so, daß die äußere Historie
und Naturhistorie der Spiegel und die Verhüllung des religiösen
Sehertumes ist. Also weder die eine noch die andere Betrachtung
allein wird dem Ganzen solcher Überlieferungen gerecht; und daher
können, wenn man sie einseitig übt, solche gegensätzlichen Urteile
zustande kommen, wie wir sie vorhin zeigten. Man denke an die
jedem geläufigen Gleichnisse Jesu über das Himmelreich oder an
den Mythus von seinem Erscheinen auf dem Wasser vor den
Schiffern im Sturm: stets ist in solchen Erzählungen ein äußeres
Bild oder ein ganz alltägliches Geschehen oder ein mythisch über-
lieferter Stoff zur Darstellung eines Jenseitigen, und nicht unmittelbar in Worten Auszusprechenden verwendet. Hier in dem
letzteren Beispiel vom Wasserwandeln ist der Sonnenmythus unverkennbar; und ebenso unverkennbar ist das spezifisch religiöse
Erleben des Evangelisten darin; und ebenso unverkennbar der
den damaligen Menschen wohl noch nicht unbekannt gewordene,
aber jetzt okkulte Zustand der Körperlevitation in ekstatischen Zuständen. Das alles geht in einem solchen religiösen Spätmythus
noch durcheinander, teils gewollt, teils schon vom Schreiber oder
Dichter unverstanden und übernommen. Je nachdem also spätere
profane oder religiöse Dichter solche Urstoffe und deren ursprünglich
als Einheit konzipierte Zweiseitigkeit nicht mehr bewältigen konnten
oder einseitig mißverstanden, lösten sie bewußt oder unbewußt, ge-
schickt oder ungeschickt die eine Seite von der anderen los, stellten
nur die eine allein dar oder warfen beide stückweise durcheinander.

So eben, glaube ich, ist das Gilgameschepos in der Spätfassung entstanden und obendrein noch einem Herrscher zugedacht worden, der gewiß nicht die Urgestalt des Gilgamesch war.

So läßt es sich erklären, daß Sagen- und Mythendeutungen, insbesondere auch die auf philologisch-etymologischem Boden erwachsenen, zunächst richtige, wenn auch noch so flache Allegorien zutage bringen können, und daß trotzdem ein anderer Forscher ebenso richtig darin tief religiöse Wahrheiten entdeckt, und daß außerdem noch ein Dritter urgeschichtliche oder naturhistorische Begebenheiten aus ihnen abzulesen vermag. Denn alles das und vielleicht sogar noch mehr, wovon wir noch keine Ahnung haben, weil uns das Denkorgan dazu fehlt, ist wirklich darin beschlossen. Gründlich falsch ist es daher, bei derart entgegengesetzten Forschungsergebnissen zu sagen, die eine Erklärung würde die andere ausschließen müssen. Ganz im Gegenteil: Alle diese Einzelzüge als Flächen eines in sich geschlossenen Innenbaues zu zeigen und damit diesen als Einheit im Geist seines ältesten Erbauers zu begreifen und dem verwunderten Beschauer aufzutun — das ist echte Mythen- und Sagenerklärung.

Die Entwicklung, wie sie uns die Mythen und Sagen für die Geschichte der Menschheit, der Tierwelt und der Erdoberfläche in den vorigen Abschnitten schon boten, wird somit in ihrem inneren, wesenhaften Zusammenhang nur verständlich durch gleichzeitige metaphysische Betrachtung. Ohne diese bliebe alles Gesagte doch nur ein äußerliches Aneinanderreihen von Bildern und Formstadien. Innerlich, seelenhaft betrachtet aber erhalten wir eine wirkliche Geschichte, weil sich uns da erst ein Sinn, ein wirkliches, d. h. ein innerlich verbundenes Geschehen zeigt. Selbst die besten fossilen Skelettfunde des urweltlichen Menschen, wenn sie einmal kämen, würden uns nichts über Wesen und Inhalt seines Daseins sagen; aus ihnen allein gelänge es nicht, seine seelische und spezifisch menschliche Welt wieder zu beleben. Ohne diese seelische Welt aber wäre uns der Vorweltmensch ebenso tot, wie es uns die fossile Tierwelt bleibt, wenn wir sie nur nach ihren Skeletten beschreiben und in Gattungen oder Arten einteilen oder sie zu Stammreihen zusammenfügen. Damit gelangt man nur zu einem körperlichen oder zeitlichen Neben- und Nacheinander ohne Seele und Leben. Wir haben aber das Bedürfnis, in den inneren Zusammenhang, in das Wesen der Dinge und Erscheinungen einzudringen. Einerlei ob die Natur, wie Spinoza und Goethe es wollen, göttlich, oder ob sie, wie Aristoteles meint, dämonisch ist: auf keinen Fall ist sie ein Mechanismus oder tot, wie es der Dogmatismus spätzeitlicher Wissenschaft will — eigener Seele, eigenen Innendaseins spottend.

Ist es denn nicht so, daß überhaupt kein natürliches Geschehen statthat, das nicht gleichzeitig, von innen gesehen, ein metaphysisches wäre? Das gleichzeitige und gleichmäßige Zusammenerblicken beider Wesensseiten des Daseins aber ist religiöse Gewißheit. Darum wird für einen Naturforscher, wo er beides als Einheit erfaßt, Forschung zu Religion und religiöses Schauen zum letzten Forschungsergebnis. Nicht als ob eine Zweiheit als solche in der Natur bestünde; es ist nur unsere menschenhaft zweiseitige Geistesart, zu sehen oder sehen zu können. Die unverinnerlichte, wenn auch notwendige Methode der Naturforschung in den letzten Jahrhunderten mit ihren praktischen Teilerfolgen hat den einzigartigen Beruf gehabt, eine nur physisch-mechanisch aufgefaßte und durchgedachte Natur wie ein „Als ob" zur Darstellung zu bringen. Sie hat unser äußeres Hineinsehen in eine große Ferne von Zeit und Raum, eine Zerlegung des Stoffes in seine Grundfunktionen ermöglicht und damit den Rahmen, das Skelett geschaffen, in das die Künftigen das Lebendige werden einbauen müssen. Daß dabei uralte, metaphysisch erfaßte Wissenskomplexe uns wieder näher rücken und neuen tiefen Sinn gewinnen, ist nicht überraschend. Noch werden derartige Gesichte, wo sie neben der mechanistischen Wissenschaft erscheinen, als Mystik, d. h. mit einem von den Meisten reichlich unverstandenen und undurchdachten Schlagwort abgetan, das allerdings durch theosophischen Mißbrauch mit Recht in Verruf geraten ist. Daß unser ganzes Dasein, jeder Gedanke, jede Regung, jedes Werden eines Wesens aus seinem Keim, jedes Blütenöffnen, jedes Mienenspiel trotz allem Mechanismus, unter dem es verläuft, Ausdruck eines unaussprechlichen inneren Lebens ist und im Überbewußtsein auch gar nicht anders erlebt wird, das wird beim Naturstudium vergessen oder methodisch beiseite gelassen. Wenn wir im gewöhnlichen Sinn naturwissenschaftlich arbeiten, abstrahieren wir a priori absichtlich von jener wesenhaften Innenseite, weil sie nicht in das von uns zunächst angestrebte mechanistische Weltbild gehört. Aber die hiermit ermöglichte Anordnung und Begreifung des Naturgeschehens dann irgendwie für Wahrheit, statt für ein bloßes Symbol zu halten, ist eine Gedächtnisschwäche für das, wovon man ausgegangen war.

Alles Dasein, selbst das anorganische mineralhafte, ist niemals Maschine — immer ist es Art des alles durchdringenden Lebens und hat damit stets Ganzheitsbeziehung und metaphysische Bedeutung. Sonst könnten wir aus dem Wenigen, das wir aus dem All nur erkennen, niemals Gesetze, niemals Allgemeines ableiten, also überhaupt nicht den ersten Schritt zu einer Wissenschaft tun.

> Im kleinsten Stäubchen liegt beschlossen die Natur;
> Der Geist kommt überall dem Geiste auf die Spur.

Es ist darum töricht, nicht nur vor Gott, sondern auch vor den Menschen, auf die Dauer eine Naturwissenschaft ohne Metaphysik allein gelten lassen zu wollen; am törichtsten aber, mit Naturwissenschaft und naturwissenschaftlicher Methode eine Gesamtweltanschauung schaffen zu wollen, wenn man die metaphysische Seite des Naturdaseins darin nicht einmal als Problem, geschweige denn als Wirklichkeit kennt. Daher auch jetzt die Abwendung aller suchenden Menschen von den seit einem Jahrhundert gebotenen, nur naturwissenschaftlich orientierten Philosophemen. Wie gezwungen und unecht wirken sie jetzt schon auf unseren Sinn, selbst wenn wir uns noch nicht einmal ganz von der alten Methode des Erkennens frei zu machen wagen. „Schon die Probleme von Raum und Zeit", sagt Harnack in einer seiner letzten Reden, „führen heute bei unseren wissenschaftlichen Methoden zu paradoxeren Annahmen, als je ein scholastischer Philosoph sie wagte. Allein schon an der Frage nach dem Principium individuationis scheitert die mechanistische Weltanschauung. Die lebende Natur drängt uns eine nicht mit den Mitteln mechanistischer Abstraktion zu bestreitende Methode der Betrachtung auf, die zu einer sublimen Metaphysik leitet. Wir finden nicht nur Quantitäten in der umgebenden Natur, also nicht nur mechanische Wirkungen, sondern „Leben" in selbständigen Zentren, von denen auch wir uns als ein Teil empfinden und wissen. Alle spezifischen Merkmale des Lebens aber sind dem abstrahierenden, rechnenden Verstand inkommenſurabel. Unſere Wiſſenſchaft iſt heute ſehr einſeitig, ja ſie bedroht uns mit einer gewiſſen Barbarei, indem ſie geradezu vom Lebendigen abzieht und deſſen Kenntnis und Einfühlung durch Mechaniſches erſetzen will. Nicht als ob damit der Wiſſenſchaft vom Mechaniſchen und ihrem äußeren Fortſchreiten ein Miß= verſtehen entgegengebracht werden ſollte; wohl aber muß die Täuſchung aufhören, als umfaſſe ſie alles Wiſſenswürdige, als vermöge ſie eine vollkommene Welterklärung zu bieten. Es gibt ein Wiſſen vom Leben und von der Wirklichkeit, ohne das man überhaupt nicht leben kann. Dieſes zu ſuchen, iſt die höchſte Stufe wiſſenſchaftlicher Erkenntnis. Nicht unter dem Licht quantitativ nachzuprüfender Einzelerkenntniſſe hat die Menſchheit ihren Weg zur Höhe gefunden, ſondern geführt von Geiſtern, die eine Zen= tralſonne ahnten und den Mut hatten, von der Phyſik zur Meta= phyſik, von der Hiſtorie zur Metahiſtorie vorzudringen. Auf ein Ewiges führte ſie ihre Betrachtung, auf Probleme, die hinter der Welt unſerer Vorſtellungen liegen. Sie wagten die Fahrt auf dem unendlichen Ozean. Und erwieſen ſich auch Küſten, die ſie zu ſehen vermeinten, als trügeriſch, ſo brachten ſie doch, von ihrer Fahrt zurückkehrend, ihren Genoſſen geſteigertes Leben"[108]).

Wiſſenſchaft und Leben ſind durch und durch metaphyſiſch; und anders kann keine Erſcheinung, kein Ganzes und kein Ein= zelnes ergriffen und begriffen werden. Denn ſelbſt das äußere Sehen einer Einzelheit iſt nur möglich durch das gleichzeitige metaphyſiſche Erfühlen eines Ganzen, von dem es Teil oder Spezialfall iſt. Die einfachſte Gegenüberſtellung, Unterſcheidung und Beſchreibung und noch mehr die Berechnung zweier mit mechaniſcher Kraft aufeinander wirkender Körper, überhaupt jede Berechnung oder Vorausſicht einer Wirkung auf Grund von Erfahrung, iſt volle Metaphyſik und Symbolik und nur als ſolche möglich. Bringen wir doch ſchon das grundlegende mechaniſche Geſetz von der Kräftewirkung durchaus metaphyſiſch an die Natur heran. Das Geſetz von Urſache und Wirkung, an das wir Alle glauben, ja glauben, iſt Metaphyſik. Und vollends die Einſicht in die Welt des Organiſchen! Iſt da überhaupt eine Einſicht mög= lich, die nicht unmittelbar in das eigene „Gefühl" einkehrte? Selbſt jede Bewertung, ob ein Weſen höher oder niederer organiſiert ſei, iſt ſchon durch und durch ein metaphyſiſches Urteil. Es prüfe ſich doch jeder Forscher in seinen erkenntnistiefsten Stunden, so er die Kraft zur Selbstbeschauung findet und den Mut hat, unerbitt=lich sich selbst ins Angesicht zu sehen: Wo hat er seine wertvollste Gewißheit her? Doch nicht vom äußerlichen „beweisen"? Erst lebt die Gewißheit des Erschauten; dann quellen neue Tatsachen von selber hervor und es winken uns Dinge lebendig an, die wir zuvor vielleicht nicht einmal am Wege liegen sahen.

Wir wenden uns darum jetzt mit einer anderen als der nur naturwissenschaftlichen Methode zur Metaphysik oder, wenn man will: zur Mystik der naturhistorischen Menschheitsentwicklung und der ihrer Umwelt, um dort in einem anderen Sinne Natur=forscher zu sein.

Natursichtigkeit als ältester
Seelenzustand

In den vorigen Abschnitten haben wir gelegentlich den Ausdruck „natursichtig" gebraucht, ohne ihn erklärt zu haben. Er konnte einstweilen zu denken geben, und der Zusammenhang ließ wohl durchblicken, was damit gemeint sei. Er soll nun in den Mittelgrund der Betrachtung rücken und uns den Angelpunkt für das Verständnis der mythenbildenden Kraft urältester Menschen und ihrer Seele liefern.

Auf eine uns heute verständliche Formel gebracht, bedeutet Natursichtigkeit jenen sich mit der Dämonie nahe berührenden seelisch-geistigen Zustand, vermöge dessen ein lebendes Wesen — nicht nur der Mensch — einer Kenntnis, eines Schauens, Fühlens oder Ahnens der in, zwischen und über den Dingen und Wesen der physischen Natur waltenden und webenden Beziehungen teilhaftig ist. Beispielsweise die Fähigkeit, kommende Naturereignisse auch unbedeutendster Art, oder etwa die Ankunft eines Freundes vorauszufühlen, oder in einem Antlitz, einer Augenbewegung eines Menschen unmittelbare Sicherheit über seinen Charakter oder über den bis dahin verhüllten Sachverhalt eines Geschehnisses zu erlangen, womit er verknüpft ist, wie es so überwältigend Dostojewski im „Raskolnikow" darbietet — das alles bedeutet: natursichtigen Sehens teilhaftig zu sein. Dieses unterscheidet sich in seiner einfachsten, abgeschwächtesten Form zunächst nicht viel von dem, was wir jetzt hellsichtig nennen. Natursichtiges Können dagegen ist die Fähigkeit, auf Grund solchen Sehens und Wissens Einfluß auf die Dinge der Natur oder die Seelen der lebenden Wesen bewußt oder unbewußt zu gewinnen, also Gestaltungen, Änderungen, Vorstellungen in der Umwelt und bei anderen lebenden Wesen hervorzurufen; modern ausgedrückt: telepathisch oder stark hypnotisch oder teleplastisch zu wirken, Strahlungen und Materialisationen in der Ferne hervorzurufen; mit altertümlichen Worten ausgedrückt: zu zaubern und zu bannen.

Ein wundervolles, aus dem Leben gegriffenes Bild hierfür, selbst wenn es auch kombiniert sein sollte, entrollt Frobenius[109]). Auf seiner Reise im Urwaldgebiet zwischen Kassai und Luebo war er von Angehörigen eines Pygmäenstammes begleitet und mit ihnen vertraut geworden. Einige Männer und eine Frau folgten ihm eine Woche lang. Eines Abends war Nahrungsmangel und er begehrte von den Männern, ihm noch eine Antilope zu erlegen. Die Leute sahen ihn ob dieser Forderung erstaunt an und einer platzte mit der Antwort heraus: das wollten sie schon gerne tun, aber für heute sei es zu spät, da keine Vorbereitung getroffen sei; sie wollten am anderen Morgen das tun. Gespannt, worin die Vorbereitungen dieser Männer bestünden, schlich sich der Erzähler am Morgen noch vor Sonnenaufgang in das von den Leuten abends zuvor für ihre Maßnahmen ausgewählte Gebüsch. Noch im Grauen kamen die Männer, aber nicht allein, sondern mit der Frau. Sie kauerten sich zu Boden, rupften einen kleinen Platz frei und strichen ihn glatt. Der eine Mann zeichnete mit dem Finger etwas in den Sand, die anderen mit der Frau murmelten unterdessen Formeln und Gebete. Danach abwartendes Schweigen. Die Sonne erhob sich am Horizont. Einer der Männer mit einem Pfeil auf dem gespannten Bogen trat neben die entblößte Bodenstelle. Noch einige Minuten, und die Strahlen der Sonne fielen auf die Zeichnung am Boden. Nun spielte sich blitzschnell Folgendes ab: die Frau hob die Hände zur Sonne und rief einige dem Horcher unverständliche Laute; der Mann schoß den Pfeil auf die Zeichnung am Boden ab; dann sprangen die Männer in den Busch; die Frau ging danach zurück ins Lager. Dann besah der Beobachter den Platz: auf dem Boden war das etwa vier Spannen lange Bild einer Antilope gezeichnet, in deren Hals der abgeschossene Pfeil steckte. Nachmittags kamen die Männer mit einem durch den Hals geschossenen Antilopenbock zurück. Dann gingen sie mit einigen Haarbüscheln und einer Schale voll Antilopenblut zum Hügel zurück, um Haare und Blut über das Bild zu streichen und dieses zu verwischen, was sich später durch Ausplappern von seiten des einen Mannes nach Genuß von Palmwein herausstellte. Vom Sinn der Formeln war nichts zu erfahren; wohl aber sagte er, daß das Blut der erlegten Antilope sie vernichten würde, wenn sie die Zauberhandlung nicht

erfüllten; auch das Auslöschen müſſe vor Sonnenaufgang ge=
ſchehen. Später entfernten ſie ſich heimlich; offenbar wollte der
Führer der Geſellſchaft, der die Bedeutung des Vorganges ver=
raten hatte, nicht, daß es die Anderen, insbeſondere die Frau,
erführen.

In dieſer einfachen Erzählung liegt der Schlüſſel für die lange
vermutete Bedeutung der ſteinzeitlichen Fels= und Knochenzeich=
nungen. Auch jene Menſchen gehörten einer naturnahen, natur=
umwobeneren, alſo primitiveren Kulturſeele an. Was wir in der
Einleitung ſagten: jene Fähigkeiten zum Beſchwören bedeuten und
ſind Realitäten, löſen aus und beherrſchen Naturkräfte — das muß
wohl, entgegen unſerem rationaliſtiſchen, plump gegenſtändlichen
wiſſenſchaftlichen Denken als ſicher angenommen werden. Denn
daraus erſt ergibt ſich ein Verſtändnis für jenes uralte Paideuma.
Das „Dämoniſche“ darin iſt aber, wie Frobenius ausführt, dem
Verſtande nur in ſeinen Auswirkungen zugänglich. Auch dem
genialen Menſchen unſerer Tage, der in ſeinem religiöſen und künſt=
leriſchen Schauen, in den höchſten Momenten ſeiner inneren Er=
regung „den Dämonen verfällt“, iſt dieſer Zuſtand danach ver=
ſtandesmäßig unfaßbar. Und Frobenius ſagt mit Recht: die
Wirklichkeit ſolcher Zuſtände iſt aber eine ſo eminent bedeutſame,
daß die Zukunft erſtaunt ſein wird, wie wenig ihnen bis heute
Beachtung geſchenkt worden iſt.

Derart alſo ſind die Fähigkeiten und Tätigkeiten von Menſchen
im ſchwach naturſichtigen Zuſtand, deſſen ſie dauernd oder vor=
übergehend teilhaftig ſein mögen. Nimmt nun dieſes Können
eine größere Stärke an, ſo entſteht der beim Naturmenſchen
entwickelte Typus des Zauberers und Geiſterbanners, deſſen
Größe für uns ſchon unheimlich und wohl auch gefährlich wird,
wenn er auf der bewußten mentalen Höhe des zwar intellektuell,
aber nicht immer ſittlich entwickelten Kulturmenſchen noch er=
ſcheint und hier als Magier wirkt, wovon die vor unſerer aufge=
klärten Welt ſinnloſen und abergläubigen Zeiten des chriſtlichen
Mittelalters genug zu erzählen wiſſen; ich erinnere an den Doktor
Fauſt.

Das Naturſichtige iſt alſo etwas weſentlich anderes als eine
Einbildung, ein Hirngeſpinſt, ein Geſpenſt, ein Aberglaube; ſondern
es iſt einerſeits das Sehen der in den Dingen lebenden tieferen

Wirklichkeit — Wirklichkeit im wörtlichen Sinn —, symbolisiert
etwa durch die Nymphen und Feen, Heinzelmännchen und Gno-
men, soweit es die physische und organische Natur betrifft; andererseits ist es der innige Zusammenhang mit dieser Wirklichkeit,
so daß daraus für ein bewußtes Wesen, wie der Mensch es ist, eine
Gestaltungs- und Umgestaltungsmöglichkeit eines Teiles der
Natur von innen heraus, also nicht auf mechanischem, sondern
auf seelischem Wege möglich wird.

Es ist nun die Frage, ob dieses im Menschen in verschiedenen
Intensitäts- und Bewußtseinsgraden als wirksame Naturkraft
in Erscheinung tretende Sichtvermögen nicht auch noch andere
Träger hat, z. B. Tiere oder die Tiere überhaupt?

Ed. v. Hartmann hat in seiner „Philosophie des Unbewußten"
dem natursichtigen Sehen der Tiere[110] seine Aufmerksamkeit zu-
gewendet und hat alle Äußerungen des Instinktes dahin gerechnet;
er hat es auch für das unindividuelle organische Bilden dargetan.
Auch Bergson in der „Evolution créatrice" hat sich auf diese Seite
des lebendigen Naturwesens besonders gestützt, um die innere
Identität der äußerlich so vielfältig individualisierten, oft wie
ohne Zusammenhang vorhandenen Einzelvorgänge und Einzelwesen darzutun. Eines der schönsten, von Bergson mitver-
wendeten Beispiele ist die Eiablage einer Stechwespe in den Rücken
eines Käfers[111]. Der Käfer wird gelähmt, bleibt aber am Leben,
bis die Larven sich entwickeln und ihn ausfressen. Der Stich der
Wespe muß instinktiv mit größter Genauigkeit die richtige Stelle
des Käferorganismus getroffen haben, um diese Wirkung zu er-
zielen und tut es auch. In diesem Beispiel ist das naturhafte
Sehen und die damit hervorgerufene natursichtige Wirkung zweifellos ebenso im Spiel wie bei dem zauberisch beschwörenden Tun des
einfachen Naturmenschen, da auch bei ihm viel, sehr viel Unbewußtes mitspielt. In der Tätigkeit des eierlegenden Wespentieres
liegt auch ein Verzaubern, ein Bannen des anderen Wesens.
Wenn dieses Bannen auch sehr äußerlich vollzogen wird, nämlich
durch einen grob mechanischen Eingriff in den Körper des anderen,
so ist eben doch die naturhafte Verfassung, woraus die Sicherheit
des mechanischen Eingriffs erfolgt, keine intellektuelle, sondern
ein instinktiv hellseherische, eine im wahrsten Sinne des Wortes
natursichtige. Das ist die Beschwörung beim Naturmenschen aber

auch; und bloß die individuelle Ausführung im Einzelfalle bleibt
bewußt und muß es bleiben, weil eben jeder Einzelfall eine etwas
andere äußere Situation mit sich bringt. Nur sehen wir beim
Zaubern des Naturmenschen keine grob mechanische Übertragung.
In der Hauptsache stehen beide unter dem Einfluß der gemeinsamen Naturseele, und diese sieht, erkennt und überträgt. Dies ist
das Metaphysische des Instinktes und des Beschwörens, dies das
Natursichtige im Einzelwesen.

In einer Abhandlung[112] über Telepathie und Hellsehen ver-
weist Tischner auf das Vorkommen seelischer Gedächtnisspuren,
deren Wirken nicht an das Gehirn gebunden erscheint und die
bei ihrer Eigengesetzlichkeit eine mechanistisch psycho-physiologische
Deutung ausschließen. Damit ist grundsätzlich die wissenschaftliche Möglichkeit gegeben, auch für andere psychische Vorgänge
ein außergehirnliches, unmittelbares Wirken von Seele zu Seele,
eine Vorstellungs- und Gedankenübertragung von Mensch zu
Mensch zu folgern. Die psychistische Erklärung der telepathischen
und hellsichtigen Begebnisse sucht von vornherein klar festzuhalten,
daß eine seelische, also auch eine hellsichtige oder telepathische
Übermittlung ein Vorgang ist, der von dem Bewußtwerden des
Ergebnisses im Gehirn des Individuums wohl zu unterscheiden ist.

Man kann, sagt Tischner, der Seele im Körper keine Organe
zuschreiben, womit sie etwa bei einem Willensentschluß, den Arm
zu heben, in Tätigkeit träte; im außerkörperlichen Wirken der
Seele liegt die Sache grundsätzlich nicht anders. Wie die Seele
den Weg zu finden weiß, um eine rein seelische Gedächtnisspur
zum Bewußtsein zu bringen, so geht auch bei der Gedankenübertragung etwas von Seele zu Seele hinüber, das dann erst das
Bewußtsein beim Empfänger hervorruft. So ist auch das Hellsehen zu verstehen. Die Seele als unräumliches Wesen hat jedenfalls ein ganz anderes Verhältnis zum Raum, und die Vorstellungen, die wir uns durch unsere physische Organisation von
der räumlichen Welt machen, reichen hier keinesfalls aus. Man
kommt bei den nun einmal festgestellten Tatsachen der Hellsichtigkeit
nicht daran vorbei, ein anderes Verhältnis der Seele zum Raum
und zur Zeit anzunehmen, als es dem alltäglichen Wachbewußtsein
entspricht. Aber dann versteht man auch das Aufsteigen längst
vergangener Dinge und Abläufe aus dem Schoße der Vergangen-

heit in hellſichtigen Seelen. Und Tiſchner ſchließt, ins bedeutende
Allgemeine übergehend: Es mache den Eindruck, als ob das Unter=
bewußtſein, bildhaft=räumlich ausgedrückt, nicht ſo ſcharf gegen
die Umgebung abgegrenzt ſei, ſondern als ſeeliſcher Bereich in
Verbindung mit einem nicht menſchlich=individuellen oder einem
überindividuellen Seeliſchen ſtehe. Von unſerem Oberbewußtſein
hinabſteigend, würden wir allmählich in unterbewußte ſeeliſche
Regionen kommen, die nicht mehr dem Individuum allein an=
gehören, wie eine aus einem Berge herausquellende Waſſer=
aber im Dunkeln des Berginnern bald in das alles umgebende
und durchtränkende Waſſer übergeht. Dieſe tiefſten Schichten
des Unterbewußtſeins würden dann teilhaben an einem nicht=
individuellen oder überindividuellen Seeliſchen und daher zu einem
Wiſſen um Dinge führen, die dem individuellen Bewußtſeins=
leben unzugänglich, ja unbegreiflich ſind. Die Seltenheit dieſer
Erſcheinung aber wäre aus der Schwierigkeit zu erklären, dieſes
Wiſſen aus den Tiefen des Unterbewußten ins Licht des Ober=
bewußtſeins zu bringen.

Dies alles, was ich bisher in kurzen Strichen anzudeuten ge=
ſucht habe, iſt das in unſerem derzeitigen phyſiſchen Daſein Natur=
ſichtige. Es ſind allerdings nur noch ſchwache Überbleibſel davon
da, und es ſpielt nicht mehr jene große und in vielem beſtimmende
Rolle wie beim Naturmenſchen, alſo wohl auch beim Steinzeit=
menſchen, wie wir aus gewiſſen Anzeichen wiſſen. Darin glich er ja
jedenfalls dem jetztzeitlichen „Wilden“, ſoweit dieſer noch urſprüng=
lich und unberührt blieb, wenigſtens in ſeinem Seelenleben.

Gab es aber nicht am Ende auch Zeitalter und Menſchenweſen,
bei denen die Naturſichtigkeit und damit das Naturdämoniſche
eine größere, vielleicht ſogar ausſchlaggebende und den Intellekt
faſt oder völlig noch erſetzende Rolle ſpielte? Und welcher Art
müßten ſolche Zuſtände geweſen ſein?

Es ſei an das Geſetz erinnert, daß ſchwache Abbilder des Ver=
gangenen ſich in ſpäteren Entwicklungsläufen des Organiſchen
wiederholen. So mag auch im Seeliſchen das von Tiſchner ſo
klar umſchriebene Übergreifen des überindividuell Seeliſchen und
ſein ſpärliches Herausdringen ins Bewußtſein des Individuums
ein embryoniſcher Reſt, ein ſchwacher Abglanz eines älteren
Dauerzuſtandes ſein, der als weſentlich und als der beſtändig ge=

lebte und erlebte einen früheren, noch mehr naturverbundenen Menschen auszeichnete.

Es ist in unserer späten Menschheit eine Erinnerung übrig geblieben an einen Seelenzustand, der in der Lage ist oder war, die Natur von innen her umzugestalten; auch den eigenen Körper. Darauf gehen die Sagen von den großen Magiern zurück, die beides konnten. Wurde diese Magie zu selbstsüchtigen Zwecken getrieben, so war sie teuflisch, schwarz; stand sie im Dienst Gottes, so war sie weiß, die Person, von der sie ausging, war umflossen vom Licht. Schopenhauer stellt in dem Aufsatz über animalischen Magnetismus und Magie einige Daten über diese Ansicht der Menschennatur zusammen[113]) und gibt dort ein Zitat: „Die magische Kraft setzt den, der sie besitzt, in den Stand, die Schöpfung, d. h. das Pflanzen-, Tier- und Mineralreich zu beherrschen und zu erneuern; so daß, wenn Viele in Einer magischen Kraft zusammenwirkten, die Natur paradiesisch umgeschaffen werden könnte".

Urweltliche, andersartig die Natur schauende Menschenwesen mögen nun grundlegend andere, uns nur sagenhaft bekannt gewordene Eigenschaften an sich gehabt haben, die uns physikalisch unverständlich sind. So etwa die vielbesprochene Levitationsfähigkeit, womit sie nicht nur selbst als Körper in anderer Beziehung zur Schwere der Erde standen, vielleicht anders über die Erde dahingleiten konnten, sondern worin sie eine Kraft besaßen, die sich nach außen werfen und sie dann etwa Steinkolosse von Ausmaßen und auf Entfernungen transportieren ließ, die von der spätzeitlichen Technik für unmöglich erklärt oder beneidet und als Geheimnis angestaunt werden — die Bauten des „Ur-Gilgamesch". Man hat ja, wie man mit unserem kritischen, auch flachen Spätzeitgeist im vergangenen Jahrhundert allem Tiefen und Naturgeheimen gegenüber gern verfuhr, auch hier längst wieder „nachgewiesen", daß die Riesenbauten und Riesenquader und Monolithen mit den zur Verfügung stehenden zahllosen Arbeitskräften frohnender Volksmassen bewegt wurden, und hat durch die Vorstellung der Massenwirkung auch das Magische früherer, sagenhafter Zeit zu erklären gesucht, obwohl es anders hätte verstanden werden müssen; es gibt allerdings Reliefs, auf denen die Massenfrohn dargestellt ist. Aber trotzdem: so wenig die Reste alter Natursichtigkeit in spätesten Volksstämmen oder beim Diluvialzeitmenschen ein Maß für die ehemalige Größe dieser Eigenschaft bei einem älteren Menschenwesen sein können, so wenig beweiskräftig sind die quartärzeitlichen Darstellungen der Massenfrohn für eine naturverbundene, magische Kräftegewinnung vorweltlicher Menschenwesen. Auch der vermutlich riesenhafte Turmbau, spätzeitlich in Babel lokalisiert, könnte in Wirklichkeit eine dahergehörige urweltliche Äußerung uns unbekannter Kräfteanwendungen gewesen sein, die, natursichtig und magisch angewendet, auch auf einem anderen als dem äußerlichen, grob mechanischen Weg, sozusagen von innen her ihre Wirkung ausübten.

In der indischen Sage von der Entstehung der Smaragde begegnet uns, wie in so vielen Sagen und Märchen, der mit magischen Fähigkeiten ausgestattete Mensch, und zugleich wird seiner Tätigkeit mittelbar auch die Hervorrufung von Naturgestaltungen zugeschrieben. Es heißt dort: Einem Kaiser wurde einst erzählt, daß der König der Dschinnen ein großes Gefäß habe, aus einem sehr kostbaren Stein gearbeitet. Der Kaiser gewann durch Beschwörung Macht über die Dschinnen und befahl, ihm das Gefäß zu bringen. Ein Dschinn, von seinem König dazu beauftragt, flog mit dem Gefäß durch die Luft, als ihm auf halbem Weg ein Dämon begegnete, der versuchte, ihm das Gefäß zu entreißen. Im Kampfe fiel es zur Erde und zerbrach in zahllose Stücke; das sind die Smaragde, die es jetzt auf Erden gibt [114]).

Wir erinnern uns der Körpergestalten, die es unter den Urmenschen gab. Da waren als niedriger Typus vor allem die Stirnäugigen (S. 81). Dieses Stirnauge ist, wie schon erklärt wurde, das charakteristische Organ jener Urzeit gewesen. Hier ist die Stelle, es zu deuten. Ein einfaches Auge zum Sehen war es nicht; denn die höheren Tiere hatten damals wie später außer jenem Stirn- oder Scheitelauge stets ihre zwei wohlentwickelten Normalaugen. Es kann also nur ein Organ gewesen sein zu einem Sinn, dessen die späteren Tiere und Menschen entbehrten oder dessen sie verlustig gingen, so daß sie das Organ nicht mehr oder nur in rudimentärem Zustand noch besitzen — die vom Großhirn überwucherte Zirbeldrüse. Das Großhirn aber ist der Sitz des den Weltaspekt mechanisierenden Intellektes, dessen wir jetzt besonders teilhaftig sind und, wie die Schädelentwicklung zeigt, auch mehr als der ver-

mutlich hierin rückgebildete Steinzeitmensch, obwohl auch dieser,
wie die tertiärzeitlichen Säugetiere, noch ein „Gehirnriese" ist. Bei
jenen uralten Tieren mit dem vollendeten Scheitelauge ist aber das
Gehirn besonders klein dagegen gewesen. Ist also das Großhirn
der Sitz des Intellektes, mit dessen Erwerbung und Entfaltung
mehr und mehr das Dämonisch=Natursichtige abhanden kam, so
muß das völlige Zurücktreten des Großhirns und die Vollent=
wicklung des unter ihm jetzt erloschenen parietalen Organs eben
die physische Betätigung jenes Sinnes bedeuten, der uns am
meisten zugunsten des reflektierenden Intellektes fehlt — des
Natursichtigen. Zu diesem verlorengegangenen natursichtigen
Innenwesen ist das Scheitel= oder Stirnauge vermutlich das phy=
sisch wirksame, schauende und ausübende Organ gewesen[115]).
Fernsehen und Fernbannen der Beute oder des Gegners möge
eine seiner von uns nicht mehr empfindbaren Aufgaben und
Fähigkeiten gewesen sein, also das Natursichtige und Magische in
größerem Maßstab.

Von besonderer Wichtigkeit für diese Auffassung scheinen die
neuerdings von Reich in Niederländisch=Indien angestellten
Untersuchungen über die Zirbeldrüse werden zu wollen[115a]).
Er hat sowohl auf anatomischem Weg, wie auch mit Röntgen=
durchleuchtungen festgestellt, daß die Zirbel das ideale Zentral=
organ des ganzen Gehirns ist, da es nach jeder Richtung hin
im goldenen Schnittpunkt liegt. Auch für die Scheitelöffnung
der paläozoischen Reptilien hat er dies nachgewiesen. Er deutet
an, daß die Zirbel das polare Gegenorgan zur Geschlechtssphäre
ist und weist auf die indische Lehre hin, wonach die Zirbel nicht
nur in unmittelbarer Beziehung zu der Geschlechtssphäre ana=
tomisch und sekretiv steht, sondern auch ein Gehirnorgan ist,
durch das uns Kenntnisse der stammesgeschichtlichen Vergangen=
heit des Einzelindividuums und damit seiner Gattung werden
können, wenn es durch Meditation gelingt, das „Bewußtsein"
aus dem Großhirn in diese Sphäre zu verlegen. „Vielleicht
ist die Zirbel also weniger eine Drüse mit innerer Sekretion
als vielmehr ein Organ der Sexualmneme, entstanden aus
dem Bedürfnis, Abkömmlinge der ‚Keimbahn' unmittelbar in
das Gehirn mit aufzunehmen, um so ‚Keimbahn' und Indi=
viduum auf's innigste miteinander zu verknüpfen". Es ist

zu erwarten, daß sich durch Verfolgung solcher Untersuchungen, wie sie Reich nun vornimmt, bedeutende Entdeckungen in der angedeuteten Weise noch ergeben werden.

Der nachadamitische Mensch hatte also noch nicht das Großhirn, worin die überindividuell-seelischen Wallungen und Übertragungen hellsichtiger Art ins Individualbewußtsein übersetzt werden konnten. War daher dieses noch unentwickelt, so war eben jenes „Unterbewußtsein" auch der Normalzustand des Seelenlebens, und dies ist eben das, was wir mit Schopenhauer als einen über- oder unterindividuellen „natursomnambulen" Zustand bezeichnen können[115b]). Später aber trat wohl eine Umschichtung der Bewußtseinszustände, des seelischen Lebenszustandes ein: mit der Entwicklung des Großhirns ging der Mensch in die Sphäre des bewußt reflektierenden intellektuellen, des kausalen und raumzeitlichen Denkens hinein, er wurde zum Bewußtseinsindividuum. Nun erloschen mehr und mehr die telepathischen, die hellseherischen und die auf solche Weise sich betätigenden magischen Funktionen, die Zauberkräfte. Es war das Verlassen des wirklichen Märchenlandes, von dem wir in Sagen und Märchen eben gerade das noch hören, was dem Mitfühlenden so überaus ähnlich mit jenen Dingen erscheint, die uns als Hellsehen und Telepathie und geringe Zauberei der Primitiven noch spärlich entgegentreten und vor dem unser gelehrter Zeitgeist wohl gar zu lange Auge und Ohr verschlossen hielt. Je nach dem höheren oder geringeren Maß dieser Umschichtung des seelischen Bewußtseins zu dem intellektuellen hin, sind dann auch Zeiten und Völker von jeher verschieden gewesen, und je nachdem ist das unmittelbare Verständnis für diese Zusammenhänge in verschiedenem Grade dem Einzelnen oder seiner Generation offenbar oder verschlossen.

Noah, wie ihn uns das Alte Testament schildert, ist der vollendetere Repräsentant des ‚noachitischen Menschenstammes', dem wir noch angehören, wenn er sich auch in viele Linien gespalten und vollendet haben mag. Er ist nach den wenigen, aber außerordentlich vielsagenden Andeutungen der Menschentypus mit der vollkommen spreizbaren fünffingerigen Hand, mit der stark entwickelten Großhirnsphäre, dem rudimentär gewordenen Parietalorgan, mit einem schon vergeistigteren Gottesglauben, der schon fern gerückt ist der nur dämonisch-natursichtigen Verfassung, die

in ihrem ungezügelten, verstandlosen Urzustand ein rein trieb=
haftes Naturleben führte und in ihrer lichteren Seite gewiß auf
nichts weniger als auf das ökonomisch Praktische gerichtet gewesen
war. Das letztere aber ist nach allen Schilderungen schon in Noahs
Wesen deutlich zu erkennen. Immerhin hat er noch die natursichtige
Fähigkeit des Vorauserkennens der Naturzusammenhänge und
der physischen Zukunft: er weiß wann die Sintflut kommt. Auch
versteht er die Natur noch stark zu beeinflussen, denn er züchtet
den Weinstock. So etwas, wie den Weinstock züchten, können wir
mit aller unserer Naturforschung und Erblichkeitslehre noch immer
nicht; wir können zwar vorhandene Obst= und Getreidesorten
verbessern und bodenbeständig machen, ebenso auch Blumen. Aber
aus einer wilden, ungenießbaren Frucht ein dem Weinstock
vergleichbares Pflanzenwesen zu züchten, ist uns verschlossen. So
ist Noah selbst nicht mehr bloß unbewußt natursichtig eingestellt;
er ist stark individualisiert, er ist Persönlichkeit und Charakter.
Er redet mit Gott, wobei er deutlich reflektiert, nicht mehr un=
bewußt nur schaut und handelt, und ist damit deutlich als Ge=
hirnwesen gekennzeichnet im Gegensatz zum Stirnaugenwesen
älterer Herkunft mit seinem vermutlich naturhaft=somnambulen
Zustand.

Woher er kam und wann, ist im Kapitel über den sagenhaften
Urmensch und seine Körpermerkmale anzudeuten versucht worden:
er kam, als das seinem Stamm zugrundeliegende beuteltierhafte
Säugetier sich in das spätmesozoisch=tertiärzeitliche plazentale
Säugetierwesen umzuwandeln begann oder plötzlich umwandelte.
Aber das innere Wann, um das es sich hier handelt, ist damit
gefaßt, daß wir sagen: er kam, als die intellektuelle, typisch pla=
zental=säugetierhafte Großhirnentwicklung und damit der In=
tellekt die Wesenseigenheit der höheren Tierwelt wurde.

Der letzte Schritt zum reinen, intellektuellen, also apollischen
Menschentypus, wie er in den vollendetsten Persönlichkeiten unserer
Geschichte vor uns steht und wie er im fast gänzlichen Weg=
fall des Natursichtigen gipfelt, mußte dann in der Tertiärzeit
erfolgt sein, als vom Säugetiermenschen noachitischer Art immer
mehr des Tierhaften abgestoßen wurde, bis schließlich aus ihm
auch Menschenaffen kamen, während zugleich konvergenterweise
als Spiegelbild und Gegensatzwirkung im Affenstamm so große

Menschenähnlichkeit auftrat. Das Merkwürdige ist, daß sich nun erst die Menschengestalt im höchsten Sinne und zugleich in einer ursprünglichen Primitivität zeigt. Denn nur der vollendet aufrechte Gang, den kein Tier je erreichte, nur die vollendete Entwicklung des intellektuellen Großhirns und damit des Schädels, die in Zukunft noch steigerungsfähig ist, nur das vollendete Antlitz — das sind die Dinge, in denen er gegenüber der ganzen Tierwelt einseitig entwickelt dasteht. Wenn der Paläontologe Jaekel einmal sagte, der tiefere Gehalt des Fortschrittes im Organischen liege nicht darin, daß alles nur verschieden und mannigfaltig werde, sondern daß die biologische Aufgabe am besten, nämlich mit dem geringsten Aufwand gelöst sei, so ist die jetztweltliche Menschengestalt eben jenes Wunder der organisch schaffenden Natur, bei dem die größte Einfachheit mit der größten Vollendung gepaart erscheint. So ist doch der Mensch, wie er vor uns steht, die Krone der lebenden Natur; aber nicht im Gedankengang der älteren Abstammungslehre als ein letzter Zweig, auch nicht im Sinne einer mißverstandenen religiösen Auffassung als eigenes, der Tierwelt fremd gegenüberstehendes Schöpfungswerk: sondern als beides zugleich, indem seine jetzige vollendete Gestalt im Lauf eines langen Leidensweges sich immer reiner als Ausdruck der lebendig in ihm liegenden Entelechie heraushob, die Idee seines Wesens immer mehr und mehr wie ein Symbol verwirklichend, wobei sein ursprünglicher, das Tierische mit umfassender Stamm alles das aus sich entließ, was sich im Lauf der erdgeschichtlichen Zeit an Gestalten neben ihm entfaltet hat und um das er selbst Schritt für Schritt tierisch ärmer, menschlich reicher wurde. Dieser Gedanke löst den schier unüberbrückbaren Widerspruch, der in der Vorstellung einer Urform höchster Entwicklungshöhe und zugleich höchster Einfachheit liegt. In diesem Gedanken ruht auch die Versöhnung zwischen der uralten, das Bild des Menschen rettenden Schöpfungsidee und der ihr nur scheinbar entgegenstehenden neuzeitlichen Abstammungslehre.

Kulturseele und Urwelt

Wie Spengler so eindringlich und anschaulich es darstellt, um
sich sein Weltbild zu ordnen, hat jeder der geschichtlich bekannten Kulturkreise seine heroisch-mythische Frühzeit, dann seine
Kulturzeit und zuletzt seine intellektualisierte Spätzeit. In der ersten
dieser drei Epochen ist ein ungeheueres heldenhaftes und apoka-
lyptisches Drängen und Kämpfen da. Dann wird die Kultur
geboren, wobei landverwachsenes Dasein und bodenständiger
Besitz das wesentliche äußere Merkmal; Priestertum und Adel,
Geist und Rittertum das sozialpsychologische; Formung der Religiosität und des Volkstums das wesentliche innere Merkmal
sind. Alles ist „in Form", bis sich die dritte Epoche bemerkbar
macht und mit der Intellektualisierung auch die Mechanisierung
des Daseins, die Loslösung vom Boden mit allen ihren Folgen
bringt, mit der Massenherrschaft, mit einem individuellen oder
gruppenhaften Zäsarismus im Staatsleben, mit der Herrschaft
des reinen „Geistes" im Denken endend; worauf späterhin bei
normalem Ablauf diese zur Zivilisation gewordene Kultur in
ein Fellachentum ausläuft. Allen Kulturen voran aber gehe das
formlose Dasein des Urmenschen[116])

Frobenius[117]) beanstandet, daß für Spengler das Paideuma
des Urmenschen ein Chaos sei, die Steinzeit ohne Stil, die Umwelt des primitiven Menschen ohne Physiognomie und kausale
Ordnung. Das primitive, dämonische Menschentum habe auch
seine geordnete Physiognomie, ja es lebe in den späteren Kultur-
gehäusen und -formen noch mit fort. Menschen des gleichen Volkes
und der gleichen Sprache seien es, von denen die einen die städtische
Kultur, die anderen die ländliche Flachkultur leben. Die letzteren
leben noch wesentlich mehr in einer naturhaft dämonischen Welt;
die ersteren in der idealistischen und mechanistischen; nur individuell
und generell ströme beides oft ineinander über. Die Menschen der
Städte und die Menschen des Landes sind bildungsmäßig ge-

schichtet. Bei den Völkern der Haussaländer in Afrika zeige sich dämonisches Empfinden in der Flachkultur, tatsachenmäßiges in der Hochkultur unüberbrückbar getrennt. Die Frage dränge sich aber auf, ob dieses „Mehr" einer naturhaft dämonischen Welt überhaupt heutzutage und selbst in der diluvialen Steinzeit noch ein ursprüngliches sei oder bloß ein seelisches Rudiment aus einer noch früheren Zeit?

Drei Hauptstufen der Kulturentwicklung will Frobenius unterschieden wissen: 1. die der primitiven Kulturen, deren Seele die Stufe der reinen Tatsachenwelt überhaupt nicht erreichen kann; 2. die der monumentalen Kulturen, die durch Loslösung des Einzelkulturwillens, der Persönlichkeit, vom Schicksal des Gesamtwesens ausgezeichnet ist und der wir angehören; 3. die noch nicht verwirklichte Kulturform der Zukunft.

In der ersten Stufe, welcher die sogenannten Ur- oder Naturvölker, soweit sie ursprünglich sind, angehören, herrscht das in gewisser Hinsicht auch dem Kind eigene dämonisch-geniale Wesen. Das Paideuma hat hier etwas Vergeistertes; ein Ausdruck Goethes. Die Welt und das Leben sind erfüllt von Dämonen und dämonischen Fähigkeiten, die, als Phänomen dem menschlichen Nachdenken unzugänglich, sich in der Gemütssphäre des Daseins bewegen und erst mit Abschluß des Entstehungsvorganges spontan in das Bewußtseinsleben eintreten. Charakteristisch für diese Kulturform sind Beschwörung und Zauberei.

Die nächste, die monumentale Kultursphäre, besteht im wesentlichen in der Loslösung des Individualbewußtseins und -willens aus dem typisch Gattungsmäßigen. Es bilden sich statt der allgemeinen beherrschenden dämonistisch geregelten Lebens- und Naturbeziehungen nunmehr die Ideale aus, indem der Mensch sich seines gestaltenden Ichs bewußt wird, sich aus der Gruppenbildung des Wir loslöst und sich als Einheit der anderen Einheit, der Welt und Umwelt, kämpfend und schaffend gegenüberstellt. Hieraus wird man, sagt Frobenius, verstehen, weshalb die Hellenen nur ihr Volk kannten und alle Außenwelt als Barbaren bezeichnen mußten; man versteht auch, weshalb uns bisher „Weltgeschichte" nur die Geschichte und Vorgeschichte unseres abendländischen Paideuma sein konnte. „Mit den Idealen tritt das Paideuma in das geistige Bewußtseinsleben. Seine Auswirkung wird beſtimmt nach dem Maß der in ihnen ſich auflöſenden Dä‍monen und dem Anwachſen des herannahenden Tatſachenwiſſens des erwachſenen Mannes. Das Vorhandenſein der Ideale iſt gleichbedeutend mit der Fähigkeit zur Kulturbildung, vorausgeſetzt, daß ſie imſtande ſind, die Welt der Tatſachen als eine organiſche Einheit in ein ebenſo organiſches Paideuma umzubilden, ſie zu durchſeelen — ein ſchöpferiſcher Akt, deſſen Wirkung dann der Aus‍druck ‚Stil‘ zu geben iſt. Die Ideale gehören einer beſtimmten, verhältnismäßig kurzen Periode des Menſchen‍ und Völkerlebens an. Aus der dem Alter entſpringenden herbſtlichen Sorge um die Erhaltung des Ichs entſteht als drittes Phänomen die verſtandes‍mäßige Kauſalität, und damit ſind die ‚Tatſachen‘ in ihrer ſtreng geiſtigen Starrheit voll entwickelt. Die Ideale waren Selbſt‍zweck, die Tatſachen haben materielle Zwecke. Sie entſtehen in uns aus dem Geiſte, und deshalb iſt dieſes Phänomen der Kau‍ſalität unvergleichlich leichter in ſeiner Entſtehung und nach ſeiner vielſeitigen Auswirkung zu erkennen als das des genialen Schöpfer‍tums (Dämonen) und das der Individualität, der perſönlichen Ideale. Das Ich bleibt nicht mehr ein idealer Gegenſatz zur Tat‍ſachenwelt, ſondern wird als ‚Intelligenz‘ ein Teil derſelben. Da‍mit Hand in Hand geht die Auflöſung der Harmonie“. „In dieſem Zuſtand der Mechanei iſt jetzt unſere Kultur und die aller nicht mehr ‚primitiven‘ Völker der Welt, einerlei welchen ſpeziellen Kultur‍formen, fauſtiſcher oder magiſcher, chthoniſcher oder telluriſcher, ſie angehören. Die Stufenfolge im Seelenleben jedes einzelnen Menſchen wiederholt ſich im Gemeinde‍ und Volkspaideuma als Barbarei, Kulturei und Mechanei, und ſo wird ſich auch der in der vollentwickelten Mechanei ausklingenden Geſtaltungsperiode eine letzte, eine Erfüllungsperiode anſchließen. Wie dehnt ſich“ — ich rede noch mit Frobenius‘ Gedanken und Worten — „der mechani‍ſtiſche Zug mit dem Siege des Tatſachenwillens über den Hang zum Dämoniſchen und mit der Unmöglichkeit der Abſchließung einzelner Volkskulturen aus und wie führt das einem Zuſtand ent‍gegen, wo die Möglichkeit der Hervorbringung neuer monumentaler Formen verſchwindet! Was dann? Wohl wird ſich das Vernunft‍leben über das alte Standesdaſein, über die mechaniſierende und mechaniſierte Schichtung erheben.“ „Der Weſenszug der dritten Periode wird ein harmoniſches Ineinandergreifen des Dämoniſchen, der Ideale und der Tatsachen sein". Soweit das Weltbild, wie es Frobenius zeichnet.

Man könnte wohl auf den Gedanken kommen, daß das Leben der ganzen Menschheit seit urältester Zeit in seinen Grundzügen im selben Sinn, aber in einem großwelligeren Rhythmus verlief als das der einzelnen geschichtlich erfaßbaren Kulturkörper, und daß das uns bis in die Eiszeit zurück bekannte Dasein nichts anderes ist als eine Gesamtspätzeit, worin gerade fast alles fehlt, was wir im ursprünglichsten Sinne natursichtig und, wenn es aktiv und erdverbunden ist, dämonisch nennen. Es könnte so der intellektual-zivilisatorischen Spätzeit der ganzen Quartär-epoche — vielleicht auch des Tertiärzeitalters mit seiner atlantischen und frühatlantischen Kulturseele — eine Epoche vorausgehen, in der gerade das in stärkstem Maße, ja ausschließlich Gemeingut und geistig-seelischer Zeitcharakter war, was die Frühzeit einer jeden späteren Kultur und auch das Steinzeittum als rudimen-täres, schwaches Abbild noch andeuten: die noch nicht intellektua-lisierte, noch nicht rein kausal denkende und daher dämonische und titanenhafte Seele. Vor dieser Epoche wäre dann noch eine frühere zu denken, welche einem durchaus innerlich naturverbunde-nen erdgeschichtlichen Urmenschentum entspräche: eine hochmythi-sche, Mythen erlebende und nur in Mythenzuständen, jedoch ohne reflektierendes Verstandesbewußtsein sich bewegende Zeit, verbunden mit stärkster unmittelbarer Natursichtigkeit und Dä-monie. Diese Epoche wäre sinngemäß an das Ende des paläozo-ischen Zeitalters und in den Beginn des mesozoischen zu verlegen; jene etwa in den übrigen Hauptteil des Mesozoikums.

Es könnte also sein, daß die älteste vorweltliche Zeit des vor-noachitischen Menschenwesens eine Epoche war, in der alles das, was die naturverbundene Urzeit einer geschichtlichen, quartär-zeitlichen Kultur auszeichnet, allein und ausschließlich in ganz besonders hohem, vollentwickeltem Maße vorhanden und lebens-bestimmend war, also eine Natursichtigkeit und Dämonie aktiver und passiver Art, die alles in Schatten stellte, was sich späterhin, nach dem Abschluß jener ältesten Urzeit und dem Aufkommen des intellektuellen noachitischen Menschentypus, nur rudimentär und embryonisch jeweils noch einmal beim Beginn einer Kultur-entwicklung und bei Naturvölkern wiederholt. Wie in der embryonischen Entwicklung der höheren Tiere Formzustände nach gleichen organischen Bildungsgesetzen wieder andeutungsweise und rasch vorübergehend zum Vorschein kommen können, die ursprünglich, voll entfaltet, in einem zur gleichen Gattung gehörenden Lebewesen draußen in der Welt durch Jahrhunderttausende in voller Kraft und Tätigkeit da waren, so könnten auch die am Anfang aller bekannten Quartärzeitkulturen immer wieder andeutungsweise und vorübergehend erscheinenden natursichtigen Eigenschaften und Lebensfunktionen bloß schwach nachklingende embryonische Abbilder sein eines ehedem in voller Kraft als eigene seelisch-geistige Daseinsform und Zeitsignatur entfalteten, alles Menschliche umfassenden und durchdringenden urdämonischen Wesens. Das wäre, wie gesagt, die echt mythenbildende und mythenerlebende Zeit gewesen, der ganzen Menschheit gemeinsam; und daher käme es, daß jeweils die Anfangszeit einer geschichtlichen Kultur ein unmittelbareres, wenn auch nur noch schwaches Verständnis und Erleben einer gewissen Natursichtigkeit hätte, ohne jedoch zu deren ehemaligen ausschließlichen Entfaltung noch einmal ganz durchzudringen. Die alte Naturhaftigkeit und Natursichtigkeit aber gipfelte in den höchsten, für ein Menschenwesen denkbaren Formen der Dämonie, also der Zauberei, der Bannung, des Fernsehens, der innerlichen Einwirkung auf die organische und anorganische Natur.

Je mehr diese große Urepoche der ältesten Gesamtmenschheit aus dem Naturhaften heraustrat und sich vergeistigte, wurde sie — entsprechend dem Werden einer unserer quartärzeitlichen Kulturseelen — aus dem Allgemein-Naturhaften zu einer höheren freieren Daseins- und Seelenform geführt, in der das düster Dämonische der Zauberei und des niedersten Begehrens nach Naturleben zu einem lichteren, wenn auch ungebändigten Wollen hinaufstieg: das Zeitalter des strahlenden Helden und des Heldenmythus, jedoch noch rein im naturdämonischen, nicht im ritterlich-episch gespiegelten Spätsinn. Demgemäß hat die zweite Stufe einer quartärzeitlichen Kulturentwicklung, wo sich die Periode der Hochkultur zu gestalten beginnt, am meisten Verständnis und unmittelbares, wenn auch vergleichsweise nur noch schwaches Nacherleben eines großen Urheldentums, ein Nacherleben, das sich dann als wirkliches und sagenhaft verwobenes heldisches Rittertum zu erkennen gibt.

Es kommt die letzte Phase einer Quartärkultur: die intellek=
tualistische. Sie ist ein kurzes embryonisches Spätabbild einer
anderen großen, der Menschheit gemeinsamen Vorweltepoche, in
der wir uns aber Alle jetzt noch befinden: die des noachitischen
Gehirnmenschen vom reinen Säugetiertypus, die wir am Ende
des Mesozoikums in die Alttertiärzeit hinein ausschließlich er=
öffnet sehen, nachdem die Sintflut mit dem vornoachitischen
Menschentypus aufgeräumt hatte.

So hätte jede dieser seelischen erdgeschichtlichen Großepochen
ihren eigenen Menschentypus gehabt, und alles endet mit der
Vollentwicklung der Großhirnsphäre, mit dem Verschwinden des
Stirnauges, vielleicht mit der Reduktion der Körpergröße und
der Kürzung des individuellen Alters, auch mit der größeren
Kurzlebigkeit der Einzelstämme selbst, und zeigt zuletzt den Eiszeit=
menschen mit noch nicht ganz so gewölbtem Intellektualschädel,
aber dennoch ganz als den Unseren oder nur als degenerier=
ten Versprengten einer längst schon entfaltet gewesenen Kultur=
epoche, nämlich der tertiär=quartärzeitlichen. Sie wäre demnach
schon eine fast vollständig unter der Vollentfaltung des In=
tellektes stehende Epoche der Gesamtmenschheit, von der die
einzelnen geschichtlichen, sowie die vermutlich eiszeitlichen und
wohl auch die davor liegenden tertiärzeitlichen oder atlantischen
Paideumen nur Arten und Varianten sind. Ich halte daher die
alten Spezialkulturzentren wie Babylon, Ägypten, Westafrika,
Zentral= und Südamerika in ihrem Beginn für wesentlich älter
als die Eiszeit oder für mindestens eiszeitlich. Um sie herum,
in den von ihnen unberührten Landen hat sich dann als „Wilder"
vielleicht der Steinzeitmensch älteren Datums, als unentdeckter
„Australneger" gehalten. Haben sie doch beide in ihrer gleichen
Lebenslage und mit dem gleichen Kulturpaideuma auch so ähnliche
Schädelform. Ob aus dem jüngeren diluvialen Steinzeitmenschen
etwa in Europa irgend welche Träger der späteren und heutigen
Kulturen kamen, für die das gänzliche Dahinschwinden auch der
letzten instinktiven Natursichtigkeit und die immer stärkere apollische
Entwicklung des Großhirns, des Sitzes der mechanisierenden
Intelligenz, mehr und mehr die Signatur geworden ist — das
soll hier nicht mehr erörtert werden; die Wissenschaft unserer
Tage ist auf dem Weg dazu, dies klarzustellen.

Ich glaube also hier einen vollständigen Unterbau geben zu können für jene tief in die Vergangenheit hinabreichenden, noch unerfaßten und ungeklärten Wirklichkeiten, auf die sich Spenglers und Frobenius' Anschauungen über den Ablauf und die Urzeit der Kulturen gründen, und die soviel neue Tore öffneten. Alle heutigen und geschichtlich bekannt gewordenen Kulturen haben aber ihre im Kern gemeinsamen, wenn auch in der Form tausend=fach umgegossenen großen Mythen und Sagen wohl von jenen älteren mesozoischen und frühesten spätpaläozoischen Menschen=zeiten erhalten. Vieles ist da in den Überlieferungen ineinander hinein verschwommen und jetzt nur dadurch allenfalls wieder zu trennen und der richtigen Zeitepoche zuzuweisen, daß man sich zunächst das Wesen der Hauptzeiten klarmacht: das der natursichtig=dämonischen, das der dämonisch=intellektuellen, und das der darauf folgenden, uns noch mitumfassenden, vornehmlich intellektuellen Phase.

Vor der ganzen Menschheit liegt, so dürfen wir den Schluß ziehen oder, was dasselbe ist, glauben: eine weitere große Welt=epoche mit neuen seelischen und körperlichen Möglichkeiten, die hervortreten werden in dem Maß, als wir den großhirnhaften Intellektualzustand abstreifen werden. Schon sind die gewaltigsten Ansätze dazu da. In der sitzenden lächelnden Buddhagestalt mit dem Auge der Weisheit auf der Stirn — ich allegorisiere hier nur — ist dieses Wesen im Voraus angedeutet. Alle Menschen=typen sind einseitig begabt gewesen. Waren sie wesentlich natur=sichtig, so fehlte ihnen wohl im selben Maße der diskursiv denkende Kausalintellekt; dem späteren, wesentlich intellektualen Menschen, wie er sich jetzt vollendet, fehlt wesentlich die große Naturver=bundenheit, die Natursichtigkeit. Idealgestalten der Menschheit aber, wie Buddha und Christus, wird mythenhaft alles zuge=schrieben, was die Menschheitstypen nur einzeln und nachein=ander besaßen und vielleicht noch werden besitzen können. Christus steht dem Satan gegenüber, der ihm zeigt, daß er dämonische Kräfte besitzt, die er zur Eroberung der Welt verwenden könnte; und doch ist Christus zugleich das mit vollem Intellektualver=stand ausgestattete Wesen. Auch Buddha hat überirdische Kräfte; und da er ein ideales Bild des universalen, also vollkommenen Menschen ist, so wird ihm auf die Denkerstirn, wenn auch nun=

mehr in ganz anderer Bedeutung, das Auge der Weisheit wie ein
Symbol des alten natursichtigen, die Natur noch unmittelbar durchdringenden Schauens gesetzt. So vereinigt er schon äußerlich in
seinem Bild beide Entwicklungspole der Menschheit, um darüber
hinaus der völlig dem Irdischen entrückte weltüberwindende, auf
alles Vielerlei lächelnd herabblickende Gottmensch zu sein.

Seit den quartären, uns geschichtlich zugänglichen Kulturzeiten sehen wir die Edelsten und Besten unserer Kulturkreise
immer und immer wieder dieses Zukunftsideal schauen, preisen,
dafür leben und sterben; für eine Zeitepoche der Harmonie, wo
Ideale erfüllt werden, die dem jetztzeitlichen, als Intellektual-
wesen wieder einseitig begabten Menschen Utopien sind. So ist
vielleicht auch Platons „Staat" zu verstehen: als das Werk eines
Sehers, das unserer Zeit ein leeres Hirngespinst eines welt-
fremden Philosophen blieb; wobei es gleichgültig ist, daß es sich
weder heute, noch damals in Syrakus ins Leben rufen ließ.
Es wird seine Zukunft haben. Ein anderer Geist wird sich seinen
anderen Körper schaffen, so wie sich der dämonisch natursichtige
den vornoachitischen und wie sich der vorwiegend intellektuelle
den noachitischen Körper schuf, dessen wir noch teilhaftig geblieben
sind, und den wir, die Steinzeitmenschen seitlich liegenlaßend, sichtlich weitervollenden. Ob dann auch noch einmal mit der Umgestaltung der Menschenseele und mit der Umgestaltung des Körpers und
der Tierwelt in innerem Zusammenhang wieder eine Umgestaltung
der Erdoberfläche und der Sternenwelt kommt? Erst nach einer
Apokalypse soll ja die Hütte Gottes bei den befriedeten Menschen sein.

So ist also die älteste erdgeschichtliche Gesamtmenschheitsepoche
die der reinen Natursichtigkeit und höchsten Naturdämonie gewesen, in der noch nicht mit dem reflektierenden Kausalitäts-
empfinden gedacht wurde, wo die Menschen als Einzelne vielleicht
ebenso wenig individuell reflektierten, wie die Ameise oder die Biene
in ihrem Staat, sondern wo sie wie „natürliche Somnambulen" unmittelbar gemeinsam mit dem Naturwesen lebten, von innen heraus
die Natur sahen und empfanden und sie auch mitgestalteten infolge und zugleich mit den Reflexen ihres eigenen Wesens.

Diese Gedankengänge sollen noch ihre weitere Ausgestaltung
erfahren. Doch wird diese nur dem verständlich sein, der von

Entwurf zu einer Tabelle der Menschheitsentwicklung in den erdgeschichtlichen Zeitaltern

(Die Höhe der Rubriken bedeutet nicht die relative Zeitdauer.)

Känozoikum	Alluvialzeit	Apollischer Menschentypus. Historische Kulturen.		Epoche des reinen Intellektualdenkens u. Monotheismus.
	Diluvialzeit	Fossil bekannter Eiszeitmensch als kulturloser degenerierter Rest. Devastische und bardanische Flut. Wurzeln historischer Kulturen.		Zeitalter der geistigen Religionen, beginnend mit echter Astrologie und Sonnenkultus.
	Diluvialzeit **Jung** / Tertiärzeit	Älterer Diluvialmensch als unhaltbares Periode der Atlantis. Atlantische Spätkultur und Untergang der Atlantis. Zeit des plißedelben Körperhabitus, Abspaltung der Menschenaffen und Affenmenschen. Voll aufrechter Gang. Intellektualkulturen der Atlantis mit naturhaftigen Seelenresten. Einsetzen der starken Großhirnentfaltung.	Immer mehr zunehmende intellektuelle Großhirn entfaltung des Neoaschiten	Wachsendes Intellektualdenken mit erlöschender Naturhaftigkeit. Stärkerer Individualismus und Gedankenreflexion.
	Tertiärzeit **Alt**	Untergang der Lemuria. Besiedelung der Atlantis. Entwicklungsbeginn der Intellektualkulturen. Züchtung des Weinstocks und der Katze.		Allmähliches Zurücktreten der Naturhaftigkeit
Mesozoikum	Kreidezeit	Neoatlische Sintflut. Endgültiger Untergang des Gondwanalandes und der letzten firmaugetragenden Raßabamiten. Lemuria. Neoatlischer Menschentypus mit spreizbarer Hand, fast aufrechtem Gang, plazentalem Säugetierkörper. Allmähliches Aussterben des Vornoaschiten.		Vollnaturhaftig-dämonisches Zeitalter der Mythen, der mythenhaften Helden und Magierkönige.
	Jurazeit	Zerfallsbeginn des Gondwanalandes. Zunahme des aufrechten Ganges. Starke Abnahme des Gittmauges.	Beginn der Großhirn entfaltung beim Vornoaschiten	Individualismus Einzelner. Drachen und Lindwurmkämpfe.
	Triaszeit	Entstehung des beuteltierhaften, intellektuell veranlagten Vornoaschiten auf dem Gondwanaland, mit halb aufrechtem Gang und vorwaschener Hand.		
Spätpaläozoikum	Permzeit	Entstehung des firmaugetragenden naturschomnambulen Raßabamiten von reptilhaftem Säugetierhabitus. Beginn der Erhebung des Körpers.		Zeitalter der reinen Naturfomnambulie, ohne Individualismus und Reflexion.
	Steinkohlenzeit	Zeitalter des vorneganzerten Ußamiten (Urabamiten? Skorpionmensch?) Gang auf vier oder Extremitäten. Amphibischer Habitus.		

innen heraus bereit ift, in einen dunkeln Gang mit hinabzu=
fteigen, wo ein anderes Licht herrfcht als das der Aufflärungs=
fonne eben verfloffener Jahrzehnte. Bielleicht findet er dabei
Dinge, die ihm aus feiner eigenen Natur, wenn auch nur halb
bewußt, fchon befannt find. Daran mag er ihren Wirflichfeits=
wert ermeffen. Er muß fortgefeßt bereit fein, dem Fabelhaften
auch in feiner eigenen Innenwelt als einem Wirflichen zu folgen.
Dann mag er, mit verändertem Blick auf die Dinge der Um=
welt und Vorwelt, zur gewohnten Kritik zurückfehren. Bis dahin
ift von ihm geduldiges Schweigen, Hinhorchen und Schauen ge=
fordert, damit das innere Geficht, das uns bevorfteht, nicht ge=
ftört werde. Denn wir gehen in die Tiefe, zu den Müttern. Ob
es uns gelingt, den Doppelfaden von Naturhiftorie und Meta=
phyfit, der uns hinabgeleiten foll, unverwirrt wiederzubringen?

Naturdämonie und Paradies

Es wurde im Vorhergehenden gezeigt, daß die zu unſerer Zeit gelegentlich ausgeübten naturſichtigen Fähigkeiten niederen Grades Reſte ſein könnten jener natürlichen Fähigkeit, welche die unverdorbenen Naturvölker und die Steinzeitmenſchen noch ſtärker als wir beſitzen und beſaßen. Dieſe Fähigkeit geht nur in ihrem äußerſten Grade ſo weit, daß körperliche Wandlungen, alſo etwa beſchleunigte und ſicherere Heilung von Wunden, ſtattfinden. In den großmagiſchen Erſcheinungen, von denen die Rede war, und denen man wohl gelegentlich in der Geſchichte noch begegnet, und auf die das Schopenhauerſche Zitat abzielt, liegen nun Rudimente einer noch älteren Zeit, eines noch urſprünglicheren Menſchentypus, weit vor dem uns doch noch ziemlich verſtändlichen Steinzeit‌menſchen; alſo Seelenrudimente eines ganz anderen Grund‌ſtammes des Menſchenweſens, der wohl auch ebenſo, wie der hiſtoriſch‌prähiſtoriſche Menſch, ſeine kulturellen oder ſeeliſchen Ent‌wicklungsſtufen hatte.

Wenn im Folgenden vom Dämoniſchen die Rede iſt, ſo iſt damit das Naturhafte, nicht das Geniale Goethe'ſcher Art, auch nicht das Daimonion ſokratiſcher Vorausſicht gemeint. Jeder Menſch hat von Natur aus beſtimmte Grundbilder des Dämo‌niſch‌Naturhaften in ſich. Dämoniſches kann nun von zweierlei Art ſein: einſchmeichelnd oder ſchreckhaft, lieblich oder düſter und ſchwarz. Auf keinen Fall iſt es zu verwechſeln mit bösartig im ſittlichen Sinn. Es kann durch und durch naiv ſein und iſt es auch, ſolange es nicht mit dem Intellekt gepaart iſt und dann erſt bösartig oder rückſichtslos genannt zu werden verdient. Sonſt iſt es eben, wie ein Kind, grauſam und ſchuldlos, oder lieblich und ſchuldlos. Die Natur iſt durch und durch dämoniſch, und weil ſie es iſt, geht in der Welt das Liebliche neben dem Schrecklichen innig verbunden einher. In demſelben Maß als des Menſchen Geiſt die naturhafte naive Dämonie überwindet, ideal und phy‌ſiſch, verwirklicht ſich das Göttliche in ihm. Das Teufliſche iſt nicht die dämonische Natur, die weder göttlich noch teuflisch ist; sondern das Teuflische ist die Verwirklichung der Dämonie durch intellektuelle Geistigkeit; das Göttliche aber ist die Überwindung dieses durch die nicht mehr sich selbst suchende Liebe. Das Gleichnis von Christus und der Hure hat diese Bedeutung; und transzendent, im letzten Grund des Daseins, wird es auch zum erlösenden Sinn von Christi Höllenfahrt.

Die Darstellungen von Dämonen, von Teufeln und Engeln, Göttern des Lichtes und der Finsternis, sind zu allen Zeiten und bei allen Völkern wesentlich dieselben gewesen, und wir können sie unmittelbar verstehen. Das Auffallende ist, daß wir das Dämonische, wie es in unseren Herzen lebt oder geschaut wird, auch in der Natur, in Gestalten lebender Wesen symbolisiert und verwirklicht sehen; das Liebliche sowohl wie das Schreckliche. Am drastischsten und überzeugendsten tritt das Dämonische hervor in den jungpaläozoisch-mesozoischen Reptilien, den Lindwürmern, Basilisken und Drachen, mit deren Erinnerungsbildern auch die Literatur voll ist als von Symbolen der schreckhaften Dämonie. Da man keinen wissenden Menschen zu belehren braucht, was Dämonisches ist und welche Gestalt Dämonisches hat, so wird man solches auch ohne worthafte Analyse, wo es einem in Natur, Menschenleben und Vorzeit entgegentritt, wieder zu erkennen vermögen. Definitionen lassen sich von derartigem überhaupt nicht geben, und es ist der Irrtum unseres wissenschaftlichen Zeitalters, das Seelenhafte wie ein Objekt definieren zu wollen. Es ist wie mit dem Begriff Rasse, wie ihn Spengler zu fassen sucht, indem er etwa sagt, sie sei nicht meßbare Körperlichkeit, sondern Seele und Geistesverfassung, die sich dem, der selber Rasse hat, unmittelbar kundgibt.

Es wurde ausgeführt, daß jede größere geologische Zeitspanne unbestimmter Umgrenzung ihre eigene Typen- und Organbildung zeigt. Die Zeit von der Permepoche bis ans Ende des mesozoischen Zeitalters ist nun gekennzeichnet im höheren Tierleben durch die Erschaffung dämonischer Wesen vom Lindwurm- und Schlangencharakter. Ich gebe beistehend ein charakteristisches Bild. Was die düstere, auch in fratzenhaften Masken bei Naturvölkern lebendige Dämonie des Ausdruckes betrifft, so leuchtet sie unmittelbar daraus hervor. Haben wir doch auch in den ältesten Sagen der Menschheit immer wieder den Hinweis auf die körperliche

Fig. 27.
Lindwurmland-
schaft des spät-
mesozoischen Zeit-
alters mit der
sumpfbewohnenden
den Riesenform
Brontosaurus.
Der Zehumensch
reicht dem Tier
bis zum Knie.

(Nach einer Re-
konstruktion von
H. O. Osborn
und
C. R. Knight,
abgeändert aus
W. D. Matthew,
Dinosaurs.
New York 1915.)

und seelische Schrecklichkeit etwa der „Schlange", bei deren jetztzeitlichen Ausläufern wir auf dieselbe Eigentümlichkeit hinweisen
können; da wird uns mancher eigentümliche Zug in jener alten
Schlangenfurcht, in den alten Lindwurm- und Schlangensagen
mit ihren Kämpfen und Schrecken klar.

So ist auf die vielbesprochene Erscheinung im Tierreich hinzuweisen, welcher der Charakter des Beschwörens fraglos zukommt, auf die Art, wie Schlangen ihre lebendige Beute bannen
können, um sie lebendig hinunterzuwürgen oder zu erdrücken.
Wir rühren hiermit an das naturecht dämonische, in seinem Urzustand wohl ungleich gewaltigere, zum Symbol gewordene
Wesen der „Schlangennatur". Schon Schopenhauer, der eine
Schilderung davon gibt, ist an diesem eigenartigen Naturphäno-
men mit Erschütterung vorbeigegangen und gedenkt des Wortes
von Aristoteles, daß die Natur dämonisch, aber nicht göttlich sei.
Der Begriff dämonisch ist neutral. Wenn Schlangen bannen, geschieht es nicht nur durch furchterregende Suggestion, sondern auch
durch suggestives Ausschalten der Furcht beim Beutetier, so daß
dieses nichts Drohendes wahrnimmt, auch die Gefahr nicht ahnt
oder ihr spielend entgegengeht[118]). Dies ist umso auffallender, als
sonst die Tiere doch auch einen gattungsmäßigen Instinkt gegen
die ihnen gefährlichen Wesen haben.

Eine andere Art der Dämonie, jedoch im Wesen dieser vorigen
gleich, ist die Verlockung zum Untergang durch das Darbieten von
Geschmacksreizen, die ein Tier dem anderen bietet. Nach einer
Beschreibung des als Ameisenforscher berühmten Jesuitenpaters
Wasmann lebt bei den roten Waldameisen im Bau ein Käfer,
der einen dieser Ameisenart gerade angenehmen Saft absondert,
den sie so begehrt, daß sie sogar des Käfers Larven füttert, um ihn
wieder heranzuziehen. Aber der Käfer ist den Larven der Ameise
gefährlich, schädigt sie also an ihrer Nachkommenschaft, und der
Genuß des Saftes führt sie zur körperlichen Degeneration; das
Einzeltier wird narkotisiert, auch entstehen durch Ersatzzucht un-
vollkommene Weibchen.

Ein anmutiges Gegenstück als Beispiel lieblicher Naturdämonie
bietet uns Weismann[119]) in seinen „Vorlesungen über Deszendenztheorie", wo er von einem Insekt berichtet, das glänzende farbige
Steinchen zusammenträgt, sie in bestimmter Weise anordnet und

so ein Liebesgärtlein baut, in dem es auf sein Weibchen wartet,
das, von dem Glanz und der Gestaltung angelockt, alsbald zu
ihm kommt. Was ist das, von innen besehen, anderes als Zauberei
und Bannung in der gefälligsten Form, wie es das Tun der
Schlange in der düstersten ist?

Hier haben wir übrigens das Mittelding zwischen der im vorigen
Abschnitt geschilderten Anwendung des Körperstachels bei der schon
erwähnten Stechwespe (S. 239) als eines Instrumentes, das unmittelbar vom unbewußten Gattungswillen gehandhabt wird, und
dem rein mit dem suggestiven Blick psychisch — und wer weiß, ob
nicht durch irgend etwas auch physiologisch — wirkenden Begehren
der Schlange. Das bauende Insekt verwendet seine Steinchen
eben als Beschwörungsmittel, ähnlich wie der Wilde seine Hölzer,
Trommeln oder Figuren, oder der Zauberer seinen Stab. Ist es
aber ein prinzipieller oder nicht doch bloß ein formaler Unterschied,
ob die Schlange mit suggestiver Kraft auf ein paar Meter Entfernung auf ihre Beute einwirkt, oder ob der pygmäische Jäger
dies durch Beschwörungsworte und Übertragung seiner hyp-
notischen Gewalt durch die Sonnenstrahlen auf das, wenn auch
ferne, so doch unter denselben Strahlen sich befindende Beutetier
tut, das von seinem Pfeil nachher meistens mit derselben naturhaften Sicherheit an der richtigen Körperstelle getroffen wird, wie
der Stachel der eierlegenden Wespe den Käfer trifft? Mir scheinen
hier nur verschiedene Anordnungen und äußere Ausdrucksformen
ein und derselben Natursichtigkeit oder Magie vorzuliegen, deren
für unseren Intellekt so verblüffende Wirkungen einfach als Tatsache vor uns stehen.

Der nächste Schritt zum tieferen Eindringen ist nun der, sich
zu fragen, ob diese Naturdämonie nur in sichtbaren Wesen wie
Mensch und Tier lebt, vielleicht auch in Pflanzen; oder ob sie in
irgend einer anderen, uns zunächst nicht körperlich sichtbaren Form
noch ein Leben führt? Eine solche, auf den ersten Blick recht absonder-
lich anmutende Frage stellt man nicht willkürlich; man muß einen
sachlichen Grund dafür haben. Dieser liegt in den bei allen noch
nicht intellektualisierten Volksseelen von jeher wohlbekannten,
wohlgefürchteten und mit entsprechenden magisch-religiösen Mitteln bekämpften, bei uns als sinnloser Aberglaube mißverstandenen
Wirkungen von unsichtbaren Dämonien, die ebenso „wirklich"

sind oder waren, wie ihr Korrelat: das Dämonische im Menschen und im Tier. Jene als übersinnlich oder übernatürlich bezeichneten, jedoch empirisch bemerkbaren Wesenheiten mögen auch uns intellektualisierten und für ihre unmittelbare Wahrnehmung im allgemeinen unempfindlich gewordenen Spätzeitmenschen dennoch an allerhand Merkwürdigkeiten unseres Alltagsdaseins wahrnehmbar sein. Als Naheliegendstes und allgemein Bekanntes sei auf die unter dem Ausdruck „Duplizität der Fälle" sich so häufig und oft unerfreulich einstellende mehrfache Wiederholung gleichartiger, aber im gewohnten Sinn nicht ursächlich zusammenhängender Vorgänge hingewiesen; das kann außer Ereignissen auch die Wiederkehr von Gegenständlichem betreffen. „Ein Unglück kommt selten allein" ist ein weiteres, aus dem Leben gegriffenes Erfahrungswort, das ein halb bewußtes, halb unbewußtes Anerkenntnis jener selbständigen Naturdämonie enthält. „Die Tücke des Objekts" ist uns Allen bekannt; und hier hat die aus der Tiefe des Daseins betrachtende und sich ihren Ausdruck schaffende Sprache selbst, wie mit einem gewissen Spott über unsere mechanistische Kausalitätsbigotterie, uns geradezu den Dämon vor Augen gestellt.

Ganz deutlich und oft übergewaltig tritt es uns in den seelischen Gebilden entgegen, die wir Massensuggestionen nennen, meist religiöser oder politischer Färbung, worüber Spengler im „Untergang des Abendlandes" eine so klare Charakteristik gibt[120]). Sind solche Suggestivverbände unter der Gewalt des Dämonischen von längerem Bestand, so legen sie sich wohl auch Abzeichen oder Embleme oder Kleidungsstücke bei, und diese wirken nun umgekehrt fanatisierend auf die Träger oder auf zunächst Unbeteiligte und Fernerstehende zurück; wie sich diese Einwirkungen umkehren lassen durch Vorhalten anderer symbolischer Zeichen, sei es, daß die dämonisierten Körperschaften dadurch zur Wut gebracht oder besänftigt oder begeistert oder in bestimmter räumlicher Richtung in Bewegung gesetzt oder zum Halten gebracht werden können. Es ist die typische Wiederholung der Zauber- und Beschwörungszeichen ältester Zeit mit ihren konkreten Wirkungen, wenn auch insofern andersartig, d. h. nicht mehr so naturhaft ursprünglich und wirksam, als sie in unserer Kultursphäre doch den Intellekt zu sehr als Beschauer haben.

Solche überperfönlichen Dämonen und Dämonien können, wenn
fie nicht fchäumend und plötzlich hereinbrechen und daher meiftens
ebenfo rafch wieder vergehen, fondern langfam und intenfiv fich
auswirken und weit fich überbreiten, zu den gleichen oder fehr
ähnlichen fozialen, politifchen oder fektenhaften Bildungen und
Körperfchaften in den verfchiedenften Kulturbezirken und Ländern
führen. Ja es werden, von dem gleichen Wefen ergriffen, nicht
nur die gleichen feelifchen, fondern auch gleiche organifch-körperliche
Geftaltungen erzeugt, von denen ein gleicher Gefichtsausdruck,
eine gleiche Körperhaltung etwa noch die einfachften und unmittelbar begreiflichften Einwirkungen auf den Organismus der Träger
find. Ift das nicht eine vollkommene Parallele zum Gefetz der
übereinftimmenden Zeitformen in der organifchen Natur?

Die alten ftirnäugigen Menfchen der Frühzeit mögen nun als
fchwarze Magier mit ihrer dämonifchen Kraft auf die Natur und
die menfchliche Umwelt fchreckhaft, fchädigend eingewirkt, ja vielleicht Naturwefen felbft erzeugt haben, welche in ihrem Sinn,
von ihrer naturfichtig-dämonifchen Kraft abhängend und genährt, ebenfo wirkten. Den Erzeugern galt der Kampf der lichten
Menfchendämonen, den Schreckbildern ihre Bannkraft. Darum
hören wir in Sagen und Märchen etwa von dem großen weifen
Magier und König — in 1001 Nacht heißt er Salomo[121] —, der
den unreinen Geift mit dem Stirnauge in die Flafche einfchließt
und ins Meer verfenkt oder auf die Säule bannt. Wir finden die-
felben Nachklänge aus älterer Zeit in der Odyffee, wo entfprechend
dem intellektuell rationaliftifchen Geift des Griechentums aus
dem Kampf der Helden mit dem Kyklopen jede metaphyfifche
Reminifzenz verfchwunden und die Sage nur noch ganz äußerlich
verwertet ift. Genau demfelben Niveau der Auffaffung und Dar-
ftellung, wie dem des Kyklopenkampfes im Homer, entfpricht
die Übermittlung der Drachenkampffage und des Helden Siegfried im Nibelungenlied. Auch hier eine ganz äußerliche Hinein-
verarbeitung in den viel fpäteren übrigen Sagenftoff, und fonft
eine Dichtung, der jeder metaphyfifch bewußte Sinn fchon abhanden gekommen ift. Wie man aber leicht bemerkt, fteht Sieg-
frieds Geftalt vor allen anderen Helden der Nibelungenfage in
einem ganz eigenen lichtumfloffenen Glanze da, demgegenüber
die anderen wie Spätzeitritter erfcheinen, während die Siegfrieds-

gestalt noch unverkennbar ihre hochmythische Aureole hat und auch über Zauberkräfte verfügt, wie den Körperpanzer, die Unsichtbarmachung und das mythische Schwert gegen den Drachen.

Solche Urhelden, wie sie auch in die Parzivalsage noch hineingewoben sind, schlagen sich in stundenlangem Kampf die Glieder ab, sie schlagen sich das Auge aus und doch gehen sie danach ohne Leiden als Freunde miteinander davon. Wenn dieser Kampf und die dabei abfallenden schweren Verletzungen auch Symbole sind, so hat doch auch hier wieder, wie immer, die echte Sagensymbolik ihre tiefe, wirkliche Bedeutung. Mag also immerhin ein Naturvorgang symbolisiert sein, so ist es eben doch wieder der Naturvorgang des dämonischen Ringens naturverbundener Wesen; und die Form, das Bild, worein der Vorgang gekleidet ist, weist auf einen uralten seelischen und physischen Menschenzustand hin, wo infolge der Naturverbundenheit auch der Körper anders, stärker vom bildsamen Leben durchflutet war und regenerierte.

Wenden wir uns der naturhistorisch-metaphysischen Seite der Naturdämonie zu, so bedeutet ein Kampf des Menschen mit ihr einen Kampf in einer anderen als der intellektuellen oder äußerlich natürlichen Sphäre. Wer denkt da nicht sofort an die nicht nur bei Moses überlieferte alleräteste Menschensage der Vertreibung aus dem Paradies, die eng verknüpft ist mit dem Sündenfall, dem der Mensch erliegt, nachdem er den „Einflüsterungen der Schlange" Gehör geschenkt? Er hatte, aus dem geistigen Lichtdasein und der Alleinheit heraustretend, sich der Naturdämonie verschrieben und mit diesem metaphysischen Schritt eine seelischgeistige Katastrophe herbeigeführt, die im Mythus vom Sündenfall, der Vertreibung aus dem Paradies und der damit einsetzenden Zweiheit und Feindseligkeit gegen die Natur ihren unvergänglichen, auch für den aufgeklärtesten ungläubigsten Spätzeitmenschen immer noch erschütternd wahrhaftigen Ausdruck gefunden hat. Damit wurde das Menschenwesen aus der geistigen Welt in die physische hereingerissen — nicht nur symbolisch sondern ganz und gar naturhaft. Die nächste Folge war erst die Behaftung mit der physischen Körperlichkeit, dem „Tod" — der physische Urmensch trat in die irdische Erscheinung.

Der Mensch entzweite sich auf den Fluch Gottes hin mit der Schlange: „Es wird Feindschaft bestehen zwischen dir und ihr."

Nachdem der Mensch im Paradies „die Stimmen der Tiere verstand", werden sie ihm nun stumm; er ist entzweit — im wörtlichen Sinn — mit der übrigen lebendigen Natur. Er, der vorher
keine Kleidung brauchte und um seine Nahrung nicht zu sorgen
hatte, muß jetzt nach dem Sündenfall seinen Körper kleiden, der
ihm da zum erstenmal zum Bewußtsein kommt; „denn er sah,
daß er nackt war". Er muß auch das Feld bebauen und „im
Schweiße seines Angesichtes sein Brot essen": das physische Dasein.
Gab es und gibt es da, um zur Einheit zurückzukehren, etwas
anderes als den Tod? Er kam nach der Sage damals in die Menschenwelt. Als Individualtod für den Einzelnen und zugleich als
Verheißung des Erlösertodes für die Menschheit, wie es die
Bücher Mosis sinnvoll berichten.

Die physische Natur ist, wie sich auch dem nur wissenschaftlichen
Denken immer klarer zeigt, nicht nur im gewöhnlichen Sinn me-
chanisch gegenständlich, sondern sie ist auch durchdrungen von
Form- und Daseinszuständen, die dem entsprechen, was uns das
so viel mißverstandene und mißbrauchte Gebiet der okkulten
Sphäre zu erkennen gibt. Die in den Anfängen stehende wissenschaftliche Erforschung etwa der telepathischen Phänomene als
Träger jener Zustände und Wirkungen wird uns vermutlich das
Verständnis für eine dem gröberen Gebrauch der Sinne verhüllte physische Substanz noch öffnen, in der das abgegrenzt
Individuelle und Körperliche mit „unsichtbaren Fäden" und
unter einem andersartigen Raumzeitzustand gebunden erscheint,
wo eben eine Beziehung herrscht, welche mit der vielberufenen
und viel mißbrauchten „vierten Dimension" populär charakteri-
siert ist. So ließe sich denken, daß dort Gestaltungen bestehen,
die sich noch nicht, oder etwa nur zeitweise, grob physisch sichtbar verwirklicht, materialisiert haben, wie die Kunstsprache der
Forschung jetzt lautet. Es könnten solche Gestaltungen nicht nur
visionär erblickt werden, sondern sie könnten selbst schon unterdessen physisch wirksam sein, ohne daß sie für das körperliche Auge
selbst zutage träten.

So könnte auch in allerältester Zeit, ehe er in der Wirbeltier-
gestalt grob physisch in Erscheinung trat, der Mensch schon mit der
niederen Tierwelt verknüpft gewesen sein, sie aus sich entlassen
haben, ehe er selbst für ein grob physisch sehendes Auge in die

irdiſche Natur trat — und hiermit knüpfen wir den Gedankengang wieder an das Naturhiſtoriſche an und haben die Frage be-
antwortet, inwiefern auch die im gewöhnlichen Sinn vormenschliche niedere Tierwelt im Daſein des Menſchenſtammes verankert
war. Nur darf jenes Unſichtbar-Phyſiſche nicht erkenntniskritiſch
falſch mit dem Platoniſch-Ideenhaften und ſchließlich Transzendenten verwechſelt werden; der Zuſammenhang bleibt dem dis-
kurſiv verfahrenden Verſtand aber unauflösbar.

Es liegt in der jedem Denkenden nur allzu bekannten Natur
der Sache, daß ſolcherlei Erfaſſen von inneren Zuſammenhängen
eigentlich unausſprechbar iſt. Die Sprache, der Gedankenbau in
vernünftigen Sätzen iſt hervorgebracht und daher adaptiv ein-
geſtellt auf Vermittlung rein phyſiſcher Daſeinsbilder. Das
Seeliſche oder gar das Geiſtige kann durch Worte und Sätze
nur vermittelt werden, wenn auf der Empfangsſeite dieſelbe
innere Struktur beſteht, durch deren Berühren mittels der Wort-
ſymbole dasſelbe eigene Schauen aufgeht. So ſind wir, jeder von
uns, doch in unſerem phyſiſchen Körper eingeſchloſſen, wie in
einem Kerker. Durch die Wände kann nichts zum anderen Gefangenen hinaus und hinüberbringen, wenn nicht der Weg jenſeits der groben Sinnenvorſtellung und Sinnenſprache geöffnet iſt.
Nur wenn man ſich dieſe vermittelnde Sprechweiſe umzugeſtalten
vermag zu einem entſprechenden und nicht grob gegenſtändlichen
Schauen, wird man verſtehen, was dieſe unſere Darlegungen
beim Leſer zu lebendigem Wiſſen erwecken möchten.

Das älteſte Menſchenwerden ſpielte ſich in einem für unſer Leben
und Verſtehen längſt transzendent gewordenen Zuſtand ab, der
zuerſt nicht unbedingt an eine Körperlichkeit im ſtreng ſichtbar
phyſiſchen Sinn geknüpft zu ſein brauchte. Im Menſchenweſen
lag zuvor mit beſchloſſen das Dämoniſche, Lichtes ſowohl wie
Düſteres. Die düſtere Seite begann ſich zu regen; es trat in ſeinem
Geiſt ein erſtes Aufleuchten tieriſch-phyſiſchen Bewußtſeins ein
— das Flüſtern der Schlange, die um den Lebensbaum gewunden
war. Der Sündenfall und die Vertreibung aus dem Paradies
geſchah. Dies kann daher nichts anderes geweſen ſein als die
phyſiſch-körperliche Auswirkung und Umgeſtaltung des Menſchenweſens aus jener transzendenten ſeeliſch-geiſtigen Veränderung
heraus. Die Entzweiung zwiſchen Mann und Weib trat ein.

Das will heißen: es kam zur sichtbar physischen Entstehung des
zweigeschlechtlichen Menschenwesens ursprünglichster Art und zugleich — entsprechend der metaphysischen Entzweiung zwischen
dem ursprünglich göttlichen, also spezifisch menschlichen Geistes-
wesen und dem entgegengesetzten der Tierheit, dessen er sich nun
bewußt wurde — zur Schaffung einer Tierwelt dämonischen
Charakters, symbolisiert in der Schlange, die dem physisch sichtbar
gewordenen Menschenwesen nun ebenfalls physisch objektiviert
gegenübertrat.

Von da ab stand der Mensch in der organischen Natur sichtbar
da; es herrschte bei ihm tierhafte Fortpflanzung, weil das ehedem
transzendente Einheitswesen nun in zahllosen Individuen in die
physische Natur getreten war, die sterblich waren und sich nach
dem Naturgesetz immer erneuerten und vermehrten. Damit
war der Kampf mit der Natur, der Kampf mit der Tierwelt, der
Kampf um den Lebensraum und der Kampf der Menschen untereinander, des Kain mit dem Abel, gekommen. Aus dem idealen
Urmenschenwesen war objektiv-physisch einerseits das dämonische
Tier, andererseits der uradamitische Menschentypus, der aus dem
Paradies vertriebene Mensch geworden. Das Paradies war nichts
anderes gewesen als der innere lebendige Einheitszustand des gesamten naturhaften und menschlich-göttlichen Daseins, der durch
die Regung des Dämonischen und dessen Bewußtwerden und damit
dessen physische Objektivierung gebrochen war. Seitdem ist die
Natur unsere Feindin auf dem Weg zurück zum geistigen Menschen.

So entstand gleichzeitig mit dem sichtbaren Menschen sowohl
eine ihm nun gegenüberstehende höhere Tierwelt, die sich in
dämonischen Wesen vom seelischen Charakter der Schlangen, in
dämonischen Schreckgestalten kundtat und in sich jene Mentalität
trug, die des Menschen Urwesen metaphysisch aus sich heraus entlassen hatte, die er nun in seiner Seele verstand, erlebte und voll
unversöhnlichen Hasses bekämpfte; andererseits entstand die mit
ihm physisch gleichwurzelige Säugetierwelt, der alles reptilhaft-dä-
monische Wesen fremd ist und die von da ab teils sich selbst weiter-
entwickelte, teils immer wieder neu aus dem Hauptstamm Mensch
vervielfältigt wurde, je mehr Tierhaftes aus diesem sich abspaltete,
je typisch menschlicher er selbst wurde. So wurde der Mensch metaphysisch und physisch der Stammvater einer Tierheit, die zuvor

in ihm geruht, dann frei wurde und nun neben ihm mehr und
mehr zu physischem Dasein sich entwickelte. Daraus wird jene Tra=
dition erklärlich, die besagt, daß nicht der Mensch von den Tieren
abstamme, sondern das Tier vom Menschen. Seitdem schmachtet
die Kreatur mit unter dem Sündenfall des Menschen und harrt,
wie er, der Erlösung. Die Rückkehr zu jener transzendenten
Einheit und damit die bewußte Vergöttlichung dessen, was vorher
unbewußte Einheit war, und damit die Befreiung aus dem Ent=
zweit=Physischen: das ist die Sehnsucht nach dem verlorenen
Paradies, die auch heute noch, nicht nur in der Menschenseele,
sondern nach alter Lehre auch, dem Einzelwesen unbewußt, in
der Tierseele lebt.

Aber, wie schon berührt, lebt noch eine andere Entzweiung
von Anfang her in der Menschennatur: die geschlechtliche zwischen
Mann und Weib. Es ist ein unheimlich erschütternder Augen=
blick, wenn man aus innerem Schauen heraus zum erstenmal
das alte Wort vom geheimen Haß der Geschlechter in seiner ganzen
Tiefe begreift. Das Weib, das dem Flüstern der Schlange nach
der Sage zuerst und unmittelbar verstehend Gehör gab, ist heute
noch der eigentliche Träger des lieblich oder düster Dämonischen
im Menschenleben, viel mehr als der Mann, dessen Dämonisches,
selbst wenn es düster ist wie bei einem Napoleon, eben doch in=
tellektualisiert ist und seinem ganzen Wesen gemäß nach außen
Taten vollbringt, und seien sie noch so entsetzlich; das aber nicht
die Seele des Menschen für sich begehrt — die Schlange. Kein
treffenderes Symbol haben wir noch heute dafür. Es muß im
ursprünglichen, transzendenten Zustand vor der Paradiesesver=
treibung beides, das Männliche und Weibliche, schon dagewesen
sein, aber einen anderen Sinn, eine andere Bedeutung gehabt
haben als später im Physischen. Beides muß eine wechselseitige
geistige Einheit gewesen sein, das, wonach wir über die Körper=
lichkeit hinaus als innige Menschen alle streben wie nach einem
verlorenen Paradies.

Das ursprüngliche Vereinigtsein beider Pole des Geschlechtes,
des männlichen und weiblichen, kennt ja auch die germanische
Theogonie und Anthropogonie. Sobald aus dem Urstoff ein
menschenähnliches Gebilde entsteigt, vollzieht sich die weitere Ent=
wicklung auf dem Wege natürlicher Zeugung. Als Ymir schlief,

geriet er in Schweiß und es wuchs ihm unter dem linken Arm
Mann und Weib. Sein einer Fuß zeugte mit dem anderen einen
Sohn; daraus kamen seine Nachkommen, die Riesen[122]).

Hier nun die Sagen, die ich im Sinne des oben Gesagten aus-
deute, daß der Eintritt des Menschenwesens ins Physische eine
Ausstoßung aus seinem ursprünglichen, transzendent-göttlichen
Wesen war, und daß damit der Dämonie in ihm und um ihn in
der Natur das Tor geöffnet war und daß er Naturwesen schuf[123]).
Aus Adams Reuetränen werden in der Sage nach dem Sündenfall allerlei Pflanzen; in der arabischen Erzählung die Narzisse, in
der indischen der Kokosbaum, die Myrobolane und allerlei kost-
bare Gewürze. Denn seine Tränen, die auf die Erde fielen, hatten
solche Zauberkraft, weil er noch die Säfte der Paradiesnahrung
in sich hatte. Evas Tränen verwandelten sich im Meer zu Perlen,
und wo sie das trockene Land befruchteten, da sproßten die herr-
lichsten Blumen. Die Schlange aber weinte ebenfalls; auf der
Erde brachten ihre Tränen den Skorpion hervor, im Meere den
Krebs, weil sie das Paradies durch die Pforte des Ärgers verlassen hatte.

Es ist allerdings sehr einfach und naheliegend, hierin nur eine
Naturpoesie zu sehen. Freilich ist es das auch, vermutlich weil die
letzten Übermittler den uralten Stoff so umdichteten oder schon
so bekamen und mißverständlich oder absichtlich ihn so weitergaben. Aber mit dem betrachtet, was uns die hier befolgte Art des
Anschauens erschließt, tun sich unter dem harmlosen Kleid, das
ihnen Spätzeiten überwarfen, gewaltige Vorgänge in der Natur
und dem Menschenleben auf: die physische Gestaltung der Natur
durch das Werden und die Wandlung des Menschenwesens selbst,
von innen her metaphysisch, nicht äußerlich kulturell-technisch.

Adams körperliche Veränderung aber berichtet das äthiopische
Adamsbuch. Gott spricht dort zu ihm: Solange du unter meinem
Befehl und ein Lichtengel warst, kanntest du das Wasser nicht.
Seit du aber meinen Befehl übertreten hast, mußt du deinen Leib
mit Wasser tränken und wachsen machen; denn er ist tierähnlich
geworden. Ich entzog dir die Lichtnatur, als du in die Übertretung
kamst; doch verwandelte ich dich nicht ganz in Finsternis, sondern
machte dir diesen deinen Körper und schuf diese Haut an ihm.
Aber damals wußtest du nichts von Müdigkeit und Leiden.

Eine andere Sage aus derselben Quelle, die tief stimmungs-
mäßig mit echt menschlicher Wahrhaftigkeit die ganze Armut des
paradiesverlorenen phyſiſchen Daſeins wiedergibt: Als Adam und
Eva aus dem Paradies vertrieben waren, lebten ſie in einer Höhle.
Am Morgen gingen ſie vor die Höhle. Aber ihr Bauch war vom
Eſſen beſchwert und ſie wußten ſich nicht zu helfen. Sie wehe-
klagten: ſolche Beſchwerden haben uns nicht befallen im Garten
und ſolche ſchlechte Speiſe haben wir dort nicht gegeſſen. Und
Adam flehte zu Gott: Laß' uns nicht umkommen durch das, was
in unſerem Bauch iſt. Und Gott blickte auf ſie und machte ihnen
Öffnungen, durch die ſie ſich entleeren konnten, wie es zur Natur
geworden iſt bis auf dieſe Stunde. Adam und Eva aber ſtießen
das aus, was ſie im Bauche hatten, gingen in die Höhle hinein,
traurig und weinend wegen des Kots, der aus ihrem Leibe gegangen war. Und ſie fühlten, daß es mit ihnen anders geworden
war von jener Stunde an, und daß die Hoffnung, in den Garten
wieder hineinzukommen, ihnen abgeſchnitten war, weil kein Körper,
welcher der Speiſe, des Trankes und der Entleerung bedarf, dort
zu weilen vermag.

Soweit die Sage. Kann lebensvoller und wahrhaftiger die
furchtbare Tragödie geſchildert werden, womit die Menſchheit
durch eine Schuld ins irdiſche Daſein trat? Und da ſollte man noch
fragen, ob in den uralten Gedanken nicht Grundwirkliches lebt?
Ob es ſich ſo oder ſo zugetragen habe — es iſt die geſchichtliche
Wirklichkeit, weil es die ſeeliſche, die metaphyſiſche iſt. Nichts
Inneres gibt es, das nicht ſein Äußeres hätte und umgekehrt.
Daß wir beides unterſcheiden müſſen, liegt an unſerem reflektierenden Bewußtſein. Wenn wir es metaphyſiſch ſchauen und
darin verſtehen, wiſſen wir auch, daß das „Äußere" Symbol und
Gleichnis iſt. Damit, daß es Symbol iſt, iſt es aber nicht unwirklich, nicht losgelöſte leere Phantaſie, wie der nüchterne Verſtand
unſerer Zeit es meint, weil er mit ſehenden Augen doch das Wirkliche nicht ſieht.

Des Menſchen Seele war zerriſſen und dem entſprach der Körper
voller Leid. Es iſt wieder durchaus lebenswahr und im metaphyſiſchen Sinn damalig-wirklich, wenn wir in der Sage Adam
und Eva immer noch ringen ſehen um das verlorene Paradies.
Wie wir den Kampf mit den Drachen und Lindwürmern in jener

nun folgenden natursichtigen und dann heroischen Urzeit finden, so geht auch bei den des Gottwissens teilhaftig gebliebenen paradies-vertriebenen Menschenwesen der Kampf gegen die tierhaft ge-wordene eigene Körperseele nebenher. Der arabische Text des Adamsbuches schildert uns eine Askese der Enthaltsamkeit, die sich das erste Menschenpaar auferlegt; sie trennen sich auf vierzig Tage und stellen sich an verschiedenem Ort ins Wasser. So stan-den sie und beteten und erbaten von Gott, daß er ihnen verzeihe und sie zurückführe ins Paradies. Aber am 35. Tag nahte sich Satan und verleitete Eva, zu Adam zu gehen — und beide sind wieder in der alten Trauer.

Gewiß gibt es andere Sagen, die dem widersprechen: Adam und Eva halten durch und freuen sich darüber. Aber gelangen sie wieder zum Paradies? Das soll sich jeder selbst aus seinem Dasein beantworten. Sind aber trotz solcher Widersprüche die Sagen, wie immer sie auch lauten mögen, darum weniger wahr im Wesen der Sache? Genug; der aus dem transzendenten Paradieszu-stand in die physische Welt geschleuderte, mit dem Körperelend behaftete Mensch hat so gelitten und gekämpft. Und um diese Wahrheit allein handelt es sich für uns. Und wie mancher Rück-schlag ins Tierisch-Dämonische mag noch eingetreten sein — ein letzter Erinnerungsklang liegt vielleicht noch in Goethes unheim-lich schimmernder Ballade der „Braut von Korinth".

Auf das ursprünglich so düster Dämonische des Weibes aber, das nun im Menschendasein kämpfend und bekämpft, erobernd und überwunden sich austobte, deuten alle die merkwürdigen Überlieferungen von Adams erster Frau, die uns als Lilith auch auf dem Blocksberg in des Faust Walpurgisnacht begegnet. Sie war die Mutter teuflischer Kinder, und ihre Gestalt weist damit deutlich auf die in der ersten Menschheit sich abspielenden hoch-dämonischen sexuellen Kämpfe oder Zustände hin, von denen wir letzte schwache Vorstellungsbilder wohl auch in unserem Kultur-zustand kennen und die ein nach außen scheues Dasein führen. Damals aber waren sie, wie das übrige natursichtig durchdrungene Leben, gewaltig dämonisch oder heroisch. Hierzu folgende jü-dische Sage: Als Gott den ersten Menschen und sein Weib ge-schaffen hatte, fingen sie bald miteinander zu zanken an. Sie lehnte sich auf und wollte nicht gehorchen; denn sie sagte: wir sind beide einander gleich, weil aus Erde geschaffen. Mit einer geheimnisvollen Zauberformel erhob sie sich in die Luft und verschwand. Adam klagte es Gott, und dieser bedrohte sie mit dem Tod ihrer 100 Kinder täglich, wenn sie nicht seinem Befehl zur Rückkehr nachkomme. Sie aber schwur bei dem lebendigen Namen Gottes, sie sei zu nichts anderem da als die jungen Kinder zu vernichten (?) und nehme es an, daß alle Tage 100 von ihnen sterben sollten. Darum sterben alle Tage hundert böse Geister. Gott aber gab Adam die Eva. Eine schwedische Version aber sagt noch: Adams Frau, Lucia, wurde aus irgend einem Grund mißfällig. Die Ehe wurde gelöst und sie mit ihren Kindern dazu verdammt, unsichtbar zu bleiben.

Eine wunderbare Versinnbildlichung jenes tief innersten Zusammenhanges zwischen tierhafter Dämonie beim Menschen, Sündenfall und Objektivierung der Dämonie in der Tierwelt, die dem Menschenwesen als solche nun physisch-organisch gegenübertrat, gibt ein äthiopischer Text: Nach der Vertreibung aus dem Paradies war die Schlange verflucht und mußte auf dem Bauch im Staub kriechen. Sie, die vorher schön war vor allen Tieren, war nun häßlich und durch den Fluch Gottes giftig geworden. Als nun die verfluchte Schlange Adam und Eva sah, ließ sie ihren Kopf aufschwellen und stellte sich auf ihren Schwanz, und ihre Augen wurden wie Blut; und sie wollte sie töten. Sie kam zuerst auf Eva zu: die lief davon. Adam hatte keinen Stock, sie zu erschlagen, aber sein Herz entbrannte um Evas willen; er ging auf die Schlange los und packte sie am Schwanze. Da kehrte sie sich gegen ihn und sprach zu ihm: „Wegen deiner und wegen der Eva bin ich schlüpfrig geworden, daß ich auf meinem Bauch gehen muß". Durch ihre große Stärke warf sie Adam und Eva zu Boden und legte sich über sie her, sie zu töten. Da sandte Gott seinen Engel; der warf die Schlange von ihnen herab und richtete sie auf. Aber Gott sprach zu der Schlange: „Das erstemal habe ich dich nur schlüpfrig gemacht, daß du auf deinem Bauch gehen mußt; aber die Sprache habe ich dir nicht genommen; von nun an aber sollst du stumm sein und nicht mehr reden können, du und dein Geschlecht. Denn durch dich ist das Verderben meiner Diener zum erstenmal gekommen, und nun hast du sie töten wollen". Und die Schlange ward zur Stunde stumm und konnte nicht wieder reden.

Daß nach dem Sündenfall der Mensch die Sprache der Tiere nicht mehr versteht, ist ein durchgängiges uraltes Motiv, das infolgedessen in allerlei Verwandlungen und auch sehr entstellt uns immer wieder entgegentritt, zuweilen auch in eine spätere Zeit, lange nach der Paradiesvertreibung verlegt wird. In einer ganz christianisierten und rein naturpoetischen Form, von dem ursprünglichen, in den vorigen Sagen noch lebendigen Entsetzen nichts mehr spüren lassend, bietet es uns die Sage vom esthnischen Bauer, der im Wald einen Baum schlagen wollte und dem die Seelen der Bäume zuriefen, sie zu schonen; denn von alters her konnten die Bäume reden. Jetzt haben sie zwar auch eine Seele, was man daran erkennt, daß sie wachsen, Blüten und Früchte bringen; die Sprache aber ist ihnen genommen. Denn als der Bauer betrübt nach Hause ging, begegnete ihm der Herr Jesus, dem er sein Mißgeschick klagte. Da antwortete ihm der Herr, er werde von jetzt an den Bäumen verbieten, zu den Menschen zu reden. So hört man es nur noch im Walde sanft rauschen und die Blätter sich bewegen, wenn die Bäume leise miteinander flüstern.

In dieser Sage wird auch das zeitlose Moment, also das rein Metaphysische anschaulich klar. Denn sobald man mit der logischen Sonde daran geht, bleibt nichts als ein flach allegorisierendes Märchen, weil es an sich ganz unmotiviert ist, daß der Bauer solches jetzt zum erstenmal erfuhr. Er selbst und seine Eltern und Voreltern müßten doch schon oft Holz geschlagen haben. Warum macht erst er die Erfahrung mit dem Klagen der Bäume? Hier also zeigt sich eine nur die Idee zum Ausdruck bringende innere Anschauung, bei der das Zeitmoment und die logische Kausalität gar nicht ins Gewicht fallen; es zeigt sich somit die Souveränität der wirklichkeitskräftigen alten Sagenkerne unabhängig von ihrer Fassung, denen man mit logischer Zerlegung im gewöhnlichen Sinn nimmer gerecht wird, der sie vielmehr ewig schweigen müssen.

Dem gefallenen, paradiesvertriebenen Menschenwesen war durch den göttlich reinen Geist Hilfe geworden und dieser Geist „richtete ihn wieder auf". Das ist es vielleicht, was die Kämpfe der Helden mit den Drachen, der Weisen mit den düsteren Magiern symbolisieren und von denen die Sagen aller Völker, wenn auch mit zahl-

losen Varianten, so doch im Wesen übereinstimmend voll sind.
Hier möchte ich zur Erwägung geben, ob nicht auch die Laokoon-
sage diesen einen alten Kern enthält? Homer hat sie anscheinend
vollständig griechisch-hierarchisch verstanden und dargestellt, vielleicht schon selbst so übernommen. Aber im Wesen geht doch auch
sie darauf hinaus, daß die dämonische Schlange dem, der das
Lichtvolle vertritt, ihm und seinem Geschlecht, mit Vernichtungswillen begegnet. Da die Schlange aber in der damaligen Spätzeit
schon ein Wesen des Guten geworden war, so kommt sie andererseits nicht aus der dämonischen Finsternis auf Laokoon zu, sondern
sie ist von Athene gesandt, die selbst eine Lichtgöttin ist und
kein böser, haßerfüllter Dämon. Dadurch wird spiegelbildlich
Laokoon zu einem Bösewicht gemacht — und in dieser Über-
kreuzung der beiden seelisch-sittlichen Motive wird die ganze Unsicherheit klar, welche in der homerischen Welt schon bei der Handhabung solcher uraltester mythologischer Motive herrschte, was wir
verschiedentlich schon zu bemerken hatten.

Als Adam wieder bei Gott zu Gnaden gekommen war, erst da
wurde er auch Herr über die Natur, über das Tierisch-Dämonische
und den Vernichtungswillen in ihr. Eine jüdische Sage erzählt:
Adam sprach zu Gott: Du hast uns für das Paradies geschaffen
und ehe ich übertrat, hast du alle Tiere zu mir gebracht, daß ich
sie benenne; und du hattest sie alle unschädlich für mich gemacht.
Nun aber wollen sie uns fressen; sie werden mein Leben hinweg-
raffen vom Angesicht der Erde. Und da Gott dies erkannte, befahl er
den Tieren, daß sie zu Adam kämen und weder ihm noch Eva,
noch den Guten und Gerechten unter seinen Nachkommen irgend
einen Schaden zufügen sollten. Da beugten sie sich vor dem Befehl Gottes, mit Ausnahme der Schlange.

Man sieht, wie und wo man solchen Sagen allerältester Herkunft begegnet, immer läßt sich ihnen ein vernünftig menschen-
geschichtlicher Sinn abgewinnen, immer liefern sie uns auch denselben Kern, wenn man nur einmal einen Schlüssel gefunden hat
und diesen im selben Sinne anwendet. Daß sie dann aber so oft
Schlüssiges bieten und im Wesen bei aller äußeren Verschiedenheit immer wieder einen urgeschichtlichen Kern darbieten — das
eben ist umgekehrt der Beweis für die Richtigkeit der Methode,
für die Richtigkeit und Fruchtbarkeit der an sie herangebrachten

Ideen. Auch daß Sagen ganz offenkundig oft nur zu poetischem
Zweck oder zur moralischen Belehrung ausgestaltet und weitergegeben wurden, darf, wie schon dargelegt, nicht dazu verleiten,
in ihnen überhaupt bloß Symbole für solche Zwecke oder gar am
Ende nur Allegorien zu sehen; welcher irrtümlichen Auslegung
man ja auf Schritt und Tritt begegnet, weil man so selten begreifen will, welch' ein Wesensunterschied zwischen dem alten
Innenmark und dem später jahresringhaft darübergeschichteten
Holz- und Rindenkörper besteht. Behält man das im Sinn,
dann scheidet sich deutlich das Kleid vom Wesen, und all' das
Vielerlei wird ein Einziges, Einfaches, Weniges, das uns aber ein
großes Geheimnis erschließt.

Es darf hier und noch im Folgenden, wo die Linien der biologischen und die der metaphysischen Betrachtung sich kreuzen und
ein Abirren nach der falschen Seite nur allzu möglich ist, nicht das
Mißverständnis aufkommen, als ob zu irgend einer erdgeschichtlichen Zeit oder irgendwo einmal das Paradies „auf Erden oder
am Himmel" gesucht werden könne. Wenn man es unternommen
hat, ihm eine flach naturalistische Auslegung zu geben oder wenn
man, wie in der assyriologischen Literatur, den Paradiesmythus
wieder aus dem Anblick des Sternhimmels mit seinen Milch-
straßenströmen herleiten will[124], so erheben sich solche Deutungen
nicht über die altgewohnten Sagenallegorien, deren rationalistisches
Unvermögen nicht die Tiefen des Menschendaseins erschließt, das
von jeher den größten Geistern nicht als ein allegorisches Naturspiel,
sondern als ein überwältigender Wahrheitsmythus von Schuld
und Sühne, von Fall und Erlösung erschien und so erlebt worden ist. Auch die andere Vorstellung, als ob wir meinen könnten,
es habe etwa vor dem physisch sichtbaren Erscheinen des Menschenwesens in der irdischen Natur, also irgend wann zu älteren erdgeschichtlichen Zeiten paradiesisches Glück, Friede ohne Feindschaft,
ohne Daseinskampf und Tod geherrscht — auch diese Vorstellung
weisen wir zurück. Mit jedem physischen Dasein, sobald es individueller Natur ist, also mit jedem tierischen Einzelwesendasein, ist
der nichtparadiesische Zustand gegeben. Der paradiesische Daseins-
zustand war, wenn man von transzendent verbundenen Dingen
wieder so raumzeithaft reden soll, um sie dem inneren Schauen
des Lesers nahezubringen — er war schon beendet, als mit der

metaphyſiſchen Konzeption der ſpäteren phyſiſchen, alſo nicht mehr
rein geiſtigen Welt im ewigen Schöpfertum auch die Idee des
Menſchen lebendig wurde. Denn eben das iſt der tiefſte Sinn
des Menſchſeins, daß in ihm der Schöpfer ſeines Daſeins bewußt wird, wie wir es durch die Jahrtauſende innerlich immer
auf neuen Wegen wieder erleben, ſchmerzvoll oder jubelnd erleben. Vielleicht iſt das auch der tiefſte Grund, weshalb jeder
größte Künſtler qualvoll über ſeine Kunſt nachzudenken hat. So
iſt die Schöpfung und auch die Schöpfung des Menſchen noch
nicht zu Ende: es iſt noch immer Schöpfungstag!

Wir ſind hier an die fernſten Probleme der Philoſophie und des
religiöſen Schauens gekommen. Wir nehmen von ihnen den Ausblick mit, daß eben das Menſchwerden doch der letzte und erſte Sinn
alles phyſiſch-organiſchen Naturdaſeins iſt und daß Gott zu ihm,
dem Menſchen, die Kreaturen ſendet, damit er ihnen „Name und
Weſen" gebe. So iſt das alte Volksempfinden, daß Gott die Erde
um des Menſchen willen geſchaffen habe, wenn auch in ſeiner naiven
Art unwahr, ſo doch ein Ahnen des tiefſten Mythus vom Menſchen. Und Mythus iſt für uns metaphyſiſch-phyſiſche Wirklichkeit.
Wir kommen zu der Überzeugung, daß der Menſch auch ſchon in
der niederen organiſchen Natur der ſtammesgeſchichtliche Urgrund
war, daß dieſe ſchon Teil von ſeinem Weſen war, als er in noch
älteren geologiſchen Epochen ſelbſt als Wirbeltierform noch nicht
in das phyſiſch ſichtbare Daſein getreten war.

Die Natur als Abbild des Menschen

Mit dem Vorstehenden ist eine Brücke geschlagen, die zu jenem anderen, für unsere Betrachtung zentral liegenden Problem hinüberführt: die Verbundenheit des Menschenwesens und seiner Entwicklung mit der erdgeschichtlichen Entwicklung des Tierlebens.

Wir nehmen an, daß der Urmensch mit dämonisch-natursichtigem Wesen in sein physisches Dasein trat und das höhere Tierreich noch in sich begriff, platonisch gesprochen: dessen lebendig metaphysische Urbilder, also die noch nicht in's physische Dasein getretenen Gattungen und Typen. Wenn man nicht metaphysisch denkt, wird man dem allem keinen Sinn abgewinnen können. Danach fand sich der Mensch in dieser Natur sichtbar einer Tierwelt gegenüber, die hervorgegangen war aus der Spaltung seines Wesens. Dem entsprach in der physischen Welt vor allem die Gegensätzlichkeit zwischen Urmensch und Reptilwelt. Diese hatte eben jene seelisch-dämonischen Eigenschaften, die der Mensch nun als feindselig empfand, weil er sie selbst in seinem metaphysischen Wesen als katastrophal und verderbenbringend erlebt hatte, die er aus sich abstoßen sollte und die ihm nun verkörpert waren in dem dämonischen Charakter der reptilhaften Wesen, aus denen alsbald das ganze „Gewürm" der Drachen, Lindwürmer und Schlangen hervorging, von dem als etwas der Menschenwelt Feindseliges und daher von ihr andauernd physisch und seelisch Bekämpftes uns die Mythen bis auf diesen Tag reden, wo sogar noch das in den dunkeln Tiefen der Volksseele wurzelnde Kasperltheater ein reptilhaftes „Tier Piep" als den Feind des Menschen kennt.

Mit jenem im Transzendenten verlaufenen und in die physische Natur hinüberspielenden und dort nun sich auswirkenden Akt geistiger Evolution, den wir mit der Sprache des Mythus „Sündenfall" nennen wollen, war auch ein Fluch in die Tierwelt gekommen, der nun geradezu als Ergebnis der im Transzendenten

vor sich gegangenen geistigen Tragödie des Menschenwesens
ins physische Dasein hinein projiziert und darin objektiviert worden war. Das klärt uns den Mythus vom Mithineinreißen der
tierischen Kreatur in den Sündenfall und Tod des Menschen.
Das Amphibium oder eine amphibische Fischgestalt aber war vielleicht die tierische Urform, an der seine und der Reptilien Körperhaftigkeit damals sichtbar physisch sich zeigte: und darum mag in
der schon erzählten babylonischen Sage von den ältesten Menschen das amphibische Wesen als der Freund und Lehrer des ersten
Menschen erscheinen (S. 93).

Das in dem Abschnitt über die Körpermerkmale des Urmenschen erwähnte Häuten des Adamiten, dem sein Schuppenpanzer
abfiel (S. 95), spielt in der Sage seine eigentümliche Rolle, indem
es einerseits mit der Gegensätzlichkeit der Mensch- und Schlangennatur verbunden erscheint, andererseits mit dem Hereinkommen des
Todes in die Menschenwelt. So erzählen die Melanesier im Bis-
marckarchipel: „Der gute Geist liebte den Menschen und wollte
ihn unsterblich machen; aber er haßte die Schlange und wollte
sie töten. Er sagte zu seinem Bruder: gehe zum Menschen und
teile ihm das Geheimnis der Unsterblichkeit mit, und sage ihm,
er soll sich jedes Jahr häuten; so wird er vor dem Tode gefeit sein
und stets sein Leben erneuern. Und sage der Schlange, daß sie hinfort
sterben muß. Der Bote entledigte sich seines Auftrages schlecht, indem er der Schlange das Geheimnis verriet. Seitdem sind die Menschen sterblich, aber die Schlange wegen der Häutung unsterblich."
Das Motiv kehrt in der ganzen malayischen Welt da und dort wieder. Aber so einfach und äußerlich ist seine Erklärung nicht, wie
Frazer, dem sie entnommen ist [125]), meint, wenn er sagt, daß
ein sich häutendes Tier dem Menschen eben den Eindruck einer
Verjüngung erwecke. Vielmehr ist auch hier der innere Faden der
Sage, metaphysisch gefaßt, wieder der, daß das Abwerfen der dämonischen Reptilnatur aus dem Urmenschenwesen dieses eben
menschenhaft physisch gemacht hat, aber mit dem Tod beladen in
die physische Welt eintreten ließ.

Nachdem der uradamitische Mensch geschaffen und in physischem
Gewand sich selbst in der Natur fand und das Dämonische, was
zuvor in ihm war, herausgestellt sich gegenübersah, da begann
eben der Kampf mit den „Schlangen", der nun in doppelter

Hinſicht notwendig und verdienſtlich war. Der äußere Kampf
mit dem Gewürm war das Symbol der inneren Feindſchaft —
alles Vergängliche ward auch hier zum Gleichnis. In dieſen durchaus naturverwobenen, mit allen Mitteln der über- bzw. unterindividuellen Naturſichtigkeit und niederen Dämonie geführten
Kämpfen ging es vielleicht um das Sein oder Nichtſein der ganzen
Gattung hüben und drüben. Erſt ſpäte Seher, die teils aus
ſagenhafter mündlicher Überlieferung ſchöpfend oder hellſichtig-
gedächtnishaft in die Vergangenheit ſchauten, haben daraus
dann wohl erſt die Mythen- und Sagenbilder geſchaffen, die nun
ihrerſeits wieder die Grundlage für das Überlieferungs- und Dich-
tungsgut noch ſpäterer Epochen wurden; wie etwa der Sonnenmythus oder der Totenkult die ſpätzeitliche Geſtaltung urälteſten
mythenhaften Naturerlebens geweſen ſein mag.

In dem Maße als der Menſch aus ſeinem tief naturverbundenen
und elenden dämoniſchen Anfangsdaſein emporfand, ſpiegelte
auch die lebendige, ihm körperlich gleichgeordnete tieriſche Natur
dieſen Zuſtand wieder; und dies ſowohl metaphyſiſch wie phyſiſch.
So können wir auch von dieſem Standpunkt der Betrachtung
her aus der phyſiſchen Tierformenwelt in den Erdepochen auf den
Körperzuſtand des Menſchen ſchließen, wie umgekehrt aus dem
Auftreten der neu hinzukommenden Tiertypen auf das Maß, in
dem das Menſchenweſen immer mehr Tieriſches aus ſich entlaſſen
hatte, um ſo mutativ immer reiner zu dem zu werden, was wir
den apolliſchen Menſchentypus nennen.

Die alten Sagen deuten an, daß der älteſte Menſch in dem Sinne
Menſch wurde, daß er ſich mit der Schlangennatur „entzweite“; ſo
kam mit dem uradamitiſchen Menſch das dämoniſche Reptilweſen.
Später kam der nachadamitiſche Menſch, mehr dem noachitiſchen,
alſo reinen Säugetiermenſch ähnelnd, aber noch ſtark mit dem
dämoniſchen Sinn begabt. Mit dem noachitiſchen Menſchen unſeres
Typus, wenn auch noch lange nicht zu unſerer intellektuellen Höhe
und Körperbildung gediehen, kam das Intellektualweſen, wenn auch
zuerſt noch naturſichtig begabt. Mit dieſer neuen Menſchwerdung
war das phyſiſch objektivierte Erſcheinen des ſpäteren Säugetiertypus, mit dem ſich der Menſchenſtamm nun „entzweit“ und
es aus ſeinem Stamm in die Natur entlaſſen hatte, verknüpft. Es
iſt anzunehmen, daß dies ſchon frühe geſchah, weil wir die älteſten

echten Säugetiere vermutlich schon am Anfang der mesozoischen
Ära haben und weil schon in der Schlußphase der paläo=
zoischen Ära viele Reptilien Säugetiermerkmale als Zeitsignatur
aufweisen. Der Mensch selbst ist von Grund aus physisch ein Säuge=
tier. Das Säugetier ist dann, metaphysisch gesehen, die hellere,
intellektuell freiere, undämonischere Tiererscheinung gegenüber dem
Reptil. Vergleicht man das Wesen des reptilhaften Raubtieres,
also eines Lindwurmes mit seinen vermutlich sehr schlangenhaften
seelischen Eigenschaften, und das Wesen eines säugetierhaften
Raubtieres wie des Löwen oder selbst der unausstehlichen Hyäne,
so können wir bei diesen nichts mehr von dem finden, was wir
bei den Schlangenwesen düster=dämonisch genannt haben. Daraus
schließen wir nun zurück auf den inzwischen undämonischer ge=
wordenen metaphysischen Zustand des Menschenwesens. Es ist
gerade als ob dadurch wiederum ein Stück Tierhaftigkeit aus
dem inneren Wesen des Menschenstammes ausgestoßen und dieser
selbst befreiter sich wiedergegeben worden sei. So wurde er auch
hier abermals der Tierwelt „entfremdet", seine Natur hatte die
niedere Säugetiernatur von sich abgespalten. Diese war nun für
sich ein Naturwesen geworden und entfaltete sich von da ab auf
eigenen Bahnen mit eigener Formentwicklung. Der Mensch aber
stieg weiter auf zu reinerer Geistigkeit, sein Körper wurde freier,
aufrechter, er näherte sich dem Apoll.

Den bildlichen Nachklang an eine solche Auffassung haben wir im
babylonischen Gilgameschepos. Ich lege, wie schon in anderem
Zusammenhang erwähnt, auf dieses Werk besonderen Wert als
einer Quelle, woraus man trotz der späten Aufbereitung des Stoffes
und trotz seiner Zusammenstückelung aus inadäquaten Teilen
und den damit sich einstellenden Ungereimtheiten des Sinnes
geradezu überwältigende Einblicke in urälteste Menschheits=
beziehungen gewinnen kann. Beginnt doch schon gleich das
Epos mit einer Charakterisierung des Gilgamesch, die einem
Quartärmenschen gar nicht zukommen kann und die das Uralt=
Heroenhafte und Naturverbundene nur allzu deutlich durch=
schimmern läßt: der Held, der alles sah, der jegliches kennen
lernte, alles verstand und durchschaute, der in die verborgenen
Tiefen der Weisheit blickte, Verwahrtes sah, Verdecktes öffnete,
Kunde brachte von der Zeit der Sintflut und Riesenbauten auf=

führte. Er ist der Repräsentant des uralt-nachadamitischen, vor-noachitischen Menschen, und diesem natursichtigen Bedrückerheros wird Engidu, der noachitische Säugetiermensch, nachher zur Seite gestellt, der sich mit dem alten Typus vermischt — man nehme das Typenhafte an Stelle der Einzelgestalt. Wie in der Bibel die Erschaffung des Adam aus Erde, und mit seinem Sündenfall die Vertreibung aus dem Paradies und die Entfremdung von der Natur berichtet wird, so ist dasselbe Motiv im Gilgameschepos an das Werden des Säugetiermenschen Engidu geknüpft, von dem schon oben (S. 92) die Rede war[126]) und den wir nach unserer Chronologie als den noachitischen ansehen. Gilgamesch, der König, läßt gewaltige Bauten aufführen; schwer lastet die Frohn auf den Bewohnern des Landes. Die Bedrückten rufen die Götter zu Hilfe, und Aruru, die Schöpferin, formt aus Lehm den Naturmenschen Engidu, mit gewaltiger Kraft begabt. Sein Körper ist mit Haaren bedeckt, sein Haupthaar lang und er ist bekleidet mit Fellen. Mit dem Wild, dem Vieh — dem Säugetier, nicht dem Reptil — lebt er zusammen, geht mit ihnen zur Tränke, mit dem Gewimmel des Wassers freut sich sein Herz. Die Menschen des von Gilgamesch beherrschten Landes kennen ihn noch nicht; nur der natursichtige Gilgamesch selbst hat ihn schon im Traume geschaut. Nun dringt Engidu in die Sphäre des Gilgamesch ein, und damit kommt die Verwandlung, die wie ein unendlich trauriger, aber doch mit einer neuen Verheißung verknüpfter Abschied von der bis dahin innig mit ihm verknüpften Natur, dem „Vieh", klingt:

> „Sechs Tage und sieben Nächte erhob sich Engidu, mit der Dirne der Liebe pflegend.
> Als er sich an ihren Reizen gesättigt, richtete er seine Blicke auf sein Vieh:
> Kaum sahen sie Engidu, da flüchten die Gazellen dahin,
> Das Vieh des Feldes wich vor ihm zurück!
> Da stutzte Engidu, wie gebannt war sein Leib;
> Gelähmt waren seine Knie, weil sein Vieh davonging.
> Es mäßigte sich Engidu, nicht war wie früher sein Ungestüm:
> Er, ja er hört hin, er öffnet sein Ohr;
> Er kehrte um und setzte sich zu Füßen der Dirne ..."
> „Die Dirne sagt zu ihm, zu Engidu:
> Schön bist du, Engidu, wie ein Gott bist du!
> Was willst du mit dem Gewimmel dahineilen über das Feld?

Komm', ich will dich führen nach dem umfriedigten Uruk . . .
Wo Gilgamesch weilt, einzig an Kraft . . .
Sie redet ihm zu, bis ihre Worte ihm gefallen;
Sein Herz erkennend sucht er einen Freund.
Engidu sagt zu ihr:
Wohlan Dirne, nimm mich mit
Zu dem reinen heiligen Hause . . .
Wo Gilgamesch weilt.
Ich allein ändere das Schicksal,
Auf dem Felde geboren, mächtig an Kraft,
O Gilgamesch, möchte ich schauen dein Angesicht!
Alles, was sein wird, weiß ich fürwahr."

Liegt hier nicht für den, der Metaphysisches metaphysisch begreifen kann, alles darin, was mit jener neuen entscheidenden
Menschwerdung verknüpft war, verknüpft sein mußte? Alles, was
in alten heiligen Sagen und Vorstellungen der ganzen Menschheit lebt, kehrt hier in diesen wundervoll tragischen Versen wieder
mit einer solchen inneren Wahrhaftigkeit, daß wir ermutigt
werden, sie wie bisher weiter auszuschöpfen.

So ist uns die Natur nicht nur ein Abbild des Menschenzu-
standes in körperlicher Hinsicht zu Zeiten, aus denen wir noch
kein fossiles Menschenskelett kennen, sondern auch ein unmittelbarer Gradmesser dafür, was inzwischen das Menschenwesen an
innerer und äußerer Tierhaftigkeit ausgestoßen und was sich ihm
gegenüber in der Natur objektiviert hatte und um wieviel es selbst
apollhafter geworden war. Das alles ist metaphysisch und zugleich
durchaus physisch-stammesgeschichtlich zu verstehen. Wer beides
nicht in einem unteilbaren Vorgang erschauen und begreifen
will, lese nicht weiter; denn symbolisch im banalen Sinn ist das
nicht, sondern durchaus realistisch im physischen und metaphysischen Sinn. Zugleich läßt uns diese Art der Betrachtung verstehen,
wieso frühere Menschentypen auch anatomisch und physiologisch
anders gebaut und geartet gewesen sein mußten; eine andere
Seele mit anderen Inhalten und Kräften mußte auch einen anderen körperlichen Ausdruck finden und andere Organe zur Verfügung haben [127]).

Die Zweiheit, die Zerrissenheit, die mit des Menschen Fall
metaphysisch und physisch durch die Natur geht, wo sich nun
Göttliches und Dämonisches, Gottesgeschöpf und Teufelsgeschöpf

gegenübersteht, wovon schon die Rede war, findet in manchen
Sagen ihren Widerhall. Bekannt ist die alte Bezeichnung der
Fliegen, Läuse, Wanzen, Ratten und Mäuse als Kreaturen und
Diener des Teufels. Aber zu mehr als dieser einfachen, schließlich
bloß als Ausfluß des Alltagsärgers auffaßbaren Beschimpfung
des Ungeziefers steigt diese Gegenüberstellung der zwei Typen
in der öfters wiederkehrenden Sage von Biene und Wespe empor:
die erstere ein Gottesgeschöpf, die letztere ein Teufelsgeschöpf.
Hier finden wir schon tiefere Metaphysik. Während die Biene in
jünger verarbeiteten Sagen viel mit dem Heiland zusammengebracht wird, dem der Teufel neidisch mit der Wespenerschaffung
entgegenarbeitet; oder während die Wespen als unbotmäßige, von
einer Mutter verfluchte Kinder erscheinen, wird die Biene stets
als heilig bezeichnet; sie ist aus dem verlorenen Paradies übrig-
geblieben und hat es nur durch des Menschen Sünde verlassen
müssen. Sie ist auch immer klug und hellsichtig und weiß manchen
Rat für das, was der Teufel gegen Gott unternimmt. Zuerst soll
sie weiß von Körper gewesen, danach durch Teufelswerk an ihr
schwarzbraun geworden sein[128]). Ins Triviale gezogen kann man
ja leicht der Sage den Sinn unterschieben, daß der von Natur nutz-
süchtige Mensch die honigspendende Biene leicht als ein Gottestier
bezeichnen wird, wenn er die räuberische und ihm wertlose Wespe
daneben sieht. Aber eben dieser Gegensatz zwischen den beiden
Tieren hat, wie seinen physischen, so eben als notwendige Gegenseite auch seinen metaphysischen Sinn, und der eben ist es, den
die Sage, im Gegensatz zu unserem Alltagsverstand, in sich
trägt und dem auch wir nachgehen wollen.

Wenn man bedenkt, daß die Biene die vollkommenste „natürliche
Somnambule" ist, so stimmt diese ihre Natur mit ihrer in der
Sage erwähnten Herkunft aus dem Paradies und zugleich mit dem
ersten Menschenwesen überein, als dessen ältesten Zustand wir
ja auch die vollkommene Natursichtigkeit, also einen ganz ausge-
prägten natürlichen Somnambulismus mit kaum nennenswerter
individueller Abänderung, wie bei der Biene, ansahen. Diese
weiß Rat gegen allerlei, was der Teufel unternimmt; es ist das
eine klare Bezeichnung ihrer natürlichen Hellsichtigkeit. Ihre lichte
Dämonie aber äußert sich tatsächlich darin, daß sie nicht, wie die
Wespen und das andere Ungeziefer, die lebenden Wesen plagt.

Sie ist mit ihrem Wesen und ihrer Natur also noch der echte Repräsentant des ursprünglichen paradiesischen Zustandes, dem symbolisch ihre weiße Körpergestalt entsprach. Insofern erhellt also
auch hier die metaphysische Deutung den Sinn des Physischen.

Ich verweise weiter noch auf eine andere merkwürdige Parallele,
die sich zwischen dieser unserer Auffassungsweise und einer naturhistorischen Erscheinung ziehen läßt. Das ist die Erschaffung der
Katze, welche nach der Sage Gott dem Menschen gab wegen der
überhandnehmenden Mäuseplage. Eine finnische Überlieferung
gibt die Sage so: Als Jumala den Menschen erschaffen hatte,
zeigte er ihn dem Teufel; der Teufel wollte etwas noch Absonder-
licheres erschaffen und erschuf die Maus; dann erschuf Jumala eine
Katze und warf sie hinter der Maus her. In der Parallelsage aber
heißt es: Als im Anfang der Welt das Getreide schon anfing zu
wachsen, schuf der Teufel die Maus, daß sie den Menschen das Getreide abfräße. Noch wesentlicher aber erscheint die Fassung vom
Russen Methodius: Der Teufel verwandelte sich in eine Maus und
fing an, den Boden der Arche zu benagen. Noah betete zu Gott,
und es kam ein reißendes Tier, ein Löwe. Aus dessen Nüstern
sprangen ein Kater und eine Katze; sie erwürgten die Maus und
die Arglist des Teufels wurde zunichte[129]. Ist es da nicht ein
für die urgeschichtliche Bedeutung der Sage überraschendes Zusammentreffen, daß wir für die eigentlichen Katzen, zu denen
auch Löwe und Tiger gehören, in der Paläontologie noch keine
Möglichkeit einer morphologisch-stammesgeschichtlichen Anknüpfung gefunden haben? Sie kommen in der Spättertiärzeit, aber
ihre Herkunft ist noch völlig dunkel. Es möchte daher der Gedanke
verfolgbar sein, daß sie ein Züchtungsprodukt des noachitischen
Menschen waren, dessen Können in dieser Richtung ja auch noch
durch die Züchtung des Weinstockes und der Hesperidenäpfel sich
verrät. Das gäbe dann der letztgenannten Sage ihren klaren
Sinn: von einer wilden Tierform der älteren Tertiärzeit, die
ihren nächsten Formverwandten heute auf Madagaskar, also im
Restgebiet des ehemaligen Gondwanakontinentes hat, schufen
jene noachitischen Menschen die Katzenarten, zuletzt die Hauskatze
als die verhältnismäßig harmloseste, die zum Haustier geworden
war. Die Zwischenstufen der Züchtungsleiter mögen verwildert
oder nie zahm geworden sein; sie treten fossil zuerst in der Spät-

tertiärzeit im atlantischen Gebiet, nämlich in Europa und wesentlich gleichzeitig in Nordamerika auf und haben dort die Natur frei
bevölkert. Vielleicht läßt sich damit auch der urgeschichtlich wahre
Kern aus einer Überlieferung wie der des Propheten Daniel in
der Löwengrube herausschälen; und schließlich auch die Verwendung der Löwengestalt als Hoheitszeichen in Wappen oder
am Tor von Mykene?

Die hier ausführlich berührte Erscheinung einer Gegensätzlichkeit von Tierformen in der Natur, von denen die einen sozusagen
das üble Abbild der anderen sind und was von so bestimmten
sagenhaften Vorstellungen begleitet ist, möchte ich vergleichsweise
als „komplementäre" Auffassung von organischen Gestalten und
ihrer Seelenhaftigkeit bezeichnen. Wie das Auge, geblendet von
einer Hauptfarbe, in optischer Selbsttäuschung die komplementäre
Farbe nach Abschließen vom Licht sich schafft, so tritt auch in der
organischen Natur häufig innerhalb einzelner Typen eine komplementäre, fast möchte man sagen: gemeine Abart auf. So gegenüber dem Menschen der Menschenaffe; gegenüber den Wald-
und Flurinsekten die Wanzen, Flöhe und Läuse; gegenüber
dem edeln Wild die Ratten und Mäuse; gegenüber der Biene
die Wespe; gegenüber der körnertragenden Frucht die tauben
Gräser. Diese Tatsache, für das Menschengeschlecht vielfach ärger-
lich und schadenbringend, könnte es, wie gesagt, sein, worauf
allegorisch jene Überlieferung vom Entgegenarbeiten des Teufels
gegen Gottes Werke beruht und die damit auf ein sehr einfaches natürliches, aber doch nur naiv — nicht tief — anthropo-
zentrisches Verhältnis zurückgeführt und scheinbar erklärt wäre.
Aber die Frage ist doch: haben mythisch erlebende Menschen
jenes Äußerliche damit gemeint? Sahen und dachten sie wie
unsere nüchtern an der Außenseite der Dinge haftenden Spätzeiten? Sie sahen wohl auch hier wieder einen innerlichen
Zusammenhang entgegengesetzter metaphysischer Bedingnisse durch
die Natur gehen, wie er auch durch die Menschenseele geht; eine
Gegensätzlichkeit, eine Entzweiung, die wohl tiefer liegt als das
banale Gefühl des Ärgers und der Alltagsplage, die solche ver-
wünschten Geschöpfe verursachen. Diesem auf ein Tieferes, nämlich Metaphysisches deutenden Gefühl oder Erkennen verliehen sie
mythisch-bildhaften Ausdruck, der, selbst wenn er sich noch so

flach äußerlich in den Sagen weitergeerbt haben mag, dennoch
ein Naturinneres, ein wesenhaft Wirkliches und noch Fortwirken=
des ausgesprochen haben könnte; dem nachzuspüren und das wieder
hervorzuholen, vielleicht späterhin einmal zu einer Erklärung or=
ganischer Formen ebenso gehören wird, wie jetzt etwa die erkenntnis=
kritische Durchdringung der Dualität von Vorstellung und Sein
in der Philosophie.

Es wäre ja gewiß ein überhebliches, ja sittlich verwerfliches
Handeln, wollte man als Mensch auf die Tierwelt oder auf ein=
zelne Tiere, wie etwa auf die uns vielfach instinktiv anwidern=
den Affen, in pharisäischer Geringschätzung herabsehen, einerlei ob
man Deszendenztheoretiker ist oder auf einem naiv mosaischen
Volksglauben fußt. So wenig wie ein an sich berechtigtes ab=
fälliges Urteil über ein anderes Menschenwesen uns sittlich dazu
berechtigt, ihm verachtend im Innersten zu begegnen und sei der
Abscheu noch so groß, so wenig kann in einem die Natur als Mani=
festation der Gottheit, wenn auch der unerlösten Gottheit, erleben=
den Menschenwesen irgend eine lieblose Verachtung tierischer Wesen
Raum finden. Und dennoch ist ein Zusammenhang — wir ver=
treten ihn hier — denkbar, aus dem heraus bewußt oder natur=
sichtig ein feindliches Gefühl gegen die Tierwelt oder einzelne ihrer
Typen in besonderem Grade entspringen und sich betätigen kann.
Rufen wir uns nur zurück, was in der stärksten Form die Schlangen=
und Drachenfurcht im Mythus bedeutete, wie wir sie naturhaft
physisch und metaphysisch auslegten, so können wir jetzt weiter=
gehen und es als möglich hinstellen, daß uns darum die Affen
als besonders unsympathisches Zerrbild unseres eigenen Wesens
und unserer eigenen Gestalt erscheinen, weil sie einerseits gerade
die letzte Stufe der Gestaltung sind, die wir hinter uns zurück=
lassend eben abgestreift haben; wie auch andererseits vielleicht
die Möglichkeit eines neuen Abirrens in dieses biologische Form=
charakterstadium naturwissenschaftlich gewiß nicht als ausge=
schlossen gelten kann, was vielleicht als Naturahnung in uns lebt
und instinktiv gefühlt wird. Dieses Naturahnen kann sehr wohl
bei geistig primitiven Menschen unmittelbar in ein Feindschafts=
gefühl sich umsetzen oder mindestens eine ablehnende oder höh=
nische Verachtung gegen solche Wesen hervorrufen. Wenn man
schon gesehen hat, mit welcher geradezu irrsinnigen Wut Leute aus

dem Volk gefährliche und ungefährliche Schlangen im Walde
vernichten und dabei, wie ich es selbst einmal erlebte, in einer Art
kultischen primitiven Ekstase lästerliche Verwünschungen ausstoßen, also nicht bloß pöbelhaft schelten — es liegt etwas ganz
anderes darin — so wird man unseren vorhin angetretenen Ge-
dankenweg eher würdigen können. Erst auf einer befreiteren geistigen Stufe, wo die Natur wie der Mitmensch selbst als das Tat
twam asi — das bist Du — erkannt und umfaßt wird, scheiden
solche niederen Instinkte aus, denen man heute noch reichlich,
vielleicht sogar bei sich selbst, begegnet. Und vielleicht stand der
mesozoische Noachit, als die früheren Säugetierzustände eben
erst aus dem Menschenstamm entlassen waren, diesen ähnlich
gegenüber, wie wir heute den Affen, von denen sich der Mensch
zuletzt schied und in deren Stufe ein Abgleiten, wie gesagt, biologisch nicht unmöglich ist. Je älter und naturverbundener, je
weniger vergeistigt die früheren Menschen nun waren, umso
stärker mögen sie metaphysisch von solchen Feindseligkeiten gegen
die Tierwelt beherrscht gewesen sein, als deren höchsten und dä-
monischsten Nachklang wir die Drachen- und Schlangenfeindschaft
heute noch lebendig im Volke nachzittern und in Sinnbildern
oder Dichtungen festgehalten sehen. Hat man doch auch den
Affen bei einigen Völkern als Prototyp des Todesgottes dargestellt; und die höhnische Wut, womit im verflossenen Säkulum
einerseits die populären, darwinistisch durchdrungenen Abstam-
mungslehrer die Herkunft des ganzen Menschengeschlechts aus
diesem Tiertypus brutal verkündigten, und wogegen sie von der
andern Seite empört aus ethischen oder religiösen Motiven zurück-
gewiesen wurden, mutet wie ein auf solchen Naturinstinkten be-
ruhender seelischer, nicht wissenschaftlicher Kampf an, für den man
geradezu die Gestalt des drachentötenden Erzengels als Sinnbild
wählen könnte. Wir wollen daher solche Stimmungen und solche
Tierfeindschaften, ebenso wie solche Sagen von Teufelsgeschöpfen
unter den Tieren, nicht einfach belächeln, sondern nach ihrem
metaphysisch wohlbegründeten Sinn fragen. Wie eigenartig ein
solcher Gedankengang die Arche des Noah und schließlich die
Einhornsage beleuchtet, wird dieser Abschnitt zuletzt noch zeigen.

Der innere Zusammenhang von Menschenleben und Tierwelt
erhellt aus folgender Sage der Juden: Wohl hatte der Mensch

Sünde getan, aber warum sollte das unschuldige Vieh gestraft
werden? Darauf antwortete ein Weiser: Ein König wollte die Hoch-
zeit seines Sohnes feiern und bereitete allerhand Kostbarkeiten und
ein Mahl. Da aber starb der Königssohn. Da stand der König
auf, riß den Thronhimmel herunter und vernichtete alles, was
daran war. Sprachen die Knechte: Herr, dein Sohn ist tot,
warum aber hast du auch den Himmel zerstört? Sprach der König:
Für wen habe ich das alles gemacht? Doch nur für meinen Sohn.
Nun er tot ist, was soll mir da der Himmel? So auch der Herr,
der sprach: Alles was auf Erden und im Wasser ist, habe ich für
Keinen gemacht als nur für den Menschen allein; nun der Mensch
nicht mehr ist, was soll da das Vieh, die Tiere und die Vögel?
Ist der Mensch umgekommen, so möge alles umkommen; lebt
der Mensch, so möge alles leben[130]).

Entsprechend diesem inneren Zusammenhang des Menschenwesens mit der Tierwelt wird auch immer wieder in den Sagen
dargestellt, wie die seelische Verfassung des Menschen, und gerade
die sittliche, ihre Rückwirkung auf die organische und unorganische
Natur zeigt. Allgemein bekannt ist ja die Auslegung der Sintflut
als eines Strafgerichtes, woher eben die Bezeichnung „Sündflut"
stammt. Die zunehmende Verderbtheit des Menschengeschlechts
machte sich aber auch zuvor schon in allerlei Veränderungen der
himmlischen Konstellationen bemerkbar, vor allem aber auch auf
der Erde. Dahin gehört die Sage von der Veränderng der Weizen-
ähre, die wegen des Menschen Sündhaftigkeit kleiner geworden sei;
eine Sage, die allerdings variiert wird, indem das Geschehnis teils
schon in das Paradies verlegt wird, teils erst als eine spätere Strafe
Gottes über die vornoachitische Menschheit zugleich mit der Sintflut
verhängt wird. Dem Wesen nach bleibt dies gleich, indem eben
der innere Zustand des Menschen zum entscheidenden Motiv des
Vorganges gemacht wird. Eine verkürzte polnische Fassung lautet:
Am Anfang brauchte der Mensch nur eine Furche zu ziehen und
Gott machte ihm die Halme so fruchtbar, daß sie von oben bis
unten voll Körner waren. Der erste Mensch begnügte sich mit
seiner Furche und erntete davon genug zum Leben. Aber der
Teufel gab ihm ein, mehr Furchen zu ziehen, um mehr zu haben.
Der Mensch unterlag der Versuchung und die Strafe Gottes kam.
Am Tag der Ernte, da der stolze Mensch gierig einheimsen wollte,

erschien Gott, nahm die Halme, rieb sie in den Händen und ließ nur oben die Körner eine Ähre lang stehen. Zum Mensch aber sprach er: Da du so unersättlich warst, habe ich dich gestraft; von jetzt an kannst du soviel bearbeiten wie du willst, ich werde dir nur soviel geben, wie mir gefällt[131]). Eine Parallele zur vorigen mag man in der griechischen Erzählung von den Aloaden finden. Sie stammen von Aloeus, dem Pflanzer, und der fruchttragenden Erde und lernen von ihr das Stampfen des Getreides und der Frucht. Anfangs waren sie winzig klein, wuchsen dann aber schnell und mächtig in die Höhe, so daß sie in kurzer Zeit zu Riesen wurden, denn es nährte sie das sprossende Kornfeld; und sie wurden zu den größten und schönsten Menschen, die man je gesehen. Sie fesselten den Kriegsgott, aber sie wurden auch so übermütig, daß sie zu den Göttern in den Olymp dringen wollten. Daran gingen sie zugrunde[132]).

Die stete Wiederkehr der Behauptung von der Schlechtigkeit der Menschen zur Zeit der Sintflut fällt doch auf. In einer jüdischen Sage findet sie wohl ihren drastischsten Ausdruck, wie ja im jüdischen Wesen am stärksten die Idee des stets zürnenden und strafenden Gottes auch sonst daliegt: Alles hatte seinen Weg verderbet zur Zeit der Sintflut, Mensch und Tier. Jeder nahm die zu Weibern, die schön waren und welche er wollte; sie tauschten ihre Weiber miteinander aus. Der Hund tat sich zur Wölfin, das Pferd zur Eselin, der Hahn zur Pfauin, der Esel zur Schlange, die Schlange zum Vogel. Selbst die Erde trieb dazumal Hurerei. Man warf in sie den Samen des Weizens und sie brachte Schwindelhafer hervor; dies Gras, das noch heute wächst, stammt eben aus der Zeit vor der Flut[133]).

So sehen wir durch alle Sagen immer wieder drei Grundgedanken vom Zusammenhang des Geistig-Seelischen mit dem Physischen gehen: erstens eine Gegensätzlichkeit, die sich in dem Widerstreit zwischen den Schöpfungen Gottes und des Teufels kundtut; sodann eine solche zwischen Mensch und Natur, die sich in dem Begriff der Entzweiung darstellt; endlich ein Wiederspiel der sittlich-geistigen Menschheitszustände in der organischen und anorganischen Natur.

Die dämonischen, wesentlich großhirnlosenreptil- und schlangenhaften Tierformen waren also ehedem mit dem Säugetiermenschen

durch Spaltung und Entzweiung seiner Natur ins physische Dasein getreten, und sein noch durch und durch natursichtiges, wie
sein moralisches, wie sein physisches Wesen lebte, vielleicht wenig
bewußt und individualisiert, ganz im inneren und äußeren Kon-
takt mit einer ihn psychisch und physisch packenden und von ihm
rückwirkend wieder unmittelbar beeinflußten Umgebung, die ihm
nun einen körperlichen und seelischen Kampf ums Dasein auf-
nötigte, der sich, mit dämonischen somnambulen Kräften geführt,
auch wesentlich im Mythischen abspielte. Soweit er aufs Körperliche übergriff, war dieses Körperliche so durchdrungen vom Natursichtigen und Innerlich-Naturhaften, daß es auch den stärksten
Beeinträchtigungen zu widerstehen und ohne weiteres zu rege-
nerieren vermochte.

Dies nun war die Quelle, also die physische und seelische Grundlage für die späteren Mythen von den großen Magiern und Weisen
und Priesterkönigen, den großen unverwundbaren oder den Wunden ohne Beeinträchtigung ausgesetzten Heroen. Gotteskinder und
Satanskinder, wie es in der Sage heißt, standen einander gegenüber, und die nach dem Sündenfall mehr und mehr in die Entwicklungsbahn der intellektualen Geistigkeit gedrängte Menschheit, deren Vollendung wir uns jetzt vielleicht nähern, stand nicht
nur der Tierwelt äußerlich physisch gegenüber und verlor mehr
und mehr den inneren Zusammenhang mit ihr, verstand die
Sprache der Tiere, der Natur nicht mehr, sondern war offenbar
auch in sich in zwei seelische Lebensströme gespalten.

Zwei grundverschiedene Geistesrichtungen mögen also damals in
jener hochdämonischen Zeit gegeneinander gestanden haben, sich
äußernd in den schwarzen Magiern und den lichten Priester- und
Königsgestalten, den wenigen prominenten Individualitäten, die
es damals gab. Nicht nur in dem eben angeführten Wort von
den Gottes- und Satanskindern kehrt eine Andeutung dahin
wieder; nicht nur in dem alttestamentlichen Bericht, daß die Gotteskinder sahen, daß der Menschen Töchter schön waren, und daß sie
ihrer begehrten und sich mit ihnen vermählten; es wird uns das
auch in anderen Sagen stets mit dem sittlichen Hintergrund erzählt. So in einer esthnischen Legende, wo es heißt: Der Alte
schuf sich Heldenengel, um sich ihres Rates zu bedienen. Danach
schlief er. Ein anderer Schöpfer — es sind dort drei — dem die

Gabe der Kunst verliehen war, machte das Himmelszelt, die Sterne
und den Sternenlauf. Der dritte ergriff vor Freude seine Harfe,
stimmte ein Jubellied an und sprang, gefolgt von seinen Sing-
vögeln, auf die Erde. Wo sie sein Fuß berührte, sproßten Blumen
und Bäume hervor, darauf sich die Vögel setzten und seinen Gesang
begleiteten. Der Alte erwachte über dem Lärm und sah alles verändert und sagte zu seinen Helden: Ich habe die Welt als rohen
Klotz erschaffen, euere Sache ist's, sie zu verschönen. Bald werde
ich die Welt bevölkern mit allerlei Getier und werde dann die
Menschen schaffen. Ihr sollt euch mit den Menschen vermischen,
damit sie dem Bösen nicht so leicht unterliegen[134]).

Jedem seelischen oder geistigen Vorgang in der Menschheit und
im Einzelwesen entspricht notwendig ein physischer, sei es im eigenen
Körper oder auch in der Umwelt, in der Natur. Und umgekehrt.
Infolgedessen ist jeder Vorgang, er sei äußerer oder innerer Art,
erst dann wirklich unserem Verständnis angeglichen, wenn wir ihn
sowohl als physisch, wie als metaphysisch zu begreifen gelernt haben.
Beide Seiten der Betrachtung sind gleich notwendig und stehen
gleichberechtigt nebeneinander, sich ergänzend, und die eine ohne
die andere eine Halbheit bleibend. Beide aber weisen auf die absolute, dem diskursiven Denken unfaßbare raumzeitlose Einheit
hin und werden erst in ihr zum lebendig geistigen Besitz verbunden.
So entspricht auch der seelisch-geistigen Entfaltung des Menschengeschlechts jeweils eine andere Körperlichkeit und jeweils ein
anderer Zustand der physischen und organischen Natur. Das ist
vielleicht sogar der einmal zu regresfende innere Sinn der geologischen Epochen, wie es wohl der innere Sinn der Tier-
und Pflanzenentwicklung ist. So entspricht dem transzendenten
Sündenfall des Menschen die Behaftung mit der physischen
Körperlichkeit; seiner Natursichtigkeit die Entwicklung des Stirnauges; dem Ausströmen des düster Dämonischen die Entfaltung
einer also begabten Reptilwelt; dem Werden des intellektuellen
Zustandes das Werden des noachitischen Säugetierkörpers mit der
sich entfaltenden Großhirnsphäre und als deren Wiederspiel eine
Säugetierwelt ebensolcher Art; dem sittlichen Niedergang des
Urmenschen aber auch erdgeschichtlich die Sintflut, und solchen
Zusammenhängen wohl auch die katastrophalen Störungen des
Himmelsbildes. Wird doch, wie gezeigt, auch in der Sage erzählt,

daß früher die Früchte des Feldes üppiger waren, bis der Mensch habgierig wurde und Gott die Ähren zur Strafe klein machte, daß er sich nun bitter mühen muß. Und auch in der Siegfriedsage verliert der Held seine Körperkraft und kann vom düsteren Hagen gefällt werden, erst nachdem er Verrat an Brunhild geübt hat. Ferner heißt es auch schon in den Veden, worauf Schopenhauer hinweist, dessen Lehre doch ganz auf demselben Gedanken im großen steht, daß alle Veränderungen der Welt den moralischen Werken animalischer Wesen zuzuschreiben seien[135]). Jedenfalls ist es in diesem Zusammenhang belanglos, ob der Held, wie Adam, bei Gott im Paradies oder, wie Siegfried, unter den Menschen seinen unverwundbaren Körper hat; entscheidend ist beide Male die Ursache des Verlustes: die Sünde oder der Verrat, die auch beide Male mit einem „Tod" endigen. Jeder fällt dem Dämonischen zum Opfer: der Adamit der Schlange, Siegfried dem düsteren Hagen. Aber dann kommt der große Unterschied in der Sagenseele, den ich für etwas Bedeutsames halten möchte: die morgenländische Überlieferung erhält ihrem Helden, dem Adamiten, sein körperliches Leben; er stirbt zwar seelenhaft dem Paradiese ab, aber er behält ein elendes, verkommenes Erdendasein; hilflos fleht er zu Gott und Gott hilft ihm, nachdem sein Zorn verraucht ist. Aber der nordische Siegfried stirbt den vollen Tod. Die dämonisch feindselige Welt ist in der morgenländischen Adamitensage eine sittlich verworfene, nie erlöste; in der nordischen Hagengestalt aber eine reckenhafte, keineswegs von Grund aus böse, ja umgeben von dem Feuer der Mannestreue gegen König und Königin, die im ruhmvollen Kampfe, wenn auch unglückshaft, später endet. Es ist so, wenn man diese beiden Sagen einander gegenüberstellt, als ob die morgenländische Seele trotz aller mythenhaften Tiefe doch dem Leben anders, verbundener, ja sinnlicher gegenübersteht als die Menschenseele im kalten unwirtlicheren Norden — schon damals in alter mythenschaffender Urmenschenzeit! Das könnte vielleicht zu mancher Mythen- und Sagenerklärung verhelfen.

Die Verschiedenheit des geistigen und seelischen Charakters, vielleicht damit auch die Verschiedenheit des transzendenten Ursprungs jener urweltlichen Menschennaturen tritt in der folgenden jüdischen Überlieferung noch schärfer hervor: Es waren zu

jenen Zeiten Riefen auf Erden; denn da die Kinder Gottes zu
den Menschentöchtern eingingen und mit ihnen Kinder zeugten,
wurden daraus Helden und Gewaltige. So auch im Alten Testament. Eine andere Version gibt mehr Einzelheiten: Mit aufgedeckter
Blöße gingen die Geschlechter Kains und waren Mann und Weib wie
Vieh. Sie zogen ihre Kleider aus und warfen sie auf die Erde und
gingen nackend auf dem Markt herum, trieben allerlei Hurerei: der
Mann buhlte mit seiner Mutter oder Tochter und mit seines Bru-
ders Weib offen in den Straßen, und alles Dichten und Trachten
ihres Herzens war nur darauf gerichtet. Und die Engel, welche
herabfielen von der Höhe ihrer Heiligkeit, sahen nach den Töchtern
Kains, wie sie mit aufgedeckter Blöße gingen und ihre Augen-
brauen färbten gleich den Huren, und wurden von ihnen verführt
und nahmen sich von ihnen Weiber. Aber die Engel sind doch
Feuerflammen — wenn sie sich mit den Menschentöchtern zu-
sammentun, verbrennen sie da nicht deren Leiber? Doch nicht;
denn da sie von der Höhe ihrer Heiligkeit herabfielen, wurden sie
den Menschen gleich an Kraft und Gestalt und wurden in irdische
Leiber gehüllt. Von ihnen kamen dann die Riesen, die gewaltigen
Wuchses waren und welche ihre Hand ausstreckten zu Raub und
zu Plünderung und zu Blutvergießen. Die Riesen zeugten Kinder
und vermehrten sich gleich den Kriechenden; je sechse wurden ihnen
auf einmal geboren[136]).

Noch war es in jener ältesten Zeit erst die dämonische Reptil-
und Schlangennatur, welche in die physische Welt entlassen war
und dort dem Menschen wiederbegegnete, indem sie nun in vielfach sich erzeugenden Formen zu dem wurde, was uns in der Erdgeschichte als die Reptilwelt des Spätpaläozoikums und Mesozoikums mit ihrer ungeheueren Mannigfaltigkeit bekannt und
auch in Sagen genugsam überliefert ist. Auch der Mensch entwickelte physisch seine Gestalt weiter. Seine Hand war zuerst noch
flächenhaft verwachsen und hatte etwa chirotherienartige Form.
Auch sein Geist muß aus dem naturverbunden-dämonischen
mehr und mehr zu einem intellektuelleren Dasein gelangt
sein, während vielleicht ein anderer Teil der Menschheit, die
Satanskinder, im düster Dämonischen verharrten, dieses steigerten
und zum Untergang reif wurden. Damit kam die zweite große
Epoche des Menschenwerdens heran, die wieder eine moralische,

also seelisch-geistige, wie eine körperliche Veränderung bedeutete: es kam der Noachit, in dem der alte nachadamitische Mensch der Dämonenzeit überwunden wurde, innerlich und äußerlich. Auch dieser Akt des Menschheitsdramas ist mit gewaltigen Veränderungen der inneren und äußeren Natur, der tierischen wie der menschlichen verbunden gewesen, und auch die anorganische und kosmische Umwelt muß damals in Unruhe gewesen sein — Himmelskörperbewegungen unerhörter Art und im Gefolge die Sintflut traten ein.

Aber noch müssen wir weiterfragen. Was heißt es: der Menschenstamm entließ immer mehr des Tierischen aus sich und ließ, wie wir annahmen, die höheren Tierformen aus sich erstehen? Was kann man sich naturhistorisch unter einer solchen Schaffung von Typen vorstellen, die, erst einmal selbständig geworden, sich innerhalb ihres eigenen Evolutionsfeldes entfalteten und kürzere oder längere Zeiten hindurch Gattungen und Arten bildeten?

Nach der bisherigen Deszendenzlehre ist es schwierig, wenn nicht unmöglich, zu verstehen, daß neue Typen wie aus dem Ungefähr aufgetreten sein sollten, statt formal Schritt um Schritt sich in Reihen, äußerlich sichtbar, auseinander herauszulösen. Die mechanistisch unbiologische Erklärung der lebenden Formen meinte, durch Häufung kleinster zufälliger Varianten müsse schließlich Art um Art entstanden sein. Aber die „Art" im tieferen Sinn — identisch mit „Gattung." — ist kein Aggregat, sondern ein von innen heraus bestimmtes Lebens- und Gestaltungsprinzip, eine Potenz, nicht eine begriffliche Abstraktion. Soll aber eine solche entelechisch-neuartige Typenbildung angenommen werden, so besteht noch die theoretische Schwierigkeit, sich einen Weg vorzustellen, auf dem anders als durch allmähliche Formenreihen von Generation zu Generation diese Umbildung sich vollziehen könnte. Es gibt aber gewisse, scheinbar fernerliegende Tatsachen aus dem Menschenleben, die vielleicht erkenntnistheoretisch einstweilen einen Weg andeuten, dem Problem des unvermittelten Auftretens neuer Typen und der Abspaltung aus dem noch naturverbundeneren Menschenstamm etwas näher zu kommen. Wir erkannten, daß alles Dasein, also auch die organische Natur, ein Physisches und Metaphysisches in Einem, also Leib und Seele in Einem ist. Wir überzeugten uns weiter, daß die Hellsichtigkeit

und die Fernwirkung heutiger Menschen oder bekannter geschichtlicher Zeiten mit Einschluß der Natur- und Diluvialmenschen wohl
nur ein schwacher Rest sein müsse von einer ehemaligen Naturverbundenheit in früheren Zeitaltern, wo diese Kräfte und Ge-
staltungsfähigkeiten eine so große Rolle spielten, daß daraus
die Sagen entstanden vom zeitlichen und räumlichen Fernsehen
und Fernwirken, magischem Geschehen, Umwandeln der äußeren
Natur von innen her und unter Umständen, die alles Spätere
hinter sich zurücklassen. Wir können uns somit denken, daß die
schwachen heutigen Kräfte und Erscheinungen der Telekinese und
Teleplastie — jetzt nicht mehr zum Aberglauben, sondern zu den
wissenschaftlich festgestellten und kritisch beobachteten Erscheinungen
aus dem Grenzgebiet des Körper- und Seelenlebens gehörend —
gleichfalls nur dürftige Überbleibsel sind einer dem individualisierten Wachintellekt unterlegenen, ehemals viel gewaltigeren nach-
haltigeren überindividuellen natursomnambulen Gestaltungskraft
der Gattungsseele. So konnten und mußten aus ihr — geradezu als physiologische Emanation des noch tierische Gestaltungs-
potenzen in sich enthaltenden umfassenderen menschlichen Stammes
— auf einem nicht grob physischen Weg Gestaltungen in der organischen Natur entquellen, welche die psychophysischen Urformen der
dann erst in die äußere Sichtbarkeit tretenden neuen tierischen
Formenkreise wurden. Es gäbe somit einen Evolutionsprozeß von
innen heraus, der das Erscheinen tierischer Grundformen wie
aus dem Ungefähr, also wie durch Neuschöpfung erklären könnte,
wenn erst einmal diese Dinge tiefer erforscht sein werden als es bis
jetzt gelungen ist.

Ist es im Grunde etwas anderes, wenn die Sage erzählt, daß
Gott bei der Schöpfung die Tiere zum Menschen brachte, daß er
ihnen ihren „Namen" gäbe? Im Hebräischen sowohl, wie im Griechischen bedeutet das Onoma ohnehin nicht so sehr die äußere
Nennung, sondern doch gerade das mit dem Namen nur äußerlich bezeichnete Wesen, das hinter dem Individuum lebt, aus dem
es Leben und Odem empfängt, in dem es „west". Gab also der
Mensch den Tieren ihr Onoma — was soll das anderes sein als die
Erkenntnis, daß sie aus ihm ihr Wesen haben[137])? So war der
Mensch von je der Grundgedanke der lebenden Schöpfung, wie
die ganze Welt aus dem Logos kommt, der doch auch nicht nur der

„Gedanke", auch nicht einmal nur die platonische Idee, sondern das innere lebendige Sein ist, aus dem die Welt sich darstellt, von dem sie ihr Dasein und Wesen hat.

In solcher Rückwärtsverfolgung und sinnentsprechenden Erweiterung der jetzt nur noch schwach bemerkbaren psychophysischen und medialen Kräfte in den erdgeschichtlichen Urzustand des noch mit dem Tierischen gefüllten Menschenstammes liegt nicht nur die theoretische, sondern auch die naturhistorisch dereinst wohl vollziehbare Verknüpfung der seit alter Zeit die Menschheit beschäftigenden okkulten Phänomene und Kräfte mit den Erkenntnissen der Abstammungslehre und den Ergebnissen der Paläontologie und der Erdgeschichte. Denn hier mag auch die Quelle sein, aus der sich auch noch andere Einwirkungen, auf die anorganische Natur, vielleicht einmal verstehen lassen, also etwa die nach der Sage das moralische Wesen des Menschen widerspiegelnden Wandlungen und Katastrophen.

Wir kommen auf solche Weise noch zu einem Gedanken, den man allerdings nur aus den vorausgehenden Darlegungen verstehen kann und nur, wenn man Sinn hat für das ungegenständliche, unräumliche, also metaphysische Auffassen von Potenzen, deren physische Verwirklichung oder Nichtverwirklichung kein integrierendes Moment ihres Bestandes ist; also für eine Wesenhaftigkeit, die eben in einer anderen als der nur grob physischen Sphäre wirklich ist und wirklich bleibt, auch wenn sie nie in die physische Erscheinung tritt.

Viel Allegorisches ist schon an die Arche des Noah geknüpft worden; einiges wurde im Verlauf der früheren Darlegungen gelegentlich gestreift. Sie ist ein Wirklichkeitssymbol für einen evolutionistischen Zustand des noachitischen Menschen. Wir vermuteten, daß der Menschenstamm mehr und mehr das apollisch lichte, undämonische, naturfreiere geistige Wesen hervorbrachte, indem er das ursprünglich in seinem Stamm mit beschlossene Tierhafte aus sich entließ, womit dieses in eigenen, von ihm stammesgeschichtlich abgezweigten Wesen und Gestalten sich physisch darstellte. So könnte der noachitische, die Sintflut überdauernde Menschenstamm, weil er damals noch den größeren Teil der späteren, tertiärzeitlichen Säugetiertypen enthielt, diese über die Sintflutkatastrophe dadurch gewissermaßen hinübergerettet haben,

daß sie eben in seinem Stamm potentiell, also physisch unverwirk-
licht, als Urbilder der Gattungen, als Ideen im Platonschen Sinn
noch beschlossen lagen. Wenn daher die stammesgeschichtliche
Evolution, welche zu den tierischen Abspaltungen führen mußte,
während der Sintflutzeit unterbunden war, und erst später nach
Wiederherstellung entsprechender Umweltsbedingungen ihren natürlichen Fortgang nahm, so wären die Tierarten in diesem Sinne
mit Noah während der Sintflutzeit in einem Gehäuse, in der
Arche eingeschlossen gewesen, er hätte sie bei sich gehabt und hinübergerettet, von jedem Typus das Paar, wie es sinngemäß in
der Überlieferung heißt. Erst nach Ablauf der Sintflut und Wieder-
öffnung des „Gehäuses" wäre dann die Evolution der Säugetierwelt aus dem sie noch mitenthaltenden noachitischen Menschenstamm und ihre Ausbreitung über neue Lebensräume vor sich
gegangen. Da, wie wir annahmen, der Mensch im selben Maß,
vollendeter wurde, wie Tierisches aus seiner Stammbahn abspaltete, so entspräche dem auch die damalige nachsintflutliche
Entstehung neuer Menschenstämme aus dem noachitischen Ur-
vater, die im Alten Testament als Sem, Ham und Japhet gekennzeichnet sind. Das wäre die physisch-metaphysische Deutung
der Arche des Noah.

Wenn also die Arche der symbolisierte Zustand des noch bedeutende tierische Evolutionen in sich bergenden noachitischen Menschen war, so kann man aus diesem Gedanken auch noch eine
weitere Möglichkeit ableiten, durch die uns andere, sich hartnäckig
haltende und als leere Phantasien verschrieene Sagen von fabelhaften Tierwesen erklärbar werden, ohne daß solche Tiere jemals
in der physischen Natur vorhanden waren oder fossil gefunden
wurden. Ich denke da besonders an das rätselhafte Einhorn.
Es ist das vielleicht eine Tiergestalt, die im noachitischen Urstamm
potentiell mitexistierte, jedoch aus irgend welchen inneren oder
äußeren Gründen sich stammesgeschichtlich im physischen Dasein
nicht verwirklichen konnte. Daher die Unmöglichkeit, eine übereinstimmende Darstellung und Überlieferung der Einhorngestalt zu
finden, ganz im Gegensatz zu dem überlieferten festen Bild des
Drachen- und Lindwurmtypus. Man versteht bei einer solchen
metaphysischen Betrachtungsweise auch, daß die physisch unver-
wirklichte, wohl aber im Urstamm latent vorhandene Gestalt

eines solchen Tierwesens dem noch stark hellsichtigen noachitischen
Tertiärzeitmenschen visionär vorschwebte, und zwar, da er nicht
mehr die Dämonie der älteren Menschenrassen in sich trug, wie
ein bedrohlicher Traum, eine Schreckgestalt, vor der sich sein Wesen
fürchtete, die es verneinte, indem es sie erfühlte und erschaute,
weil seine Natur sie von sich abstoßen wollte. Das soll nicht individuell verstanden werden, sondern gattungshaft-metaphysisch,
jedoch gewiß nicht unwirklich. Es war die ins physische Dasein
drängende gestaltende Formseele, die Gattungsseele jener noch
im Menschenstamm mit beschlossen liegenden Tierart, die sich
dem noch natursichtig begabten noachitischen Menschenwesen innerlich unmittelbar kundtat, indem sie aus dem unbewußt-natur-
haften latenten Dasein über seine Bewußtseinsschwelle trat, ihm
daher innerlich zu Gesicht kam; gewissermaßen visionär als Idee,
noch nicht als physisch objektiv verwirklichtes Wesen, aber in das
physische Dasein drängend, das sich aus irgend welchen äußeren
oder inneren Gründen für sie nicht gestaltete. So kam eine natursichtige Sage, fast ein Schreckensmythus zustande, den spätere
Menschen übernahmen und der sich, wie die Drachen- und Lindwurmsagen, bis in die Zeit des fast tierbefreiten nacheiszeitlichen
Kulturmenschen erhalten hat.

So wird auch eine Fassung der Einhornsage verständlicher, die
aus dem Polnischen überliefert ist: Als Noah je ein Paar aller
Tiere in die Arche ließ, nahm er auch das Einhorn auf. Doch
dieses stieß andere Tiere, und Noah warf es ohne Bedenken ins
Wasser; schließlich mußte es ertrinken. Eine jüdische Sage, die
in rabbinischen Mythen überliefert ist, erzählt ebenfalls, daß das
Einhorn zwar begehrte, in die Arche aufgenommen zu werden,
daß dies Noah aber nicht vermochte. Er zerlegte es und band das
Horn außerhalb des Kastens an, die Nasenlöcher aber innerhalb.
Doch geht das Einhorn nicht zugrunde, sondern David findet es
später in der Wüste[138]).

Wenn wir daher Noah als jenes Stadium der Menschenent-
wicklung nehmen, aus dem sich das spätmesozoisch tertiärzeitliche
Säugetier mit seinen vielen Spezialstämmen bis herauf zur Abspaltung des Affenmenschen abzweigte, während gleichzeitig der
Mensch, immer reiner zum apollischen Typus sich aufschwingend, in
der physischen Natur sich ausprägte; und wenn ursprünglich noch in

der „Arche" die vielen späteren Säugetiergattungen mit enthalten
waren; und wenn das Einhorn ein aus irgend welchen Gründen
nicht sichtbar verwirklichter Säugetierstamm blieb, der vom noachitischen Menschen natursichtig in seinem eigenen Innern erschaut war — so wird man solche Zusammenhänge, falls man
ihnen nachgehen will, gewiß niemals an ein individuelles Wesen
knüpfen, sondern wird stets an das Gattungsmäßige denken,
das sich aus dem natürlich somnambulen Allgemeinbewußtsein
des Menschenstammes zu einer ganz unbewußt vollzogenen
Sagenbildung niederschlug und erst danach den intellektuell Reiferen zum Bewußtsein kam und bei ihnen zur Dichtung wurde;
vergleichbar etwa der unbewußt-generellen Entstehung von
Leidenschaften oder Instinkten bei Tiergattungen oder Völker-
stämmen und ihrem späteren Bewußtwerden.

Die hiermit versuchte Zurechtlegung sonst undeutbarer Sagenkerne, die man naturhistorisch nicht recht fassen kann, ist die
äußerste Spitze, bis zu der unser Versuch von innen her vorerst
gelangen kann und bildet zugleich ein wesentliches Glied in der
Kette der übrigen, metaphysisch orientierten Betrachtungen über
die mit der menschlichen eng verbundene Evolution der höheren
Tiere. Diese haben mit dem Menschen grundlegend gleiche Körper-
anlage, und er unterscheidet sich dadurch mit ihnen zusammen anatomisch von der ganzen übrigen niederen Tier- und Pflanzenwelt,
zu denen einwandfreie körperliche Übergänge in vorweltlicher Zeit,
soweit wir es aus fossilen Urkunden entnehmen können, nicht
erkannt sind. Der Mensch steht nun diesen höheren Tieren, die
man mit ihm zu dem Stamm der Wirbeltiere vereinigt, wie
eine primitive, umfassende Urform gegenüber — mit Ausnahme
seiner Gehirnentwicklung und seines geistigen Wesens. Nicht, als
ob man Ansätze zu beidem nicht in der höheren Tierwelt fände;
sie sind gewiß und offenkundig da. Aber sie sind nicht das Ent-
wicklungsziel und nicht so da, daß sich das Menschliche daraus ableiten ließe; wohl aber umgekehrt. Denn während alle Wirbeltiere ausnahmslos, sowohl die fossilen urweltlichen, wie die jetzt
lebenden, einseitig spezialisiert und daher formal aus der einfachen Menschenform ableitbar sind, ist umgekehrt der Mensch
eben wegen ihrer Spezialisation aus ihnen nicht ableitbar. Das
höhere Tier, das Wirbeltier, ist somit in allen seinen Gestalten der

Abkömmling des Menschen, wenn man überhaupt an eine stam=
mesgeschichtliche Entwicklung der organischen Welt glaubt. Nur
mit der allgemeinen Fischgestalt läßt sich diese Theorie vielleicht
nicht vereinigen. Sie könnte tatsächlich sowohl die Grundlage zum
sichtbar physischen Urmenschenstamm wie zum Amphibienstamm
paläozoischer Herkunft sein.

So kehren wir mit dieser Auffassung teilweise wieder zu einer
alten Lehre zurück: daß der Mensch die Norm der höheren Tierwelt
sei und sie in ihm wurzelte, er potentiell alles enthalte, was sie
auseinandergelegt zeige. Die alte Lehre, etwas hatte sie nicht, was
ihr jetzt zukommt: die Vorstellung einer wirklichen naturhaften
Abstammung der höheren Tiertypen aus dem umfassenden ur=
sprünglichen Menschenstamm, als dessen Rest, aber auch als dessen
enthülltes Wesen der Jetztweltmensch erscheint. Früher, in der
alten Lehre, war diese Beziehung der Tierwelt auf den Menschen,
wenn nicht allegorisch, so doch wohl formalistisch gemeint. Jetzt
gründet sie in vergleichend=anatomischen und paläontologischen
Tatsachen und Erwägungen und steht der allgemeinen Abstam=
mungslehre trotz scheinbarer Gegensätzlichkeit umso weniger ent=
gegen, als diese selbst, wie früher gezeigt (S. 95), im Grunde in
allen wirklichen oder hypothetischen Urformen der höheren Tiere
doch nur nach der Urform des Menschen selbst suchte und damit,
teils ohne es zu bemerken, die höhere Tierwelt in den Stamm
des Menschen hereinnahm, also tatsächlich aus ihm ableitete.

Die Quelle der Weltentstehungs- und Weltuntergangssagen

Was nun die Weltschöpfungsmythen, die Kosmogonien betrifft, so könnte man nach dem allem, was dargelegt wurde, mit Recht fragen, ob auch in ihnen, neben dem nur Symbolhaften, ein geschichtlicher, insbesondere naturgeschichtlicher Kern stecke? Und man könnte mit dieser Frage meine ganze übrige Theorie lächerlich machen, wenn man auf die Bejahung hin erwiderte, ob denn der Mensch schon bei Erschaffung des Weltalls und der Erde dabei gewesen sei? Wenn ich allerdings bei Bejahung der Frage den Standpunkt hätte, daß der Mensch physisch-zeitlich und räumlich bei der Erschaffung der Welt — oder sagen wir, um das Problem bestimmter zu packen, der Erde — zugegen gewesen sei, so wäre das zweifellos ganz absurd und lächerlich und würde mit Recht die ganze übrige Theorie in ein schiefes Licht bringen. Trotzdem glaube ich, an dem objektiv historischen Kern auch vieler, auf sehr alte Zeit zurückgehender Kosmogonien festhalten zu müssen, wenn auch selbstverständlich nicht in dem Sinn, daß der Mensch, dessen physischem Erscheinen als Wirbeltier allenfalls erst ein spätpaläozoisches Alter zuzuschreiben ist, als Menschengestalt zugegen war.

Ich verweise auf ein tiefsinniges Wort[139]) Schellings, das lautet: „Die Natur weiß nicht durch Wissenschaft, sondern durch ihr Wesen, oder auf magische Weise".

Unsere intellektuell-mechanistische Spätzeit kann sich nicht denken, daß Erkenntnis und echtes Wissen auf andere als sinnlich empirische Weise, also auf anderem als äußerem Weg erlangt werde. Sie hat im allgemeinen kein unmittelbar miterlebendes Verstehen mehr für jene Art des Zusammenhanges, der zwischen dem Begreifenden und dem Begriffenen, dem Schauenden und dem Geschauten besteht. Und doch ist auch in uns Spätzeitmenschen noch allerlei von jener Fähigkeit des Wissens auf innere, auf „magische" Weise vorhanden. Es braucht nur hingewiesen zu

werden auf die auch bis in unsere Zeit noch da und dort vor-
kommende, allerdings im Vergleich zu Früherem nur schwach
hellseherische Fähigkeit mancher Menschen, wovon nicht nur die
Literatur, sondern auch der Alltag mancherlei zu erzählen weiß.
Ganz zu schweigen von der Sicherheit und unverbrüchlichen Gewißheit des Erkennens zwischen zwei Menschen, die im Tiefsten
durch eine gemeinsame Idee, ein gemeinsames Schauen verbunden sind. Also ganz ist auch uns das Wesen jenes unmittelbaren Erkenntnisweges nicht verschlossen, wir haben vielleicht
nur eine gewisse Angst davor, weil unser Intellekt ihm nicht folgen
kann, und freuen uns geradezu, wenn wir das gelegentlich in
seinem Gewand Auftretende als Schwindel oder Aberglauben
und Einbildung entlarven dürfen. Denn wir sind ja so wissenschaftlich geworden und haben auch eine wissenschaftliche Weltanschauung, die allerdings zum Verstehen der tieferen Zusammenhänge des Daseins sehr brauchbar wäre, wenn nur das Dasein
ein ausschließlich bewußt empirisches wäre.

Jener innere, oder wie ihn Schelling nennt, magische Erkenntnisweg ist aber die sicherere Erkenntnisform älterer Zeiten gewesen. Je mehr natursichtiges oder bloß hellsichtiges Leben und
Vermögen in einem Menschenwesen steckt, sei es bewußt oder unbewußt, umso mehr ist ihm dieser unmittelbarere Erkenntnisweg
offen, der schließlich einem natürlich-somnambulen, also nicht einem
künstlich herbeigerufenen und gewollten Zustand gleichkommen
kann. Schopenhauer nennt einmal, wie schon erwähnt, die Bienen
natürliche Somnambulen, um daran das Wesen ihrer so eminent
instinktiven, auch aus der individuellen Entfernung her noch einheitlichen Handlungsweise und Zusammenarbeit darzutun; sie
erschauen eben ein Gemeinsames und sind darum eine Einheit
bei aller individuellen Vielzahl, so daß jedes in jedem Augenblick
„weiß", was es im Dienst des Ganzen zu tun und zu lassen hat.
Kann es doch auch beim Menschen so gehen.

Dieser innere Zusammenhang braucht nicht nur zwischen Personen, er kann auch zwischen Personen und Gegenständen bestehen;
man nennt es Psychoskopie[140]). Bekannt sind die Berichte von Personen, welche von einem ihnen nicht bekannten Gegenstand, etwa
einem Kleidungsstück, gelegentlich über den, der es trug, Angaben
zu machen wissen. Es gelingt ja neuerdings anscheinend allmählich,

solchen höchst bedeutsamen Problemen durch kritisch überwachte
und durchgearbeitete Versuche wieder näher zu kommen; und es ist
immerhin sehr gut möglich, daß sich uns hier in nicht allzu ferner
Zeit eine neue, durchaus empirische Methode auch für die Er=
forschung der Vorwelt und der Menschheitsgeschichte erschließt.
Ich habe einmal vor Jahren irgendwo, ohne die Quelle wieder=
finden zu können, eine Schilderung einer Eiszeitlandschaft mit
einer Mammutherde gelesen, die aus einer Zeit stammen soll,
da man wissenschaftlich noch nichts von einer Eiszeit wußte und
die meines Erinnerns auf eine belgische Frau zurückging, der
man im somnambulen Zustand einen fossilen Mammutzahn ge=
geben hatte, weil man wissen wollte, was das für ein Ding sei.
Wenn ich auch über den Grad der Glaubwürdigkeit der Geschichte
nicht streiten will, so zeigt sie doch angesichts neuerer Erfahrungen
in ihrem Umriß anschaulich jene Art natursichtigen Wissens, dessen
schwache Spuren in unserem Kulturkreis noch leben.

Ein solches kann also nicht nur von Person zu Person, oder von
Person zu Objekt stattfinden, sondern auch zwischen Person und
Objekt mit weiter zeitlicher Perspektive in die Vergangenheit.
Was wir aber allenfalls an solchen verhältnismäßig einfachen
und harmlosen Hellsehereien heutigentags oder der eben verflossenen
Jahrhunderte vor uns haben und was für den immer noch wissen=
schaftlich oder unwissenschaftlich aufgeklärten Zeitgenossen schon
unverdaulicher Aberglaube ist, das muß in noch viel höherem
Grade, ja mit einer in unvorstellbar ferne Zeiten und verborgene
Zustände hineinreichenden Sicherheit in jenen Epochen, bei
jenen Menschen entwickelt gewesen sein, die noch in einer so engen
inneren Verknüpfung mit dem Wesen der Natur lebten, daß in=
folge dieser Wesensgleichheit auch ein unmittelbares, ein natur=
sichtiges Schauen auf Dinge stattfinden konnte, welche vielleicht
schon unendlich weit zurücklagen und welche einem empirisch=
intellektuellen Alltagsverstehen ganz und gar unzugänglich bleiben
oder allenfalls nur mittelbar von ihm erschlossen werden können,
wenn Reste oder Wirkungserscheinungen davon noch vorliegen.
So geht es uns ja gerade mit der Wissenschaft von den vorwelt=
lichen Zeitaltern mit ihren erdgeschichtlichen und organisch leben=
digen Wandlungen. Ein unmittelbares, natursichtiges Hinein=
schauen fehlt uns natürlich so gut wie ganz; nur in äußerst ge=

ringem Maße besitzt unser Intellekt noch soviel Intuition, daß
er vom empirischen, logisch bewußten Schlußfolgern aus den phy=
sischen Objekten, also etwa aus Schichtungen, Gesteinen und Ver=
steinerungen, zu einem in ganz beschränkten Grenzen sich haltenden,
schwach hellsichtigen Schauen fortschreiten kann. Die Alten konnten
das vielfach mehr als unser in dieser Hinsicht ganz steriles Zeit=
alter; und deshalb sind auch so alte Lehren wie die von Demokrit
über die Atome, von Aristoteles über die Entelechien, von Platon
über die Ideen auch ohne die äußeren empirischen Grundlagen,
wie wir sie zu haben uns rühmen dürfen, so erstaunlich dauerhaft
und in ihrem Kern und Wesen durch alle Jahrhunderte echt, brauch=
bar und befruchtend geblieben, während unser wissenschaftliches
Kleid, trotz der genugsam gehäuften „Tatsachen", alle paar
Jahrzehnte außen und innen veraltet.

So sind also die Erkenntnisse der Menschen im natursichtigen
Weltalter, insbesondere wohl die der damals bewußtesten, also
geistig entwickeltsten Menschen von einer für unseren Intellektual=
geist unerfindlichen Tiefe und unverwüstlichen Echtheit und Wahr=
haftigkeit gewesen, wovon unsere Schulweisheit kaum mehr etwas
versteht. Im Guten wie im Bösen, im Lichten wie im Düsteren,
im Moralischen wie im Physischen ist dieses natursichtige Schauen
und Wissen umgegangen, und daraus quollen alle die in den
ganz uralten Sagen und Überlieferungen mit soviel Wesens=
übereinstimmung zu findenden Grundlehren religiöser oder kos=
mogonischer Natur. Offenbar war es damals selbstverständlich
und gar nicht anders möglich, als daß die über das unbedingt
sichere naturhafte Sehen und Wissen am bewußtesten verfügenden
und daher auch praktisch mit ungeheuerer Macht ausgerüsteteten
Individuen als Könige, Priester und Richter in Einem die Volks=
und Staatenlenker waren, denen die Anderen, die Masse der
minder stark Begabten, sich fügte; nicht wie heute kraft der Bajo=
nette oder des Geldes, sondern aus innerer, dem Wesen nach ebenso
naturhell bestimmter Gewißheit und damit Anerkennung von
deren Macht und Weisheit.

Was war es denn gerade in unserer eben verflossenen Zeit, was
einem Mann wie Bismarck die ungeheuere Macht in die Hände
gab, die fast aus dem Nichts geschaffen wurde, wenn nicht eben
die intuitive, um nicht zu sagen naturhafte Sicherheit, womit er

inftinktiv jede Lage in ihren realen Bedingungen, Zusammen=
hängen und Lösungsmöglichkeiten durchschaute. Bismarcks Wesen
hat etwas durchaus Dämonisches, und ebenso inftinktiv hat ihn
das deutsche Volk, dies ahnend und fühlend, immer den Recken
uralter Sagenkreise verglichen. Ein Schriftsteller weist neuer=
dings darauf hin, daß sein Wirken das einzige ist, dem das deutsche
Volk sofort in Denkmälern die Gestalt des Roland — auch ein
uraltes Reckenbild, wie etwa David in der jüdischen Volksseele;
auch Dietrich von Bern spielt diese Rolle — und alsbald nur noch
eine symbolische unpersönliche gegeben hat, indem es ihm nicht
Denkmale im damals üblichen Briefbeschwererstil, sondern auf
Wald= und Bergeshöhen ins Land hinaus weisende Bismarck=
türme errichtete. Darin liegt offenkundig ein lebendiger Ausdruck
des Gefühls für das Überpersönliche, Urbildhafte seiner Natur
und seines Wirkens — er, von dem ein englischer Staatsmann
gesagt haben soll, wir müssen ihn Alle gewähren lassen, denn er
durchschaut alles, was wir beginnen. Das ist echte Fernbannung,
wenn auch europäisch intellektualisiert. Dabei war aber vielleicht
kein deutscher Genius ärmer an ewigen Ideen als Bismarck, die ihm
fern lagen, für die er kein inneres Organ hatte. Wohl stand er
im Dienst von Ideen, die sich durch ihn verwirklichten; aber kaum,
daß er es wußte und ohne im gewöhnlichen Sinn des Wortes von
ihnen erfüllt oder begeistert zu sein. Seine Größe war, von der
sittlichen Willenskraft und Furchtlosigkeit abgesehen, sein reales,
unmittelbar erfassendes Wissen. Darum war ihm das Wesen
des Philosophen oder des Professors so unausstehlich, und darum
sind auch seine „Lebenserinnerungen" als retrospektive, nicht mehr
auf Werdendes, sondern auf historisch Erstarrtes gehende Gedanken
von einer für die deutsche Literatur geradezu auffallend ideenlosen
Leere bei allem historischen Wert, den sie haben mögen. Die deutsche
Volksseele hat sich an ihnen nicht mehr zu entzünden und zu ver=
innerlichen vermocht. Nur wo er auf die Zukunft hinweist, tritt
wieder das unheimlich sichere Wissen hervor: er sah die Früchte, die
wir ernten würden; aber Ideen sind es nicht, die ihn dabei leiten.
Dieser Exkurs auf den Dämon Bismarck soll nur schwach ver=
gleichsweise einen Begriff davon geben, worin das Wahrheits=
wissen und daher die Macht jener uralten, noch voll natursichtigen
Magier und Weisen lag, die aber einen auf Jahrhunderttausende

sich erstreckenden Einfluß ausübten und ihn vielleicht auch noch
einmal wieder bekommen werden, wenn die intellektualisierte
Mechanei unserer Tage sich erschöpft und ihre Schuldigkeit getan
haben wird. Es erinnert mich dieser Zusammenhang an ein
Wort Friedrich Ratzels in der „Völkerkunde", das ich als junger
Mensch las und das mich nicht mehr losgelassen hat und mich
zum Teil in den hier vorgetragenen Gedanken festigte: die Übereinstimmung der Grundlehren aller Kosmogonien und Religionen der Völkerstämme und die Dauer und Zähigkeit, womit
sie festgehalten wurden, dränge einem geradezu den Gedanken
auf, daß große Lehrer und Weise die junge Menschheit geleitet
und erzogen und ihr diese Lehren ins Herz gepflanzt haben.

Es ist im Vorstehenden genugsam klar geworden, wie wahrhaft
lebensvoll und fruchtbar für weitere Erkenntnis ein solcher Gedanke sein muß, wenn man sich nur einmal über die Möglichkeit
einer ganz andersartigen urweltlichen Verfassung des Menschenwesens im Gegensatz zu der spätzeitlichen, vorwiegend intellektuellen klar geworden ist. So kommen wir nun, voll vorbereitet,
wieder zu der, wie wir sagten, lächerlichen Frage zurück, ob auch
den uralten Kosmogonien Wirklichkeitswert, d. h. objektive, naturhistorische Wahrheit innewohnt, zumal der Mensch selbst bei der
Erdentstehung gewiß nicht „dabei war". Dort, wo das natursichtige Schauen voll entwickelt ist, erkennt die Natur sich selbst im
Menschen als ihrem Organ und Abbild. Der Mensch steigt dort
in die Tiefen zu den Müttern, wo er die Urbilder der Gestaltung
in Sich wiederfindet, wo sie, losgelöst vom Räumlich-Zeitlichen
des Intellekts, seinem Schauen unverändert sichtbar bleiben und
dieselbe Wahrheit haben wie am ersten Tag. Ich glaube daher,
daß auch die kosmogonischen Hauptsagen, soweit sie wesenhaft
übereinstimmen, naturgeschichtliche Wahrheit bergen, und insofern ist auch jene alte chinesische Überlieferung nicht ganz so
töricht, wie ein moderner kosmogonischer Forscher meint[141]),
wenn sie sagen, daß Einer der Ihren bei der Erschaffung der Welt
dabei gewesen sei; oder wenn wir in der griechischen Mythologie
hören, daß die Ahnherrn mit den Göttern zu Rate gesessen.

Auf solchem Weg mag es auch sein, daß die urältesten natur-
magischen Urzustände der Menschheit, etwa der individuell unbewußte, also durch und durch natursomnambule Kampf gegen

20*

die Natur der Drachen- und Schlangenbrut rückschauend hellsichtig in das schon entwickeltere Intellektualbewußtsein her-
übergebracht und nun zu den frühesten verständlichen Kernen
ältester Mythen und Sagen und Heldengestalten verarbeitet
wurde, welche seitdem die Grundlage der ganzen Sagenwelt
aller späteren Menschheitsgeschichten geblieben, wenn auch von
Epoche zu Epoche, von Rasse zu Rasse immer wieder anders ver-
arbeitet, an anderes Eigenerleben angeknüpft und schließlich bis
zur Verflachung mißverstanden und entstellt worden sind. So
waren natürliche, urzeitliche Zusammenhänge und Geschehnisse
ermittelt worden, indem die in große Zeitferne rückwärts dringende
Seele Vergangenes aus dem überindividuellen Welt- oder
Gattungsgedächtnis wieder erschloß — dem Wesen nach nicht anders als es das noch schwach hellsichtige Können unserer Tage an
Gegenständen zu betätigen vermag.

Ein solches inneres Erkennen natürlicher, wenn auch verflossener
Zusammenhänge — in alter Zeit und von natursichtigen Menschenwesen auch mit gewaltigerer Seelenkraft und in größerem räumlichen und zeitlichen Umfang ausgeübt — ist ebenso auch die Quelle
der echten Astrologie gewesen, die nicht minder entartet und ge-
schwächt, uns aus den babylonischen Tagen bloß noch wie ein
flacher Zauber entgegentritt. Sagt doch auch Ptolemäus in
seinem Werk über Astrologie: was sich aus der Natur der Dinge
herauslesen läßt, entspringt aus der Betrachtung verwandter
Bildungen und Stellungen. Diese innere Gemeinsamkeit oder
besser gesagt: diese Homologie der Dinge, welche erlaubt, aus dem
Dasein und der Wesenhaftigkeit und dem Verhalten des einen
auf eben dasselbe beim anderen zu schließen, oder daran hellsichtig
sich führen zu lassen, wem es möglich ist: das ist der Schlüssel
für alle über die unmittelbare, grob sinnliche Empirik hinaus-
gehende, aber darum doch wahrlich nicht weniger fest gegründete
Erfahrung. Konnte doch auch ein Geist wie Fechner diesen Weg
einschlagen, um zu Erkenntnissen zu gelangen, die natürlich nicht
so daliegen, wie die groben Pflastersteine auf der offenen Straße
naiv realistischer Wissenschaft.

So kann und wird es wohl auch sein, daß uralte Überlieferungen
gar nicht immer aus der Zeit ihrer Geschehnisse, sondern nachträglich auf jenem Weg der Innenschau, der Versenkung, von späteren

Geistern neu gewonnen und dann allerdings nach ihrem Verstehen
gestaltet wurden. Es brauchte also etwa die Sintflutsage weder
schriftlich, noch mündlich überall, wo sie später auftaucht, überliefert worden zu sein und könnte dennoch objektiv richtig auf natursichtigem Weg von späteren Sehern erst aufgezeichnet worden
sein, ebenso wie die Entstehung der Erde selbst und des Menschengeschlechts. Solche Sagen und Erkenntnisse mit natursichtiger Ermittelung des physisch-metaphysischen Tatsachenbestandes
werden daher naturhistorische Wahrheit liefern können, mit einer
anderen Empirie als der unseren erkundet, obwohl ihre Aufzeichner und Erforscher bei den Ereignissen gewiß nicht „dabei gewesen"
waren; ebensowenig übrigens, wie wir Naturforscher, die wir auch
aus Indizien und mit einer starken, der „Phantasie" gewiß nicht
zu entraten vermögenden Einfühlung die Zustände der Vorwelt
erforschen. Wenn wir heute dem wissenschaftlich unentwickelten
gewöhnlichen Mann von unseren vorweltgeschichtlichen Forschungen erzählen, so muten ihn diese gewiß nicht weniger mythisch
an als uns wissenschaftlich Ausgerüstete die hellsichtig oder natursichtig errungenen Wissenskomplexe uraltester Seher.

In dieser Hinsicht ist ein Erlebnis eines in der fachmännischen
Welt angesehenen Geologen der ehemaligen Burenstaaten in
Südafrika lehrreich, das mir persönlich verbürgt ist, und das zu
erzählen hier gestattet sei, weil es überaus sinnig den Seelenzustand beleuchtet, aus dem heraus wir, auf die äußere Verstandes-
betätigung allein eingestellten Neuzeitmenschen so hochmütig auf
die gleichfalls das Wirkliche wissenden alten Mythen herabsehen.
Jener Geologe traf einmal auf seinen einsamen Expeditionen
in den Bergen von Natal mit zwei Buren zusammen, die ebenso
mit ihren Maultieren das Land durchquerten. Sie machten zusammen Lager und alsbald wurde er gefragt, was er so einsam
in dem Lande treibe, wo doch für ihn nichts zu suchen sei; er schien
ihnen mindestens eigentümlich, wenn nicht sonstwie verdächtig.
Bei dem gemeinsam bereiteten und verzehrten Mahl begann er,
ihnen zu erzählen, was er treibe, wie er forsche; er erzählte
ihnen zwei lange Stunden davon, wie die Berge da geworden,
wie es in früheren, vorweltlichen Zeiten da ausgesehen habe,
wie das Erz in die Berge gekommen sei und allerlei mehr. Die
Bauern hörten stumm und aufmerksam zu. Nachdem er endlich

sein Berichten langsam ausklingen ließ und sie noch nachdenklich waren, stieß der eine Bur den anderen an: „Du — der Herr erzählt, als ob er dabei gewesen sei, wie der Herrgott die Welt erschaffen hat!" Sind wir Wissenschaftler nicht ebensolche Buren, wenn wir uns von den Mythen etwas erzählen lassen?

Ich glaube daher, daß die auf natursichtigem Weg und mit anderen als unseren Verstandesmitteln erworbenen Kenntnisse vorzeitlicher Seher uns Wahrheit überliefern, obwohl ihre Aufzeichner bei den Ereignissen in Person gewiß nicht dabei gewesen waren. Sie stiegen ins Totenreich und erfuhren dort, was sie suchten; wie es in der altägyptischen Lehre¹⁴²) heißt: Sie „haben den Tag verbracht unter den Großen"; sie „vollzogen das Öffnen des Gesichtes .. und der Kreis der Finsternis war geöffnet". Das ist der Sinn von Odysseus' Besuch in der Unterwelt beim Seher Kalchas; das der Sinn der Fahrt des Gilgamesch zu seinem Ahn Utnapischtim, der ihm die Geschichte aus den Tagen der Sintflut erzählt; das auch der Sinn des Hinabstiegs Faustens zu den Müttern. Aus dieser Innenschau mögen zurückliegende Erkenntnisse gewonnen worden sein auf dem Weg einer Selbstbespiegelung des Naturwesens im Menschen, wo es eben zum Bewußtsein seiner selbst gelangt. Ohnehin, wenn die Natur in sich eines Wesens ist, was ja auch die philosophische Überzeugung unserer Wissenschaft ist, und wenn die Menschennatur in der allgemein organischen Natur wurzelt, ja potentiell und wesenhaft sie mit enthält, so kann der Menschengeist wohl durch in sich gekehrte Betrachtung auch die Herkunft, die Entwicklung der organischen Natur auf dem Erdstern natursichtig oder hellsichtig erkannt haben und dann zu bestimmten, auch für unser wissenschaftliches Kalkulieren durchaus nicht unwahrscheinlichen Ergebnissen gekommen sein, wie dem, daß „aus dem Wasser allein am Anfang der Schöpfung das Lob des Herrn erscholl", daß zuerst auf dem Erdkörper eine Panthalassa war, und daß erst später die Kontinente auftauchten, die vom Wasser her durch Tier und Pflanze besiedelt wurden¹⁴³). Der Geologe und Paläontologe hat hiergegen nichts Wesentliches einzuwenden, wenn er sich auch begreiflicherweise innerhalb des Rahmens seiner Wissenschaft von solchen, für ihn allerdings nicht von Natursichtigkeit getragenen, daher rein spekulativen Postulaten fernhält, die aber ein natursichtiger Sinn schon lange erschaut haben mag.

Auch in der schon einigemale erwähnten aztekischen Mayahandschrift vermute ich die Überlieferung von Mythen, die sich
auf erd- und menschheitsgeschichtliche Zustände und Vorgänge
beziehen, ohne daß damit behauptet werden soll, daß die Aufzeich-
nung der Handschrift selbst irgendwie von Sehern im eben cha-
rakterisierten Sinn geschrieben wäre. Indessen scheint hier doch
eine wohl uralte derartige Überlieferung aufgezeichnet, die sogar
bildhaft an mancherlei erinnert, was auch das Gilgameschepos,
dem ich ursprungshaft denselben natursichtigen Charakter zu-
schreibe, enthält. Insbesondere die in Fig. 13a (S. 87) wieder-
gegebene Figur, welche in eine Reihe mit den beiden anderen auch
im Original gehört, macht gerade den Eindruck, als ob sie die Innenschau dämonisch-naturhistorischer Dinge versinnbildlichen sollte.
Das Menschenwesen göttlich lichter Natur erlebt natursichtig visionär
seine uralte Schlangennatur, die ja ehedem zur Vertreibung aus
dem Paradies führte. Oder es sind Andeutungen der Stadien
des körperlichen Menschenwerdens, das dem Seher offenbar wird:
aus dem ursprünglich ans Wasser noch gebundenen Urzustand,
symbolisiert durch den Fisch, wurde später der des zunächst amphibischen Landtieres, das also sinnbildlich den Fisch verschlingt. All'
solches nur natursichtig erschautes Wissen ist im Wesen des Menschen enthalten, weshalb es aus dem Kopf herausgehend dargestellt ist und nicht als Bildwirkung ihm gegenüber, außerhalb seines
Körpers. Die Fahrt des vollendeten mit dem dämonischen Menschen
macht weiterhin den Eindruck, als ob da die Fahrt des Gilgamesch
mit dem Schiffer Utnapischtims ins Totenreich beschrieben wäre,
wo er sein Wissen über die Sintflut und die Vorfahren erlangt.
Er erfährt dort, daß das alte dämonische Geschlecht mit der Sintflut zugrunde ging; denn das Bildfeld zeigt deutlich das Regnen
vom Himmel; und später kommt ja die Ertrinkungsszene, wovon
schon im Kapitel über die Datierung der Sintflut die Rede
war (S. 178).

Ganz besonderes Interesse bietet unter der Voraussetzung natursichtiger uralter Wahrheitsermittlung auch die nordisch-germani-
sche Weltentstehungssage. Am Anfang der Welt war weder Land
noch See, noch Erde, noch Himmel; nur gähnende Kluft. Der
wesenlose Urstoff verdichtete sich im Norden und Süden zu fin-
sterem Nebel, zu Wasser und Eis und Feuer. Viele Jahre vor

Erschaffung der Erde war Niflheim entstanden; mitten darin
liegt der kesselförmige, rauschende Brunnen Hwergelmir; aus
ihm ergießen sich viele Flüsse. Es ward die Weltgegend Muspel-
heim, hell und heiß. Nun standen sich diese und die kalte Nebel-
gegend gegenüber — Feuer und Wasser als die Urelemente des
Weltbaues. In den zwölf Flüssen, die kalte feuchte Luftschichten
mit sich führten, entströmt das Wasser dem Brunnen, dem Urquell, und verdichtet sich zu Eis. Diese Flüsse waren weit von ihrem
Ursprung fortgekommen, so daß die darin enthaltene Giftflüssig-
keit, die bitterkalte Flut, zu Eis erstarrte, wie die Schlacken in
der Esse. Dieses Eis blieb stehen und rückte nicht mehr vor. Es
legte sich Reif darauf, das Naß der Giftflut erstarrte auch zu Reif,
und Schicht um Schicht schob sich in den gähnenden Schlund hinein. Der Norden des Schlundes füllte sich mit dicken schweren
Eis- und Reifmassen, die Sprühregen und Winde hervorbrachten.
Der südliche Teil wurde lauer durch die Funken, welche aus Muspel-
heim hereinflogen; denn dort war es heiß und hell. Die heiße
Luft erreichte den Reif, der zu tropfen begann, und es entstand
ein Wesen, gestaltet wie ein Mensch — nicht der Mensch. Es war
der gewaltig rauschende Riese Ymir, der Stammvater der Reif-
riesen. Nun entstanden die Riesen, die in den unwirtlichen Gegenden wohnen[144]).

Es ist diese Lehre wie eine vollständige Vorausnahme der
glazialkosmogonischen Weltentstehungslehre, wie sie im Abschnitt
über die kosmologische Erklärung der Sintflut eingehend steht.
Wir staunen über die bis in die Einzelheiten dringende Gleichheit;
so beispielsweise das Stehenbleiben des erstarrten Eisringes, als
den wir mit der Glazialkosmogonie die weit vorausgeeilte und
in den gähnenden Weltraum eingedrungene nebulare Milchstraße
ansehen. Also nicht „das Gesamtbild der von Wasser, Nebel und
Eis erfüllten Urwelt, deren Nacht von Süden her allmählich Licht
und mildere Luft empfängt, ist deutlich genug der nordischen Natur
entnommen", wie Golther meint; es ist vielmehr die Weltbil-
dungstheorie selbst, wie wir sie uns mit neuen reifen wissenschaftlichen Gedankenmitteln nicht besser und klarer schaffen können.
Hier müssen doch — einerlei, ob es frühe Sage oder späte Wissenschaft ist — große Wahrheiten zutage liegen, die eben darum zu
allen Epochen der Menschheit dieselben waren, wenn auch mit

anderem Schauen und darum mit anderen Bildern dargestellt. Und so hat auch hier die Sonne nichts Neues gesehen.

Ein kosmogonisch-erdgeschichtliches Motiv, das uns überraschend in vielen Mythen entgegentritt, handelt vom Wachsen des Erd-körpers. Die ältere, von Kant übernommene wissenschaftliche Lehre glaubt ja, daß die Erde nach ihrer Verselbständigung als planetarische Masse und nach Aufsaugung des sie umgebenden Stoffes als abgerundetes Sternindividuum seitdem um die Sonne kreise und, anfänglich glutflüssig, sich allmählich unter Ab-kühlung mit einer Gesteinskruste umgeben habe. Neuerdings wird eine Theorie erörtert, wonach die Körper unseres Sonnen-systems nicht als Ganzes aus einem Ursonnenkörper abgeschleudert, sondern aus zusammenschießenden planetarischen Körpern auf-gebaut worden seien. Beachten wir vollends die durch die schon dargelegte Glazialkosmogonie eröffneten Möglichkeiten eines noch späteren Zuwachses, den die Erde erfuhr, so gewinnt eine altiran-ische Sage Interesse von einem göttlichen Herrscher, unter dessen glücklicher Regierung die Bevölkerung der Erde so wuchs, daß diese ihren Umkreis erweitern mußte; zunächst um ein Drittel, darauf noch einmal um zwei Drittel und endlich noch einmal um ein Drittel.

Vielleicht liegt eine solche natursichtig-astronomische Erkenntnis vom Einfangen und Zusammenballen von Massen an gegebene Kraftzentren den vielen, im Wesen aber immer wieder das-selbe bietenden Sagen von der Erschaffung der Erde zugrunde, die alle darin übereinstimmen, daß zuerst kein „Land" da war, auf dem Menschen und Tiere hätten wohnen können. Da fuhr Gott, und meistens mit ihm der Teufel, auf dem weiten Weltenozean herum und ließ aus dem Grund eine Hand voll Erde heraufbringen. Denn wenn es auch nur ein paar Körner wären, so würde das doch genügen, daraus schließlich eine ganze Erde werden zu lassen. Nach vielen vergeblichen Versuchen ge-lingt es mit knapper Not, und nun beginnt „das Land" zu wachsen und sich zu vergrößern, so daß es für Mensch und Tier bewohnbar wird. Man braucht die Sage nur in die neuer-dings eine größere Wahrscheinlichkeit gewinnende Planetesimal-theorie des Amerikaners Chamberlin zu übersetzen, derzufolge der Erdkörper aus Weltkörpern zusammenströmte, um eine gleich-artige moderne Lehre zu haben[145]).

Bei den Algonkins, einem Indianerstamm im südlichen Ost-
kanada, lautet diese Sage etwa folgendermaßen: Alles war Wasser,
ehe die Erde geschaffen wurde. Auf dieser großen Wasserfläche
schwamm ein großes Holzfloß; darauf befanden sich alle verschiedenen Tierarten, die es auf der Erde gibt. Der große Hase, ihr
Anführer, suchte nach einem festen Ort zum Landen, fand ihn
aber nicht. Er ließ den Biber tauchen, um etwas Erde vom Grund
des Wassers heraufzuholen; vergeblich. Auch die Fischotter kam
vergeblich wieder herauf. Schließlich bot sich die Moschusratte
an. Aber sie blieb sehr lange unten, bis sie wie tot heraufkam
und auf das Floß gezogen werden mußte. Enttäuscht fanden
schließlich die Tiere doch in der vierten Pfote ein kleines Sandkorn
zwischen den Krallen. Der große Hase, der sich vorgenommen
hatte, eine ungeheuer große Erde zu schaffen, nahm das Sandkorn und ließ es auf das Floß fallen. Da vergrößerte es sich.
Davon nahm er wieder ein Teil und säte es aus. Dadurch wuchs
die Erde mehr und mehr. Als sie so groß wie ein Berg war, wollte
er um ihn herumgehen. Aber je mehr er ging, je mehr wuchs die
Erde. Als sie ihm schon ganz groß erschien, befahl er dem Fuchs,
sein Werk zu besichtigen und es noch zu vergrößern. Der Fuchs
aber erkannte, daß sie geräumig genug sei und berichtete dem
Hasen, die Erde könne alle Tiere fassen und erhalten. Da ging
der große Hase selber noch um die Erde herum und fuhr fort,
sie zu vergrößern. Darum sagen die Wilden, wenn sie es in den
Bergen dröhnen hören, daß der große Hase die Welt vergrößere[146]).

Wie ist doch hier, wenn man die erweiterte astronomische Deutung wagt, so klar erzählt, daß die planetesimale erste Zusammen-
ballung der Erde und ihre·spätere Vergrößerung von außen durch
Zuwachs um sie kreisender Körper zustande kam. Der ständig umlaufende Hase könnte ein planetoider Schwesterkörper gewesen
sein, den die Urerde ansaugte und der sich allmählich mit der
Erde unter Bebenwirkungen, wenn auch im ganzen unkatastrophal
vereinigte — gerade so, wie es die Planetesimaltheorie oder teilweise auch die Hörbigersche Weltentstehungslehre uns darzustellen
weiß. Das zeigt sich auch noch an einer Erweiterung derselben
Sage, wonach der Fuchs eine Zeitlang um die Erde herumlief
und sie erweiterte, aber müde wurde, worauf dann ein anderer,
der Michapu, ihm die Arbeit abnahm. Es ist besonders wertvoll

für die Ausdeutung, daß die Algonkins ihrer Sage noch den
Schluß anfügen, daß der große Hase die Welt vergrößere, wenn es
in den Bergen dröhne; mußten doch große Erdbeben und vul=
kanische Paroxysmen sich vorbereiten und zum Austrag kommen,
wenn solche Umkreisungen und Mengenvermehrungen des Erd=
körpers vor sich gingen.

Man hat neuerdings, wie beiläufig schon einmal erwähnt wurde,
auch eine von vielen Forschern im Prinzip anerkannte, von an=
deren noch bekämpfte Theorie, wonach kontinentale Flächen, auf
der tieferen plastisch=magmatischen Erdzone ruhend, sich langsam
über dieselbe verschieben können. So soll Vorderindien an Asien
herangerückt sein. Wenn solche zusammenschiebenden Bewegungen
einzelner kontinentaler Krustenteile vielleicht im Zusammenhang
mit Polverlagerungen innerhalb eines die Lebensdauer eines Ur=
volkes nicht übersteigenden erdgeschichtlichen Zeitraumes vor sich
gingen, so konnte folgende Sage über die Verkleinerung, statt
über die Vergrößerung der Erde entstehen, wie sie aus Bulgarien
überliefert ist und die lautet: Als die Erde geschaffen war, paßte sie
nicht unter das Himmelsgewölbe. Wo sollte man nun eine so
große Scheibe lassen? Da kam der Igel und fragte, was es gäbe.
Man müsse die Scheibe etwas zusammendrücken, dann werde es
schon gehen. Da drückte Gott die Scheibe zusammen und jetzt
ließ sie sich ganz leicht unter den Himmel rücken. Es entstanden
aber beim Zusammendrücken hier und da Falten; das sind die
jetzigen Berge und Täler[147]). Soweit die Sage. Es ist natur=
historisch besonders bezeichnend, daß man die Bildung alpiner
Gebirge mit Sicherheit auf einen faltigen Zusammenschub von
Krustenteilen der Erde zurückführt, wobei Horizontalverschiebungen
von kontinentalem Ausmaß stattgefunden haben müssen, weil
man bei Wiederausglättung der Gebirgsfalten die ehemalige
Breite der von ihrem Material eingenommenen Erdfläche auf
viele Hunderte von Kilometern rechnerisch dartun kann.

Jene Hellsichtigkeit in bezug auf sehr frühmenschliche oder sogar
vormenschliche Welt= und Erdzustände, wie wir sie hier für die
Quelle von Kosmogonien annehmen, mag nun ebenso auch für
künftige Ereignisse und Entwicklungen gelten. So wäre es im
selben Sinne denkbar, daß Weltuntergangsmythen zustande=
kommen konnten, wie sie uns die nordische Götterdämmerung

oder die orientalische Apokalypse des Johannes bieten, die im
Wesen ihres Inhaltes wohl identisch sind und gleichfalls in hell=
sichtiger Geistesverfassung gründen dürften. Schlechthin astro=
nomisches Wissen und Berechnung können dem gewiß nicht zu=
grundeliegen; es wurzelt dieses alles eben in transzendenter Natur=
sichtigkeit. Ich erinnere auch hier wieder an das oben gegebene
Wort Schellings.

Es ist ungeheuer viel, was da im Lauf der Zeit, wenn erst einmal
die Forschung ihr Augenmerk dem zuwendet und gründliche wissen=
schaftliche Methoden gefunden hat, aus den Mythen, insbesondere
auch aus unseren nordisch=germanischen, herauszuholen ist. Mir
stehen die Methoden gewiß nicht zur Verfügung; hier betätigt sich
nur ein Vorausfühlen und es konnten nur skizzenhafte Proben
gegeben, Versuche der Ausdeutung gemacht und die allgemeine
Richtung gekennzeichnet werden. Die Völuspa und das Ragnarök
sind Wissenskomplexe alter Seher, die ungeheuer viel enthalten[148]),
was der Erschließung in dem hier verfolgten Sinne harrt. Nur
auf einen prinzipiellen Punkt sei noch hingewiesen.

Erkennt man einmal an, daß bei der Entstehung mythischer
Überlieferungen aus der Vergangenheit oder bei Vorausschauungen
in die Zukunft Geistesanlagen, wie wir sie vorhin zu charakteri=
sieren suchten, wirksam sind, so wird es auch nicht weiter mehr
störend empfunden werden können, wenn etwa die Weltunter=
gangssagen sich inhaltlich vielfach widersprechen. Ein Weltunter=
gang durch Feuer, wie ihn die nordische Götterdämmerung gibt,
oder einer durch Eis, wie er im Fimbulwinter der nordischen
Mythologie daneben erscheint und die Vernichtung des Menschen=
geschlechts herbeiführt, scheinen ja an und für sich in ausschließendem
Gegensatz zueinander zu stehen. Indessen ist zu bedenken, daß,
ebenso wie das Sintflutereignis, auch eine andere kosmisch oder
tellurisch bedingte Erdkatastrophe je nach Ursache und Art ihres
Verlaufes in den verschiedenen Zonen ganz verschiedene Er=
scheinungen zeitigen muß. So wird etwa der Einfang eines kos=
mischen Körpers in den Tropen, abgesehen von Meeresfluten,
auch besonders heftigen Meteoritenfall und damit womöglich
verheerende Hitzewirkung mit sich bringen, vielleicht auch un=
mittelbar ein Sengen und Brennen wie der Wagen des Phaëthon.
An anderen Stellen, wo die Erdrinde in starker Spannung zuvor

schon war, werden gewaltige Erdbeben und in Gebirgsgegenden Bergrutsche und Bergstürze von unerhörtem Ausmaß einsetzen; am Rand der Ozeane werden Länder in das Meer sinken; in spalten= durchzogenen labilen Erdkrustengebieten treten große vulkanische Paroxysmen ein, „das gebundene Raubtier" oder „der unter= irdische Ochse" treten aus; auf lange Zeit wird durch die feinen und gröberen Aschen und die heftigen Gewitter, von denen der Himmel voll ist, die Sonne verdunkelt; Sonnenfinsternisse werden durch die die Erde umsausenden kosmischen Körper und Splitter für die verschiedensten Gegenden in rascher Folge immerfort ge= schaffen; „geschwänzte Sterne, böse Sterne, grelle und finstere Sterne" bedrohen die Erde und peinigen alles Leben auf ihr; in den polaren Regionen, bei uns also im Norden, aber auf der Südhalbkugel im Süden, wird durch die Luftabsaugung nach dem Aquator hin das Phänomen dauernder schneeiger Nieder= schläge, vielleicht einer Eisbedeckung, also des Fimbulwinters auftreten — und so werden alle die mythischen Seher recht be= halten trotz der scheinbar widersprechendsten Ergebnisse ihrer Vor= ausschau, die eben verschieden sein muß, je nach der Weltgegend, auf die sie ihre natursichtigen Blicke richteten oder je nach dem Zeitpunkt, den sie ins Auge faßten. Man lese ein Werk, wie das „Ragnarök" von Axel Olrik, und man wird alle diese grundver= schiedenen und doch vielleicht dasselbe bedeutenden Sagen bei= sammenfinden und ihre Widersprüche teilweise so lösen können.

Wie nun die Welt, die Menschheit als Ganzes, ihre Apokalypse, ihre Götterdämmerung, ihren prophezeiten Untergang hat, so wäre es möglich, daß auch für einzelne Völkerstämme oder Rassen solche zukunftssichtigen Prophezeiungen bestünden, gewonnen in sehr alter Zeit auf natursichtige Weise. Ich möchte für das Germanen= tum eine derartige, die Zukunft eröffnende Seelenspiegelung im Kern der Nibelungensage finden, wo das lichte deutsche Siegfried= wesen vom Hagen, dem zwar mannestreuen, aber doch eben dä= monischen Geist des naturhaften Wirklichkeitssinnes gemordet wird, was zum Untergang des ganzen Nibelungenvolkes führt.

Seelenwanderung, Tod und Erlösung

Die geheimnisvolle Beziehung der Menschenseele zum Tierreich, wie sie der vorletzte Abschnitt kenntlich zu machen suchte, ist genugsam ausgedrückt in der alten vielverbreiteten, ursprünglich wohl von allen Völkern geteilten Vorstellung einer Seelenwanderung der Verstorbenen. Da kultivierte, in Wissenschaften bewanderte Völker, wie die Ägypter und die weisheitsvollen Inder, diese Lehre immer bewahrten, danach handelten und lebten und sie erst mit dem Aufkommen des naiv realistischen und rationalistischen Griechen- und Judentums verlorenging, so wird man auch hier gut daran tun, zu der Frage nicht den blutleeren Standpunkt des neuzeitlich Aufgeklärten unangreifbar einzunehmen, sondern eine ehrfürchtigere, das Problem in der Tiefe packende Lösung zu versuchen. Auch diese wird eine doppelte, eine physisch-metaphysische sein.

Ich erinnere an Fechner. Kein Naturgelehrter wußte so wie er das zu zeigen, was man das Wesen geistiger und seelischer Gemeinsamkeit nennen könnte. Versenke dich, sagt er etwa, in das Werk eines Philosophen, vergiß dich darin und schaue die Dinge um dich herum und die ewigen Ideen mit seinem Sinn. So wirst du teilhaben und leben in seinem Geist, in Gemeinschaft mit ihm. Ebenso trittst du auch in lebendige Gemeinschaft mit den großen Toten, wenn du ihre Gedanken lebendig fassest, ihre Lehre aus dem Herzen heraus lebst. Oder du liebst dein Kind tief und innig. Und alles, womit du es umgibst, deine ganze Sorge und Güte und gütige Strenge tilgt nicht das furchtbare Gefühl, daß ihr getrennt seid, zwei Wesen seid, und du weit weg bist von der Macht, es halten, schützen und gegen alles Elend feien zu können. Da stirbt das Kind. Und nun auf einmal erfährst du, wie innig du es hast, wie es in dir lebt und du in ihm, in ungehemmter, stets vollklingender Wechselwirkung, ungetrennt und mit dem Gefühl, daß sein Wesen in dir gesichert und gegen alles gefeit ist. Und trotz des ungeheueren Schmerzes lebt in dir der verklärte Friede.

Dies ist die lebendige Gemeinschaft der Geister. Wer sie nicht erlebt, weiß nichts davon trotz aller Worte. Wem diese Worte nur Worte sind, leere Vorstellungsbilder, wird dem Folgenden keinen Sinn abgewinnen können. Es ist ein anderes Wissen als das nach außen gerichtete und das von außen genährte. Bei jeder tiefen Wissenschaft muß man erleben, sonst bleiben nur Formeln, Worte, Definitionen übrig.

Eine solche geistige oder seelische Gemeinschaft geht auch der ein, der Gedanken denkt, Gefühlen sich hingibt und ein Wesen treibt mit der niederen Natur, die er dämonisch in sich findet. Es kann affenhafte Sinnlichkeit, katzenhafte Grausamkeit oder schlangenhafte Falschheit sein, um Extreme der Deutlichkeit halber zu nennen, die er verwirklicht. Dieses Wesen hat Teil an dem allgemeinen Naturwesen, das in jenen Wallungen sich ausdrückt, also auch jene schuf und ihnen dieselben Lebensgeister gab. Man nehme diese Ausdrücke so symbolisch als man will — es kann alles Symbolische letzthin immer nur einem Wesentlichen, also wieder Wirklichen und daher Wirksamen entsprechen. Und das Angedeutete ist wirklich und wirksam genug. Wenn aber dieses Wirkliche in Affen, Katzen und Schlangen lebt, sich darin Wirklichkeit verschafft, warum sollte es, wo es in einem menschlichen Individuum lebt und atmet und sich darin seine Wirklichkeit schafft, von dort nicht zurückstrahlen, zurückkehren und sich wiederfinden in der tierischen Natur, sich mit jenen anderen Daseinsformen eins fühlen, dem Individuum freilich unbewußt, und sich dort insbesondere nach dem Körpertod, nicht lebend weiterbetätigen, also wiederverkörpern? Wem das leere Worte sind, soll — ich wiederhole es — nichts davon lesen. Er darf es auch Unsinn nennen, aber bloß nicht Symbol; denn Symbole bedeuten ein Wirkliches, und ihm wäre es ja nicht wirklich.

Auf demselben wirklichen Sinn und Inhalt des Daseins beruht auch die Besessenheit niederer, dämonisch veranlagter Naturen. Und darauf auch deren Heilung durch den Sonnengott, den Gott des Lichtes, den Heiland. Das Licht-Geistige im Menschen überwindet auch diese niedere und fesselnde Naturhaftigkeit, von der jeder wohl das eine oder andere noch in sich spürt, und erlöst ihn vom niedrig Naturhaften.

Wenn nun, wie wir anzunehmen Grund hatten, in früheren

Zeitaltern die Menschennatur im allgemeinen weniger vom lichten
Geist durchdrungen und dem dämonisch Naturhaften und wenig
Individualisierten noch stärker und unmittelbarer hingegeben war,
so waren wohl auch die Kanäle, welche die seelischen Regungen und
Wallungen und Gestaltungen mit den Regionen des tier= und
pflanzenhaft schaffenden Lebens verbanden, noch nicht so ver=
engert oder gar verschlossen, sondern noch leicht passierbare Straßen.
So flutete das Wesen hin und her — Menschenseele zu Tierseele
und Tierseele zu Menschenseele; Seelenwanderung im Tod und
Besessenheit im Leben, im guten wie im schlimmen Sinn.

Auch Der unter uns, dem es nicht zusagt, in solcher Vorstellungs=
welt als etwas Wirklichem zu denken und Wirkliches zu sehen,
wird sich doch mit uns dahin verständigen können, daß die Ent=
stehung von Individuen bei Tier und Mensch eine sie hervor=
bringende, lebendig wirksame Ursache hat, eine Unzahl voraus=
gehender, greifbar wirklicher Bedingungen. Schaffen nun diese
Bedingungen, diese Ursachen äußerlich übereinstimmende körper=
liche Wesen, wie es die Individuen einer Art bei aller Variabilität
nun einmal sind, so muß die Quelle jedes einzelnen eine sehr ähn=
liche oder übereinstimmende gewesen sein; also auch die Ursache,
die zum gleichen seelischen und geistigen Habitus, zu Wesen gleicher
Seelen= und Geistesart führt. Gleiche Seelenverfassung und gleicher
Geist, wenn auch an verschiedene Körper gebunden und vielleicht
Ausdruck dessen, was in der Körpernatur lebt und webt, bedeutet
und ist aber nichts anderes als: gleichen Wesens sein. Wie nun
dieses Wesen in verschiedenen Körpern Eines ist, so kehrt es auch
als Dasselbe in neuen Körpern wieder, ganz real und wirklich;
und so webt die Seele auch des Menschenindividuums, die in
ihm selber zum Bewußtsein kam, als Wesen auch in anderen Kör=
pern, neuen oder schon vorhandenen. Enthielt einmal die geistig
unentwickelte und geistig noch undurchdrungene, noch nicht scharf
und fest persönlich ausgeprägte menschliche Natur „wesentlich"
mehr von der tierischen Natur, so schaffte sie, bei den ehedem un=
gefestigteren Grenzen zwischen beiden, leichter vom Einen in's
Andere hinüber — und daher die alte, in Sagen und religiösen
Vorstellungen geheiligte Überlieferung von der Seelenwanderung,
die einmal wirklich, nur allzu wirklich war.

War? Nicht mehr ist? Es kann kein Zweifel sein, daß die

Entfaltung des zwischen Tiers und Menschenreich grenzfestigenden lichten Geistes in der Evolution und damit in der Bestimmung des Menschenwesens liegt. Auch wenn wir nicht in die vorher hier aufgetanen Fernen erdgeschichtlicher Vormenschheit blicken, sondern nur an den ideellen Aufstieg vom Steinzeitwesen zum Weisen des klassischen Altertums denken wollen, wird uns die zunehmende Herrschaft des Geistig-Lichten über das Sklavisch-Dämonische klar. Im selben Maße als jenes wuchs und dieses abnahm, verschwand in den Menschen die Natursichtigkeit, die Naturdämonie, also das Zaubern, das Naturheilen, das Fernsehen und anderes für jenen Zustand Bezeichnendes. Könnte damit nicht auch das Seelenwandern erloschen und das Menschenwesen fester in seines Menschentums Grenzpfähle verankert worden sein? Es wäre wieder der Weg des Engidu aus den Gebirgsfelsen und aus der Gemeinsamkeit mit der Natur hinunter in die Stadt Gilgameschs, die Entlassung des Tierhaften aus dem Menschenstamm.

Wenn sich der Geist des Menschen und der Generationen ändert, ist auch Welt und Wirklichkeit anders geworden. Nicht nur subjektiv, sondern auch objektiv naturhaft. Denn er selbst ist Wirklichkeit, und sein Anderswerden liegt im Anderswerden der Natur und umgekehrt. So kommt es, daß Wahrheiten, Erkenntnisse, Wissenschaften, Glaubensarten lange Zeit Wirkliches sehen, wissen, schaffen, und späterhin nur leere Form und damit Aberglauben werden können und geworden sind. Wenn der aufgeklärte Europäer des seelenlosen letzten Jahrhunderts über alle die uralten Überlieferungen solcher Wahrheiten, Erkenntnisse und Glaubensarten hinweggeschritten ist, weil sie ihm gegenstandslos, unlebendig, unwirklich und unwirksam geworden waren, so hatte er insofern ganz recht, als sie für ihn Aberglauben sind, weil sie ihm nicht mehr lebendig sind und seine eigene Natur wie seine Welt eine andere geworden ist, der andere Gesichte zu Gebote stehen und in der andere Wahrheiten gelten, andere Erkenntnisse fließen, ein anderer Glaube lebt. Aber er hat unrecht, wenn er die Wirklichkeit und Wirksamkeit jener uralten Dinge überhaupt ablehnt. Die Zeiten der Vergangenheit sind uns ein Buch mit sieben Siegeln.

Aus dieser Überlegung heraus können wir nebenbei auch, glaube ich, einer Antwort auf die Frage nach dem Sinn und der

Berechtigung des Alltagsaberglaubens näherkommen. Wir er=
leben es ja oft, daß auch intellektuell entwickelte Menschen —
Männer nicht weniger wie Frauen — in abergläubigen Vor=
stellungen befangen sind, ja sogar ihr Handeln in mancherlei
danach richten. Vielleicht verlacht man sich selbst oder ärgert
sich bei sich selbst darüber — ganz frei davon ist kein besinn=
licher Mensch, wenn er es sich ehrlich gesteht. Am wenigsten
davon behelligt sind wohl die an ihr persönliches Dasein nicht
allzusehr gefesselten, sondern in reinen großen Ideen lebenden
und selbstlos über die Erde gehenden Menschen. Wir alle haben
gewisse eigene oder aus unseren Familien oder anderen Kreisen
überkommene Tatsachen und Erlebnisse kennengelernt, die uns
zu einem „Es ist was daran" bringen können. Wenn eine Zi=
geunerin aus den Linien der Hand oder den Karten den Tod
weissagt, so mag schon — das ist ja eine Binsenwahrheit — die
abergläubige Angst hinreichen, ihn am festgesetzten Tag herbei=
zuführen. Und wenn er nicht kommt, so zeigt sich eben, daß der,
dem er geweissagt war, sich keine Skrupel damit machte, daß es
ihm keine seelische Erschütterung war, die ans Lebensmark griff,
sondern daß er mit lichtem, unverquältem Geist und gesunder
Natur gleichgültig blieb oder sich bewußt und willensstark darüber
hinwegschwang. Darin liegt, schon in unseren, nur noch so wenig
naturhaft=dämonisch gebliebenen Tagen, der Schlüssel zur Lösung:
der Aberglaube ist eine dämonisch begründete und daher wirksame
Gewalt für Seelen, die sich ihm als Einzelne oder als Massen
verschreiben; er verliert seine bannende Kraft, wenn ihm gesunder
lichter Geist entgegentritt. Aberglaube ist wahr und wirksam
oder unwirksam und unwahr, je nach dem Menschenwesen, das mit
ihm zu tun hat[148a]). Das gilt ebenso für das umstrittene Erleben
von Wundern; es hat eine subjektive und eine objektive Seite.
Je nach der Seele des Menschenwesens, je nachdem, in welchem
Zusammenhang sie das äußere Geschehen vernimmt, was sie
von sich aus daraus macht, gestaltet sich das Wesen der Dinge
und Geschehnisse für sie. Insofern ist jeder seines Schicksals
Schmied und bestimmt sich selbst den Platz, wo seine Seele steht
und was sie als Wesen der Dinge erlebt — mögen die Anderen
erleben und tun und reden, was sie nach ihrer Seelenverfassung
können. Der Stein der Weisen nützt Keinem, der nicht der Weise

ist; der Weise aber hat ihn, auch wenn die Anderen erklären, es gäbe so was nicht. Nur sieht der Stein anders aus, als die weniger Weisen es sich denken, und seine Wirkungen sind andere als der erwartet, der nicht weise ist.

Das liefert uns den größeren Schlüssel für das größere Tor der Vergangenheit. Es gab Zeiten und Geistesverfassungen, in denen Beschwörung wirkte, in denen Zeichen voraussagten, in denen Wunder geschahen, weil des Menschen Wesen ein anderes, naturhafteres, hellsichtigeres, in das Weben der Elemente verflochteneres war und ihnen geben und von ihnen aufnehmen konnte, und daher in Zusammenhängen stand, die wir nicht bemerken. Wenn man die alten Kulte mit ihrem „Aberglauben" und ihren Offenbarungen ohne den irreleitenden Geist der Negation rein seelenhaft nachzufühlen sucht, soweit man es als Kind unseres Zeitalters noch kann, so wird man auf einmal gewahr, aus wie fürchterlich erdverbundenen Tiefen uns die Weisheit und Liebe großer Geister und Religionen mehr und mehr ans Licht und in die wahre Freiheit geführt hat und noch führen soll, und welch' ein ungeheueres Ereignis etwa ein tief erlebtes Christentum trotz aller neuzeitlichen Leugnung für den nordisch-germanischen Menschen sein mußte, dessen Vorfahren in rasenden Orgien des dämonischen Gottesdienstes sich ekstatisch das Messer in die Kehle stießen[149]).

Doch auch das hatte seinen tiefen metaphysischen Sinn und war von ungeheurer entsühnender, die Naturdämonen bannender Wirkung. In dem Maß, wie bei uns das Naturhaft-Dämonische aus unserem Seelen- und Sinnesleben ausgeschieden ist, wurde auch bei uns manches harmloser, was in dem sagenhaft naturgebundenen Zustand entsetzlich oder heroisch und beides zugleich werden konnte. So mußten auch die sexualen Triebe und die dabei metaphysisch wirksamen seelischen Bilder und Wallungen von einer für uns ungeahnten und unerreichbaren Dämonie sein, als deren Entspannung nur der Tod selbst, der Tod unter für uns abschreckenden, für das damalige Sein aber durchaus entsprechenden Vorgängen folgen konnte. Es war die dämonisch große Erlösung für das dämonisch große Begehren und Handeln. Wie recht hat Spengler gehabt, als er hinter dem Mythos den Tod stehen sah!

Wenn wir aus der Zeit eines ungeheuren naturverbundenen Heldentums von einem Wollen und einer Hingabe an Ziele

lesen, die uns Spätgeborenen, aber auch Erlösten, wie die Ausgeburt unheimlicher Phantasie erscheinen, so vergessen wir nur zu
leicht, daß unsere Welt nicht die damalige ist, weder innen noch
außen. Helden oder Heldinnen des Dämonischen, wie im späten
Nachklang noch Tristan und Isolde, konnten in den ungeheuersten
Zuständen des Außer sich Seins den Liebestod erleiden — auch
hier nicht nur als Erlösung, auch nicht nur als Entsühnung im
einfach sittlichen Sinn — es war gerade hier nichts „Unsittliches“,
das nach unserer Moral hätte gesühnt werden müssen — sondern
den Tod als einzige Art des Fortführens eben eines urdämonischen
Lebens, Fühlens, Wollens, weil er allein das Individuum sprengte
und es mit dessen nicht mehr für ein Einzelwesen tragbaren dämonischen Last und Wollenslust hinaushob in das transzendente
Reich der Gattung, in den Schoß der Mütter, wo das alles —
Wollen und Schweigen, Begehren und Erfüllen, Sichauflösen
und Sichfinden, Leben und Tod — ewig lebendig beschlossen liegt.

> „Alles, was je geschieht
> Heutigen Tages,
> Trauriger Nachklang ist's
> Herrlicher Ahnherrntage.“

Leuchtet doch das, was diese Urmenschenwesen heroischen Ausmaßes waren und erlebten und erleiden mußten und frei erlitten,
so wundervoll gerade aus den germanischen Helden- und Göttersagen hervor, die sie in ihrem Geist erschauten und erschufen.
Die dem Tod innig verwandte und in ihm lebende Heldenhaftigkeit, welche wohl aus urältester Zeit die Sagen durchdringt und
in der von den überkommenen Heldenliedern noch erreichbaren
Frühzeit ihren Nachklang findet, kann wohl nicht schöner und ernster umschrieben werden als mit den Worten eines deutschen Sagen-
forschers[150]), die er, wenn auch nur über die spätgermanischen
Heldengestalten, sagt:

„Die Könige und Krieger der germanischen Völkerwanderung,
die in unsern Liedern vor uns treten, werden wohl manchen er-
schrecken und für ein Zeitalter der Humanität immer ein Abscheu
sein. Denn sie sind hart und unbarmherzig; um schöne Rüstungen
zu erbeuten, töten sie die Feinde; lüstern begehren sie nach Ländern und Schätzen, halten nur dem König die Treue, der ihnen

freigebig ist und sie belohnt, wie sie es wollen. Sie nennen ihr
oberstes Gebot die Rache und sind verschlagen und tückisch, wenn
sie ihre Ziele erreichen wollen. Der gelungene Verrat und der
grausame Überfall erfüllt sie mit stolzer Genugtuung, und um
ihrer Rache und ihrer Gier und ihrer Kriegslust willen stürzen sie
sich einer auf den anderen, Bruder gegen Bruder, Sohn gegen
Vater, Volk gegen Volk. Und doch welche Helden! Überwältigend
in ihrem Mut und ihrer unbändigen Kraft; um leben zu können,
suchen sie die wildesten Gefahren und Abenteuer auf und lassen
nur die schwersten Heldenproben als Proben gelten. Eisern,
unbeugsam, unerbittlich, wie die Naturgewalten, sind sie in ihrem
Handeln, sobald es die höchsten Gebote des Heldentums gilt,
Ehre und Rache, Gastfreundschaft und Treue. Sie opfern dem
kategorischen Imperativ ihrer Sitte, ohne zu fragen, ihr Glück,
ihre Liebe, ihr ganzes Dasein, sie halten die Treue über Leben
und Tod hinaus; diese Kraft, sich zu opfern, gibt ihrem Heldentum die Größe. Die alten Helden sind wortkarg, siegreich über
sich im vernichtenden Widerstreit der Gefühle und herrlicher als
je, wenn sie den sicheren Tod vor Augen kämpfen, wenn sie ehr-
bietig und still dem allmächtigen Geschick gehorchen, das sie alle
hinweggerafft hat, und über das doch die Kraft ihres Heldentums
sich leuchtend und unvergänglich emporhebt."

Stellen wir solcher ungebändigten späten Heldenhaftigkeit das im
Angesicht des ihm innegewordenen Todes geradezu schwächliche
Jammern und Verwünschen der beiden babylonischen Helden des
Gilgameschepos gegenüber, auch wenn es zuletzt in gesammelter,
erhabener Ruhe ausklingt. Hier läßt ein Spätzeitdichter einen
uralten Sagenstoff in eine fast sentimental resignierte Stimmung
endigen, an sich eine herrliche Dichterstelle, die ich in Ungnads
wundervoller Übersetzung[151]) hierher stelle, die aber abfällt gegen
das, was die germanischen Recken im Tod erleben:

> „Wütend ist der Tod, keine Schonung kennt er.
> Bauen wir ein ewig Haus? Siegeln wir ewig?
> Teilen Brüder ewig?
> Findet ewig Zeugung statt auf Erden?
> Steigt der Fluß ewig, die Hochflut dahinführend? ...
> Seit je gibt es keine Dauer:
> Der Schlafende und der Tote, wie gleichen sie einander!
> Nicht kann man wiedergeben des Todes Bild ...

"Es versammeln sich .. die großen Götter;
Die Schicksalschaffende bestimmt ihnen die Geschicke.
Sie legen hin Tod und Leben,
Ohne zu bestimmen des Todes Tage!"

So endet die Tragödie des machtvollen Gilgamesch und des
Engidu, und so wird die der Völker und der Menschheit enden.
Aber dreierlei kann das sein, was des Menschen Seele aus dem
unentrinnbaren Verhängnis macht: stilles Sichfügen, laute Ver-
zweiflung, oder Trotz und schaffendes Heldentum! Das Göttliche — liegt jenseits von dem allem.

Es hat jenes Erleben des Todes als höchste Lebensäußerung
in der dämonisch geöffneten Welt einen stets wiederkehrenden
tiefen, wahrhaftig wirklichen Sinn. Nun verstehen wir auch,
warum in den Sagen[152]) zugleich mit dem Sündenfall und der
Vertreibung aus dem Paradies, metaphysisch-transzendent gesehen, der Tod in die Natur tritt. War, wie wir es metaphysisch
zu fassen suchten, das Hereintreten des Menschenwesens in die
physische Natur ein Herabsteigen aus vereinheitlichtem lichtem
Zustand, aus einem paradiesischen Dasein, wo er mit der Natur
in Frieden lebte, wo er die Sprache der Tiere verstand, wo der
Wolf beim Lamm lag, so konnte das nur ein transzendenter
Zustand sein, wo der Tod des Individuums nicht bestand, weil
es noch völlig in der Gattung aufging — Gattung im Sinn des
Metaphysisch-Lebendigen, was die Grundlage aller naturhaften
Gestaltungen ist. Sobald für das Menschenwesen der physische
Individualzustand mit dem Sündenfall eintrat und damit für
die ganze mit ihm wurzelverwandte organische Natur, mußte
auch der Individualtod mit eintreten. Denn dieser allein ist
diesem Fallen gegenüber die Entsühnung, er allein die Wieder-
befreiung, die Wiederzurückführung in das Überindividuelle und
daher Reine, in das Vollkommene und Ideenhafte der Gattungsseele. So kam mit der Vertreibung aus dem Paradies der Tod,
aber zugleich auch die Verheißung des den Tod überwindenden
Erlösers in die Menschenwelt.

Teils ist der Tod in den Mythen und Sagen düster, schmerzvoll
verzweiflungsvoll, tragisch oder eine Entsühnung, ein Aufgehen,
in der reinen Gattung; teils ist er hehr und licht, freiheitsvoll
und eine gewaltige Übersteigerung der allzu eng gebundenen

Einzelperſönlichkeit; aber dämoniſch durch und durch, noch nicht göttlich. Immer und immer wieder wird er ſo für den dämoniſch lebenden und heroiſchen Menſchen eine herrliche Erfüllung, ein Hineindrängen in das wirklich einzige Leben, mag er unſerem phyſiſch orientierten ſpätzeitlichen Diesſeitsſinn auch noch ſo düſter ſich darſtellen. Wer ein großes Schickſal trägt oder ſelber ein großes Schickſal für Andere iſt, macht im Innerſten keinen Unterſchied mehr zwiſchen Leben und Tod. Er lebt ſelbſt wie im weiten Tod. Sein Geiſt iſt gleicherweiſe auf Tod und Leben ein-geſtellt, iſt ebenbürtig dem Tod, weil der das Leben mit umfaßt. Darum haben Heroen den Tod nicht geſcheut und ihn unbedenk-lich auch über Völker gebracht. Daher das Preiſen des Todes im Kampf und der Einzug in Walhall, im Gegenſatz zu dem „Tod auf dem Bett"; daher auch das ſymbolhafte Todesopfer eines eben in vollſter Kraft ſtehenden Jünglings, des Iſaak im Alten Teſta-ment; oder einer eben erblühten Jungfrau, der Iphigenie vor dem trojaniſchen Krieg; daher das Opfern von Königen und Beſten des Volkes; daher die ganze uralte Dämonie des Menſchenopfers überhaupt, das uns, ganz entartet und ſinnlos geworden, bei den Semiten als Abirrung von einer reineren höheren Religion im Molochdienſt noch in anwidernder Form erſcheint, während alle die vorherigen Todesopferungen das ganz und gar nicht an ſich haben. Denn beim echten hohen Todesopfer fühlen auch wir Spätzeitmenſchen noch das tief Myſtiſche, das Befreiende, das die hohe Kraft einer beſten Einzelperſönlichkeit in die ganze Gattung Einführende und daher die Gattung unendlich Erweiternde, das wirklich eines höheren Lebensſtromes Teilhaftigmachende, wo das Einzelweſen, die Einzelperſönlichkeit erſt ihre Erfüllung und volle Bedeutung findet, weil ſie ihre Feſſeln ſprengt und damit auch für die Anderen zum großen Schickſal, zum Symbol, zum Mythus, zum wirkungsvollen Heros wird. Und während wir das allen-falls uns ausdenken und es bis zu einem höheren oder geringeren Grade nachempfinden können, war es für die Damaligen ein wirkliches Leben, war der Tod ein ungeheueres, unendlich reiches Erleben, ein Seelenwandern im größten Sinn, eine lebendige Seelenumgeſtaltung.

Schritt um Schritt wird uns immer wieder anderes verſtändlich, wenn wir den Tod in dieſem Lichte einer echt dämoniſch heroiſchen

Zeit aufleuchten sehen. Wie verständlich und durchsichtig wird
uns der Gräberkult und der Seelenkult der Uralten. Die Toten
waren sichtbar eingegangen in das Gesamtleben der Gattung,
in der jedes Einzelindividuum transzendent wurzelt und webt
und lebt, was man mit treffenden Gegenständen symbolisiert.
Während wir uns nur noch durch philosophische Denkakte oder
sittliche Impulse diese Gattungsgemeinsamkeit klarmachen können,
haben die uralten natursichtigen, dämonisch lebenden Menschenwesen unmittelbar diesen Zusammenhang ihres Daseins mit
dem der Toten in der Gattung gesehen — daher der Toten-
und Ahnenkult, die Bestattungsart, die Altäre bei diesen seelen-
wandernden, natursichtig miteinander und mit ihren Toten
lebenden und verkehrenden Zeiten, in denen sie scheu und ehrfürch-
tig die Gruppenseele verehrten und sahen.

So wird das alles lebendig und wahr und warm und voll
Fleisch und Blut. Es war ein Mißgeschick für unser Verständnis
dieser Dinge, daß sie uns nur in der verzerrten und selbst schon
dem wahren Verständnis abgestorbenen Überlieferung und kultischen Handhabung bei den durch und durch intellektualisierten
Menschen des Altertums oder den späthin erst entdeckten Naturvölkern bekannt wurden[153]). Da ist schon der hochdämonische uralte
Todesgeist erloschen und nur die traditionellen, oft hohlen Formen
sind noch dagewesen. Auch von diesem Standpunkt aus sehe
ich in dem Diluvialmenschen schon durch und durch den Spätzeitmenschen mit der fast vollendet intellektuellen Orientierung ins
Dasein, wenn er auch von dämonischer Zauberei noch soviel hatte,
als es auch in unseren Jahrtausenden Naturvölker noch zu haben
pflegten, was aber einen Vergleich mit dem alten, ursprünglich
Natursichtig-Dämonischen nicht annähernd mehr aushält. Das
einzige düster Dämonische, das wir vom Tod noch erleben, abgesehen
von seltenen Fällen im Einzeldasein und stark mit intellektueller
Reflexion durchsetzt, ist der Krieg der Staaten gegeneinander
oder Revolutionen, wie die französische am Ende des 18. und die
russische am Anfang des 20. Jahrhunderts. Auch da wird, neben
ungeheuerer Nacht von Blut und Not, Heldentum einzigartiger
Größe in Verbänden oder bei Einzelnen sichtbar; aber es ist von
eiserner bitterer Selbstüberwindung diktiert, nicht mehr als dämonische Ekstase gesucht und erlebt. Es ist nur ebenso traurig

wie folgenschwer, daß dieses Heldentum nirgends heraustrat bei denen, die im Weltkrieg dem Namen nach die Führer der Völker und Heere waren. Keiner von ihnen wußte oder ahnte, daß von ihm, gerade von ihm, statt Flucht Heldentod gefordert war, der ungeheuere dämonische Kräfte entfesselt hätte, als Völker und Heere in ihrem Heldentum zusammenbrachen. Wären die Führer zuletzt, an der Spitze Allen voran, heldenhaft gefallen, so wäre die uralt lichte Dämonie, die im Opfertod liegt, wieder frei geworden, es wäre ein Alle ergreifender großer Glaube erstanden, ein Mythus wäre lebendig geworden und hätte in der Volksseele eine geistige und seelische Wallung erzeugt, die eine deutsche Revolution ganz anderer Art als die im Schmutz verlaufene herbeigeführt hätte. Aber von dieser Transzendenz der Tatsachen und des Lebens haben wir kein Wissen mehr; auch unsere Fürsten und Führer sind Techniker und Wissenschafter geworden.

Das höchste, historisch klarste, große Wirklichkeit schaffende lebendige Symbol des Opfertodes tritt uns in der geschichtlichen Gestalt des Jesus vor Augen. Wenn die Überlieferung durch die Evangelien, wie man neuerdings feststellen will, auch noch so sehr, Bild um Bild, die Symbolik des alten Sonnenmythus verrät[154]), so beweist das keineswegs, wie man wohl meinte, die Unwirklichkeit und Ungeschichtlichkeit des Christuslebens in der Person Jesus' von Nazareth, sondern es beweist nur, daß dieses ganz ungeheuere, entscheidend in das Transzendente hineingreifende und es lebendig in diese Welt hineinstellende geistige und geistesbefreiende Heldentum jenes Menschensohnes mythischer Größe — eines im wahrsten Sinne gottgesandten Wesens — von einem solchen Ausmaß und solcher Höhe war, daß man gerade nur zu den uralten, dieselben Riesenmaße bietenden Sonnenmythen greifen mußte, um jenen ungeheueren Inhalt in ein Gefäß zu gießen, das man mit den eigenen Spätzeitgedanken und der eigenen Spätzeitsprache nicht mehr schaffen konnte: den ganzen Mensch, wie er vom Schöpfer geschaut und gewollt war.

Wie ist dieser „Sonnenmythus" doch so wahr! Sollte in den älteren Sonnenmythen eine ähnliche oder gleiche Erkenntnis wohnen? Und sollte dies, neben dem Naturhaften als äußerem Symbol, ihr geistig vorausschauender letzter höchster Inhalt sein? Sollte schon bei den urältesten gottbegnadeten Weisen und Sehern das im Geiste erschaut worden sein, was als ein Christus spät erst Wirklichkeit wurde und Fleisch und Blut annahm? Sollte es ein uraltes, immer wiederholtes sehnendes Erleben im Geist schon gewesen sein, was die Sonnenmythen reden? Man könnte es glauben; denn schon Adam bei der Vertreibung aus dem Paradies schaut diese Verheißung des Erlösers, des heiligen, gottgeborenen Menschen.

Christus, wie er uns in den Evangelien entgegentritt, war eine dem höchsten Naturhaft-Dämonischen ebenbürtige Seele des Lichten, in der, wie die Geschichte vom Versucher lehrt, auch die tiefdüstere Dämonie anfangs mit aufstieg. Er hat es erschaut, wie der Mensch ebenso ein düsterer wie ein heilig-lichter Welteroberer werden kann. Er war mit seiner großen lichten Seele fähig zum geistigen, nicht nur zum physischen Opfertod — und jener hätte dieselbe Riesenkraft nach der dunkeln Seite in der Welt ausgelöst wie später nach der lichten, wenn er damals in der „Wüste“ und auf der „Zinne des Tempels“ dem Versucher in sich gefolgt wäre wie der erste Mensch. So aber hat er die Wendung zum Lichten gemacht. Es hat sein Opfertod — geistig gesehen — alle Dämonie der Welt, des paradiesvertriebenen Menschenwesens überwunden; er ist das Urbild des Erlösers der Menschenseele geworden.

In allen großen Menschennaturen liegen ja diese beiden Pole. Auch in einem Bismarck — um noch einmal auf diesen Willensmenschen größten Ausmaßes als ein einzigartig uns verständliches Beispiel zurückzugreifen — lebten jene zwei Möglichkeiten nebeneinander her. Das Königswort über ihn, er würde auch als Revolutionär auf die Barrikaden steigen, wenn er damit sein Ziel erreichte, zeigt jene bei Menschen kleinen Formates verbrecherisch oder lächerlich wirkende Doppeltheit seines Wesens, wie es alle übergroßen Menschen in irgend einer Weise haben, die ebenso gut düster-dämonisch, wie licht-heilig werden können — ganz zum Unterschied von den vielen vielen Anderen mit ihrem nie aufgestörten Begriff von Recht und Unrecht, bei denen nicht Natur, nicht Dämonie mit göttlich befreitem Atmen ringt; die nicht ahnen, daß gut und heilig sein kann, wer schuldvoll bitteres Leid über die Anderen bringt; denen Der brav und recht ist, dem man gute Sitte, Glück und Wohlsein verdankt; die nicht ver-

stehen wollen, daß der Zöllner dem Herzen Gottes näher steht
als der Gerechte — die Vielen, Vielen, bei denen der Kampf des
Michael mit dem Drachen noch gar nicht begonnen hat und deren
Rechtschaffenheit darum noch diesseits von Gut und Böse liegt.
Sie fühlen gar nicht das Dunkel im Menschenwesen, ahnen und
wissen deshalb nicht, daß jeder Große als Herakles, nicht nur einmal, an den Scheideweg kommt, von wo aus er so gut ein dämonischer Satansdiener wie ein lichter Bote Gottes werden kann.
Und daher ist der vom Weltanfang kommende Mythus vom gefallenen Engel und der spätere vom Christus in der Wüste und
auf der Zinne des Tempels, wo er die Herrlichkeit der Reiche der
Welt sieht, und der vom Herakles, den die Göttin den Weg zur
Rechten oder zur Linken wählen läßt, ebenso oft unverstanden
geblieben wie — das Geheimnis des Todes.

Wenn ein Buddha, ein Christus seinen Geist in Gott aufgibt,
sich ganz seines eigenen Geistes entäußert und in Gottes Allheit
lebendig eingeht, so wird die ungeheure lichte und heroische
Kraft, die an ihn gekettet war und in ihm lebte, frei, und gießt
sich in Andere ein, die sie aufnehmen können. Eine wahre Seelenwanderung, gegründet auf lebendigen Glauben. Darum erscheint der Erlöser nachher seinen Jüngern; darum kann ein Erlöser sagen: ich bin bei euch bis an der Welt Ende. Von solchen
gewaltigen Gestalten, deren Dasein und deren geistiger Tod ein
gewaltiger Mythus ist, gehen Weltwenden aus. Auch von dem
Heldentum Jesu geht eine Weltwende aus; nicht nur für das
Abendland, sondern auch für das Morgenland, wie der byzantinisch-
arabische Kulturkreis zeigt. Das Judentum selbst, aus dem es
entsprang, hat diesen neuen, lichten, befreienden Geist nicht mehr
ganz in sich aufnehmen können. Das „Reich" wurde den Kindern
genommen und der Herr ging auf die weite Landstraße und lud
Krüppel und Bettler zum Mahl. Die „magische" Seele war in
der alten Welt schon einmal eine Erlösung geworden durch die
lebendige Erfassung des Monotheismus gegenüber dem uralt
lebendigen Dämonenzauber. Dieses Chaldäertum hob sich, mono-
theistisch zuletzt im Judentum spezifiziert, auf die Höhe, um dann das
Ereignis des Christus aus sich und gegen sich selbst zu entlassen.
Da es, was hier aufbrach, sich nicht mehr aneignen konnte, so
sehen wir im Judentum, wie es heute als Geistesrasse durch alle

Welt geht, noch deutlich die ungelöste Verknüpfung des Uralt=
Dämonischen mit dem spätern Licht=Monotheistischen. Alle gei=
stigen Höhen des letzteren und alle seelischen Tiefen des ersteren
finden wir in ihm noch miteinander lebendig und von Zeit zu
Zeit uns sympathisch oder unheimlich aufleuchten und sich wirk=
sam machen. Man denke an seine zwei jüngeren Gegenpole: den
Baalschem[155]) und die politischen Revolutionäre. Ja, hier sind noch
die zwei Urwelten, wenn auch intellektualisiert, doch noch in furcht=
barer tragischer Verknüpfung uns durch die Jahrhunderte lebendig
vor Augen gestellt — und das ist das Elend und Unglück dieses
zerrissenen, nicht nur aus seiner irdischen, sondern auch aus seiner
ursprünglich erschauten geistigen Heimat vertriebenen Volkes, zu
der wohl Wenige nur heimgefunden haben.

Betrachten wir, von da aus unmittelbar den Blick hinwendend,
die geistig=seelische Lage des Christentums — ich meine das Christen=
tum als inneres Erlebnis, nicht seine hieratischen Formen —
so sehen wir auch hier wieder den Tod als das höchste Symbol,
als höchste Idee, als das Eingehen in die höchste Wirklichkeit.
Aber was für ein Tod? Welche Form, welchen Inhalt hat er
angenommen im Vergleich zu dem ekstatischen Tod dämonischer
Zeiten oder zu den Blutopfern?

Christus hat mit dem Körpertod die geistige Umwälzung der
„Versöhnung Gottes mit dem Menschen" auch äußerlich besiegelt.
Er steht damit noch in der dämonischen Welt des uralten My=
thus, wo der Beste, der König den Opfertod erleidet, um den
schwer erzürnten Gott zu versöhnen. Von da an war für unsere
geistige Welt die Umwälzung vollzogen, ein „neuer Bund" mit
dem Gotteswesen geschaffen, der erst mit i h m endgültig und ent=
scheidend sich offenbarte, wenn er auch vor ihm und in seiner Mit=
welt durch „Propheten" oder „Täufer" vorbereitet und erwartet
war und dort schon durchzubrechen suchte. Nun aber stand die
lebendige Idee des geistigen Opfertodes als neue Wirklichkeits=
forderung da. Christus hat diese Forderung und ihre Erfüllung
zum entscheidenden Weltereignis für die orientalische und abend=
ländische Menschenseele gemacht, wie die Geschichte beweist. Damit
war der „alte Bund gelöst", „der Vorhang im Allerheiligsten zer=
rissen", das dämonisch=ekstatische Opfer des Körpers als alleiniges
gottversöhnendes Tun im Religiösen überwunden, „die Hölle be=

siegt", die uralte naturhafte Dämonie gestürzt. Das ist das Welt=
ereignis oder, wenn man will: der lebendig wirksame Mythus des
Christentums, auf dem Hintergrund erdgeschichtlicher Ferne gesehen.
Was liegt da dem wirklich Gläubigen, dem wirklich Wissenden
an der Evangelienkritik! Sie kann ihm nichts, gar nichts geben
oder nehmen.

Doch das Christusleben selbst endete nicht mit dem Jubelruf
des sieghaften Überwinders, wie es optimistische Flachheit neu=
zeitlicher Religiosität mißversteht. Christus, als Heros des Sonnen=
mythus auf dem Wasser stehend, mag allerdings das Bild des
triumphierenden Lichtgottes sein; es ist ein Symbol von innerer
Wahrhaftigkeit. Der Mensch Christus aber in Gethsemane und
am Kreuz kennt keine Wunder, sondern vergeht menschlich. Sein
Leben schließt mit dem zur tiefsten geistigen Armut hinabgedrunge=
nen: „Mein Gott, mein Gott! Warum hast du mich verlassen?"
Das erst war die Eingangspforte zum göttlichen Leben, war die
höchste Erfüllung des Lebens, war der Sieg des Christusdaseins.
Der Weg in die letzte Erlösung ward frei: das völlige geistige
Aussterben, jenseits dessen erst Gott gefunden ist. Das, was er=
löst, ist unendlich arm, aber auch unendlich überwindend — wie
der Tod. Dort lebt Gott all=ein. Der Menschengeist erkannte in
seiner höchsten Spitze dieses Ziel als sein bestes Leben, als ein
zur höchsten Befreiung führendes Leben. Nicht der Wille zum
Leben wird aufgehoben, wie es Schopenhauer, nur auf die Natur
blickend, versteht oder wie man die indische Heilslehre mißversteht:
nur der Wille zum Naturhaften, zum Dämonischen, zum Ichsüch=
tigen wird dem Göttlichen weichen. Dahinter steht nicht das Nichts,
sondern die ichfreie Liebe und Schaffenslust in Gott. Durch Be=
gehren des eigenen Rechts, durch Vergeltung des Gleichen mit
Gleichem, wie es menschliches Gesetz nur ist, wird das Dämo=
nisch=Naturhafte nie aufgehoben, nie verklärt; es wird immer
wieder nur neu genährt und gehäuft. Aber die entsagende, ver=
gebende Überwindung der Welt mit der sich selbst nicht kennenden
Liebe ist die Offenbarung des Göttlichen in der Menschenseele,
ist die Überwindung der auf Recht und Kampf gestellten und
daraus stets ihre erneuten Formen ruhelos prägenden Natur.
Wünschen und Erfüllen oder Verneinen ruft neues Begehren
hervor — das ist die Welt der Kausalität, der Natur, der Dämonie.

Im Göttlichen aber stirbt alles Begehren, alles Gegenüber. Un=
göttlich ist selbst noch das Begehren der eigenen geistigen Vollen=
dung, wenn es nicht geschieht, um in Gott arm zu werden. Das
Maß heißt nicht Gut und Böse, sondern Liebe zu Gott oder zu sich.

Doch davon brauchen wir nicht mehr zu reden; man findet es
besser bei den Mystikern des Mittelalters. Die vollendetste Blüte
dieses verklärenden, Gott mit dem paradiesvertriebenen Menschen
versöhnenden Schauens und Sterbens treibt in der Geistes=
gestalt des Meisters Eckhardt ihre reinste Frucht. Hier wird der
Tod gepriesen als bewußtes Aufgeben des kreatürlichen Wesens
und damit nach dem Vorbild des Christus als Eingehen in das
Gottesleben, in die nichts mehr begehrende, nicht mehr sich suchende
Hingabe, in ein geistiges Sterben. Dem physischen, wie dem kau=
salen Denken, der „Welt“, ist diese Weisheit unauflösbar, denn
dahinter steht ihr das Nichts. Das Gotteswesen aber ist unend=
lich reich, weil es unendlich arm ist. Credo quia absurdum!
Das tiefste und vollendetste Wort Eckhardts versinnbildlicht es:
Groß wie der Tod ist die Liebe.

Fragt man, ob es in der Menschheit im ganzen oder innerhalb
von Rassen und Weltzeitaltern einen Aufstieg, eine Vollendung
gibt, so kann uns der Weg von der düsteren, sich selbst begehrenden
ekstatischen Dämonie bis hin zur lichten, im stillen Schauen sich
selber vergessenden Madonna, die den vollkommen armen nackten
Erlöser im Schoße trägt, ein Maßstab sein; oder, was dem Wesen
nach dasselbe ist: die Erkenntnis und das Erleben des ‚Todes‘.
Was der Tod je war und was in den höchsten Geistern aus ihm
wurde — das gibt vielleicht eine Antwort auf die Frage nach dem
Hinschreiten der Menschheit zu ihrem verheißenen Ziel.

Anmerkungen

Vorbemerkungen zur 2. bis 4. Auflage

Die Vorrede blieb für alle Auflagen dieselbe; sie behält ihr Ursprungsdatum 1924. Die zweite Auflage ist ein fast unveränderter Abdruck der 1. gewesen; nur einige Wort- und Satzverbesserungen sowie einige Anmerkungen kamen hinzu; außerdem am Ende des Kapitels „Urmensch und Sagentiere" ein Abschnitt über die Frage, inwieweit tierische Urgestalten reine Phantasieprodukte oder generelle Erinnerungen der Menschheit sind. Diese Ergänzung war veranlaßt durch entsprechende, an den Verfasser gelangte Fragen, obwohl in dem metaphysischen Teil eine ausführliche Antwort auf derartige Fragen nach vielen Richtungen bereits gegeben war. Ferner waren die kurzen Ausführungen über die ältesten Stadien von Epiphyse und Paraphyse im Gehirn (im Kapitel über „Das erdgeschichtliche Alter des Menschenstammes") so viel Mißverständnissen ausgesetzt, daß schon bei der zweiten Auflage und durchgreifender bei der 3. der Text geändert wurde; der Sinn der Ausführungen ist derselbe geblieben. Das letztere gilt auch für einige Änderungen bei Erläuterung der Stammbaumfigur 1 im Kapitel „Typenkreise und biologischer Zeitcharakter". Dort kam auch die neue Figur 2 dazu. In der dritten Auflage wurden sodann bei dem Kapitel „Das erdgeschichtliche Alter des Menschenstammes" auch einige Texterweiterungen vorgenommen, weil seit Erscheinen des Buches wichtige Fortschritte in dieser Frage zur Kenntnis des Verfassers kamen, die seine Theorie erfreulich unterstützten, aber ganz unabhängig davon gewonnen wurden. Das kommt auch noch in einem auf Seite 94 beigefügten Zitat über einen vermutlich wassertierhaften Urzustand des Menschenwesens zum Ausdruck. Eine kurze Ergänzung erhielt auch der Schluß des Kapitels über die „Datierung und Raumbegrenzung der noachitischen Sintflut". Von größter Wichtigkeit sind endlich die in der 3. Auflage gegebenen Hinweise auf die Anschauungen des Hamburger Ethnologen Th. W. D a n z e l über Mythen und Zauberei, welche der Anm. 7 angefügt wurden; hier stecken gewaltige Ansätze zu neuer Forschung. Ebenfalls wurden die Anm. 30 u. 64 ergänzt; der Kampf um die Glazialkosmogonie kommt nun in vollem Gang, und man verhält sich am besten abwartend, wenn man nicht selbst in irgendeiner Richtung fachmännisch eingreifen kann, was in der 3. Auflage nicht erneut versucht worden ist.

Fast alle mit einem beigefügten a) bezeichneten Anmerkungen gehören der 2. und 3. Auflage an Der Text der „Einführung" und der „Metaphysik" ist, abgesehen von kleinen Beifügungen, Wortverbesserungen und Formänderungen, in allen Auflagen derselbe geblieben.

Die 4. Auflage hat vor allem darin eine Änderung erfahren, daß im Abschnitt über „Das erdgeschichtliche Alter des Menschenstammes" die permisch-triassischen Handtierfährten nach den grundlegenden Untersuchungen von W. S o e r g e l in einen anderen Zusammenhang gerückt und auf das noch höhere Alter des opponierbaren ersten Zehengliedes und die daraus sich erst recht ergebenden Folgerungen für ein sehr hohes Alter des Menschtypus hingewiesen wurde. Ebenso wurden die wichtigen Untersuchungen von H. Reich über die Zirbel des Menschen in dem Kapitel über die Natursichtigkeit hinzugefügt. Ergänzend hinzu kamen die Anmerkungen 19 a), 57 a) und 115 a). Im übrigen wurden auch in der neuen Auflage im ganzen Text gelegentliche unklare oder sinnstörende Worte und unwesentliche Einzelheiten verbessert.

Textanmerkungen

———

A. Allgemeines

Das Gerippe der Erdgeschichte und den äußeren Ablauf der Lebensgeschichte in den geologischen Epochen nach derzeit gültigen Lehren geben etwa folgende Werke in verständlicher Form, worin man sich über alles im Text berührte Erdgeschichtliche unterrichten kann:

Joh. Walther, Entwicklungsgeschichte der Erde und des Lebens. Leipzig 1908.

M. Neumayr, Erdgeschichte. 3. Aufl. von F. E. Sueß. 2 Bände. Leipzig und Wien 1920.

Oth. Abel, Lebensbilder aus der Tierwelt der Vorzeit. Jena 1922.

Die geographischen Zustände der Vorwelt gibt in Übersicht und mit paläo-geographischen Karten ausgestattet:

Th. Arldt, Handbuch der Paläogeographie. Berlin 1917—1921.

Der fossile diluvialzeitliche Mensch ist ausführlich behandelt in:

E. Werth, Der fossile Mensch. Grundzüge einer Paläoanthropologie. Berlin 1921 ff.

A. Heilborn, Der Mensch der Urzeit. (Aus Natur- und Geisteswelt Nr. 62.) Leipzig, Berlin 1918.

Insbesondere jene Momente, welche ein hohes Alter des Menschenstammes fordern, behandelt das posthume Werk von:

H. Klaatsch, Der Werdegang der Menschheit und die Entstehung der Kultur. Herausgeg. v. A. Heilborn. Berlin 1920.

Die allgemeine Paläontologie, sowie die paläobiologischen und stammes-geschichtlichen Grundbegriffe auf der Grundlage des fossilen Tiermaterials sind dargestellt in:

Oth. Abel, Grundzüge der Paläobiologie der Wirbeltiere. Stuttgart 1912.

—, Allgemeine Paläontologie. (Sammlg. Göschen Nr. 460.) Berlin-Leipzig 1914.

E. Dacqué, Biologische Formenkunde der fossilen niederen Tiere. Berlin 1921.

—, Biologie der fossilen Tiere (Sammlg. Göschen Nr. 861), Berlin und Leipzig 1923.

Kurze Diagnosen und Näheres über die allgemeine Skelettanatomie der im Text vielfach genannten fossilen Tiere findet man in:

K. A. v. Zittel, Grundzüge der Paläontologie. Neuere Auflagen herausg. von F. Broili und M. Schlosser.
> 1. Teil: Invertebrata. 6. Aufl. München 1924.
> 2. Teil: Vertebrata. 4. Aufl. München 1923.

Das Paläobotanische in: H. Potonié, Lehrbuch der Paläobotanik. 2. Aufl. von W. Gothan, Berlin 1921.

Als Quellen für die meisten Sagen und Mythen wurden, soweit nicht auch anderes zitiert ist, die bekannteren Sammel- und Nachschlagewerke benützt:

O. Dähnhardt, Natursagen. Eine Sammlung naturdeutender Sagen, Märchen, Fabeln und Legenden. 4 Bände. Leipzig, Berlin 1903—1912. (IV. Band auch von A. v. Löwis of Menar.)

A. Pauly, Realenzyklopädie der klassischen Altertumswissenschaft. Neue Bearbeitung von G. Wissowa. Stuttgart 1893 ff. Fortgesetzt von W. Kroll und K. Witte.

W. H. Roscher, Lexikon der griechischen und römischen Mythologie. Leipzig 1884 ff.

L. Preller, Griechische Mythologie. 4. Aufl. v. C. Robert. Berlin 1894.
> Band 2. Die Heroen. Berlin 1920, 1921.
> „   3. Die griechische Heldensage. 1923.

W. Golther, Handbuch der germanischen Mythologie. Leipzig 1895.

R. Andree, Die Flutsagen. Braunschweig 1891.

H. Usener, Die Sintflutsagen. Religionsgeschichtliche Untersuchungen III. Bonn 1899.

J. G. Frazer, The golden bough. A study in Magie and Religion. 3. Edit. 12 Vols. London 1911—1920.

A. Jeremias, Handbuch der altorientalischen Geisteskultur. Leipzig 1913.

B. Spezialnachweise

1) E. Schwartz, Charakterköpfe aus der antiken Literatur. Zweite Reihe. Leipzig 1910. S. 34 ff.

2) O. Spengler, Der Untergang des Abendlandes. Bd. II. Welthistorische Perspektiven. München 1922. S. 330.

3) Hier, wie überhaupt im ganzen Buch, ist die Kenntnis der Aufeinander-folge der einzelnen erdgeschichtlichen Epochen notwendig und ohne sie alles unverständlich. Es ist daher auf S. 42 eine Übersichtstafel mit Angabe des Erscheinens und der Dauer der wichtigsten Tier- und Pflanzentypen in der Erdgeschichte zum jeweiligen Nachschlagen beigefügt. Zum Verständnis der Tabelle wolle Folgendes beachtet werden:

Die zwischen den einzelnen Erdperioden gezogenen Striche bedeuten keine scharfen Grenzen im zeitlichen Ablauf der erdgeschichtlichen Zustände und Vor-gänge, als deren Produkt die Formationen, also die gleichalten Gesteins-serien der Erde mit ihren pflanzlichen oder tierischen Fossileinschlüssen, verdeckt

ober offen aus früheren Zeitaltern daliegen. Auch sind die einzelnen Zeitab=
schnitte und Weltalter unter sich zeitlich nicht gleich lang, wie es nach den regel=
mäßigen Rubriken auf der Tafel scheinen möchte. Wenn man das Känozoikum
= 1 setzt, so darf man nach der durchschnittlichen Gesteinsmächtigkeit seiner Ab=
lagerungen das Mesozoikum = 3, das Paläozoikum = 12 nehmen. Eine ab=
solute Zeitdauer, wonach der Nichtfachmann so gerne fragt, hat sich bisher
noch nicht berechnen lassen. Doch mag man schätzungsweise für das Quartär
rund 500000 Jahre, für das ganze Känozoikum (mit Einschluß des Quartärs)
5—8 Millionen Jahre rechnen; demnach für das Mesozoikum 15—24 Millionen
und für das Paläozoikum 60—100 Millionen. Möglicherweise sind dies Mini=
malwerte, doch zeigen sie, bis auf welches geringe Maß die vielfach verbreiteten
größeren Ziffern zurückzuführen sind. Die vorpaläozoischen großen Zeitalter
bis zurück zur Urzeit der Erde mit der hypothetischen ersten Krustenbildung
um den glühenden Erdball übertreffen jene drei genannten Weltalter um ein
Vielfaches an Zeitdauer. Aus ihnen kennt man jedoch wenig Sicheres und vor
allem keine klar definierbaren Tier= und Pflanzenreste wie aus den drei ersteren
Weltaltern, die man deshalb auch als geologisch=historische Zeit den früheren
Ären des Eozoikums und Azoikums gegenüberstellt.

Die auch im Buchtext beständig gebrauchten Namen der einzelnen Epochen
und Perioden sind streng nur als Zeitbezeichnungen zu verstehen. Ausdrücke,
wie Kreide= oder Steinkohlenzeit sind zwar ursprünglich abgeleitet von den
diesen Zeitaltern entsprechenden Schichtenbildungen der Erdkruste, welche die
Bezeichnung Steinkohlen oder Kreide verdienen, und die man früher irrtüm=
licherweise als allein charakteristisch für jene Altersstufen hielt. Wie sich aber heute
hier ein Kalkschlamm, dort ein Tonschlamm, da ein Kies, dort ein Sand nieder=
schlägt zu einem künftigen Marmor oder Mergel oder Sandstein, so war es
auch in früheren Epochen; und in der Kreidezeit hat sich nicht nur die europäische
weiße Kreide, sondern auch harter Sandstein und grauer Alpenkalk gebildet,
um nur eben Herausgegriffenes zu nennen. Die anderen Namen sind teils
den Landschaften (Devonshire in England, Perm in Rußland) entnommen=
wo die Absätze des betreffenden Erdzeitalters zuerst studiert und das Vorhanden=
sein jener Erdepoche zwischen anderen zuerst nachgewiesen wurden; teils sind
es lateinisch=griechische Wortbildungen, wie Tertiärzeit, d. i. das „dritte"
große Weltalter, dem man früher eine Sekundär= und Primärzeit voran
stellte. Seit man erkannt hat, daß es noch andere, jenen Epochen vorausgehende
fast unergründbare Weltalter gab, und seit man die Zeitalter nicht mehr nach
den Gesteinen, sondern lediglich nach den streng gesetzmäßig aufeinanderfolgenden
fossilen Pflanzen= und Tiergeschlechtern einteilt, hat man jener Tertiärzeit
+ Quartärzeit (= Känozoikum) ein Meso= und Paläozoikum gegenübergestellt.
Diese drei Worte bedeuten: Zeit des jungen (kainós), des mittleren (mésos) und
des alten (palaiós) Lebens. Diluvium und Alluvium sind alte Bezeichnungen,
wonach in der Jetztzeit und unmittelbar vorher sich Aufschüttung und Ab=
spülung als vordringlichste geologische Erscheinungen bemerkbar machen sollten.
Diluvium ist übrigens auch eine Übersetzung für Sintflut nach älterer Zeit=
vorstellung, jetzt aber nur als Zeitbezeichnung für die der jetztzeitlichen Alluvial=
epoche unmittelbar vorausgehende Eiszeit verwendet.

4) J. J. Bachofen, Das Mutterrecht. Eine Untersuchung über die Gynaikokratie der alten Welt nach ihrer religiösen und rechtlichen Natur. 2. Aufl. Basel 1897. S. VII/VIII u. 24.

5) E. Böllen, Die Sintflutsage. Versuch einer neuen Erklärung. Archiv f. Religionswissensch. Bd. VI. Tübingen u. Leipzig 1903. S. 1—61; S. 97—150.

Das hat sich auch H. Zimmern zu eigen gemacht, wenn er in einer Abhandlung über „Biblische und babylonische Urgeschichte" (Der alte Orient. Gemeinverst. Darstellungen, herausg. v. d. Vorderasiat. Gesellsch. 2. Jahrg. Heft 3. Leipzig 1903. S. 37) schreibt: Der Ursprung der Sintflutsage ist wie der vom Paradies nicht auf der Erde, sondern am Himmel zu suchen. Der Sintfluthheros, der im Schiff oder in der Arche fährt, ist ursprünglich ein Gestirngott, vielleicht der Mondgott, der über den Himmelsozean fährt. „Daß diese ursprünglich himmlische Fahrt eines Himmelsgottes später von einem menschlichen Heros und irdischen Gewässern verstanden wurde, entspricht ganz den sonstigen Gepflogenheiten der Sagenentwicklung."

6) E. Mähly, Die Schlange im Mythus und Kultus der klassischen Völker. Festschrift d. Naturforsch. Ges. Basel. Basel 1867, S. 5.

7) Lehrreich in dieser Hinsicht sind eigentlich die meisten Bücher und Abhandlungen, welche sich außer mit Sagendeutungen etwa auch mit Astrologie und ihrer Darstellung im Altertum befassen. Hier finden wir kaum auch nur eine Andeutung, daß den astrologischen Erkenntnissen und dem Sternenkult mehr als abergläubige Zahlenspielerei oder ästhetisierendes Wohlgefallen zugrunde gelegen haben muß, sondern wir erkennen daraus auch, daß schon sehr frühe „geschichtliche" Zeiten selbst nicht mehr recht den Sinn und daher die Wirksamkeit astrologischen Wissens und Könnens erfaßt hatten; daß wir also in sehr viel ältere als die geschichtlich bekannten Kulturkreise werden hinabsteigen müssen, um dereinst dem wahren Sinn jener uns unsinnig oder abergläubig oder unverständlich vorkommenden praktischen Lebensweisheiten auf den Grund zu kommen. Ich verweise auf das kleine, leicht zugängliche Werkchen von F. Boll: Sternglaube und Sterndeutung (Unter Mitwirkung von C. Bezold) 2. Aufl. Leipzig-Berlin 1919 (Aus Natur- und Geisteswelt Nr. 638). Das Äußerste, was den alten Sterndeutungen dort zugestanden wird, ist, daß wirklich Menschen mit Fleisch und Blut auch aus den alten astrologischen Keilinschriften zu uns sprechen, deren „begrenzte Weisheit" von starker Religiosität getragen war, wie alles Forschen und Wissen jener alten Gelehrten, die sich den bleibenden Ruhm erwarben, das Feld urbar gemacht zu haben, auf dem eine der vornehmsten Wissenschaften aller Zeiten, die Astronomie, erwachsen sollte. — Wenn uns nur nicht einmal bei unserer Gottähnlichkeit ebenso bange wird, wie uns schon bei unserer Zivilisation bange geworden ist!

Ebenso erschöpft sich das sachlich sonst so reiches Material bringende Werk von W. Gundel, „Sterne und Sternbilder im Glauben des Altertums und der Neuzeit" (Bonn und Leipzig 1922), in formaler Betrachtung und Herstellung von äußerlichen Beziehungen, ohne daß man die Spur des inneren Lebens und der Wirklichkeit zu ahnen bekommt, die hier verhüllt liegt. Gerade, weil die Wissenschaft sich so ablehnend verhält, von der Form zum Leben vorzudringen, ist das Gebiet der Astrologie neuerdings ebenso sehr ein Tummelplatz für un-

kritische Geister geworden, wie das der Suggestion, der Telepathie und des
Hellsehens, ehe man diesen Dingen ernstere wissenschaftliche Aufmerksamkeit
zugewandt hatte.

Auch in dem Werk von A. Dietrich: „Mutter Erde, Ein Versuch über
Volksreligion" (2. Aufl. Leipzig-Berlin 1913) wird man als suchender Leser
nicht über Gedanken hinausgeführt, wie etwa den, daß der tiefe Glaube an
eine göttliche Mutter Erde die antike Menschheit immer wieder im Innersten
bewegt habe. Aber man fragt doch gerade nach dem Wesen dieses das Innerste
Bewegenden, das sich unmöglich in einem bloß äußerlich symbolisierenden
Aberglauben oder in einer bloßen Bildersucht erschöpft haben kann. So ver-
mißt man immer wieder das, was allein wissenswert wäre. Und doch ist gerade
im Mythischen kein Grund zu dem resignierten Faustwort, daß wir nichts wissen
können; wir müssen nur den Mut haben, es aus unserer eigenen Seele nach-
zuerleben.

Sehr viel tiefer, dem inneren Zusammenhang der astrologischen, alchimisti-
schen, der Zauber-, Opfer- und Wahrsagegebräuche gerecht werdend, stellt Th.
W. Danzel die mythisch-magische Weltanschauung dar, auf dessen Werk
„Magie und Geheimwissenschaft in ihrer Bedeutung für Kultur und Kultur-
geschichte" (Stuttgart 1924) ich erst durch Mitteilung des Verfassers kurz vor
Herausgabe der 3. Auflage aufmerksam wurde. Abgesehen davon, daß jenes
Buch eine sachlich-wissenschaftliche Darstellung nicht überschreitet und fachmännisch den Stoff behandelt, die Metaphysik als solche ablehnt und rein
individualpsychologisch vorgeht, kommt es doch zu Sätzen, die sich oft wie im
Wortlaut mit unseren decken, obwohl bei der Abfassung der beiden Werke
keiner vom andern wußte. Etwa dieses: „Astronomischer und psychologischer
Sinn sind in den Mythen miteinander verwoben. Wollen wir einen Mythos
erschöpfend deuten, so müssen wir gleichzeitig den psychologischen und
naturhaften Sinn anzugeben suchen ... Erst die Vereinigung beider
Betrachtungsweisen erschließt uns den ganzen Gehalt der sonst so rätsel-
haft anmutenden Gestalten der Sagenwelt und ihrer Taten." Man vergleiche
damit unsere Sätze auf Seite 225—28. Oder eine andere Stelle: „... von
dem Homo divinans werden subjektiver (psychologischer) und objektiver (etwa
astronomischer) Bedeutungsgehalt eben tatsächlich als eine Identität erlebt,
die sich nur in unserer Deutung, in unserer Auslegung und analytischen
Ausdrucksweise auseinanderspaltet." Vgl. hiezu unsere Seite 228. Das innere
Zusammensehen der natürlichen und der seelischen Seite des Geschehens und
das daraus sich dem Bewußtsein ergebende Symbol nennt Danzel „Bild-
sichtigkeit" (S. 83). Auch daß neben der rationalen Wissenschaft sich nunmehr
eine künstlerisch-divinatorische Deutungskunst entfaltet, welche erst dem ver-
standlichen Wirklichkeitswissen Sinn und Gestalt verleiht, ist dort mit einer Klarheit und Sicherheit ausgesprochen, die unserer Auffassung vom kommenden
symbolischen Weltbild an Stelle des mechanistischen (vgl. S. 13 unseres Textes)
nichts nachgibt. Die Völkerkunde und Völkerpsychologie scheint heute schon
turmhoch über unserer vertrockneten Naturwissenschaft zu stehen!

8) E. Bethe, Mythus, Sage, Märchen. Leipzig (ohne Jahreszahl), S. 109.
9) O. Spengler, a. a. O. Bd. II, S. 356 (s. Anm. 2).

10) W. Jacobi, Die Stigmatisierten. Beiträge zur Psychologie der Mystik. (In: Grenzfragen d. Nerven= u. Seelenlebens. Heft 114.) München 1923. Hier auch einschlägig eine neue, prinzipielle Aufschlüsse bietende Arbeit von G. R. Heyer in derf. Sammlung (Heft 121, 1925): „Das körperlich=seelische Zusammenwirken in den Lebensvorgängen."

Ich habe die Werke von K. du Prel noch nicht zu studieren Gelegenheit gehabt. Soweit ich es beurteilen kann, ist dort schon eine methodologische Grund= lage geschaffen für das, was uns hier und im metaphysischen Teil beschäftigt.

11) Preller=Robert, Griechische Mythologie, S. 325-27.

12) Über den von der bisherigen Deszendenztheorie in seinem Wesen falsch aufgefaßten Begriff des „Stammbaumes" siehe: Kurt Lewin: „Die Ver= wandtschaftsbegriffe in Biologie und Physik und die Darstellung vollständiger Stammbäume. (In: Abhandlungen z. theoret. Biologie v. J. Schaxel, Heft 5. Berlin 1920.) Ad. Naef, Idealistische Morphologie u. Phylogenetik. Jena 1919. Eine methodische Darstellung der Abstammungslehre auf historisch=kritischer Grundlage gibt S. Tschulot, Deszendenzlehre (Entwicklungslehre). Jena 1922.

13) L. Frobenius, Das unbekannte Afrika. Aufhellung der Schicksale eines Erdteils. München 1923, S. 23, 26.

Auf den hypothetischen, unzugehauenen Steinwerkzeugen aus der belgischen Tertiärformation, den Eolithen, baute schon früher Rutot einen entsprechen= den Gedanken auf. Es sei anzunehmen, daß der Mensch ursprünglich nicht selbst= geschaffene, und seien es auch nur roh zugehaue Steinwerkzeuge benützt habe, sondern daß er schlechthin zu einem Gegenstand, also etwa zu einem ge= eigneten, von der Natur geformten Stein gegriffen habe. Dieser Zustand seiner Primitivkultur habe gewiß länger gedauert als der spätere steinzeitliche, und Rutot verlegt ihn nach den Eolithenfunden in die Jungtertiärzeit (Miozän). (A. Rutot, L'état actuel de la question de l'antiquité de l'homme. Bulletin Soc. belge de Géologie, Paléontologie et Hydrologie. Bruxelles 1903. T. XVII. S. 425—438). Allen derartigen Vorstellungen und Postulaten haftet aber der alte Fehler an, den auch die Abstammungslehre der Tiere und Pflanzen immer wieder macht, daß man nach einer formalen Primitivität sucht, die weder in der Natur, noch im Menschenleben als zeitlicher Urzustand bestanden hat und die, wenn irgendwo, dann ebenso gut auch später erst erscheinen kann und gar nicht der historische oder naturhistorische Ausgangspunkt für etwas unserem Auge oder unserem schematisierenden Abstraktionsvermögen kompliziert Er= scheinendes zu sein braucht.

14) G. Schwalbe, Die Abstammung des Menschen und die ältesten Men= schenformen. In: Die Kultur der Gegenwart. III. Teil, Anthropologie. Leip= zig u. Berlin 1923, S. 316 u. 336 (vgl. Anm. 16).

15) H. Klaatsch, Werdegang der Menschheit. S. 17; S. 45ff. (siehe Zitat unter „Allgemeines").

Ferner: Die Stellung des Menschen im Naturganzen. XII. Vortrag in dem Sammelwerk: „Die Abstammungslehre". Jena 1911. S. 332ff.

16) Hier und im Text kann nicht der Beweis geführt werden, welche Theorie den Fossilfunden und sonstigen Tatsachen am angemessensten erscheint. Es seien nur kurz einige von Klaatsch gewählte Argumente erwähnt, aus denen

fich fein Urteil über die Stellung des Menfchen ju den Primaten ergibt. Für das Weitere muß auf die jitierten Arbeiten und auf die gegnerifche Stellung befonders von Schwalbe, den wir nur als Hauptvertreter der ganjen Gegen-richtung nennen, verwiefen werden.

Vorausnehmend fei jum Argument der Hand bemerkt, daß Schwalbe wohl nicht das Entfcheidende in Klaatfchs Argumentierung trifft, wenn er (a. a. D. S. 307) fagt, Klaatfch habe bei feiner Auffaffung der Menfchenhand und ihrer Verwertung als Beweisftück für ein hohes erdgefchichtliches Alter des Menfchenftammes in erfter Linie ihre Ausbildung als Greif- und Kletter-organ im Auge gehabt, wie fie fich im älteften Tertiärabfchnitt (Eozän) bei Halbaffen und früher noch bei Beuteltieren finde; er vergeffe, daß bei jenen älteften Säugetierformen die Hand ftets ein Lokomotionsorgan, alfo gewiffer-maßen ein Fuß fei.

Klaatfch hat nicht behauptet, daß die Menfchenhand wirklich von diefen alten Formen herkomme, und daß diefe Formen die Stammeltern des Menfchen feien, fondern er fagt, worin ich ihm unbedingt juftimme, daß der Primatenftamm, insbefondere der mit Menfchenhandcharakter, fchon mindeftens im älteften Tertiärzeitalter neben jenen fünffingerigen Extremitätenträgern beftanden haben muß, eben weil feine Hand fich prinzipiell von jener Extremität unter-fcheidet und jene Formen ohnehin in anderen Richtungen fchon ganj und gar fpezialifierte Typen waren. Da der Primatenftamm — fo ift der Sinnjufammen-hang in Klaatfchs Beweisketten — aber nicht den Menfchen entließ, fondern felbft eher der Abkömmling oder ein älterer, neben dem Menfchenweg herlaufen-der Seitenjweig ift, fo müffe auch aus diefem Grund der Menfch mindeftens alttertiär, wenn nicht fchon mefozoifch fein. Aus welchen Wahrfcheinlichkeits-gründen das letztere möglich erfcheint, ift im Text teils mit Klaatfchs, teils mit eigenen Argumenten ja ausführlich dargelegt.

Klaatfchs Beweife für die Selbftändigkeit des Menfchen gegenüber dem Primatenftamm fpäterer Zeit, wie auch gegenüber den übrigen tertiärzeitlichen Säugetieren find u. a. folgende:

1. Die Urfprünglichkeit der Menfchenhand befteht in der formalen Annähe-rung an die fünffingerige Landextremität paläozoifcher Amphibien. In ihrer Embryonalentwicklung aber zeigt fie eine rundliche ruderblattartige Form, vergleichbar jener von noch älteren paläozoifchen Fifchen. Ihre Floffenartigkeit wird noch befonders betont durch die Armabfchnitte, die kurz find und erft mit der Ausbildung zur eigentlichen Hand fich ftrecken. Die Scheidung von Ober- und Unterarm ift der Ausdruck für den ehemaligen Übergang vom Waffer- jum Landleben. Die Menfchenhand läßt in dem Mechanismus ihrer Dreh-bewegungen noch die alten Ruderbewegungen erkennen, nämlich in der Rollung nach außen und innen, dem die Grundanordnung der Muskeln am Vorder-arm noch entfpricht.

2. Die Affen haben das auszeichnende Merkmal der Menfchenhand, die Opponierbarkeit des Daumens, fchon rückgebildet oder ganj verloren. Hierin ift der Menfch primitiver geblieben, kann alfo nicht von ihnen abgeleitet werden. Die Halbaffen allein haben die menfchenartige Hand vollkommen bewahrt. Aber die Halbaffen find nicht die unmittelbaren Ahnen der höheren Affen,

auch nicht des Menschen, weil sie trotz Bewahrung einiger sehr ursprünglicher Merkmale doch einseitig differenziert sind. Wenn sie also mit den Primaten einschließlich des Menschen in wurzelechtem Zusammenhang stünden, dann könnte die alte Nahtstelle nur im mesozoischen Zeitalter liegen, weil sie schon in der Alttertiärzeit stark spezialisiert, d. i. vom Menschentypus stark verschieden erscheinen. So sind die Halbaffen eine Gruppe, die sich auf eigener Entwicklungsbahn von einem vielleicht mit den Primaten und dem Menschen gemeinsamen sehr alten Formstadium wegentwickelte und selbständig wie der Mensch den opponierbaren Daumen erworben haben kann.

3. Die Menschenhand hat zwei Elemente in sich: das des Greiffußes und das des Gehfußes. Sie hat an der Kleinfingerseite einen Muskelballen, der nicht zur Fingerbewegung dient, sondern ein Polster zum Schutz der Nerven und Gefäße gegen Pressung ist. Dieses Polster und der muskulöse Daumenballen bieten daher eine Sohlenfläche zu einer Art Laufunterstützung der Füße durch die Hände dar, wenn auch in sekundärer Entwicklung. Aber gerade, daß dies sekundär entwickelt ist und nicht primär, beweist, daß das vorhergehende ursprünglichere Stadium der Menschenhand eben nicht der einfache Lauffuß wie bei allen tertiärzeitlichen Säugetieren gewesen war.

4. Daß am Menschenfuß der Charakter einer Greifhand, also nicht einer einfachen Laufextremität wie bei den übrigen Säugetieren, ursprünglich da war, geht aus der Embryonalentwicklung hervor, die den Fuß nach Art der Hand zuerst noch gebaut zeigt, wobei die große Zehe wie ein Daumen absteht. Der jetzige Menschenfuß ist somit rückgebildet aus einem Kletterfuß, nicht aus einem Säugetierschreitfuß. Der Menschenaffentypus aber hat mit seinem Fuß einen so einseitig vorgeschrittenen Zustand schon erreicht, daß er als Seitenzweig des Urmenschentypus, nicht aber als Stammvater des Menschen darin erscheint. Auch die Anordnung der Blutgefäße und Nerven im Menschenfuß ist derart, daß der Raum zwischen 1. und 2. Zehe besonders betont ist, obwohl er äußerlich im fertigen Menschenfuß nicht mehr zum Ausdruck kommt.

Zu entsprechenden Ergebnissen führt die Betrachtung des Gebisses:

1. Affen- und Menschengebiß sind durch ihre ursprüngliche Lückenlosigkeit, die keinem jungtertiärzeitlichen Säugetier mehr zukommt, ausgezeichnet. Aber auch die in den Menschenstammbaum eingereihten Halbaffen haben in der Alttertiärzeit schon zwischen Eck- und Backenzähnen die Lücke. Nur bei einer Form (Necrolemur) aus der Alttertiärzeit erscheint die volle primatenartige Zahnzahl. Aber ihn deshalb in die Stammreihe der Primaten und des Menschen einzurücken, verbietet der starke Eckzahn, der zwar ein pithekoides, aber kein menschliches Merkmal ist, und außerdem hat er statt der Lücke ein an Zahnzahl geringeres Gebiß, ist somit hierin schon einseitig entwickelt.

2. Die jetzigen Menschenaffen haben, zum großen Unterschied auch vom Diluvialmenschen, stark entwickelte Eckzähne (Fig. 4; S. 61). Würde der Mensch von Trägern eines solchen starken Eckzahnes abstammen, so müßte der Entwicklungslauf in einer Reduktion der Eckzahnstärke bestehen, mithin müßten die ältesten gemeinsamen Stammformen von Mensch und Primaten erst recht starke Eckzähne gehabt haben; auch der diluviale Mensch müßte als vermutlicher Vorfahre des Jetztzeitmenschen noch stärkere Eckzähne als dieser besessen haben,

was nicht der Fall ist, obwohl der Schädel durch seine etwas niedrigere Wölbung und seine Augenwülste affenähnlicher war. Da aber auch die Halbaffen wegen ihrer sonstigen Differenzierung in Schädel und Gebiß nicht Stammeltern des Menschen sein können, so ist für den Menschenstamm die Bahn außerhalb der Primaten und der Halbaffen zunächst bis in die Alttertiärstufe hinunter frei.

Auch die Schädelbildung liefert noch einige Anhaltspunkte, die kurz er= wähnt seien:

1. Beim menschlichen Embryo verlagern sich die Augen von der Seite nach vorne. Der fertige Mensch ist in der nach vorne gerichteten Stellung seiner Augen das vollkommenste Säugetier. Diese Vollkommenheit ist aber nicht gleich der extremsten Entwicklung in dieser Richtung. Denn die Menschen= affen sind darin übertrieben spezialisiert, über den Menschenzustand noch hin= aus. Mit jener Augenverlagerung nach vorne wird die ursprüngliche säugetier= hafte Nasenregion verschmälert. Bei den Affen ist diese noch schmäler ge= worden als beim Menschen, dessen Augenhöhlen noch seitlicher liegen, wenn sie auch im Gegensatz zu den übrigen Säugetieren sehr nach vorne gerückt sind. Die Affen können also auch hierin nicht das Vorstadium zum Menschen sein.

2. Mit der Augenverlagerung hängt auch die Schädelwölbung zusammen. Durch die Verdrängung des Geruchsorganes bei der Vorwärtsverlagerung der Augen, durch die damit eingetretene Erweiterung der Gesichtseindrücke konnte sich die Großhirnhemisphäre beim Menschen so erweitern, daß er darin alle anderen Tiere übertraf. Solange das Schädeldach noch flach war oder nach hinten anstieg, war die vordere Augenregion von der hinteren Schädel= region abgegrenzt. Als sich das Großhirn und damit das Schädeldach durch seine Wölbung über die vordere Region emporhob, blieben als betonter Rest jene Augenwülste übrig, die den Diluvialmensch und den Australier noch aus= zeichnen. Beim Gorilla setzt sich die besonders starke Kiefermuskulatur an die Augenwülste an und verstärkt sie noch. In dem entwicklungsgeschichtlichen Augenblick, wo die Schädelwölbung in dem beschriebenen Zusammenhang einsetzte, war der Divergenzpunkt einerseits zum heutigen Menschen, anderer= seits zu den Menschenaffen erreicht. Von da ab mußte theoretisch einerseits der Mensch mit der hochgewölbten Stirn, andererseits der immer menschen= affenartiger werdende Gorillastamm sich abzweigen, dessen Extrem schließlich der Gorillaschädel mit dem Knochenkamm über das Schädeldach herüber wurde. Das Junge des Gorilla hat noch einen sehr menschenähnlichen Schädel im Gegensatz zum erwachsenen Tier. Nachdem der Gorillastamm sich abgezweigt hatte, ging der noch nicht vollendete Menschenstamm seinen Weg weiter zum vollendeten Großhirn mit dem gewölbten Schädel; auf einem dabei erreichten höheren Entwicklungsstadium stellte sich noch einmal eine Spaltung ein, die den übrigen Menschenaffenkomplex schuf. Und damit erst war der vollendete quartärzeitliche Vollmensch da.

Fr. Weidenreich, Der Menschenfuß (Zeitschr. für Morphologie und Anthro= pologie. Bd. 22. Stuttgart 1921, S. 51—282) kommt bei der anatomischen und statischen Durcharbeitung des Menschenfußes dazu, den Menschen von Formen mit fünffingerigem Kletterfuß theoretisch abzuleiten, worin er sich als primitivste und beweglichste Form gegenüber allen Säugetieren, außer den kletternden

Primaten und Beuteltieren, erweift. Diefen gegenüber ift der Menfchenfuß aber durchaus einfeitig fpezialifiert (S. 262). Der Fuß des Jetztweltmenfchen zeigt trotz bemerkenswerter primitiver Merkmale einzelner Raffen keine direkten Beziehungen zu einer beftimmten Primatengruppe (S. 267). Der Hominidenahn muß fchon von vorneherein lange untere Extremitäten befeffen haben, als er fo die terreftrifche Lebensweife aufnahm. Die anthropomorphen Affen fcheiden aus. Es muß einmal eine Primatenform beftanden haben, die wie die Beutel= tiere eine befondere Hautverbindung zwifchen zweiter und dritter Zehe (Zngo= daktylie) neben einer allgemeinen Schwimmhautbildung befaß. Diefe ging teilweife verloren, wurde aber im Hylobatiden= und Hominidenftamm bewahrt und beweift auch die ftammesgefchichtliche Selbftändigkeit des Sproffes, der zum Menfchen führte. Wo er abzweigte, ift fchwer zu fagen. Weidenreich nimmt mit Schwalbe an, daß der Sproß „in feiner Selbftändigkeit fehr weit herabreicht" (S. 275/76).

17) M. Schloffer (Beiträge zur Kenntnis der oligozänen Landfäugetiere aus dem Fayûm, Ägypten. Jn: Beiträge z. Paläontologie und Geologie

Alluvium	Homo sapiens	Gorilla	Gibbon
Diluvium	Homo Neanderthalensis Homo Heidelbergensis Eoanthropus (Südengland)		
Pliozän	*Jungtertiär*	Palaeopithecus (Jndien)	
Miozän	*Jungtertiär*	Dryopithecus (Frankreich, Mitteleuropa, Jndien) Pliopithecus (Frankreich, Mitteleuropa) — — —	
Oligozän	*Alttertiär*	Propliopithecus (Ägypten)	
Eozän	*Alttertiär*	Stammform (hypothetifch)	

Öfterr.=Ungarns und des Orients. Bd. 24. Wien=Leipzig 1911, S. 55ff.) ver= folgt den „Stammbaum" der Simiiden bis zu diefem Propliopithecus zurück, und danach ergäbe fich umftehende Ahnenreihe, zu der die einzelnen Gattungen in kurzen Definitionen und teilweife mit Abbildung ihrer Refte in dem Lehrbuch von K. A. v. Zittel (Grundzüge der Paläontologie. Bd. II. Wirbeltiere. 4. Aufl. München=Berlin 1923. Säugetiere, bearb. von M. Schloffer) auf= geführt find.

Die Gattungen diefes Stammbaumes treten auf weite Länder verteilt auf und find zum Teil nur auf Kieferrefte (S. 61, Fig. 4) oder bloß Einzelzähne gegründet, von denen es teilweife überhaupt zweifelhaft ift, ob fie zufammen= gehören (Eoanthropus). Mit diefem Stammbaum erklärt Schloffer den Tertiärmenfchen und feine vermeintlichen Primitivwerkzeuge (Eolithen) für widerlegt, zumal auch der diluviale Primitivkiefer des Homo Heidelbergensis die Hypothese eines Tertiärmenschen überflüssig gemacht haben soll.

W. K. Gregory, der mit Schlosser an der Bedeutung des alttertiärzeit= lichen ägyptischen Propliopithecus als unmittelbarem Menschen= und Menschen= affenahnen festhält, gibt folgenden, hier nur unwesentlich verkürzten Stammbaum (The origin and evolution of the human dentition. Journ. of Dental Rese= arch. Vol. II. S. 688. New Haven 1920. Ferner: Studies on the evolution of the Primates. Bullet. Americ. Mus. Nat. Hist. New York 1916, S. 313 ff.):

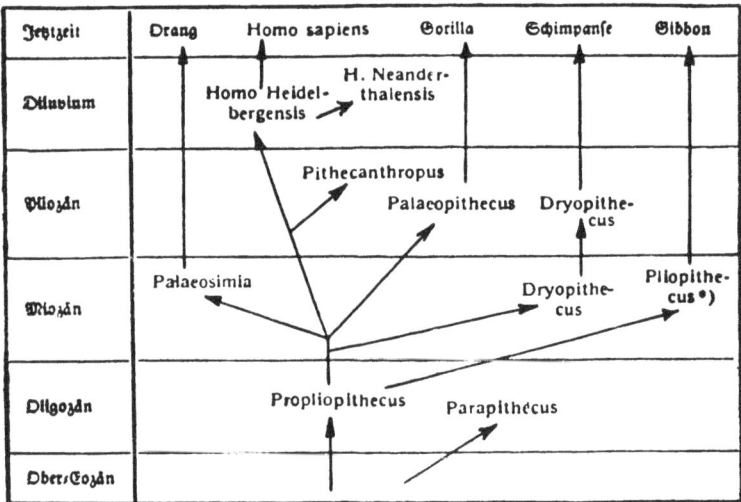

*) Von Gregory ins Pliozän gesetzt.

Was sofort auch an dieser Tabelle auffällt und gegen die Anordnung ein= nimmt, ist, daß gerade wieder an der entscheidenden Stelle des angeblichen Menschenwerdens, wo Mensch und Menschenaffe sich trennen sollten, so daß man von einer nachweisbar späten Entstehung des Menschen sprechen dürfte, eine imaginäre Stammform angedeutet werden muß, ein Strichknoten statt eines wirklichen Ahnherrn. Derart ist aber immer das Ergebnis der formalen Deszendenzlehre, man mag es mit welchen Tieren nur immer, hohen oder niederen, zu tun haben: immer dort, wo wir eine wirkliche „Urform", einen wirk= lichen Stammvater haben sollten, müssen wir uns mit Bindestrichen begnügen; die wirkliche Urform aber — in diesem Falle Propliopithecus — ist ein nicht ein= mal vollständiger Unterkiefer. Würde zu diesem das ganze Skelett gefunden, so müßte es sich erst noch zeigen, ob die Gattung nicht doch so einseitig entwickelt war, daß sie wiederum aus diesem Stammbaum als Seitenzweig auszuscheiden ist. Man bedenke auch, daß auf der vorstehenden abgekürzten Tabelle sehr zu= gunsten dieses Stammbaumes noch der Umstand spricht, daß hier einige Zeitstufen im Miozän und Oligozän zusammengenommen sind, so daß in

Wirklichkeit Propliopithecus noch weiter ohne sichere Zwischenglieder vom Menschen abrückt. Entwerfen wir also mit den vorigen Mitteln den Stammbaum ohne petitio principii, dann sieht er wohl so aus, wobei die Strichelung das Hypothetische darstellt:

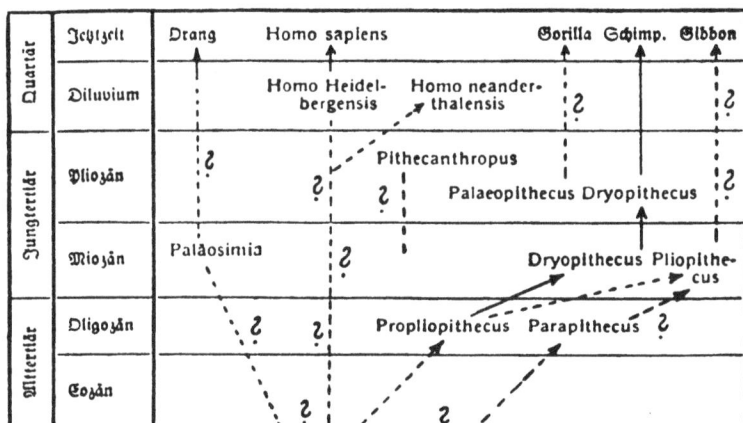

Quartär	Jetztzeit	Drang	Homo sapiens		Gorilla	Schimp.	Gibbon
Quartär	Diluvium		Homo Heidel- bergensis	Homo neander- thalensis	?		?
Jungtertiär	Pliozän	?	? ?	Pithecanthropus	Palaeopithecus Dryopithecus		?
Jungtertiär	Miozän	Paläosimia	?		Dryopithecus Pliopithe- cus		
Alttertiär	Oligozän	? ?	Propliopithecus Parapithecus ?				
Alttertiär	Eozän	?	?				

Jene Art Stammbaumrekonstruktion, wie sie üblich ist, beruht eben auf dem im Text prinzipiell bestrittenen formalistischen Verfahren. Unter seinem Einfluß ist der auch für den Nichtfachmann sehr lesbare Aufsatz von G. Schwalbe geschrieben, der als zusammenfassendes Ergebnis der anatomischen und paläontologischen Forschung des letzten halben Jahrhunderts angesehen werden kann: „Die Abstammung des Menschen und die ältesten Menschenformen. (Kultur der Gegenwart. Teil III. Anthropologie. Leipzig-Berlin 1923, S. 223 bis 338). Schwalbe ist ein Gegner der Lehre von Klaatsch und erkennt weder die Herkunft der Affen aus dem Menschenstamm, noch die Existenz eines tertiär, zeitlichen Menschen an. Wenn er darauf hinweist, daß der Mensch viele Eigenschaften enthält, die er mit den niederen Säugetieren teilt (Gaumenfalten, Jacobsohnsches Organ in der Nase, Übereinstimmung der Embryonalformen z. B. in den Kiemenspalten usw.) und ihn damit formal an die niederen Säugetiere anschließt, so wäre die gegebene Ausdrucksweise für diese Tatsachen nicht die, daß der Mensch „deshalb" von niederen Säugetieren „abstamme", sondern die, daß er niedere Säugetierstadien an sich hat; womit er ebensogut deren Ahne sein kann, wie auch beide einen gemeinsamen Ausgangspunkt haben können. Denn auch die niederen Säugetiere, soweit man zurückgeht, sind so einseitig entwickelt, daß nicht abzusehen ist, wo der Mensch mit seinen vielfach nicht nur sehr primitiven, sondern auch anders gearteten Eigentümlichkeiten später gegen Ende der Tertiärzeit angeknüpft werden könnte. Denn die von Schlosser gegebene Affenreihe — soweit wir nicht nur einzelne Zähne und Kieferreste miteinander vergleichen — ist schon, nach Klaatschs Darlegungen, mit einbegriffen in die ursprüngliche Primitivität insbesondere der Hand, so daß man den

Menschen als solchen nicht erst kurz vor dem Diluvium aus jener entstehen lassen darf. Hierfür sei auf die schon angegebenen Arbeiten von Klaatsch selbst hingewiesen, deren Kritik dann in dem hier genannten Aufsatz von Schwalbe (a. a. O. S. 307 ff.) zu finden ist. Der wissenschaftliche Streit bekommt ein anderes Gesicht, wenn man die biologisch unhaltbare alte Stammbaumvorstellung als eine Fiktion und ein der Natur nicht entsprechendes Abstraktum aufgibt, sich das Wesen der Typentheorie und das Gesetz des Zeitcharakters klar macht und daraufhin die natürlich gegebenen Formen betrachtet, ohne sie in ein Schema zu drängen.

17a) A. Adloff, Einige besondere Bildungen an den Zähnen des Menschen und ihre Bedeutung für seine Vorgeschichte. Anatom. Anzeiger v. Eggeling. Bd. 58. Jena 1924, S. 497 ff.

18) In diesem Sinne sagt selbst Schwalbe (a. a. O. S. 329), es gehe keinesfalls an, die Greifhand des Menschen auf eine solche bei alttertiären Säugetieren zurückzuführen. Beuteltiere kämen wegen ihrer sonstigen Differenziertheit nicht in Betracht, es sei denn, daß man an die anzunehmenden älteren gemeinsamen Ausgangsformen der Plazentalier und Marsupialier anknüpfen wolle.

Man sieht, wie durch die sachliche Betrachtung auch dieser, ein höheres Alter des Menschen so von Grund aus ablehnende Forscher, ohne daß er es bemerkt, schon zu einem außerordentlich hohen Alter geführt wird.

19) W. K. Gregory, R. W. Miner, G. K. Noble, The Carpus of Eryops and the Structure of the primitive Chiropterygium. Bullet. Americ. Mus. Nat. Hist. New York 1923, Vol. 48, S. 279.

W. K. Gregory, Present status of the problem of the origin of the Tetrapoda etc. Annals New York Acad. Science. Vol. 26, 1915, S. 317—383.

19a) W. Soergel. Die Fährten der Chirotheria. Eine paläobiologische Studie. Jena 1925.

20) Zu unterscheiden von der gleichmäßigen Streckung der ganzen Extremität ist deren sekundäre Verlängerung bei springenden Tieren wie Vögeln und gewissen Säugetieren (Springhasen und -mäuse) des känozoischen Zeitalters. Da werden nicht die Hinterbeine als Ganzes gestreckt und der Fuß behält seine Eigentümlichkeit bei, sondern die Fußwurzelknochen vor allem werden stark verlängert und sonstwie noch modifiziert. Nur bei einem gewissen Teil von Schrecksauriern aus dem Jura- und Kreidezeit tritt dieselbe Streckung der Fußwurzelknochen ein; das sind jene Gattungen, welche etwas durchaus Vogelähnliches haben, die wie ein Straußvogel aufrecht gingen und wegen ihrer hohlen Knochen, sowie einigen anderen Skeletteigentümlichkeiten mit Vögeln in stammesgeschichtlicher Beziehung stehen können. Ihre zum Teil gewaltigen Dimensionen lassen in ihnen die sagenhaften Drachen vermuten. Abermals davon zu unterscheiden ist die Stelzbeinigkeit, welche nicht nur in den beiden Hinterfüßen, sondern in allen vier Füßen gleichartig erreicht ist durch Streckung und Verschmelzung einzelner Fußwurzelknochen, wie bei Hirschen und Schafen. Besonders wichtig zur Feststellung der Hochbeinigkeit als Zeitsignatur ist ferner, daß auch die, jedenfalls den Typus des mesozoischen Säugetieres ausschließlich ausmachenden Beuteltiere, soweit sie aufrecht gehen und stehen, stets den in seiner Wurzel schon etwas verlängerten Fuß, jedoch völlig auf dem Boden

liegend haben, so daß äußerlich durchaus der Habitus des gewöhnlichen mesozoischen Landreptils mit den einfach gestreckten Hinterbeinen gewahrt wird.

21) G. Steinmann, Der Ursprung des Menschen. Die Westmark. Köln-Mülheim 1921, S. 457 ff.

21 a) M. Westenhöfer, Über die Erhaltung von Vorfahrenmerkmalen beim Menschen usw. Medizinische Klinik. Jahrg. 19. Berlin 1923, Nr. 37.

—, Das menschliche Kinn, seine Entstehung und anthropologische Bedeutung. Archiv f. Frauenkunde u. Konstitutionsforschung. Bd. X. Berlin 1924, S. 239—262.

22) M. J. bin Gorion, Die Sagen der Juden. I. von der Urzeit. 2. Aufl. Frankfurt a. M. 1919, S. 177.

23) Das Gilgamesch-Epos, Neu übersetzt v. A. Ungnad, erklärt v. H. Greßmann. Forschungen zur Religion und Literatur des Alten und Neuen Testaments. Heft 14. Göttingen 1911, S. 49/50.

24) Dähnhardt, Natursagen I. S. 226/27.

25) Oth. Abel, Paläontologie und Paläozoologie. In: Kultur der Gegenwart. Teil III. Organ. Naturwissenschaft. IV. Abt. Bd. 4: Abstammungslehre usw. Leipzig und Berlin 1914, S. 303 ff.

—, Die vorweltlichen Tiere in Märchen, Sage und Aberglauben. („Wissen und Wirken", Bd. 8.) Karlsruhe 1923.

26) G. Weil, Tausend und Eine Nacht. Bd. II, S. 272. 5. Abdruck. Berlin. (Ohne Jahreszahl.)

27) Märchen der Weltliteratur, herausgeg. v. A. v. der Leyen. Nordische Volksmärchen I. Teil. Übers. v. Kl. Stroebe. Jena 1915, S. 137.

28) Deutsche Volksbücher. (Herausg. v. P. Jerusalem, Ebenhausen-München 1912.) „Die Historie von einer Frau, genannt Melusine" usw. S. 385/86.

29) Literatur über die Zirbeldrüse (Epiphyse):

M. Flesch, Über die Deutung der Zirbel bei den Säugetieren. Anatom. Anzeiger. Bd. III. Jena 1888, S. 173.

R. Wiedersheim, Vergleichende Anatomie der Wirbeltiere. 7. Aufl. Jena 1909, S. 276; 320.

O. Hertwig, Lehrbuch der Entwicklungsgeschichte des Menschen und der Wirbeltiere. 9. Aufl. Jena 1910, S. 562 ff.

A. Biedl, Die innere Sekretion. 3. Aufl. Berlin und Wien 1919.

29 a) E. Gaupp, Zirbel, Parietalorgan und Paraphysis. Ergebnisse der Anatomie u. Entwicklungsgeschichte von Merkel u. Bonnet. Bd. VII 1897. Wiesbaden 1898, S. 208—85.

30) Auch das individuelle Alter der frühnoachitischen Menschen wird stets sehr hoch angegeben, wie aus dem Alten Testament bekannt ist. Noah wurde 950 Jahre, bis er starb (Gorion, Sagen der Juden. „Urzeit", S. 236; „Erzväter", S. 146).

Ohne auf die Frage einzugehen, was man in jenen Überlieferungen unter „Jahren" zu verstehen hat, wie auch unter den „Tagen" der mosaischen Schöpfungsgeschichte sei nur darauf hingewiesen, daß eine gesetzmäßige Beziehung zwischen der Körpergröße der Tierformen und dem individuellen Lebensalter ihrer Individuen zu bestehen scheint; es sei an das hohe Individualalter des Elefanten erinnert. Auch die Riesensaurier des mesozoischen Zeitalters mit ihrer oft unheimlichen Körpergröße konnten individuell sehr alt geworden sein und als Einzeltiere vielleicht Menschengenerationen überdauert haben, woraus sich dann wieder einzelne Sagenzüge erklären ließen. Auch der Urmensch, wenn er sehr groß war, könnte ein sehr hohes individuelles Alter erreicht haben, und es wäre dann nicht nötig, an dem Wort „Jahr" allzuviel noch herumzudeuteln.

30a) Von fachmännischer Seite wurde gelegentlich eingewendet, ein „Stirnauge" liege auf der Stirne, ein „Scheitelauge" oben auf dem Schädeldach; man dürfe daher beides nicht gleichsetzen. — Bei den ein Parietalorgan tragenden Tieren liegen aber Stirne und Schädeldach in einer Flucht; deshalb bedeutet „Stirnauge" und „Scheitelauge" dem Sinn nach wohl dasselbe. Ich glaube kaum, daß die Sagenüberlieferer bei der Bezeichnung „Stirnauge" auf anatomisch-nomenklatorische Korrektheit Wert legten oder gar an die Möglichkeit einer Unterscheidung von Parietalknochen und Frontalknochen dachten; sonst hätten sie sich gewiß zunftgemäß ausgedrückt! Ich lasse also für die Gestalt des Urmenschen das Wort „Stirnauge" wechselweise mit „Scheitelauge" stehen und verzichte auf eine so unfruchtbare, den Sinn der Sage verfehlende Haarspalterei, zumal älteste Wirbeltiere auch im streng anatomischen Sinn ein richtiges Stirnloch, nämlich zwischen den Frontal-, nicht zwischen den Parietal-Knochen hatten. Ich hoffe, in nächster Zeit ein Werk über Abstammungslehre herauszubringen, worin aufs eingehendste auch diese Fragen dargelegt sein werden.

Von der anderen Seite angesehen, ist es jedoch nicht ausgeschlossen, daß von den ältesten, auf S. 48 u. 74 erwähnten fischartigen Urzuständen aus sich eine Entwicklungsbahn mit richtigem Stirnauge und andererseits die bekannten Saurier mit dem Parietal- oder Scheitelauge sich abzweigten. Der hypothetische Urmenschenstamm könnte zu dem ersteren Typus gehört haben, so daß man bei ihm von einem richtigen Stirnauge im strengsten Sinn reden müßte. Es ist in diesem Zusammenhang wichtig, daß die Frösche (Anuren) einen richtigen Stirnfleck haben, der in den Frontal- nicht Parietalknochen sitzt und damit auf jenen vermuteten uralteten und richtigen Stirnaugenzustand hinweist. Dieses periphere Stirnorgan entspricht, wie Goette nachwies, aber auch der Zirbel, und das zeigt, daß ihr Hervortreten nach außen nicht an bestimmte Schädelknochen gebunden ist. Die Frage ist vorläufig nicht zu entscheiden, und ich gebrauche daher den Ausdruck Stirn- und Scheitelauge wechselweise noch in der unverbindlichen Form. (Vgl. hierzu: J. V. Rohon, Über Parietalorgane und Paraphysen. Sitzungsber. k. böhm. Ges. Wiss. [Math. Natw. Kl.]. Prag 1899, S. 1—15).

31) Eine Woche vor der Drucklegung, nachdem über ein halbes Jahr dieser Abschnitt inhaltlich feststand, bekam ich noch die Abhandlung von A. Sichler: „Die Theosophie (Anthroposophie) in psychologischer Beurteilung" (Heft 112 der Grenzfragen des Nerven- und Seelenlebens. München und Wiesbaden 1921) in die Hand und finde dort als Gegenstand der Kritik u. a. eine Inhaltsangabe der Hauptgedanken einer Urgeschichte der Menschheit nach H. P. Bla-

vatsky, die sich in einigen Punkten und z. T. identischen Angaben über den Urmenschen mit meinen Schlußfolgerungen berührt. Vgl. auch die Anm. 56 über Scott-Elliots „Lemuria", wo Ähnliches zu finden ist, aber ohne vernünftige Quellenangaben.

32) Die Dresdener Mayahandschrift (Codex Dresdenensis) ist veröffentlicht in: „Antiquities of Mexico" von Lord Kingsborough. 9. Bd. London 1831—48 (Bd. 3, S. 74 ff.). Ferner reproduziert von:

E. Förstemann, Die Mayahandschrift usw. Dresden 1892 (Neudruck, Erste Ausgabe: Leipzig 1880. Die Abbildungen in F. Helmolts „Weltgeschichte", 1. Aufl. Bd. I. Leipzig und Wien 1899, S. 230/31 sind ebenbürtige Reproduktionen. Die im Text jeweils wiedergegebenen Abbildungen sind der Ausgabe von 1880 entnommen. Erläuterungen zu den Götter- bzw. Dämonengestalten gibt: P. Schellhas, Die Göttergestalten der Mayahandschrift. Dresden 1897.

33) F. Bumiller, Die Bibel der Quiche-Indianer. Beilage zur Augsburger Abendzeitung, Nr. 56, 1912, S. 6.

34) Andree, Flutsagen, a. a. O., S. 59.

35) Andree, ibid., S. 84.

36) Preller-Robert, Griech. Mythologie, S. 85.

37) Gilgameschepos, S. 8/9 (siehe Anm. 23).

38) Andree, Flutsagen S. 74.

Diese indianische Bildererzählung ist wohl in jedem guten Konversationslexikon zu finden, auch in sonstigen gemeinverständlichen Werken oft abgebildet; ferner in R. Andree, Flutsagen.

39) A. Jeremias, Das Alte Testament im Lichte des Alten Orients. Leipzig 1904, S. 5.

40) Dähnhardt, Natursagen, Bd. I, S. 226/27.

41) Dähnhardt, ibid., S. 226.

42) Aber gerade das ist es, von wo aus sich abermals zeigen läßt, daß man sogar in der Zeit der extremsten Deszendenzlehre nichts anderes denken und sich vorstellen konnte als folgende drei Fälle:

1. Der Mensch ist ein eigener persistenter Stamm, wenn auch mit allen möglichen Verwandlungen, bis zur ältesten erdgeschichtlichen Zeit zurück. Das schließt zwei verschiedene Möglichkeiten der Entwicklung ein: Entweder ist dieser selbständige Stamm im Mesozoikum ein primitives Säugetier und im Anfang des Mesozoikums oder im jüngsten Paläozoikum ein Reptil bzw. Amphibium gewesen und hat sich durch diese Stadien zu einem Menschenaffen und zuletzt zum Menschen hindurchentwickelt; oder er war seit jener ältesten Zeit auch äußerlich schon ein eigener Formtypus, wenn auch in allerlei Formverwandlungen erscheinend, also doch eben entelechisch Mensch. Im ersteren Fall hätten wir nichts wesentlich anderes als den alten grotesken Stammbaum Haeckels, worin die Haie und Reptilien unsere Ahnen waren; genau das. Aber eben das glaubt heute doch der das paläontologische Material beherrschende Forscher nicht mehr. Bleibt also nur das zweite noch: der Spätmensch stammt aus seiner eigenen Stammbahn her, nicht von Haien und Molchen.

2. Der Mensch und viele höhere Tiere gehen stammesgeschichtlich auf eine ihnen gemeinsame, sehr alte Urform zurück; der Mensch ist bloß die am weitesten emporgetriebene Spitze und jene gemeinsame Urform ist eben auch seine Urform. Die übrigen aus dieser Urform bald früher bald später abgezweigten, weniger hochentwickelten Gattungen sind dann eben einseitig differenzierte oder stehengebliebene Stadien seines ursprünglichen Werdens selbst.

3. Es stammt alles Tierleben, soweit wir es zurückverfolgen können, von ein und derselben Urform her, die mithin auch der Stammvater des späteren Menschentieres ist. Das wäre das alte Bild des auf das Linnésche System gegründeten Stammbaumes der früheren Deszendenzlehre, das zur Spitze den Menschen hatte. Somit würde sein Wesen auch dem ganzen Stamm bis in den Anfang zurück angehören — es wäre stets seine Urform gewesen, aus der alles hervorging. Er würde potentia die ganze Tierwelt in seinem Stamm mitgebracht und mitgeführt haben und stets in eben dem Maß reiner herausgetreten sein, als Tierhaftes sich aus dieser seiner Stammbahn in speziellen Formen abspaltete.

Denn es wird doch nicht mehr gut als letzter Ausweg — um eine Entwicklungslehre ohne Entelechie zu retten — behauptet werden wollen, der Mensch sei aus irgend welchen Tierformen, ohne die innere Potenz zu einem Menschen, rein zufällig geworden? Wo wäre das, was ihn ausmacht, hergekommen? Aus sich selbst? Was wäre dieses Selbst? Oder aus dem Nichts? Oder aus einem Schöpfungsakt? Oder aus dem äußeren Ungefähr? Man mag die Abstammungslehre wenden wie man will: aus den obigen Alternativen wird man nicht herauskommen und ist selbst im darwinistischsten Zeitalter nicht herausgekommen — wenn man nicht gerade den sinnlosen leeren äußeren Zufall als ein höchst mystisches Geschehen an Stelle einer gerichteten Evolution setzen will. Wie man es also auch wendet und formuliert: der Mensch bleibt als wahre Urform der Stamm aller höheren Wesen.

43) C. Robert, Die griechische Heldensage. Bd. I. Berlin 1920, S. 30; S. 565, Anm. 1.

44) J. J. Schmidt, Forschungen im Gebiete der Bildungsgeschichte der Völker Mittelasiens. St. Petersburg 1824, S. 210/13.

45) Golther, German. Mythologie, S. 178/79.

46) D. Abel (f. Anm. 25).

47) P. Fauth, Hörbigers Glazialkosmogonie. Eine neue Entwicklungsgeschichte des Weltalls und des Sonnensystems. Kaiserslautern 1913, S. 513.

48) Dähnhardt, Natursagen, Bd. I, S. 216/18.

49) H. Gunkel, Schöpfung und Chaos in Urzeit und Endzeit. (Mit Beiträgen von H. Zimmern. Göttingen 1895. Dort ist die Sinndeutung von Behemoth und Leviathan auseinandergesetzt und gezeigt, wie solche Ungeheuer später ihres Charakters ganz entkleidet waren (S. 61/62).

50) H. Welten, Das Märchen vom Vogel Rock. „Kosmos". Stuttgart 1920, S. 39.

51) W. Bölsche, Entwicklungsgeschichte der Natur. Neudamm 1896, Bd. 2. S. 753.

52) B. Laufer, Ethnographische Sagen der Chinesen. Festschr. f. Ernst Kuhn. München 1916, S. 198.

53) W. Pastor, Lebensgeschichte der Erde. (Leben und Wissen, Bd. I). Leipzig 1903, S. 197/98.

54) Platons Timäos, Kritias, Gesetze X. Ins Deutsche übertragen von D. Kiefer. Jena 1909, S. 9—16; S. 141ff.

55) L. M. Hosea, Atlantis: A Statement of the Atlantic theory, respecting aboriginal civilization. Cincinn. Quart. Journ. of Science. Vol. II. Cincinnati 1875, S. 193ff.

Ferner: M. Clarke, Examination of the legend of Atlantis in reference to protohistoric communication with America. London 1886.

56) P. Termier, L'Atlantide. Bullet. Instit. Océanographique de Monaco. 1913, Nr. 256.

Die geologische Literatur ist zusammengefaßt bei: O. Wildens. Atlantis. Geolog. Rundschau. Bd. IV. Leipzig und Berlin 1913, S. 441. Eine zusammenfassende Übersicht der naturwissenschaftlichen, der sagengeschichtlichen und der okkultistischen Literatur und Auffassungen des Atlantisproblems gibt: J. Peter, „Atlantis. Die versunkene Welt." Pfullingen 1922. 34 S. Ebenso. F. Wender-Wildberg, Atlantis. Der Roman einer untergegangenen Welt. Leipzig (ohne Jahreszahl). Das Buch ist aber kein „Roman", sondern eine sehr sachliche Zusammenstellung aller Überlieferungen.

Von der theosophisch-okkultistischen Literatur, die auch über Atlantis, sowie über den bei der Sintflutbesprechung noch näher zu erwähnenden Gondwanaskontinent berichtet, wurde hier, wie im ganzen Buch, abgesehen. Ist auch gewiß nicht zu leugnen, daß menschheitsgeschichtliche Tatsachen nach alter mündlicher oder schriftlicher Tradition oder aus genialer Erfassung des Vergangenen darin teilweise übermittelt werden, so hüllt sie sich doch, soweit ich sie kenne und deshalb wenig schätze, in einen Mantel des primitiv Geheimnisvollen und läßt über ihre Quellen den Leser gern im Unklaren. Dies gilt ganz besonders auch für die beiden hier andernfalls einschlägigen Publikationen:

W. Scott-Elliot, Atlantis nach okkulten Quellen. Übers. von „F. P." Leipzig (ohne Jahreszahl, vor 1905) und

—, Das untergegangene Lemuria. Übers. v. A. von Ulrich. Leipzig 1905, deren Autor, statt ehrlicher Quellenangabe, es vorzieht, sich auf allerlei geheime Aufzeichnungen und „Bibliotheken" zu berufen, die nur besonders Eingeweihten zugänglich seien. Einerlei, ob solches bildlich oder sachlich verstanden sein will, auf jeden Fall ist es eine Täuschung des ernsten Lesers, der Anspruch darauf hat, eindeutig die Quelle zu erfahren, woraus ein Schriftsteller schöpft, und sei sie noch so persönlich intuitiver Art. So ist es üblich unter ehrlichen Forschern, die wünschen, daß ihre Meinung auch für ehrliche Menschen, nicht nur für Sensationsbedürftige von Wert sein soll; oder man unterlasse das öffentliche Bücherschreiben, wenn man sein Wissen — wie ich es begreiflich fände — für zu gut zum Veröffentlichen hält.

In dem kleinen Werk über Lemuria, das sich offenbar auf allerlei, vielleicht nur mündlich überlieferte Sagen oder auf ein romanhaftes Ausspinnen von solchen stützt, finden sich Angaben über Urmenschen und Urtiere, teilweise

23*

recht wirr durcheinandergeworfen mit nicht entsprechenden und geologisch falsch
datierten fossilen Tiergestalten. Dennoch muß ich einem Teil dieser Ideen die
Priorität vor meinen Gedanken zugestehen, da sie mich seinerzeit anregten,
über diese Fragen nachzudenken, soweit sie den Menschen selbst betreffen.

Das zweibändige Werk von H. P. Blavatsky: „The Story of Atlantis"
kenne ich nur aus dem Buchhändlervorfenster, habe es nie in der Hand gehabt und bin von seinem Inhalt auch nicht durch Auszüge oder Referate unterrichtet, soweit es über das in Anm. 31) Gesagte hinausgeht.

57) Preller-Robert, Griech. Mythologie, S. 464ff. S. 564ff.

57a) In einem umfassenden Werk: „Von rätselhaften Ländern" (München 1925) gibt R. Hennig eine Darstellung der mythischen Geographie des
Altertums und auch der Atlantis, die er auf Tartessos und die Guadal-
quivirmündung deutet. Auch hier kann ich deshalb nicht beipflichten, weil
die heutige Geographie nichts für die Ausdeutung alter Überlieferungen
beweist, sondern darin nur irreführt. Denn jeder Geologe weiß, daß gerade
in den Mediterrangebieten und an den westeuropäischen Küsten große Veränderungen auch in den letzten Jahrtausenden vor sich gegangen sind. So
wird die Philologie und die alte Geschichte immer hinken, wenn sie nicht an
Ort und Stelle Geologen mitnimmt, die bei der Ausdeutung behilflich sind.

Von befreundeter und gelehrter Seite wurde ich darauf aufmerksam
gemacht, daß man genau nachweisen könne, wie Platon zu seinen mythischen Dichtungen gekommen sei und wie es ihm dabei auf ganz andere
Dinge ankam, als etwa wirkliche oder vermeintliche Urgeschichte zu überliefern. So sei auch seine Atlantis ein erdichtetes Symbol. Aber auch
dagegen ist zu erwidern, daß, ebenso wie beim homerischen Polyphem, die
dichterische oder philosophische Auswertung und Gestaltung einer Sage nichts
gegen den Kern und die darin versteckte urweltliche Überlieferung selbst beweist, mag jene „entstanden" sein, wie sie will.

58) Ed. Sueß, Das Antlitz der Erde. 3. Aufl. Wien und Leipzig 1908.
Bd. I, S. 25—98.

59) Andree, Flutsagen. S. 35/36.

60) Th. Waitz, Anthropologie der Naturvölker. Bd. III. Leipzig 1862,
S. 187.

Gesammelt sind die ozeanischen Sintflutsagen bei: A. Réville. Les réligions
des peuples non civilisés. Bd. II. Paris 1887. (Nach E. Sueß.)

61) Andree, Flutsagen. S. 55/56.

62) Andree, ibid., S. 80.

62a) Um nicht einer mißverständlichen Kritik ausgesetzt zu sein, sei betont,
daß der Abbruch des afrikanischen Kontinentes nicht selbst als Sintfluterklärung
herangezogen werden soll, sondern nur als Beispiel dienen soll, welche ver-
schiedenartigen Ergebnisse dieselbe Kontinentalbewegung zeitigen und auf wie
große Flächen sie sich ausdehnen kann. Gegend und Name tun hier nichts zur
Sache.

63) J. Riem, Die Sündflut. Eine ethnographisch-naturwissenschaftliche
Untersuchung. In: Christentum und Zeitgeist. Heft 9. Stuttgart 1906.

64) P. Fauth, Hörbigers Glazialkosmogonie (siehe Anm. 47).

Zur Einführung in den Gedankenbau des sehr weitschweifigen, wenn auch inhaltlich großartigen Werkes ist besser geeignet und hier auch benützt:

H. Voigt, Eis, ein Weltbaustoff. Einführung in Fauth-Hörbigers Glazial-kosmogonie (mit Atlas). Berlin-Wilmersdorf 1920.

H. Fischer, Die Wunder des Welteises. Berlin-Wilmersdorf 1922.

Die Lehre ist weder von der astronomischen, noch geologischen Fachwissenschaft bisher besonders geprüft, geschweige denn anerkannt worden; ich selbst habe sie erst nach Durcharbeitung meiner Ideen kennen gelernt und aus ihr übernommen, was im Text steht. Ich bin nicht in der Lage, den Mathematiker und Astronomen zu vertreten; wohl aber sind vom erdgeschichtlichen Standpunkt aus einige Einwände gegen Einzelheiten der Lehre, nicht gegen ihre Gesamtidee, zu erheben. So ist die „Eiszeit" ein Begriff, der sehr mißverstanden wird; die geschilderte ungeheure Eisbedeckung hat nicht existiert. Wenn man eine Erdkarte in flächentreuer, also nicht in der üblichen Merkatorprojektion für die Eiszeit entwirft (vgl. die Karte von F. Levy in E. Dacqué, Grundlagen und Methoden der Paläogeographie, Jena 1915) so bemerkt man, ein wie schwaches, für die südlicheren Länder praktisch gar nicht bemerkbares Phänomen die diluviale Eisdecke war. Katastrophale Überflutungen gab es seit Ende der Tertiärzeit in südlichen Ländern gleichfalls nicht; wir sehen z. B. in Ägypten und der angrenzenden Sahara, wo man gerade die Schichtbildungen der geologischen Vergangenheit seit dem Alttertiär trefflich kennt, keine Spur solcher katastrophaler oder mariner abtragender Wirkung, wie sie die Glazialkosmogonie mit ihrem hypothetischen tertiärdiluvialen Mondeinfang fordert. So einfach ist eben ihre deduktive Anwendung nicht. Weder sind die geologischen Formationsbildungen, außer an beschränkten Stellen, petrographisch oder zeitlich scharf getrennt, also keine durch Unterbrechungen universell zerlegten erdgeschichtlichen Zeitabschnitte; noch sind die vorweltlichen Meeresverlegungen jemals gleichartig auf beiden Hemisphären verlaufen; noch haben sie durchweg etwas Katastrophales; noch sind die Gebirgsbildungen einmalige paroxystische Prozesse, sondern ziehen sich meistens über längere Erdperioden hin, wenngleich sie zeitweise zu ganz besonderer Heftigkeit heranreiften. Auch die Fossilien sind nicht durchweg, sondern nur gelegentlich örtlich durch Zusammenschwemmungen entstanden. Gerade hier macht die Glazialkosmogonie in ihrer bisherigen Fassung den schweren Fehler, die Zeitalter und Tierwelten der Erdgeschichte durcheinander zu werfen, statt sie chronologisch säuberlich getrennt zu halten; das aber wäre doch die unverrückbare, allein sichere Grundlage für jede Vorweltforschung, sei sie erdgeschichtlich oder kosmologisch oder stammesgeschichtlich oder menschen- und sagengeschichtlich. Auch von dem dort behaupteten katastrophalen Aussterben der Tierwelten ist in der Erdgeschichte nichts zu bemerken, außer in eng begrenzten Gebieten. Es ist ferner durchaus unrichtig, daß die einzelnen geologischen Perioden oder Epochen durch eine immer wieder vollständig aussterbende Tierwelt gekennzeichnet wären; im Gegenteil. Es gehen nicht nur die allermeisten Stammtypen, sondern auch viele spezielle Gattungsgestalten von einer Epoche in die andere hinüber, und wo wir die geschlossene Schichtenfolge von einem Zeitalter ins andere unmittelbar beobachten können, ist von einem scharfen faunistisch-floristischen Trennungsstrich nicht durchweg die Rede. Daß aber die Hörbigersche Lehre ganz ungeahnte astrophysikalische, wie kosmologische und erdgeschichtliche Ausblicke und Erkenntnisse bringt und bringen wird, das wird die nähere Zukunft doch wohl erweisen. Denn die Erdgeschichtsforschung steht in einer Krise, wo sie fühlt, daß mit der älteren katastrophenfreien angelsächsischen Wandlungslehre (Lyell) nicht mehr viel aus der Vergangenheit herauszuholen ist. Ein Ausweg aus dieser Enge wird aber vor allem durch eine Wiederhereinnahme kosmischer Einwirkungen auf den alternden Planeten zu finden sein.

Der Kampf um die neue Lehre, ist mitten im Werden und alle Entscheidung verfrüht. Eine ausführliche Widerlegung durch Fachgelehrte wird in einem vom „Bund der Sternfreunde" herausgegebenen Sammelbändchen „Weltentwicklung und Welteislehre" versucht (Verlag Die Sterne, Potsdam 1925). Es ist, wie bei allen werdenden wissenschaftlichen Theorien unmöglich, zu einem abschließenden Urteil zu gelangen. So verfehlt auch viele Einzelheiten beiderseits dargestellt werden und so berechtigt jede kritische Prüfung neuer Ideen ist, so muß man doch, wie schon in der 1. und 2. Auflage betont wurde, den Wahrheitsgehalt jeder Theorie von ihrer unzureichenden Ausgestaltung zur Lehre wohl unterscheiden. Denn schließlich sind es doch immer die Seher in einer Wissenschaft gewesen, welche die Erkenntnis auf einen neuen Boden stellten, auf dem die Einzelforschung nachher wieder für lange Zeit zu ackern hatte. Würde sich die Glazialkosmogonie nach den jetzigen Übertreibungen darauf beschränken, ihre zentrale Idee der kosmischen Zufuhren in Form von Feineis, Schleiereis, Eisboliden und planetoiden Körpern auszubauen und dies erdgeschichtlich und auch astrophysikalisch zu fundieren, so könnte sie in der Tat eine volle Erklärung für schwerwiegende und ungelöste geologische Probleme, wie die Frage nach der Permanenz der Kontinente und Ozeane, der Eiszeiten und des Klimawechsels, ja vielleicht der Faltengebirgsbildung, der Erdbeben und der Periodizität des Vulkanismus bieten, wie sie uns schon eine allgemeine Erklärung vieler Sagenbilder und vor allem des Sintflutereignisses im Prinzip vermittelt hat.

65) Diese Lehre widerspricht bis zu einem gewissen Grade, jedoch nicht durchweg, einer in der Wissenschaft mehr anerkannten Theorie des englischen Astronomen G. H. Darwin („Ebbe und Flut, sowie verwandte Erscheinungen im Sonnensystem". Übers. v. A. Pockels. 2. Aufl. Berlin und Leipzig 1911), wonach der Mond ehedem die Erde verlassen habe, sie seitdem in immer weiter werdender Spiralbahn umkreise, sich daher von ihr entferne, nicht aber in sie hineingezogen werde. Der Mechanismus besteht nach Darwin darin, daß der vom Mond auf der Erde erzeugte Meeresflutberg durch die rascher als ein Mondumlauf vor sich gehende Rotierung des Erdballs stetig vorausgerissen wird, also nicht dem Monde gegenübersteht, sondern ihm voraneilt, somit den Mond rückwirkend voranzureißen sucht. Hierdurch wird diesem eine Beschleunigung erteilt, die ihn zentrifugal langsam von der Erde abtreibt, so daß sich sein Umlauf um die Erde immer mehr spiralförmig erweitert. Trotz der dem Monde so erteilten Beschleunigung wird seine Umlaufzeit um die Erde immer länger, weil seine Bahnkurve sich erweitert. Anderseits wird aber wechselwirkend der Meeresflutberg vom zurückbleibenden Mond entgegen der Erddrehung zurück-

gezogen und bremst daher andauernd die Rotation der Erde. Beides, die Beschleunigung des Mondes und die Rotationsverringerung der Erde, wächst solange, bis ein Mondumlauf = einem Erdentag geworden ist. Der sehr viel länger gewordene Erdentag beträgt dann = die Zeit eines Mondumlaufes, oder ganz allgemein ausgedrückt: der Monat dauert einen Tag, der Tag einen Monat. Dann aber ist in dem System Erde-Mond Stabilität eingetreten. Denn während es heute noch so ist, als würde der Mond an einem immer mehr sich dehnenden Gummiband von der Erde nachgezogen, verhalten sich nach Darwin im Endzustand beide Weltkörper so, als ob sie durch ein starres unbiegsames Band miteinander verbunden wären und sich stabil wie Außen- und Innenteil eines Rades miteinander drehten.

Nach Fauth-Hörbigers Lehre aber liegt der gemeinsame Schwerpunkt des Systems Erde-Mond noch innerhalb des Erdkörpers, und daher ziehe die Erde den labil außerhalb ihrer stehenden Mond herein. Denn beide Körper fallen sozusagen gegeneinander (A. Prey, E. Mainka, E. Tams, Einführung in die Geophysik. Naturw. Monographien u. Lehrbücher. Bd. 4, Berlin 1922, S. 86ff.), und das müßte die Spiralbahn des Mondes zur Erde hinkehren, zumal die Gezeitenwirkung auf den Mond demgegenüber doch zu gering ist, um das Gegenteil, im Sinne Darwins, zu bewirken.

Dieses Argument ist für die Einfangslehre entscheidend. Jedoch ist weiter zu erwägen, ob nicht bei der allmählichen Annäherung des Mondes die Darwinsche Wirkung wieder einsetzt und immer mächtiger wird, je näher der Mond der Erde kommt. Denn bei einer Annäherung auf $1/3$ der jetzigen Entfernung ist die Flut und damit die rotationsverzögernde bzw. mondabtreibende Kraft schon 27 mal so stark als jetzt und das steigert sich mit noch größerer Annäherung (bei $1/4$ Entfernung = 64 mal) so sehr, daß dann das Darwinsche Prinzip das Fallprinzip übertreffen könnte und der Mondkörper tatsächlich wieder abgetrieben würde, wie es bei seinem Einfang wohl der Fall war, als er sich sehr der Erde näherte und dann aus den Darwinschen Gründen wieder zentrifugal abtrieb. Dem entgegnet nun die Fauth-Hörbigersche Auffassung, daß es gar nicht zu einer so großen Mondannäherung kommen werde, weil längst zuvor schon der Trabant zu einem dünnen Spiralring auseinandergezogen und allmählich von der Erde aufgesogen sei. Dieser Prozeß sei schon eingeleitet durch die Eiform, welche der Mondkörper jetzt bereits infolge der beständigen Erdanziehung habe, wobei er die spitzere Seite der Erde zukehrt; denn der Mondkörper selbst rotiert nicht mehr um sich selbst, sondern ist durch die beständige Erdanziehung längst zum Stillstehen seiner Rotation verurteilt und wendet der Erde immer dieselbe Seite zu.

66) Es sei ausdrücklich darauf hingewiesen, daß auch die Glazialkosmogonisten tief eindringende Sagenerklärungen geben; daß das Originalwerk von Fauth-Hörbiger auch den Menschen bis in das mesozoische Zeitalter zurückführt (a. a. O. S. 510ff., sowie H. Fischer, Weltwenden. Leipzig 1924), wenn auch mit anderen erdgeschichtlichen Datierungen der Sagen und von ganz anderen Voraussetzungen ausgehend als unsere Darlegungen. So kommen auch hier zur selben Zeit auf ganz verschiedenen Wegen die gleichen Ideen zum Vorschein. Soweit wir sachlich zusammentreffen, gebührt der Glazialkosmogonie

nach außen die Priorität. Das ist im Text auch klar gekennzeichnet; anderes habe ich aus ihr nicht geschöpft.

67) Andree, Flutsagen. S. 82.

68) Gorion, Sagen der Juden I (siehe Anm. 22), S. 195/96.

69) Für diese und die folgende Sage: Gorion, ibid., S. 197; S. 176/77.

70) Jeremias, a. a. O., S. 134 ff.

71) Andree, Flutsagen, S. 88/89.

72) Vgl. A. Wegener, Entstehung der Kontinente, S. 114 (s. Anm. 74).

73) Andree, Flutsagen, S. 29.

74) A. Wegener, Die Entstehung der Kontinente und Ozeane (Sammlg. „Die Wissenschaft", Bd. 66.) Braunschweig 1922. 3. Aufl.

Die Theorie lehrt, daß die Kontinente als spezifisch leichtere Gesteinsblöcke in dem spezifisch schwereren, an den Böden der Ozeane freiliegenden, mehr basaltischen Material der Erdrinde stecken und darin bei gleichbleibendem einseitigen Druck in horizontaler Richtung sich verschieben können. Auf solche Weise könnten ehemalige Kontinentalzusammenhänge zwischen Europa, Afrika und Amerika oder zwischen Afrika, Indien und Australien durch horizontales Auseinandergleiten der Teile sich aufgelöst haben, ohne daß man Niederbrüche zu ozeanischer Tiefe fordern müßte, was den Gleichgewichtsverhältnissen in der Erdkruste widerspräche.

Um die Theorie ist ein starker Kampf in der Fachwissenschaft entbrannt. Sie zu würdigen, setzt eingehende geophysikalische und erdgeschichtliche Kenntnisse voraus, und man muß weit über die gewöhnlichen physikalischen Laboratoriumsvorstellungen hinausgehen, um ihr folgen zu können. Nach dem derzeitigen Stand der Erörterungen scheint es, als ob weite horizontale Verfrachtungen kontinentaler Teile in der Erdgeschichte stattfanden, ohne daß deshalb das Niedersinken zu ozeanischen Tiefen ausgeschlossen werden darf. Wahrscheinlich treten beide Bewegungen im Steinmantel der Erde auf, sobald das planetarische Gleichgewicht im Erdkörper durch kosmische oder intratellurische Vorgänge gestört wird.

Auch die Wegenersche Theorie ist vor allem als geniale Ideenschau zu werten und ist von der größten Fruchtbarkeit für die Vorweltforschung jetzt schon geworden. Sie entstand durch die Betrachtung der auffallenden Umrißgleichheit beider Ufer des Atlantischen Ozeans, die sich spiegelbildlich fast vollkommen zur Deckung bringen lassen, wenn man die beiden Amerika mit Grönland an Europa und Afrika herangeschoben denkt.

75) Jeremias, a. a. O., S. 118 u. 139.

76) Dazu sei, um Mißverständnisse auszuschließen, bemerkt, daß natürlich auch unter den Babyloniern selbst die Sagenungläubigkeit herrschte und dieselbe flach naturwissenschaftliche Erklärung versucht worden ist, wie bei uns. Berossos, der babylonische Priester zur Zeit Alexanders des Großen, hat fast denselben Gedankengang wie Ed. Sueß. Die Flut hat nach ihm nicht irgendwann in früher Urzeit sich abgespielt, sondern ist ein babylonischgeschichtliches Ereignis. (UngnadGreßmann, Gilgameschepos a. a. O. S. 213.)

77) L. Frobenius, Volksmärchen der Kabylen III. „Atlantis". Bd. III. Jena 1921, S. 267.

78) Gorion, Sagen der Juden, a. a. O., S. 185.

78a) Näher begründet in der Abhandlung „Tiefsee und Faltengebirge“ von E. Dacqué, in den Berichten der Senckenberg. Naturf. Ges. Frankfurt a. M., Heft 9 und 10, 1925.

79) Golther, German. Mythologie, S. 516/17.

80) Andree, Flutsagen, S. 32.

81) Preller-Robert, Griech. Mythologie, S. 31.

82) F. Frech, Kleinasien. Zeitschr. der Gesellschaft für Erdkunde. Berlin 1913, S. 424 ff.

83) Andree, Flutsagen, S. 84.

84) „Thule“, Bd. 13. Grönländer und Färinger Geschichten. Jena 1912. S. 10 u. 32.

85) Fauth-Hörbiger, Glazialkosmogonie, S. 395 (siehe Anm. 47).

86) M. Dunker, Geschichte des Altertums. Bd. III. Berlin 1856, S. 39.

87) G. H. Darwin, Ebbe und Flut, S. 260 ff. (siehe Anm. 65).

88) Gorion, Sagen der Juden, a. a. O., S. 211/12.

Eine Anspielung auf die späte Herkunft des Mondes als solchen bringt auch noch ein astrologisches Sammelwerk aus der Bibliothek Asurbanipals, das auf fast 3000 Jahre v. Chr. zurückgeht. Dort heißt es: Als die großen Götter die Gesetze Himmels und der Erde dem glänzenden Mond anvertrauten, ließen sie die Neumondsichel strahlend hervortreten, schufen den Monat und setzten die Omina Himmels und der Erde fest, damit er am Himmel strahlend aufleuchte und inmitten des Himmels strahlend hervortrete. (A. Jeremias, Handbuch der altorientalischen Geisteskultur. Leipzig 1913, S. 131.)

89) Dähnhardt, Natursagen I. S. 132/33.

90) Dähnhardt, ibid., S. 145/46.

91) H. Voigt, Eis ein Weltbaustoff, S. 253 ff. (siehe Anm. 64).

92) Preller-Robert, Griech. Mythologie, S. 438/39.

93) Dähnhardt, Natursagen I. S. 136 ff u. 224.

94) Jac. Grimm, Deutsche Mythologie, 4. Ausg. v. E. H. Meyer, Berlin 1876, S. 603 u. 611.

95) Golther, Germanische Mythologie, S. 268 ff.

96) Das Gilgameschepos. In: Die Religion der Babylonier und Assyrer. Von A. Ungnad (Bd. III der „Religiösen Stimmen der Völker“). Jena 1921, S. 83.

Hier also ist Engidu zweifellos nicht der einfache Urmensch, als welcher er im früheren Teil des Epos erscheint, sondern ein Stern, der dem irrenden Weltkörper begegnet; womit sich die Uneinheitlichkeit der Stoffe des Epos und seiner Gestalten erweist.

97) Dähnhard, Natursagen II. Berlin 1909, S. 83 u. 275.

98) Dähnhardt, Natursagen I. S. 289.

99) Preller-Robert. Griechische Mythologie, S. 448 ff.

100) Gorion, Sagen der Juden. I. S. 205/06.

101) Jac. Grimm (siehe Anm. 94).

102) Gorion, Sagen der Juden. I. S. 205.

103) Andree, Flutsagen, S. 14.

104) Preller-Robert, Griechische Mythologie, S. 544 ff.

105) Dähnhard, Natursagen I. S. 224.

106) L. v. Schroeder, Die Arier und ihre Eigenart. (In: „Vorträge über wissenschaftliche und kulturelle Probleme der Gegenwart.") Riga 1913. S. 26.

107) Siehe Anm. 154.

108) A. Harnack, über wissenschaftliche Erkenntnis. (In: „Vorträge über wissenschaftliche und kulturelle Probleme der Gegenwart".) Riga 1913. S. 9.

109) L. Frobenius, Das unbekannte Afrika. München 1921, S. 34.

110) Ed. v. Hartmann, Philosophie des Unbewußten. 10. Aufl. Leipzig 1890, S. 68 ff.

111) H. Bergson, Schöpferische Entwicklung. Deutsch v. G. Kantoro-wicz. Jena 1912, S. 177 ff.

Dort heißt es im Auszug: „Dabei richten sich die verschiedenen Hymen-opteren-Arten durchaus nach den verschiedenen Arten von Beute, mit denen sie es zu tun haben. Die Stechwespe, die eine Goldkäferlarve angreift, sticht sie nur an einem einzigen Punkte; einem Punkt aber, in dem die motorischen Ganglienzellen, und nur diese, konzentriert sind: der Stich in andere Ganglien könnte Tod und Fäulnis, die es zu vermeiden gilt, herbeiführen. Die gelb-flügelige Grabwespe, die sich die Grille als Opfer ersieht, weiß, daß die Grille drei Nervenzentren besitzt, die ihre drei Paar Beine in Bewegung setzen; oder wenigstens sie geht so vor, als ob sie dieses wüßte.... Freilich fehlt viel daran, daß die Ausführung der Operation immer vollkommen sei.... Daraus aber, daß der Instinkt fehlbar ist wie der Intellekt, daß er individuellen Abweichungen ausgesetzt ist wie der Intellekt, folgt keineswegs, daß der Instinkt der Wespe durch intelligentes Abtasten erworben sei. Denn gesetzt selbst, die Wespe sei durch Abtasten ihres Opfers im Lauf der Zeit Stück für Stück zur Kenntnis der Punkte gelangt, die man stechen muß, um es reglos zu machen, zur Spezial-behandlung, die man dem Gehirn angedeihen lassen muß, damit Lähmung ohne Tod eintrete — wie annehmen, daß so spezifische Bestandteile einer so präzisen Erkenntnis sich regelmäßig vererbt hätten? Gäbe es innerhalb un-serer gesamten bisherigen Erfahrung eine einzige zweifellose derartige über-tragung, kein Mensch würde die Erblichkeit erworbener Eigenschaften leugnen. In Wirklichkeit aber vollzieht sich die erbliche übertragung angenommener Gewohnheiten in unpräziser und unregelmäßiger Form — vorausgesetzt nämlich, daß sie sich jemals vollzieht.

Nur aber daher stammt diese ganze Schwierigkeit, daß wir das Wissen der Hymenopteren in Verstandesbegriffe übersetzen wollen... Danach müßte die Grabwespe, genau wie der Entomologe, die Lage der Nervenzentren ihrer Raupe, eine um die andere, kennenlernen, müßte zum mindesten die praktische Kenntnis dieser Lagen durch Experiment über den Erfolg ihres Stiches erwerben. Ganz anders dagegen, wenn man zwischen der Grabwespe und ihrem Opfer eine Sympathie — im etymologischen Wortsinne — annimmt; eine Sym-pathie, die sie gewissermaßen von innen her über die Verletzbarkeit der Raupe unterrichtet. Der äußeren Wahrnehmung braucht dieses Gefühl der Verletzbarkeit nichts zu verdanken, es ergäbe sich einfach aus dem Zusammentreffen von Wespe und Raupe — beide nicht länger mehr als zwei Organismen, sondern als zwei Aktivitäten angesehen. Und dieses Gefühl würde nur der konkrete Ausdruck für beider Beziehungen sein. Wissenschaftliche Theorien können sich freilich auf Erwägungen solcher Art nicht berufen. Sie dürfen die Handlung nicht vor das Organ, die Sympathie nicht vor Wahrnehmung und Erkenntnis setzen. Aber, um es wieder und wieder zu sagen: entweder die Philosophie hat hier überhaupt nichts zu suchen, oder aber ihre Aufgabe beginnt da, wo die Wissenschaft endet. Denn gleichviel, ob die Wissenschaft aus dem Instinkt einen „zusammengesetzten Reflex" macht, oder eine intelligent erworbene und automatisch gewordene Gewohnheit, oder auch eine Summe kleiner, zufällig durch Auslese aufgeschichteter und fest gewordener Vorteile — immer behauptet sie die lückenlose Reduktion des Instinktes, sei es nun auf intelligente Verhaltungsweisen, sei es auf Stück für Stück konstruierte Mechanismen, denen gleich, die unser Verstand zusammensetzt. Und daß die Wissenschaft ihrer Rolle so genügt, bestreite ich nicht. Statt der wahren Analyse eines Gegenstandes wird sie uns immer nur seine Übersetzung in Verstandesbegriffe bieten. Wie aber dann nicht erkennen, daß die Naturwissenschaft selbst die Philosophie dazu einlädt, die Dinge aus anderem Gesichtswinkel zu betrachten?"

112) R. Tischner, Über Telepathie und Hellsehen. Experimentell-theoretische Untersuchungen. Heft 106 der „Grenzfragen des Nerven und Seelenlebens". München 1920. Insbesondere der Abschnitt III (S. 87—125) über die Theorie der Telepathie und des Hellsehens eröffnet dem Nichtfachmann eine Möglichkeit, die verschiedenen, wirklich das Problem erfassenden ernsthaften Theorien sich anzueignen. Man ist als Nichtwissender erstaunt, zu sehen, wie viel experimentelle und theoretische Arbeit hier schon geleistet ist, von der man kaum eine Ahnung hat. War man doch durch den Mißbrauch des marktschreierischen spiritistisch-okkultistischen Zirkels nur allzusehr abgeschreckt, sich ernstlich mit diesen Fragen zu befassen, die so viel Bedeutendes zur Klärung und zum Verstehen ältester Philosophien, wie auch Sagen und Mythen, und Menschheitszustände herbeibringen und uns wohl noch so die Augen öffnen werden, daß wir allmählich von unserem Stolz auf die mechanistische Weltanschauung auch dadurch zurückzukommen lernen.

113) A. Schopenhauer, Gesammelte Werke, Bd. III. Herausgeg. v. A. Griesebach. Leipzig 1891 (Reclam.) S. 319.

114) Dähnhardt, Natursagen I. S. 334/35.

115) Den Gedanken, daß die Zirbeldrüse der Sitz der hellseherischen Funktionen sei, fand ich zum erstenmal bei A. Besant, Die uralte Weisheit. Deutsch v. L. Deinhard. Leipzig 1898. Doch ist der Gedanke auch hier keineswegs originell, sondern nur der Ausdruck einer alten Überzeugung; denn auch Cartesius nennt schon das Corpus pineale die Werkstätte der Seele.

115a) H. Reich, Über die anatomische Lage der Zirbeldrüse nebst einer Bemerkung zu ihrer Funktion. Zeitschrift für gesamte Neurologie und Psychiatrie. Bd. 104, S. 818, Berlin 1925.

115b) Schon Görres sagt in seiner „Mythengeschichte der Asiatischen Welt" (Bd. I, Hinterasiat. Mythen. Heidelberg 1810) über den mythenschaffenden Urmensch: „Der Mensch in dieser Periode ist somnambül, wie im magnetischen Schlafe wandelt er, seines Bewußtseins unbewußt, im tieferen Bewußtsein der Welt einher; sein Denken ist Träumen in den tieferen Nervenzügen; aber diese Träume sind wahr, denn sie sind Offenbarungen der Natur". Diese höchst wertvolle Stelle entdeckte ich erst nach Erscheinen der 2. Auflage.

116) O. Spengler, Der Untergang des Abendlandes. Bd. I, Kap. 2. Bd. II, Kap. 4. München 1922.

117) L. Frobenius, Paideuma. Umrisse einer Kultur- und Seelenlehre. München 1921, S. 77/78; 59 ff.; 66; 110 ff.; 115 ff.

118) Die Fähigkeit der Schlangen, Tiere zu bannen, wird von allen ohne Voreingenommenheit die Natur beobachtenden Reisenden dargetan. Auch in Brehms Tierleben (Lurche und Kriechtiere, Bd. 2, 4. Aufl. Leipzig und Wien 1913, S. 266/67) gibt O. zur Straßen eine anschauliche Schilderung, ohne sich jedoch über das Wesen der Bannfähigkeit irgendwie zu äußern. Dagegen schreibt Doflein (Hesse-Doflein, Tierbau und Tierleben. Bd. II. Leipzig und Berlin 1914, S. 147): „Daß viele Schlangen... sich von Vögeln ernähren... hat zu einer interessanten wissenschaftlichen Fabel geführt, deren tatsächlicher Hintergrund erst neuerdings seine Deutung erfahren hat. Es ist oft beobachtet worden, daß Vögel bei der Annäherung der Schlange, statt wegzufliegen, wie gebannt sitzen bleiben... Man führte dies auf eine Art hypnotisierenden Einfluß zurück, der von dem schimmernden Auge der Schlange, von dem Glanz ihrer Haut, von den gleichmäßig wiegenden Bewegungen ihres Kopfes und Vorderkörpers ausgehen sollten. Wieviel ist über diese ‚magische Fähigkeit' der Schlangen geschrieben und geheimnißt worden. Der Anblick der Schlange sollte nach Anderen den Vogel vor Schrecken erstarren machen. Untersuchungen, welche neuerdings im Londoner Zoologischen Garten ausgeführt worden sind, haben zu einem ganz anderen Resultat geführt. Keine Tierart, mit Ausnahme der Affen, erkennt die Schlange als etwas zu Fürchtendes und gibt Zeichen des Schreckens bei ihrem Anblick. Sehr viele Tiere, vor allem kleine Säugetiere und Vögel, zeigen aber beim Herannahen eines auffallenden Gegenstandes Aufmerksamkeit, selbst etwas, was man Neugier nennen könnte. Bewegt sich der Gegenstand langsam, bedächtig und leise, so beobachten sie ihn mit gespannter Aufmerksamkeit, aber ohne sich zu bewegen. Erfolgt eine plötzliche schnelle Bewegung, so fliehen sie sofort. Sie benehmen sich so, einerlei ob sich der Kopf einer Schlange, ein Band oder ein menschlicher Finger langsam vor ihnen hin und her wiegt. Stürzt sich nun die Schlange im richtigen Moment rasch auf ihr Opfer, so hat sie es gefangen. Sie braucht dazu keine Zauberei, sondern sie verfährt nach den natürlichen Fähigkeiten ihres Körperbaues und ihrer Instinkte."

Es ist das ein Beispiel moderner Naturlehre. Wie unnatürlich sind schon die Bedingungen im „Zoologischen Garten", wo die Tiere schon bei Beginn des Experimentes an eine ganz andere Umgebung gewöhnt und in der Entfaltung ihrer Instinkte völlig beengt sind. Abgesehen davon, daß der natürliche Ablauf der Vorgänge nach den vielen Schilderungen der mit dem Phänomen doch wesentlich vertrauteren Naturbeobachter keineswegs so einfach und nichtssagend ist, wie es hier dargestellt wird, und daß auch viele andere Tiere dem

Bannblick der Schlange unterliegen, ist diese Auseinandersetzung und Beweisführung nur ein typisches Beispiel dafür, wie man der Natur ihre Seele
nehmen kann; hat dann die Teile in der Hand, fehlt, leider, nur das geistig'
Band!

Diese Bannfähigkeit mit allen näheren Umständen hat mir inzwischen
auch ein im Ausland sich aufhaltender und durchaus kritischer Fachgenosse in
einer ausführlichen schriftlichen Darlegung als eigenes Erlebnis geschildert.

119) A. Weismann, Vorträge über Deszendenztheorie. 3. Aufl. Jena
1913. S. 184.

120) D. Spengler, Untergang des Abendlandes. II. S. 22 ff.

121) Daß er Salomo heißt, hat keine andere Bedeutung als die einer
Namensübertragung, wenn auch in des wirklichen König Salomo Wesen
mancherlei Anlaß gelegen haben könnte, was später uralte Magiervorstellungen
auf ihn übertragen ließ. So galt ja auch Vergil im Mittelalter als der große
Zauberer, und so figuriert sogar Petrus als Teufel neben Gott in einer Welt-
erschaffungssage der Ukrainer (vgl. Dähnhardt, Natursagen I. S. 59).
Der König David, dann Roland und Dieterich von Bern, auch Gilgamesch,
spielen eine ganz ähnliche Rolle. Und wie sehr Frühes auf Spätes übertragen
wird, zeigt der Psalm Sal. 2, wo die alte Drachensage auf den jüdischen Feldzug
nach Ägypten mit den Römern und auf das Ende des Pompejus umgedichtet
ist. (Schürer, Geschichte des Jüdischen Volkes II. S. 589. Zitiert nach
H. Gunkel, Schöpfung und Chaos in Urzeit und Endzeit. Göttingen 1895,
S. 79.) In letzterem noch mehr dergleichen (S. 73-74). Trotzdem vermischen
sich auch hier die uralten Sageninhalte nur äußerlich; aber im Wesen sind und
bleiben sie uralt, wie die Welt, der sie entstammen.

122) Golther, Germanische Mythologie, S. 514.

123) Für diese und die folgenden Sagen: Dähnhardt, Natursagen I.
S. 220—229.

124) F. Delitzsch, Wo lag das Paradies? Eine biblisch-assyriologische
Studie. Leipzig 1881.

125) J. G. Frazer, The belief in immortality and worship of the dead.
Vol. 1. London 1913, S. 69, 74.

126) Das Gilgameschepos, S. 73 (siehe Anm. 151).

127) Es ist merkwürdig, daß in einem neueren, mir erst nachträglich bekannt-
gewordenen Werk über die Herkunft des Menschen (P. Alsberg, Das Mensch-
heitsrätsel. Versuch einer prinzipiellen Lösung. Dresden 1922) der Verfasser
einerseits die absolute tierische Herkunft des Menschen im üblichen deszendenztheoretischen Vorstellungsgang übernimmt, aber doch betont, daß vom Augenblick
ab, wo jenes Stamm-Menschentier (Pithek-anthropo-goneus) in die menschliche
Entwicklung einerseits und in die tierisch-äffische andererseits einlenkte, ein besonderes Entwicklungsprinzip eintrat. „Der erste Mensch war körperlich und geistig
ein völlig getreues Abbild seines tierischen Vorläufers. Nicht durch irgendeine
besondere Organbildung oder durch irgendeine Steigerung seines Intellekts
unterschied er sich von diesem, sondern einzig und allein durch sein besonderes
Entwicklungsprinzip, welches erst sekundär körperliche und auch geistige Änderungen herbeiführte" (S. 377). Was aber ist das anderes als nur die prinzi-

piell andere Bestimmtheit des Menschenwesens gegenüber dem Tierwesen? Auch hier kann der den Boden der Deszendenzlehre nicht verlassende Forscher nicht anders, als den Menschen für etwas „im Prinzip" anderes als das Tier zu erklären. Ich wüßte nicht inwiefern sich das von allen religiösen Mythen unterschiede, außer in der Ausdrucksweise?

128) Dähnhardt, Natursagen. I. S. 128; 215.

129) Dähnhardt, ibid. S. 166. Daß der Löwe eine unvollendete Züchtung des Tertiärmenschen sei, berichtet auch die theosophische Literatur über Atlantis (s. Anm. 56).

130) Gorion, Sagen der Juden. I. S. 197/98.

131) Dähnhardt, Natursagen. I. S. 212. Ähnliches bei Gorion, S. 189/90.

132) Preller-Robert, Griechische Mythologie. 4. Aufl. S. 103/04.

133) Gorion, Sagen der Juden. I. S. 193.

134) Dähnhardt, Natursagen. I. S. 68.

135) Schopenhauer, a. a. O. Bd. II. S. 196 Anm. (s. Anm. 113).

136) Gorion, Sagen der Juden. I. S. 191/92.

137) H. Holzinger, Genesis. (Kurzer Handkommentar zum Alten Testament. Herausgeg. v. K. Marti. Abt. I.) Freiburg, Leipzig, Tübingen 1898, S. 5; 29. „Das ‚Nennen' im Genesisbericht ist keine müßige Dreingabe, sondern der alte Ausdruck für ins Dasein rufen." Und: „Der Name soll zugleich die Bedeutung des betr. Wesens und seine Stellung zum Menschen ausdrücken."

138) Vgl. Anm. 136.

139) F. W. J. Schelling, Sämtliche Werke 1805—1810. I. Abt. Bd. VII. Stuttgart und Augsburg 1860, S. 246/47.

140) R. Tischner, a. a. O. S. 37 (s. Anm. 112).

141) M. B. Weinstein, Entstehung der Welt und Erde nach Sage und Wissenschaft. 2. Aufl. Leipzig und Berlin 1913 (Nr. 223 „Aus Natur und Geisteswelt").

142) Urkunden zur Religion des alten Ägypten. Herausgeg. v. Günth. Roeder. Jena 1915, S. 273.

143) Gorion, Sagen der Juden. I. S. 199-200. Ebenso: Dähnhardt, Natursagen I. S. 13.

144) Golther, Germanische Mythologie, S. 511-14.

145) Th. C. Chamberlin u. R. D. Salisbury. Geology. Vol. II. Earth History. New York 1906, S. 1—81.

146) Dähnhardt, Natursagen I. S. 82.

147) Dähnhardt, ibid., S. 128.

148) Ax. Olrik, Ragnarök. Die Sagen vom Weltuntergang. Übertragen von W. Ranisch. Berlin u. Leipzig 1922.

148a) Auch hierüber geben die psychologisch so tiefdringenden Anschauungen Danzels (Zitat s. Anm. 7) mittelbar Aufschluß, wenn er zeigt, wie etwa die Beschwörungen oder Zeichendeutungen im Glaubenszustand des Subjekts verankert sind.

149. Übrigens tritt die Verwundung als Mittel zur Ekstase sogar noch bei den alttestamentlichen Propheten gelegentlich hervor, wenn auch nicht bei den

größten, echt gottbegabten, sondern nur bei denen geringeren Grades, und führt dort zu Visionen, welche bei den reinen hohen Naturen, wie einem Jesaias, ganz und gar aus der Offenbarung eines göttlich künstlerischen Schauens selbst fließen. Über das Wesen der ekstatischen Visionen beider Art belehrt W. Jacobi, „Die Ekstase der alttestamentlichen Propheten". (In Grenzfragen des Nerven- und Seelenlebens, Nr. 108.) München-Wiesbaden 1920.

150) Fr. von der Leyen, Deutsches Sagenbuch. Die Götter und Göttersagen der Germanen. München 1909.

151) A. Ungnad, Die Religion der Babylonier und Assyrer. Gilgamesch-Epos und Sintflutsage, S. 101. (In: Religiöse Stimmen der Völker, Bd. III. Jena 1921.)

152) Viele derartige Sagen sind zusammengestellt in J. G. Frazer, The belief in immortality (s. Anm. 125).

153) Vgl. die Darstellung in Preller-Robert (Griech. Mythologie III, S. 1095 ff.), wo geradezu Musterbeispiele zusammengetragen scheinen für die rationalistische Art, womit schon im Griechentum ein mythischer Stoff in flachen Alltagsbildern erstickt wurde. Man meint gerade, im Zeitalter unserer pseudowissenschaftlichen Aufklärungsbemühungen zu stehen, wenn man liest, wie eine plumpe Liebesaffäre Agamemnons zur Erläuterung jener Opfersage dient.

154) P. Jensen, Das Gilgamesch-Epos in der Weltliteratur. I. Band. Straßburg 1906, S. 811 ff.

155) M. Buber, Die Legende des Baalschem. Frankfurt a. M. 1918.

Natur und Seele

Ein Beitrag
zur magischen Weltlehre

von

Edgar Dacqué

2. Aufl. 202 Seiten. 8°. 1927. In Leinen geb. M. 6.50

Liebhaberausgabe in Halbperg. M. 12.—

Inhaltsübersicht

Die Grundfrage — Mensch und Natur — Weltanschauung — Magische Weltsicht — Der Mensch als Maß — Außen und Innen — Der magische Kreis — Das Leben — Magie und Naturwissenschaft — Magie und Psychologie — Hellsicht und Einsicht — Magie und Intellekt — Das Opfer — Das Wort — Körper und Kosmos — Kosmos und Leben — Aberglaube und Wirklichkeit — Gleich und Gleich — Das organische Gestalten — Verwandlung-Abbild und Urbild-Natursichtigkeit-Magie im Märchen-Gefahr der Magie — Die Tat — Der Urmythus — Die Wende — Die Versenkung.

Das Buch ist eine Ergänzung und Vertiefung des metaphysischen Teiles des früher erschienenen Werkes „Urwelt, Sage und Menschheit" desselben Verfassers. Was dort unmittelbarer Ausblick war, ist hier methodisch bewußter zusammengefaßt, begründet und völlig selbständig zu einem geschlossenen Weltbild gestaltet. Dacqué nennt dieses das „Magische" im Gegensatz zur mechanistisch-intellektualen Weltanschauung der Naturwissenschaft. Ihr setzt der Verfasser in schlichter Sprache und erlebnisstarken Gedankengängen gegenüber, was er als Naturforscher und seelisch Gläubiger zu den tiefsten Fragen der Naturphilosophie zu sagen hat. Dieses Bekenntnisbuch wendet sich mit gleich verständlicher Eindringlichkeit an den einfachsten Leser wie an den Gebildeten und Wissenden und kündet ihnen von dem Sinn des Lebens.

R. Oldenbourg · München und Berlin

Tangaloa

Ein Beitrag zur geistigen Kultur der Polynesier
von Dr. phil. E. Reche

107 Seiten. 8°. 1926. Gebunden Mt. 5.50

Die grenzenlose Weite des Meeres, die Begrenzung des Festlandes, die umschlie=
ßenden Wände der Gebirge, die Bewegungsfreiheit des Flachlandes sind Gegen=
sätze, die ihre Ausdrucksform auch in Weltanschauung, Sprache, Sitte und Brauch
der Bewohner finden müssen. Angewandt auf die Bewohner der Südsee, zeigt
uns der Verfasser im Verlaufe seiner tiefschürfenden Untersuchung, wie sich als
Bedingtheit dieser raumlosen Umwelt eine Form des polynesischen Denkens ent=
wickeln mußte, dessen Wesen grundverschieden ist sowohl von dem des Abendlandes,
wie auch dem des Morgenlandes (im erweiterten Sinne des Wortes).

Der astrologische Gedanke
in der deutschen Vergangenheit
von Dr. Heinz Artur Strauß

104 Seiten, 93 Abbildungen aus der altdeutschen Buchillustration
Lex.=8°. 1926. Brosch. Mt. 6.50, in Leinen geb. Mt. 8.50

Das Buch ist keine historische Arbeit über die Astrologie. Es führt vielmehr ein
in das dem heutigen Leser nahezu unbekannte, lebende Wesen dieser alten Lehre,
die eine der großartigsten Schöpfungen des menschlichen Geistes genannt werden
darf. Der Leser erfährt, in welchem Ausmaß der astrologische Gedanke das Kultur=
leben unserer deutschen Vergangenheit durchdrang. Die überaus anschaulichen
astrologischen Holzschnitte aus der altdeutschen Buchillustration erfüllen vor=
züglich ihre Aufgabe, lebendig den astrologischen Gedanken in der deutschen Ver=
gangenheit zu interpretieren.

Die Astrologie des Johannes Kepler
Eine Auswahl aus seinen Schriften
Eingeleitet und herausgegeben von
Heinz Artur Strauß und Sigrid Strauß=Kloebe

232 Seiten. Gr.=8°. 1926. Brosch. Mt. 7.50, Leinw. Mt. 9.50

Dr. Wilh. Moufang in den Heidelberger Neuesten Nachrichten: ... Strauß hat
es verstanden, die bedeutende Erscheinung Keplers, für den Astronomie und
Astrologie als Zweige der nämlichen Sternenwissenschaft galten, aus seinem
Werk lebendig werden zu lassen, nicht zuletzt durch seine treffliche, den großen
Sternkundigen uns nahe bringende Einleitung.

R. Oldenbourg · München und Berlin

Das Selbstopfer der Erkenntnis

Eine Betrachtung über die Kulturaufgabe der Philosophie

von

Erwin Reisner

Etwa 180 S. 8°. 1927. Etwa M. 6.—

Inhalt

Das Interesse — Die Sinne — Der Intellekt — Das Weltbild der Philosophie — Die philosophische Gestaltung — Die Sprache — Die Scholastik der Wissenschaft

Der Zusammenbruch des optimistischen Rationalismus und die damit verbundene Krisis der modernen Wissenschaft stellen die Erkenntnistheorie vor die schwierige Aufgabe, dem Denken allein einen Weg zu weisen, der sowohl über die bloße Verstandesvergötterung hinausführt wie auch die drohenden Gefahren eines uferlosen irrationalistischen Dionysiertums und einer quietistischen Mystik zu überwinden vermag. Das vorliegende Buch sucht diese Aufgabe durch konsequente Weiterführung der kantischen Philosophie bis zum absoluten Phänomenalismus, der ein Phänomenalismus der Zeit, bzw. des historischen Objektes sein muß, zu lösen. Die Philosophie wird dargestellt als die intellektuelle Sühne der in der rationalistischen Wissenschaft verborgenen intellektuellen Schuld, also als der ethische Akt des reinen Denkens, als die Opfertat des denkenden Menschen. Nachdem sich jede Philosophie des absoluten Wertes mindestens für uns als unhaltbar erwiesen hat, wird hier eine Philosophie des absoluten Unwertes begründet, die der doppelten Forderung nach Wertfreiheit des Intellektuellen und nach Wertbezüglichkeit des geschlossenen Systems gerecht zu werden sucht. Der Verfasser betrachtet die Philosophie und vor allem die Erkenntnistheorie als die von allen Inhalten befreite reine Form des Tragischen, als das Pathos des reflektierenden Geistes.

R. Oldenbourg · München und Berlin

HANDBUCH
DER PHILOSOPHIE

herausgegeben von

A. BÄUMLER und M. SCHRÖTER

ABT. I: DIE GRUNDDISZIPLINEN
Philosophie der Sprache − Erkenntnistheorie − Logik −
Metaphysik des Altertums, des Mittelalters, der Neuzeit.

ABT. II: NATUR, GEIST, GOTT
Philosophie der Mathematik und Naturwissenschaft − Metaphysik der Natur − Logik und Systematik der Geisteswissenschaften − Philosophie des Geistes − Religionsphilosophie katholischer Theologie, evangelischer Theologie.

ABT III: MENSCH UND CHARAKTER
Aesthetik − *Ethik des Altertums, des Mittelalters, der Neuzeit* − Psychologie − Pädagogik − Philosophische Anthropologie − Charakterologie.

ABT. IV: STAAT UND GESCHICHTE
Gesellschaftsphilosophie − Wirtschaftsphilosophie −
Rechtsphilosophie − Staatsphilosophie − Geschichtsphilosophie − Kulturwissenschaft − Metaphysik der
Kultur.

ABT. V: DIE GEDANKENWELT ASIENS
Der vorderasiatische Kulturkreis − Der indische Kulturkreis − *Der chinesische Kulturkreis* − Die Metaphysik des
Orients und die griechische Philosophie.

27 der bekanntesten Philosophen bearbeiteten die Beiträge.
Anfang 1927 lagen die in Kursivdruck angegebenen Beiträge
fertig vor. Das gesamte Werk wird Ende 1928 vollendet.

Ausführlicher Prospekt kostenlos

B. OLDENBOURG ⁄ MÜNCHEN U. BERLIN

www.ingramcontent.com/pod-product-compliance
Lightning Source LLC
Chambersburg PA
CBHW031431180326
41458CB00002B/518